装备科技译著出版基金

固体薄膜的光学表征

Optical Characterization of Thin Solid Films

【德】奥拉夫·斯坦泽尔(Olaf Stenzel)
【捷克】米洛斯拉夫·奥里达尔(Miloslav Ohlídal) 主编

刘华松 刘丹丹 等译

国防工业出版社
·北京·

著作权合同登记　图字:军-2019-314号

图书在版编目(CIP)数据

固体薄膜的光学表征/(德)奥拉夫·斯坦泽尔,
(捷克)米洛斯拉夫·奥里达尔主编;刘华松等译. —2
版. —北京:国防工业出版社,2021.7
书名原文:Optical Characterization of Thin
Solid Films
ISBN 978-7-118-12317-3

Ⅰ. ①固… Ⅱ. ①奥… ②米… ③刘… Ⅲ. ①薄膜-
光学性质 Ⅳ. ①O484.4+1

中国版本图书馆 CIP 数据核字(2021)第 102316 号

※

*国防工业出版社*出版发行

(北京市海淀区紫竹院南路 23 号　邮政编码 100048)
北京龙世杰印刷有限公司印刷
新华书店经售
*
开本 710×1000　1/16　印张 25¾　字数 481 千字
2021 年 7 月第 1 版第 1 次印刷　印数 1—2000 册　定价 198.00 元

(本书如有印装错误,我社负责调换)

国防书店:(010)88540777　　书店传真:(010)88540776
发行业务:(010)88540717　　发行传真:(010)88540762

译 者 序

在现代光学科学与工程应用领域,固体薄膜可以实现光谱分光、光束振幅调制、相位调控、色散修正等功能,在物理化学、材料科学、光电子学、光子学、太阳能转换、物理光学、半导体物理和激光等领域中广泛应用。无论是在光学领域应用还是非光学领域里的固体薄膜,与其相同成分的块体材料相比,两者之间具有较大的差异,体现在典型特性方面,如光学常数、微观结构、横向非均匀性、折射率梯度、表面粗糙度、孔隙、损伤、缺陷,几何结构、角分辨散射、极弱吸收和超高反射率等。随着固体薄膜应用的快速拓展,促进了固体薄膜表征技术的快速发展。

在 2016 年的德国-捷克共和国光学薄膜表征双边研讨会上,科学家们达成共识撰写了一部关于固体薄膜光学表征的书,由德国的 Olaf Stenzel 和捷克的 Miloslav Ohlídal 主编。本书的主题是当前固体薄膜光学表征领域的最新技术进展。一个目的是为现代薄膜表征技术提供指导,强调了多种表征技术联合使用展现的优势,尤其是非光学技术表征技术;另一个目的是强调建模的作用,展示的模型都是适用于目前工业和部分学术研究需要的、最广泛的薄膜表征问题。本书介绍了光学薄膜表征的多种技术,读者可以快速了解光学薄膜表征的技术水平和最新发展方向。对具体的固体薄膜测试技术,不仅介绍了基本原理,而且结合典型例子进行说明,对薄膜表征具有非常好的借鉴意义。

本书的主要内容包括四部分:第一部分为引论与建模(包括引论,光学和非光学相互结合的方法表征多孔氧化锆样品,宽光谱区薄膜表征的通用色散模型,从头计算预测光学特性);第二部分为分光光度法和椭圆偏振光谱法(包括薄膜的反射光谱成像法光学表征,成像分光光度法的数据处理方法,单层膜与多层膜的在线和离线分光光度法);第三部分为缺陷和波纹的薄膜表征(包括缺陷薄膜的光学表征,光学薄膜的扫描探针显微技术表征,共振波导光栅结构,深紫外线栅偏振片的偏振控制);第四部分为散射和吸收(包括光学薄膜的粗糙度与散射,光学薄膜中的吸收和荧光测量,光学薄膜表征的环形腔衰荡技术)。全书既讨论了表征技术的优点,也没有规避表征技术的缺点。本书对于固体薄膜技术领域内的应用基础研究和工程技术研究具有重要的参考价值,适合从事薄膜技术研究和应用领域的工程技术人员、研究生与高年级本科生阅读及使用,参与固体薄膜表征任务的科学家或工程师都能从本书中获益。

　　本书的翻译，在中央军委装备发展部的装备科技译著基金、国家"万人计划"青年拔尖人才支持计划、天津市人才发展特殊支持计划高层次创新团队等资助下，得到了天津市人才发展特殊支持计划"高性能多层薄膜光学滤波器技术"创新团队、天津市创新人才推进计划"多功能一体化光学薄膜器件"创新团队核心骨干人员的大力支持。具体分工如下：刘华松研究员翻译了本书的序言、第一部分（第1章、第2章和第4章）；李士达工程师翻译了第一部分第3章；刘丹丹高级工程师翻译了第二部分（第5章和第6章），姜承慧高级工程师翻译了第二部分（第7章和第8章）；陈丹工程师翻译了第二部分第9章；孙鹏高级工程师翻译了第三部分（第10章和第11章）；杨霄工程师翻译了第三部分（第12章和第13章）；何家欢工程师翻译了第四部分（第14章到第16章）；赵馨女士编辑和校对了全文的大部分公式。刘华松研究员负责全书的统稿和校对，季一勤研究员对全书的翻译文稿进行了审校。非常感谢国防工业出版社冯晨编辑的支持和帮助，没有她辛勤的工作本书也无法顺利出版。在本书的翻译过程中，还得到了单位领导和同事的理解、支持和帮助。

　　本书翻译风格尽量忠于原著，由于译者的学识水平所限，翻译工作中难免存在错误或翻译不准确的地方，敬请广大读者（特别是同行专家、学者）不吝赐教，提出宝贵的批评和建议，我们将不胜感激。

刘华松　刘丹丹

天津津航技术物理研究所

2021 年 1 月

序

本书为读者提供了来自薄膜表征领域著名同行的一流报告。

薄膜领域是一个不断扩展的领域,光学薄膜代表了薄膜各种多学科应用中最古老、发展最快并且仍在发展的领域。

本书展现了当前薄膜领域的应用拓展和发展速度的最新现状。

薄膜在现代科学和工程中得到了广泛的应用,由于薄膜制备技术复杂并不断改进,在基础和应用研究中具有广泛的用途,并且适合在各种各样的新型先进设备中大规模生产。也许薄膜最吸引人的特性之一就是光学特性,这些特性以最复杂的方式依赖于从原子到宏观尺度的物质结构的调控。

本书的作者为读者提供了一系列章节,以便快速理解在当前的技术水平上进行光学薄膜表征所需的主题。

电磁谱具有最宽的频率或波长区间,利用电磁谱区间来探究薄膜的响应。对于薄膜的表征需要更先进的光学和微结构研究技术。同样,当试图将实测结果与薄膜的真实微结构联系起来时,也需要复杂的理论方法。这些计算方法源自量子力学和连续体物理概念,可以在个人计算机上轻松实现,也可以达到当代计算能力的极限。

这本书从多角度反映了这个主题的复杂性。

导论部分向读者提供了关于先进光学薄膜的光学和结构表征技术的信息。举例来说,当简单的问题与复杂结构的实际样本相关时,读者将经历复杂的情况和面临的挑战。本书没有试图涵盖所有可能的情况,而是侧重于选定的例子,如微观结构梯度、孔隙、损伤、缺陷、由常规纳米和微观结构组成的薄膜以及对仪器的挑战和回避。

这本书不是这个领域的第一本书,也不会是最后一本书,它是目前通向更高理解层次最好的阶梯。

我觉得这本书读起来很有意思,并向初学者和专家推荐,无论在薄膜光学表征领域,还是向不断扩大的、多学科的、从事薄膜研究的科学界的任何人推荐。

马蒂亚斯·舒伯特(Mathias Schubert)

美国内布拉斯加州林肯市

2017 年 7 月

前　　言

2016 年 10 月 11 日至 13 日,捷克共和国和德国的同行在捷克共和国布尔诺举办了一个关于光学薄膜表征的双边研讨会,在研讨会上提出了撰写这本书的想法。该研讨会涉及了薄膜光学表征的各个方面,主要包括建模、分光光度法、椭圆偏振光度法、缺陷表征或波纹薄膜的特性描述,以及使用基于激光的实验仪器测量极低的光损耗。因此,本书展现了关于光学薄膜表征的各个分支的技术现状。

从狭义上讲,研讨会的所有报告人都来自位于布尔诺(捷克共和国)和耶拿(德国)的研究机构,因此,大家提出的广泛的表征方法也证明了在这两个城市的分析可行性。

我们坚信,在研讨会上讨论和介绍的材料可能会激发广泛读者的兴趣。因此,每位发言者都被要求展开他或她的演讲内容,以提供成为本书一部分的章节。我们的第一个目的是为现代和强大的薄膜表征技术提供指导,同时强调其相互交叉作用的益处,即使将非光学技术纳入表征方法也是如此。因此,原子力显微镜结合弹性散射光的测量,看起来是用于表面和薄膜粗糙度研究的重要方法。关于薄膜孔隙的信息,可以通过在不同的环境条件和光谱区下进行简单的分光光度法(或椭圆偏振法)测量获得,也可以通过能量色散 X 射线光谱进行元素分析获得。

我们的第二个目的是强调建模的作用。实际上,在整本书中,重点放在开发具有最高预测能力的可控理论模型上,并具有明确定义的接口,以便与实验可用的输入数据交互。所有展示的模型都适用于目前工业和部分学术研究需要的、最广泛的表征问题。在这一背景下列举了一些例子,这些例子在当今大多数情况下都具有很高的实用价值,它们都来源于真实的表征问题,并说明了稳健的理论方法和现代商用测量仪器相互作用的可行性。

关于本书的目标读者,我们认为,每一位完成了物理、化学或工程学科的硕士研究并参与薄膜表征任务的科学家或工程师都能从本书中获益。

编辑们非常感谢所有作者在短时间内做出高质量贡献的工作,在不到 9 个月的时间里提供了手稿。非常感谢内布拉斯加大学林肯分校电气与计算机工程系马蒂亚斯·舒伯特教授对本书的批评性评论,特别是为本书撰写了序。

所有的德国作者都感谢德国德意志联合研究会(DFG)为研讨会提供的资金支持。所有作者都感谢布尔诺理工大学(Brno University of Technology)和马萨里克大学(Masaryk University)组织了这次研讨会。

奥拉夫·斯滕泽尔(Olaf Stenzel),德国 耶拿

米洛斯拉夫·奥赫利达尔(Miloslav Ohlídal),捷克共和国 布尔诺

目　　录

第一部分　引论与建模

第三部分　缺陷和波纹的薄膜表征

第四部分　散射和吸收

第一部分 引论与建模

第1章 引 论

奥拉夫·斯滕泽尔,米洛斯拉夫·奥赫利达尔[①]

摘 要 光学薄膜表征包含了确定各种薄膜结构参数的所有理论和实验活动,光学表征的目的通常是测定薄膜厚度、折射率和消光系数、孔隙率、表面粗糙度、薄膜化学计量比和薄膜密度等。

1.1 第一个考虑

电磁辐射与物质的相互作用是任何光学现象的基础。每当观察周围环境时,我们的眼睛接收来自各种物体(物质系统)的光。这种光可能是来自物体自身的辐射,也可能是由远方光源照亮物体而产生的镜面反射和漫反射。现在,当你阅读文章时,这两种情况都可能是相关的。如果你从计算机屏幕上读文章,你的眼睛会接收到屏幕主动发出的光子,在这种情况下,任何外部光线都可能非常令人烦恼。然而,如果你正在阅读印刷的书籍中的文本时,肯定会利用外部光源,你的眼睛会接收到从书本上反射出来的光子(在这种情况下是漫反射)。

当然,任何反射辐射的实际特性在一定程度上由入射光与相应物质系统相互作用的过程决定。因此,反射光包含有关物体特性的一些信息。理解光与物质相互作用的机制,对于以定量方式揭示这些信息是绝对必要的。因此,通过分析与物质系统相互作用的光的特性,就可以获得关于物质系统特性的信息。本质上,这就是光学表征的思想。

① 奥拉夫·斯滕泽尔(✉)

夫琅和费应用光学和精密工程研究所 IOF,德国耶拿,阿尔伯特-爱因斯坦大街 7 号,邮编 707745

耶拿·弗里德里希·席勒大学阿贝光子学院,德国耶拿,阿尔伯特-爱因斯坦大街 6 号,邮编 607745

e-mail:olaf. stenzel@ iof. fraunhofer. de;optikbuch@ optimon. de

米洛斯拉夫·奥赫利达尔

布尔诺理工大学物理工程学院,捷克共和国布尔诺,泰克尼斯卡 2 号,邮编 261669

米洛斯拉夫·奥赫利达尔,捷克共和国奥斯特拉瓦,奥斯特拉瓦技术大学(VSB)采矿和地质学院物理研究所

e-mail:ohlidal@ fme. vutbr. cz

光学表征技术适用于不同类型的样品,其中包括薄膜。在许多不同的场合,薄膜进入我们的日常生活。对我们来说,最重要的是通过各种技术制备提高我们生活质量的薄膜。薄膜光学性能、薄膜制备技术以及决定薄膜光学性能参数的技术范围都非常广泛。

薄膜用于各种不同技术领域,包括半导体技术、光电子学、机械或化学表面处理以及光学表面功能化,所有这些薄膜原则上都可以用光学技术表征。

如果我们专注于薄膜光学特性的测量技术,目前正在使用的技术约为百数量级。这个数字与以下事实有关:薄膜是具有各种特性(微观结构、化学计量的变化、非均匀性、各向异性)的特殊物体,这些特性与相应块体材料的特性明显不同,通常取决于薄膜制备的条件。生产满足光学实践要求新的和更具挑战性性能的薄膜或薄膜系统,需要越来越多的先进技术测量这些性能。

光学表征是基于光与物质的相互作用,基本理解这种相互作用机理对于进行光学样品表征是绝对必要的。在狭义上,光可以理解为仅在可见光谱区的电磁辐射。当我们进一步讨论光学特性时,我们将会对"光"这个术语有更广泛的理解,至少在讨论中还包括红外和紫外光谱区。包含在特定光学特性中的实际光谱区可能因情况而异,但事实上并非如此重要。更重要的一点是,任何电磁波的特征都是电场和磁场强度矢量,它们在物质系统中以不同的自由度相互作用。例如,场会对测试电荷产生作用力,并且光波中电场和磁场将仅以实函数表示(在数学意义上)。因此,对于这类实电场和平面波的特殊情况,典型的描述

$$E_{real}(t, \boldsymbol{r}) = E_{0,real}\cos(\omega t - \boldsymbol{kr} + \delta_0) \qquad (1.1)$$

通常用于量化作为时间和空间坐标函数的电场强度。

式(1.1)中介绍的电场的平面波表达式,适用于光发射体与光的波长相比距离样品"足够远"的情况,当今的多种光学薄膜表征技术都可以保证这一点。另一方面,对于薄膜样品来说,薄膜内部的干涉效应是至关重要的。因此,我们必须考虑包含相位信息的电场,而它不足以处理特定强度的光线。

但是,以下面的方式重写式(1.1)时,可以实现更方便的数学处理,即

$$E_{real}(t, \boldsymbol{r}) = \frac{1}{2}[E_{0,real}e^{-i(\omega t - \boldsymbol{kr})}e^{-i\delta_0} + E_{0,real}e^{i(\omega t - \boldsymbol{kr})}e^{i\delta_0}] \equiv E_0 e^{-i(\omega t - \boldsymbol{kr})} + c.c. \quad (1.2)$$

式中:"c. c."为前置表达式的共轭复数。我们认识到,式(1.1)实电场可以表示为复数场及其共轭复数的叠加。显然,后者不包含任何新的物理信息。复数场振幅 E_0 定义为

$$E_0 \equiv \frac{E_{0,real}e^{-i\delta_0}}{2} \qquad (1.3)$$

在我们的进一步处理中,将使用式(1.4)定义的复数场,即

$$E(t,r) = E_0 \mathrm{e}^{-\mathrm{i}(\omega t - kr)} \qquad (1.4)$$

那么,对于实数场,有

$$E_{\mathrm{real}}(t,r) = 2\mathrm{Re}E(t,r) \qquad (1.5)$$

选择式(1.4)作为电场复数形式的惯例将贯穿全书,回顾式(1.2),很明显存在另一种写法,即

$$E_{\mathrm{real}}(t,r) = \frac{1}{2}\big[E_{0,\mathrm{real}}\mathrm{e}^{+\mathrm{i}(\omega t - kr)}\mathrm{e}^{+\mathrm{i}\delta_0} + E_{0,\mathrm{real}}\mathrm{e}^{-\mathrm{i}(\omega t - kr)}\mathrm{e}^{-\mathrm{i}\delta_0}\big] \equiv E_0 \mathrm{e}^{+\mathrm{i}(\omega t - kr)} + \mathrm{c.c.}$$

$$E_0 \equiv \frac{E_{0,\mathrm{real}}\mathrm{e}^{+\mathrm{i}\delta_0}}{2}$$

在这种情况下将式(1.4)改为

$$E(t,r) = E_0 \mathrm{e}^{+\mathrm{i}(\omega t - kr)} \qquad (1.6)$$

对于我们进一步的目的,无论将式(1.4)或式(1.6)中哪一个用于构建理论,绝对没有物理上的差异。在我们的特殊处理中,将使用式(1.4)中固定的负号。让我们注意到复折射率($n+\mathrm{i}k$ 或 $n-\mathrm{i}k$)表达式的写法取决于式(1.4)或式(1.6)的选择。在我们进一步的处理中,与时间依赖性式(1.4)的选择一致,复折射率将表达为 $n-\mathrm{i}k$。

现在让我们假设沉积在厚基板上的薄膜,如图1.1所示。

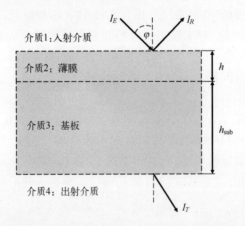

图1.1　厚基板上的薄膜(光照射的入射角为 φ,详情请参阅文字)

光的强度 I 可以理解为每单位时间间隔穿透单位表面积的光能量。光与样品相互作用后,入射光 I_E 可穿透到出射介质的部分强度为 I_T,而另一部分以强度 I_R 反射回入射介质。注意:在光的倾斜入射的情况下,两者都高度依赖于入射光的偏振。

如图1.1所示,已经穿透薄膜样品的光波将包含关于样品材料的信息(即

薄膜和基板材料常数),以及它的几何结构(这里是指薄膜厚度 h 和基板厚度 h_{sub})。一般情况下,反射波也是如此,因为所有界面都对反射光谱有贡献。所以我们不得不期待,I_T 和 I_E 都是所有这些结构参数的复杂函数。因此,测量的透射和反射光谱可以用来获得材料特性和样品几何结构的信息。

在光学均质、各向同性和非磁性介质的模型情况下,线性光学材料特性可以用标量复数介电函数表示。当进一步忽略空间色散效应时,该介电函数仅作为角频率 ω 的函数[1,2]。在式(1.4)的假设下,$\varepsilon(\omega)$ 与光学常数的关系如下(折射率 n 定义了介质中光的相速度,而消光系数 k 定义了介质中的光振幅阻尼),即

$$n(\omega) + \mathrm{i}k(\omega) = \sqrt{\varepsilon(\omega)} \equiv \hat{n}(\omega) \qquad (1.7)$$

式中:$\hat{n}$ 为复折射率,它的频率依赖特性称为色散。吸收系数 α 定义为

$$\alpha(\omega) = 2\frac{\omega}{c}k(\omega) \qquad (1.8)$$

式中:c 为真空光速。注意:使用式(1.6)的惯例,则式(1.7)的左边项改为负号。我们还要提到,介电函数的正虚部导致介质中的能量耗散,但是只要介电函数是纯实数,就不会有能量耗散。

当进一步假设如图 1.1 所示系统中的表面和界面是绝对光滑和平行的,依据斯涅耳折射率定律,平面入射光波的透射和反射具有确定的方向,这与入射光的传播方向有关。换句话说,图 1.1 所示的理想薄膜模型将不考虑弹性光散射损耗。

在任何实际情况下,实际的薄膜几何结构可能会显示出与模型情况或多或少的明显偏差。因此,为了以一致的定量方式再现测量的样品光谱特征,可能需要更复杂的模型,如图 1.2 所示。

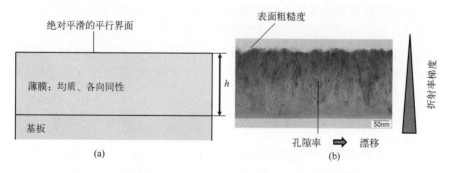

图 1.2　理想薄膜样品(a)和实际氧化铪薄膜的 TEM 横断面(b)

如图 1.2(a)所示,理想模型的薄膜光学特性很容易给出理论描述。实际上,如图 1.2(b)所示,理想的模型假设不能得到满足。薄膜样品可能是多孔的,

这往往会产生真空漂移和热漂移现象而降低折射率。折射率梯度以及表面和界面粗糙度改变了薄膜的透射与反射特性。表面粗糙度也是光漫散射的一种机制,它取决于表面的横向特征尺寸。所有这些与理想模型假设的偏差都会使表征任务变得复杂,需要更多的建模工作和更复杂的实验仪器。

1.2　薄膜表征和质量控制

许多分析仪器,如分光光度计、干涉仪或扫描探针显微镜可用于薄膜表征以及镀膜质量控制。下面比较两个不同的任务。

(1) 我们将使用术语"质量控制",确定性地测量一组结果,唯一目的是检查样品特性是否符合预定义的技术规格。

(2) 术语"样品表征"用来定义所有的理论和实验研究活动,目的是确定所考虑样品的主要结构参数。

1.3　本书的结构

本书分为四个部分。第一部分是特别强调建模的导论。

第 2 章简要概述了与本书相关的表征技术。通过对多孔氧化锆薄膜性能分析,举例说明了所选表征技术的相互作用。

在第 3 章中,材料的介电响应使用通用色散模型建模。该模型由一组色散模型组成,这些模型描述了固体中的元激发,同时符合色散理论的基本条件(时间反演对称、Kramers-Kronig 一致性和有限求与规则积分)。使用这些模型的组合可以描述各种材料从远红外线到 X 射线宽光谱区的介电响应。

第 4 章是在密度泛函理论和多体微扰理论的体系下,讨论了用于量子力学计算固体电子能带结构的从头建模技术,重点用于评估这些固体的光学特性。读过这一章的读者,应该对标准从头计算技术的可能性有大致的了解,不仅能解释实验结果,而且还能预测未知材料的光学特性。

第二部分重点研究了不同的实际薄膜样品的分光光度法和椭圆偏振法表征。

第 5 章是利用非显微成像光谱反射法对薄膜光学特性的非均匀性进行光学表征。介绍了该新技术的基本特点和实现方法,以及成像光谱反射法的基本实验装置。从利用所测量的薄膜图像中包含的信息,对实验数据处理方法进行了分类,举例说明了成像光谱反射法在薄膜光学表征领域的应用潜力。

第 6 章讨论了成像光学技术的数据处理方法和算法,重点讨论了可见光和紫外区域的成像分光光度法。因此，从第 5 章开始，针对大量的实验数据提出了有效的拟合方法。这是通过将最小二乘问题以不同方式分割以提取有用的信息，并通过构建针对个别现象和样品类型的有效模型实现。讨论了理想、非均匀和粗糙薄膜的光学量的有效计算，还讨论了光学常数和光谱或角度平均的建模。

第 7 章和第 8 章向读者介绍了现代分光光度法用于基板和薄膜表征的基本技术，提出了在线和离线两种分光光度法，举例说明了分光光度法在介质、半导体和金属薄膜表征中的应用，使用德鲁特模型、洛伦兹振子模型以及新开发的 β 分布振子模型（β_do）拟合实验数据。

第 9 章从理论和实验的角度简要介绍了椭圆偏振测量的原理。利用琼斯矩阵、斯托克斯–穆勒矩阵、叶矩阵和光学各向同性分层系统矩阵推导了理论结果。介绍了常规的、广义的和穆勒矩阵椭圆偏振测量的基本原理，以及最常用的椭圆偏测量技术和模型方法。

第三部分集中讨论了与图 1.1 中假设的理想情况有较大偏差的样品。

第 10 章介绍了描述薄膜系统中最常见缺陷的理论方法。处理的特定主题是边界的随机粗糙度、厚度的非均匀性，折射率分布对应的光学非均匀性、表面层和过渡层，通过一些数值算例和实验实例证明了缺陷的影响。

第 11 章主要介绍了扫描探针显微镜在光学薄膜分析中的应用。虽然这不是光学技术，但是也经常用于获得表面粗糙度特性，可作为薄膜表面光学响应模型的重要输入参数。薄膜光学领域最常用的基本测量原理、数据处理和粗糙度统计量列在读者参考资料中。

第 12 章和第 13 章是关于横向周期性结构薄膜。因此，在第 12 章中，共振光栅波导结构可作为窄线宽高反射镜的候选。第 13 章重点介绍了用于深紫外区的光栅偏振片的设计、制备和性能表征。

第四部分致力于表征具有极低吸收或散射损耗的接近理想的薄膜。

极弱散射损耗是第 14 章的重点。本章介绍了测量和解释表面、单层膜与多层膜的光散射所必须的背景理论及实验技术。

同样，在第 15 章中讨论了最小吸收损耗测量的极限。简要介绍了吸收测量技术的最新进展。最后，重点介绍了光热偏转技术和激光诱导荧光（LIF）。

第 16 章介绍了腔衰荡技术（CRD）在精确测量高反射率和极低反射损耗的应用，该技术在高反射薄膜中的应用得到了验证。

第2章 多孔氧化锆样品的表征作为光学和非光学表征方法相互作用的例子

奥拉夫·斯滕泽尔[①]

摘 要 当将光学表征与合适的非光学表征技术以及理论建模工作相结合时,光学表征就显得特别强大。以氧化锆多孔材料为例,结合透射电镜、能量色散X射线光谱和X射线反射等非光学表征技术,并与分光光度法相结合,给出了氧化锆的表征结果。

2.1 光学与非光学的薄膜表征

在1.2节中,我们现在将光学表征定义为样品表征的特殊情况,其中实验输入数据源于任何类型的光学测量。因此,光学薄膜的表征是基于电磁辐射(光)与特定物质(样品,在我们的例子中是薄膜系统)的相互作用。电磁辐射与物质相互作用后,表征电磁辐射特性的某些参数会以特定的方式发生变化,使用它们可以判断样品的特定特性,在不破坏样品的情况下这是可能的。

让我们从入射到样品上的单色平面光波开始讨论。用复数表示光波的电场强度(比较式(1.4))由下式给出(图2.1),即

$$E = E(t, r) = E_0 e^{-i(\omega t - kr)} \tag{2.1}$$

在通常的表征实践中,表征入射光的参数应该是已知的。例如,我们可以用明确频率的单色光照射样品,但是由于光与物质相互作用的结果可能包含新的频率,这些新频率可能来自发光、自发拉曼散射或各种非线性光学过程。但是无论如何,它们包含了关于样品细节的有价值信息。

① 奥拉夫·斯滕泽尔(✉)
夫琅和费应用光学和精密工程研究所IOF,德国耶拿,阿尔伯特-爱因斯坦大街6号,邮编707745
耶拿·弗里德里希·席勒大学阿贝光子学院,德国耶拿,阿尔伯特-爱因斯坦大街7号,邮编607745
e-mail:olaf. stenzel@ iof. fraunhofer. de;optikbuch@ optimon. de

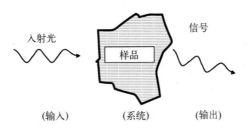

图 2.1　电磁波与样品相互作用的光信号

入射光的其他参数也是如此。例如,由于吸收过程光的强度可能会改变,可以用光度法检测强度的变化。相互作用过程可能会进一步导致光的偏振态变化,可以通过椭圆偏振法检测出来并用于进一步的样品表征。在两个透明介质之间界面上的简单折射过程是光传播方向变化的表现,并提供了对折射率差异的判断方法。

因此,定义光特性的参数多样性(实际上,比这里提到的用于入射平面单色波模型情况下的参数要多)导致在光学薄膜表征中测量技术的多样化。表 2.1 总结了本书重点介绍的一些主要光学技术。

表 2.1　本书中对光学表征所用并进一步讨论的选定实验技术的综述

测　量　技　术	章
离线分光光度法(MIR/NIR/VIS/UV):不同入射角下透射率和反射率的测量	2,5,8~10
在线分光光度法(NIR/VIS):透射率和/或反射率的测量(通常在固定的入射角下)	7,8
腔衰荡法 CRD:精确地测量最高透射率或反射率值	16
吸收测量:激光诱导荧光 LIF,测定极弱吸收损耗	15
弹性光散射:确定极弱散射光	14
可变角度椭圆偏振光谱法 VASE	9,10

在澄清了术语"光学表征"的含义之后,很明显,"非光学表征"可以定义为基于非光学测量技术的样品表征过程。虽然非光学技术确实构成了一套强大的独立表征技术,但是我们主要将使用它们作为用于光学表征任务的辅助信息来源。

显然,光学和非光学测量技术之间的区别是相对的。例如,在强烈的意义上,X 射线反射法 XRR 也应该被视为一种光学技术,因为它是完全基于(X 射线)光子与物质的相互作用。然而,当主要用作聚焦于其他光谱区光学表征的辅助信息时,它通常被当作非光学技术来处理。

表 2.2 总结了与本书主题相关的非光学薄膜表征技术的重要分类。

表 2.2　总结所选的非光学表征技术

技　　术	获取的信息	章
X 射线反射仪 XRR	密度,表面和界面粗糙度,膜层厚度	2
扫描电子显微镜 SEM	表面形貌	12,13
能量色散 X 射线光谱 EDX	原子组成	2
扫描探针显微镜	表面轮廓,功率谱密度,表面粗糙度	11,14
透射电子显微镜 TEM	薄膜形貌	2,13

　　作为非光学辅助信息的例子,图 2.2 显示大约 200nm 厚氧化锆薄膜的横断面透射电子显微镜(TEM)图像[2]。注意:实际薄膜的形貌与图 1.1 中理想化的图片有很大不同。在图 2.2 中,可以直接识别出薄膜中的细小长孔隙(这些是明亮的特征,固体部分呈灰色)。这些孔隙不仅导致薄膜的平均密度降低,而且还产生一定的表面粗糙度(第 14 章)和折射率梯度(第 10 章)。这种辅助信息在薄膜表征实践中是非常重要的,因为它对正确解释测量光谱非常有帮助。因此,分光光度法表征总是受益于辅助的非光学表征,我们稍后将在 2.3 节中讨论这个问题。

图 2.2　多孔氧化锆薄膜的 TEM 横断面图像(孔可以很好地识别为细长的明亮结构。
左侧是基板侧。图片由乌尔姆大学的 Johannes Biskupek 和 Ute Kaiser 提供)

2.2　基于强度测量的光学表征

　　我们将基于分光光度法测量进行表征。在这种情况下,必须测量和讨论光的强度才能获得关于样品特性的信息。光的强度 I 定义为每单位时间间隔穿透单位表面积的光能量。在根据式(2.1)以复数表示波电场的情况下,在国际单位制 SI 下的光强表达式为[1,3,4]

$$I = 2\frac{n}{c\mu_0}|E_0|^2 \qquad (2.2)$$

注意:在实数表示法(比较公式(1.1))中,我们有 $E_{\text{real}}(t,\boldsymbol{r}) = E_{0,\text{real}}\cos(\omega t - \boldsymbol{kr} + \delta_0)$,并且强度的表达式变为

$$I = \frac{n}{2\mu_0 c}|E_{0,\text{real}}|^2 \qquad (2.2a)$$

光的透射率 T 和反射率 R 通过定向透射 (I_T) 或镜面反射 (I_R) 的光强度除以入射光强度 (I_E) 来定义,即

$$T \equiv \frac{I_T}{I_E} \qquad R \equiv \frac{I_R}{I_E} \qquad (2.3)$$

在透明基板上制备薄膜,T 和 R 的光谱分辨测量(在任何选择的入射角 φ 和入射光的任何所需偏振态)作为广泛使用的直接表征技术(第 7 章和第 8 章)。另外,光谱分辨椭圆偏振测量在薄膜表征实践中越来越频繁地使用(第 9 章和第 10 章)。

分光光度法的一个相对优势是:在相同条件下,由 T 和 R 的测量直接获得由总散射 TS 和吸收率 A 组成的光损耗 L。因此,根据能量守恒定律可以得到

$$1 - T - R = L = \text{TS} + A \qquad (2.4)$$

关于 T、R、A 和 TS 的精密测量细节见后面的第 8 章和第 14 章~第 16 章的内容。让我们在这里提一下,透射率的测量是最容易获得的,因为透射分光光度计是当今许多实验室中商购的标准仪器。典型的色散分光光度计的结构原理如图 2.3 所示。

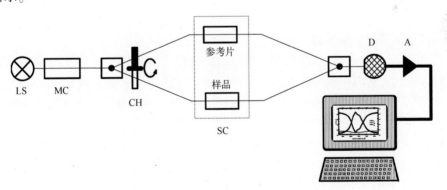

图 2.3 双光束色散分光光度计原理图

LS—光源;MC—单色仪;CH—斩波器;SC—样品室;D—探测器;A—放大器。

对于许多分光光度计,可以选择合适的镜面反射率附件,因此,在大多数情况下可以测量 T 和 R,然后从式(2.4)就可以直接确定光的总损耗。

区分吸收损耗和散射损耗还需要额外的努力。然而,从 T 和 R 光谱可以看出表面散射的一些迹象:如果电介质样品的第一个表面粗糙,随着频率的增加,定向透射率和镜面反射率都逐渐减小到零。相反,吸收往往表现出更复杂的频率依赖特性(吸收线,吸收边)。此外,光滑样品中的吸收抑制了透射率,而由于样品第一个表面处的菲涅耳反射,反射率保持有限。

在光学损耗小的情况下(通常低于 0.01 或 1%),由于 T 和 R 测量的不准确性,式(2.4)不再适用于确定损耗。因此,最好是直接测量散射损耗和吸收损耗。散射损耗通常是通过积分球测量,而光散射的测量和解释的最新技术是第14 章的主题。

极弱吸收损耗的精确测量基于以下的原理:由于光的吸收,在样品中最初积累的任何部分能量都必须提高样品的温度或离开样品,以便重新建立热力学平衡条件。因此,我们的想法是利用能量弛豫过程检测吸收光强度的大小。在第15 章中将详细讨论吸收测量。

2.3　表征示例:光学和非光学方法之间的相互作用

2.3.1　光学常数

现在我们将举例说明分光光度法和选择的非光学表征技术在多孔氧化锆薄膜上的联合作用,如图 2.2 所示,我们的任务是估算这种薄膜的填充密度或孔隙率。我们在这里介绍的是一种相当简洁的处理方法,在参考文献[2]中有详细解释。与参考文献[2]相比,我们将强调光学和非光学表征方法之间的相互作用,而不是强调沉积参数和薄膜特性之间的相互作用。

在光学薄膜表征过程中,第一步可以拟合图 2.4(a)和(c)所示的实验透射和反射光谱,从而得到图 2.4(b)和(d)所示的线性光学常数 n 和 k。

图 2.4 给出了一个实际表征实验的实验光谱。在熔融二氧化硅和双面抛光硅片[5]两种不同的基板上,使用等离子辅助电子束蒸发制备了氧化锆薄膜。使用色散分光光度计测量了熔融二氧化硅上薄膜样品在(近)正入射下 VIS/UV 的 T 和 R 光谱。此外,利用 FTIR 光谱仪测量了在硅基板上薄膜样品在中红外谱段(MIR)的 T 和 R 光谱。这些光谱如图 2.4(a)、(c)所示。

这些光谱是研究人员进行薄膜光学表征而需要的典型实验输入。为了简单起见,假设薄膜光学常数不依赖于基板(这是一个严格的简化),并且在 NIR 波段的薄膜光学响应中没有明显的光谱特征(一个相当可行的假设)。基于光学常数色散的多振子模型[1],上述氧化锆薄膜样品的光学常数可以通过光谱拟合

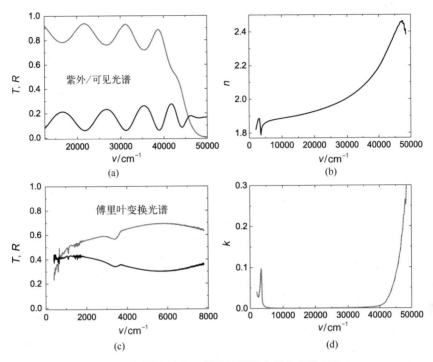

图 2.4　氧化锆 (ZrO_2) 薄膜的测量光谱和光学常数

（a）沉积在石英上薄膜的 T 和 R 光谱；（b）相同的薄膜沉积在圆硅片上；
（c）折射率 n；（d）消光系数 k。

程序确定。根据 LCalc 软件[6]的拟合结果，我们获得了如图 2.4（b）、（d）所示的光学常数，薄膜的厚度约 240nm。我们在这一点上要注意，用于建模固体光学常数色散的振子模型提供了一个稳健但有时不方便的模型，一些更精细的色散模型，如通用色散模型 UDM 或 β 分布振子模型（β_do 模型）将在本书的第 3 章、第 7 章和第 8 章中分别介绍与讨论。

　　上述获得的光学常数具有典型的特征。消光系数显示出较宽的透明区，而折射率为正常色散。在 UV 波段中，由于价电子的光学激发而导致消光系数增加，也就导致了折射率的反常色散。

　　MIR 波段的吸收特性具有明显的非本征性。从图 2.2 所示的 TEM 图像中可以得出一个特别的结论，将实际薄膜处理为由固体和孔隙组成的二元混合物是有意义的。储存在正常环境中的薄膜孔隙预计会充满水。实际上，将图 2.4 所示的消光系数与水的光学常数（图 2.5）[7]进行对比，水对实际薄膜的光学响应有很大贡献。显然，二元混合物模型是最简单的假设模型，因为既不能明确考虑不同固相的可能共存，也不能考虑孔隙的可能不同填充状态。但是这个最简单的模型将有助于理解薄膜行为的主要特征。

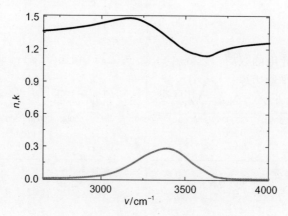

图 2.5   2650～4000cm⁻¹水的光学常数[7]

我们将假设图 2.5 所示的光学常数表示由固体和孔隙组成的混合物薄膜的响应,因此,值得看一下经常使用的混合模型。

2.3.2   光学常数与孔隙率的关系:混合模型

让我们从常用的混合公式开始[8],即

$$\frac{(\varepsilon_{\text{eff}} - \varepsilon_h)}{\varepsilon_h + (\varepsilon_{\text{eff}} - \varepsilon_h)L} = \sum_j p_j \frac{(\varepsilon_j - \varepsilon_h)}{\varepsilon_h + (\varepsilon_j - \varepsilon_h)L} \tag{2.5}$$

式中:L 为去极化因子,它取决于嵌入物的形状和取向;p_j 为具有介电函数 ε_j 的第 j 种嵌入物的体积填充因子,并且 ε_h 是含有嵌入物的主体材料的介电函数;ε_{eff} 为混合物的有效介电函数[1,8]。根据有效介电函数,有效光学常数 n_{eff} 和 k_{eff} 通常可以通过下式计算,即

$$n_{\text{eff}} + \text{i}k_{\text{eff}} = \sqrt{\varepsilon_{\text{eff}}} \tag{2.6}$$

当将图 2.2 所示的实际薄膜视为孔隙与固体组分的混合物时,式(2.5)提供了一种方法,可以定量地理解孔隙对薄膜光学常数的影响。

对于球形嵌入物,$L = 1/3$。注意:$\varepsilon_h = 1$ 的结果是洛伦兹-洛伦茨(Lorentz-Lorenz)混合方法,对于 $\varepsilon_h = \varepsilon_{\text{eff}}$,从式(2.5)获得布鲁格曼(Bruggeman)方法(也称为 EMT 有效介质理论或 EMA 有效介质近似)。如果混合物其中一个本身充当主体材料(主-客体系统),那么,我们就会使用麦克斯韦·加内特(Maxwell Garnett)方法。

注意:L 在物理上的合理值受边界 $L = 0$ 和 $L = 1$ 的限制。无论如何选择 ε_h,在这些情况下,式(2.5)有更简单的关系,即

14

$$L = 0 \Rightarrow \varepsilon_{\text{eff}} = \sum_j p_j \varepsilon_j \qquad (2.7)$$

$$L = 1 \Rightarrow \varepsilon_{\text{eff}}^{-1} = \sum_j p_j \varepsilon_j^{-1} \qquad (2.8)$$

在具有正实数介电函数的二元混合物中,式(2.7)和式(2.8)构成了二元混合物的介电函数的维纳边界。

另一方面,式(2.7)和式(2.8)可以看作一类由经验公式得出的混合模型的极限情况,如式(2.9)所述,即

$$\varepsilon_{\text{eff}}^{\beta} = \sum_j p_j \varepsilon_j^{\beta} \quad (-1 \leqslant \beta \leqslant 1) \qquad (2.9)$$

式(2.9)是利希特内克(Lichtenecker)混合公式[9]的一般写法,对于 $\beta = \pm 1$,我们再次得到式(2.7)和式(2.8)。$\beta = 1/2$ 对应于混合物折射率是线性叠加的模型。事实证明,这种方法可用于设计由氧化物薄膜混合物构成的褶皱滤光片[10]。对于 $\beta = 1/3$,式(2.9)的结果是 Looyenga 混合公式,对于各向同性的嵌入物,可以得到精确的混合公式,并且假设在单个 ε_j 值之间仅有很小的差异[11]。

2.3.3 多孔薄膜的应用

假设柱状薄膜结构由独立的圆柱体构成,布拉格(Bragg)和皮帕德(Pippard)的混合模型可能是模拟混合物复折射率 $\hat{n}$ 的一个很好的选择。当考虑一种二元混合物时,根据模型式(2.5),其中孔隙部分是主体介质,固体部分为嵌入物(客体)。在具有柱状结构的薄膜中,设置 $L = 1/2$ 是合理的。然后从式(2.5)得到

$$\hat{n}^2 = \frac{(1-p_s)\,\hat{n}_v^4 + (1+p_s)\,\hat{n}_v^2 \hat{n}_s^2}{(1+p_s)\,\hat{n}_v^2 + (1-p_s)\,\hat{n}_s^2} \qquad (2.10)$$

式中:p_s 为固体部分的体积填充系数(或聚集密度);$\hat{n}_s$ 为固体部分的复折射率;$\hat{n}_v$ 为孔隙或空气部分的复折射率;$1-p_s$ 为孔隙率。从薄膜复折射率的实际测量值 $\hat{n}_v$ 和 $\hat{n}_s$ 确定聚集密度,因此它提供了关于薄膜微观结构的信息。

下面将介绍 3 种不同的光学方法估算孔隙率。

1. 从可见光谱区的折射率估算填充密度

在这种情况下,所有的光学常数都可以看成是实数,并且聚集密度可以直接从式(2.10)反演确定,即

$$p_s = \frac{(n_v^2 - n^2)(n_v^2 + n_s^2)}{(n_v^2 - n_s^2)(n_v^2 + n^2)} \qquad (2.11)$$

当在大气中下测定 n 时($n = n_{\text{atm}}$),假设孔隙充满水是合理的,即 $n_v = 1.33$。作为 n_s 的近似值,可以采用相当致密的薄膜折射率。

2. 从热光谱漂移和真空光谱漂移估算聚集密度

通常,当多孔薄膜在大气条件下储存一定时间后,大部分孔隙都充满了水。通过测量漂移值[12]可判断薄膜的含水量。我们测试漂移的基本思想是:首先在室温大气条件下测量样品的透射光谱与在100℃真空中抽空样品室后测量的透射光谱进行比较。图 2.6 显示了在熔融二氧化硅上氧化锆薄膜的光谱漂移测试结果,有关测试仪器的详细信息请参阅第 8 章。

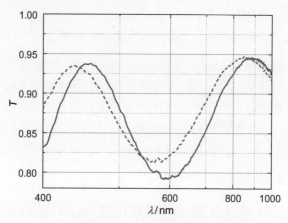

图 2.6　光谱漂移测量:氧化锆薄膜在大气中室温下
(实线)和 100℃真空中(虚线)的透射率光谱

水迁移和样品加热两个因素都会引起薄膜光学厚度的变化,可以根据以下条件对所选干涉结构的正入射光谱的波长 λ_m 的漂移(Shift)量化,即

$$\text{shift} = \frac{\Delta(nh)}{nh} \times 100\% = \frac{\lambda_{m,\text{vacuum},100℃} - \lambda_{m,\text{atmosphere},\text{roomtemperature}}}{\lambda_{m,\text{atmosphere},\text{roomtemperature}}} \times 100\%$$

$$= \frac{\Delta n}{n} \times 100\% + \frac{\Delta h}{h} \times 100\% \tag{2.12}$$

式中:Δn 是由于水迁移引起的折射率变化。当进一步考虑了热膨胀,设定 $\Delta h/h \times 100\% \approx 0.2\%$ 时,在真空条件下(100℃)薄膜折射率 n_{vac} 根据下式得出,即

$$n_{\text{vac}} = n_{\text{atm}} + \Delta n = n_{\text{atm}}\left(1 + \frac{\text{shift} - 0.2\%}{100\%}\right) \tag{2.13}$$

式中:n_{atm} 为在室温下测定的薄膜折射率。实际上,假设在与漂移测量相关的短暂排空时间内,并非所有的水都会离开薄膜,相反,可能只是一部分孔隙失去水。为了简单起见,我们称这些孔隙为"大孔隙"(Large Pores)。其他的孔隙仍然充满了水,我们称为"小孔隙"(Small Pores)。因此,薄膜的固体组分和较小的孔隙构成了一个子系统,在光谱漂移测量过程中几乎不改变其折射率 n_0。

根据式(2.10)和式(2.13),n_0的表达式为

$$n_0^2 = \frac{(n_v^2-1)(n_{atm}^2 n_{vac}^2 - n_v^2)}{2(n_v^2 n_{vac}^2 - n_{atm}^2)} \pm \sqrt{\left[\frac{(n_v^2-1)(n_{atm}^2 n_{vac}^2 - n_v^2)}{2(n_v^2 n_{vac}^2 - n_{atm}^2)}\right]^2 + n_v^2}\Bigg|_{n_v=1.33} \qquad (2.14)$$

然后我们得到"大孔隙"(比较式(2.11),即

$$p_{\text{large pores}} = 1 - \frac{(n_v^2-n_{atm}^2)(n_v^2+n_0^2)}{(n_v^2-n_0^2)(n_v^2+n_{atm}^2)}\Bigg|_{n_v=1.33} = 1 - \frac{(1-n_{vac}^2)(1+n_0^2)}{(1-n_0^2)(1+n_{vac}^2)} \qquad (2.15)$$

根据式(2.11),由固体组分和较小孔隙组成的子系统的聚集密度为

$$p_{\text{subsystem}} = \frac{(n_v^2-n_0^2)(n_v^2+n_s^2)}{(n_v^2-n_s^2)(n_v^2+n_0^2)}\Bigg|_{n_v=1.33} \qquad (2.16)$$

因此,对于式(2.10)或式(2.11)定义的全聚集密度 p_s,我们得到

$$p_s = (1-p_{\text{large pores}})p_{\text{subsystem}} \qquad (2.17)$$

最后,根据式(2.15)和式(2.17)计算出"小孔隙"对应的体积系数,即

$$p_{\text{small pores}} = 1 - p_{\text{large pores}} - p_s = (1-p_{\text{large pores}})(1-p_{\text{subsystem}}) \qquad (2.18)$$

在我们的术语中,结合漂移和折射率讨论的价值在于能够区分较大和较小的孔隙。当然,完整的孔隙率为

$$p_{\text{pores}} = p_{\text{small pores}} + p_{\text{large pores}} \qquad (2.19)$$

3. 用红外光谱法估算含水率

水在红外波段具有特征吸收带,我们将重点研究在 3400cm^{-1} 波数附近的 O-H 伸缩振动上。我们将根据红外光谱,再次利用式(2.10)估算薄膜中的水含量,但现在应使用相应光学常数的虚部。在这种情况下,探究图 2.4 所示的 MIR 光谱区底部的显著吸收结构。

然后,根据参考文献[12]的积分方法估算含水量,即

$$p_{\text{H}_2\text{O,FTIR}} \propto \int_{v_1}^{v_2} n(v)\alpha(v)\,\mathrm{d}v \qquad (2.20)$$

式中:$\alpha = 4\pi vk$(对比式(1.8));$v_1 = 2650\text{cm}^{-1}$;$v_2 = 4000\text{cm}^{-1}$。该方法通过式(2.10)中的模拟进行了校准,由此得到关系式(2.20)中被积函数,如图 2.7 所示。

进行校准后,根据式(2.20)从实验的光学常数可以估算薄膜中的含水量。

由于可能对 MIR 吸收有其他的贡献(任何 OH-,NH-,或源自大量可能污染的 CH-红外活性振动),我们的 FTIR 处理更像是对水含量上限的估算。因此,在大气条件下由式(2.20)测定的水含量 $p_{\text{H}_2\text{O,FTIR}} > 1-p_s$。

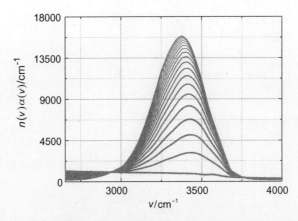

图 2.7 模拟:致密的氧化锆薄膜(最接近图底部的线)与水混合的
光学常数的乘积 $n(v)\alpha(v)$(增量 5%)

结果:

图 2.8 给出了 400nm 波长下折射率和漂移量的实验结果。在横坐标上,利用辅助参数 AP 量化等离子体在薄膜生长过程中的作用,量化方法为偏置电压[5]的平方根除以平均生长速率[12]。

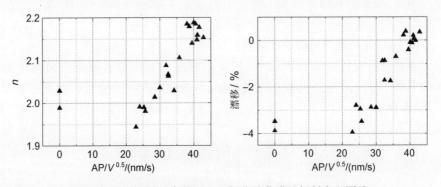

图 2.8 在不同辅助参数下沉积氧化锆薄膜的折射率和漂移

从图 2.8 可以明显看出,折射率和漂移都受到辅助参数的强烈影响。强辅助制备的薄膜的折射率似乎最高,漂移可以忽略不计;因此,我们期望它们的孔隙率是最低的。我们的理论方法应用得到了以下的孔隙率结果(图 2.9)。

我们注意到,在图 2.9(a)中使用两种方法获得了完全孔隙率对辅助参数的依赖性,与第三种方法(FTIR)获得的结果在定性上具有一致性。然而,正如所预期的那样,发现 FTIR"孔隙率"值大于从 VIS 波段折射率获得的孔隙率值。这不仅是由于第三种方法对不同种类污染的敏感性所引起的;事实上,经过精细处

18

理后,硅片上的样品(用于 FTIR 研究)确实比熔融石英上的样品具有另一种孔隙率(在大多数情况下更高)[2]。因此,我们最初假设光学薄膜常数不依赖于基板,有助于初步了解有关辅助参数和孔隙率之间关系的大致趋势;更精细的定量处理需要分别讨论在熔融石英和硅片上的样品。结果证明,光学薄膜表征通常是一个迭代过程:最简单的初始模型揭示了稳健的总体趋势,而出现的不一致表明在后期使用更精细模型的必要性,以便理解定量细节的本质。

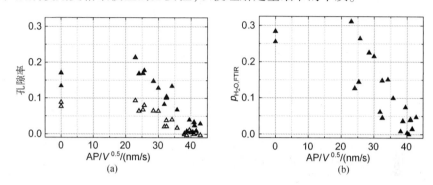

图 2.9　从光学测量获得的孔隙率

(a) 全三角形:完全孔隙率来自式(2.11)或式(2.19)的计算。空心三角形:
根据式(2.18)计算的小孔隙数量;(b) $p_{H_2O,FTIR}$ 由式(2.20)计算。

然而,最令人惊讶的是,相当大量的孔隙太小无法反应在漂移测量上,或含有具有相当低的电子极化率的污染物,这些污染物在化学上与氧化锆网络结合(图 2.9(a)空心三角形)。从傅里叶变换红外光谱(FTIR)数据以及薄膜沉积过程来看,这些小孔隙包含了某种 OH 基团,但是我们的光学测量无法证实这一假设。在这一点上,额外的非光学表征方法变得有用。在我们的例子中,通过能量色散 X 射线光谱 EDX[13]研究样品的化学计量比是有帮助的。

氧化锆薄膜的化学计量应包含原子数含量 66.7% 的氧,但是氧分子或水分子结合到孔隙中,以及化学结合的羟基都会使氧含量偏离 66.7%,确实可以观察到这样的结果(图 2.10)。EDX 测量通常在真空条件下进行,大孔隙中包含的水分子预计不会对 EDX 信号起作用。EDX 测量出的过量氧(图 2.10)应来自较小的孔隙或各种化学结合污染物。

我们注意到,AP 的增加减弱了过量氧的贡献(图 2.10),这与图 2.9(空心三角形)的漂移测量结果完全一致。值得注意的是,在早期的研究中也报道过氧化锆薄膜中过量的氧,如用卢瑟福背散射法测定氧浓度[14]。

我们得出的结论是:所有有关光学常数、漂移和氧浓度的数据都显示了薄膜中水含量及其聚集密度的一致性。

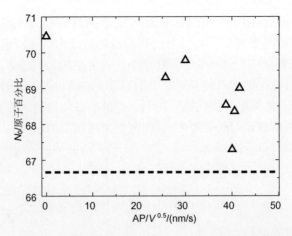

图 2.10　通过 EDX 测量氧化锆层内氧原子浓度对辅助参数的依赖性

后面的陈述也可以通过独立测量验证。在这方面,图 2.11 显示了由式 (2.11)确定的氧化锆薄膜的聚集密度与由 X 射线反射法(XRR)测定的薄膜质量密度 ρ 的关系。

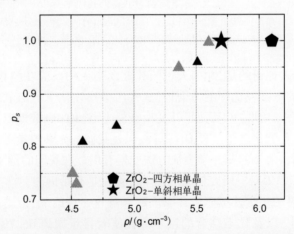

图 2.11　根据式(2.11)得到的氧化锆聚集密度与 XRR 得到的质量密度 ρ 之间的关系 (灰色三角形:硅片上的样品;黑色三角形:熔融石英上的样品。提供晶体数据用于参考)

从图 2.11 中我们可以看到,薄膜的质量密度和聚集密度之间具有极好一致性,这是从可见光谱中的折射率得到的,实验结果依赖性甚至收敛到与单斜氧化锆晶体相有关的晶体值。

当然,在我们的处理中引入的小孔隙和大孔隙的区别是相对的。很明显,在区分"大"和"小"孔隙时,漂移测量的持续时间确实很重要:当样品保持在真空条件下等待足够长的时间,甚至有可能排空更小的孔隙。关于这个问题的定量考虑是下一节的内容。

讨论:多孔薄膜中水迁移的简单模型。

现在让我们建立一个简单的关于多孔薄膜中水迁移动力学模型。

该模型的总体思路如图 2.12 所示。与之前一样,假设薄膜中有不同类型的孔隙共存,即大的、细长的开放孔隙和小的、相当孤立的、(几乎)封闭的孔隙。原则上,两者都可以被水填充,而对于不同类型孔隙填充率 κ 相差很大。实际上,让我们对填充动力学做出以下模型假设。

(1) "大孔隙"以填充率或排空率 $\kappa_\perp$ 将水直接与周围环境交换(在图 2.12 实线箭头),主要应用到细长的圆柱形孔的末端,这些孔的直径通常在 $1 \sim 3\text{nm}$ 范围内,并对薄膜表面是开放的。

(2) "小孔隙"以填充率或排空率 $\kappa_\parallel$ 与具有大孔隙的水交换(图 2.12 中的虚线箭头)。

(3) $\kappa_\perp$ 是在圆柱形大孔隙内的毛细管和液体摩擦相互作用决定的[15,16], $\kappa_\parallel$ 由 O、H、OH 或 H_2O 通过缺陷原子网络的扩散决定的。因此,我们做出合理的假设 $\kappa_\perp \gg \kappa_\parallel$。

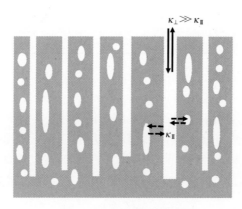

图 2.12 多孔薄膜的模型

假设样品在大气中停留足够长的时间,这样所有的孔隙基本上都充满了水。以 y 表示薄膜的全含水量,y_l 表示大孔隙的填充程度,y_s 表示小孔隙的填充程度。

进一步假设,在 t_0 时刻薄膜处于真空状态,因此周围几乎没有水,这是由环境参数 y_0 控制的,该参数设置为 0。因此,薄膜的排空动力学可以用以下速率方程组描述,即

$$p_{\text{large pores}} = \frac{\mathrm{d}y_l}{\mathrm{d}t} = p_{\text{large pores}}\kappa_\perp(y_0 - y_l) - p_{\text{small pores}}\frac{\mathrm{d}y_s}{\mathrm{d}t}$$

$$\frac{dy_s}{dt} = p_{\text{large pores}} \kappa_{\text{II}} (y_l - y_s)$$

$$y_0 = 0, \quad y_l(t=0) = 1, \quad y_s(t=0) = 1 \tag{2.21}$$

式中:$p_{\text{large pores}}$ 为大孔隙所占体积分数;$p_{\text{small pores}}$ 为小孔隙所占体积分数。作为式(2.21)的解,得到式(2.22)(比较第 8 章)中给出的全水含量为

$$y(t) \equiv p_{\text{small pores}} y_s(t) + p_{\text{large pores}} y_l(t)$$

$$\approx p_{\text{small pores}} e^{-p_{\text{large pores}} \kappa_{\text{II}} t} + p_{\text{large pores}} e^{-\kappa_{\perp} t} \tag{2.22}$$

在中等孔隙率的多孔膜中,可能存在较大的圆柱形孔隙(比较图 1.2 和图 2.2)。我们的经验是,在这样的薄膜中,$\kappa_{\perp}^{-1}$ 通常是几分钟的量级,而 $(p_{\text{large pores}} \kappa_{\text{II}})^{-1}$ 则相当于几小时或几天。因此,典型的漂移测量方法检测的是与"大开放孔隙"排空有关的效果。表 2.3 给出了关于式(2.22)在不同时间范围内输出的一些更详细的信息。

表 2.3 不同排空时间范围的孔隙中水含量

时间特征	条 件	根据式(2.22)得到水含量 $y(t)$
0	$t=0$	$y(t) = p_{\text{small pores}} + p_{\text{large pores}}$
I	$t \ll \kappa_{\perp}^{-1}$	$y(t) \approx p_{\text{small pores}} + p_{\text{large pores}}$
II	$\kappa_{\perp}^{-1} \ll t \ll (p_{\text{large pores}} \kappa_{\text{II}})^{-1}$	$y(t) \approx p_{\text{small pores}}$
III	$(p_{\text{large pores}} \kappa_{\text{II}})^{-1} \ll t$	$y(t) \to 0$

存储在大气中样品的 FTIR 和折射率测量对应于时间范围 0 或 I 中的测量值,因此可以得到完整的孔隙率 $p = p_{\text{small pores}} + p_{\text{large pores}}$(图 2.9)。漂移量的测量可以检测到 0 到 II 的时间范围内水分含量的变化,因此,实际上是通过漂移测量量化大孔隙的体积分数,与全孔隙率的比较可以估计出小孔隙的体积分数(图 2.9(a))。EDX 测量结果显示了时间范围 II 中的氧气浓度,因此,通过这种方式可以获得较小孔隙的比例(图 2.10)。时间范围 III 对样品的储存和老化有很大的影响。

2.4 结论

在结束本章之前,我们要指出,光谱(VIS,MIR)与 EDX 和 XRR 的结合揭示了氧化锆薄膜孔隙率表征的一致性,其微观结构与理想的均匀、各向同性层模型差别很大。综上所述,图 2.13 以示意图的方式展示了本章所列的各个表征方法之间的相互匹配关系。

图 2.13 展示了从不同表征技术中获得的相关信息。通过 XRR 获得的 VIS

波段折射率和质量密度原则上可以获得全孔隙率,FTIR 方法仅检测含有各种羟基的那些孔隙。漂移测量可以区分水迁移(大的或开放的)的孔隙和没有水迁移(小的或封闭的)的孔隙。在真空条件下进行的 EDX 测量,粗略地测量在排空过程中没有迁移的羟基含量。因此,这两种方法都不是最受欢迎的方法,事实上,使用它们的组合可以估算实际样品的孔隙数量和种类。

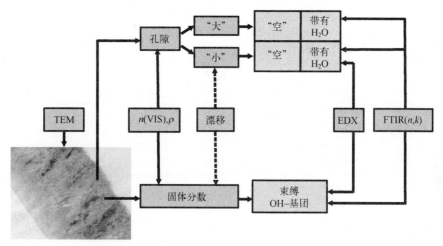

图 2.13   所讨论的表征方法与氧化锆薄膜孔隙率的关系

致谢:

作者对博士研究生 Christian Franke 表示感谢,他在博士论文工作中进行了大量的孔隙率计算并绘制了图 2.7。

参考文献

[1] O. Stenzel, The Physics of Thin Film Optical Spectra: An Introduction. Springer Series in Surface Sciences, vol. 44, 2. edn (Springer, Berlin, 2015)
[2] C. Franke, O. Stenzel, S. Wilbrandt, S. Schröder, L. Coriand, N. Felde, A. Tünnermann, Porosity and optical properties of zirconia films prepared by plasma ion assisted deposition. Appl. Opt. **56**, 3913–3922 (2017)
[3] M. Born, E. Wolf, *Principles of Optics* (Pergamon Press, Oxford, 1968)
[4] H. Paul, Photonen. Eine Einführung in die Quantenoptik (Teubner Stuttgart, 1995)
[5] S. Pongratz, A. Zöller, Plasma ion assisted deposition: a promising technique for optical coatings. J. Vac. Sci. Techn. A **10**, 1897–1904 (1992)
[6] O. Stenzel, S. Wilbrandt, K. Friedrich, N. Kaiser, Realistische Modellierung der NIR/VIS/UV-optischen Konstanten dünner optischer Schichten im Rahmen des Oszillatormodells. Vak. Forsch. Prax. **21**(5), 15–23 (2009)
[7] H. Downing, D. Williams, Optical Constants of Water in the Infrared. J. Geogr. Res. **80**, 1656–1661 (1975)

[8] D.E. Aspnes, J.B. Theeten, F. Hottier, Investigation of effective-medium models of microscopic surface roughness by spectroscopic ellipsometry. Phys. Rev. B **20**, 3292–3302 (1979)

[9] T.P. Leão, E. Perfect, J.S. Tyner, Evaluation of Lichtenecker's mixing model for predicting effective permittivity of soils at 50 MHz. Trans. ASABE **58**(1), 83–91 (2015)

[10] A.V. Tikhonravov, M.K. Trubetskov, T.V. Amotchkina, M.A. Kokarev, N. Kaiser, O. Stenzel, S. Wilbrandt, D. Gäbler, New optimization algorithm for the synthesis of rugate optical coat-ings. Appl. Opt. **45**, 1515–1524 (2006)

[11] L.D. Landau, E.M. Lifschitz, in, Lehrbuch der theoretischen Physik, Bd. VIII: Elektrodynamik der Kontinua [engl.: Textbook of theoretical physics, vol. VIII: Electrodynamics of continuous media] (Akademie-Verlag, Berlin, 1985)

[12] O. Stenzel, Optical Coatings Material Aspects in Theory and Practice (Springer, Berlin, 2014)

[13] O. Stenzel, S. Wilbrandt, Optical characterization of high index metal oxide films for UV/VIS applications, prepared by Plasma Ion Assisted Deposition, in *Proceedings of SPIE,* vol. 9627, (2015),pp. 962709-1–923709-12

[14] E.E. Khawaja, F. Bouamrane, A.B. Hallak, M.A. Daous, M.A. Salim, Observation of oxygen enrichment in zirconium oxide films. J. Vac. Sci. Technol., A **11**, 580–587 (1993)

[15] P. Meakin, A.M. Tartakovsky, Modelling and simulation of pore-scale multiphase fluid flow and reactive transport in fractured and porous media. Rev. Geophys. **47**, (2009), https://doi.org/10.1029/2008rg000263

[16] K.P. Hapgood, J.D. Litster, S.R. Biggs, T. Howes, Drop penetration into porous powder beds. J. Colloid Interface Sci. **253**, 353–366 (2002)

第3章 宽光谱区薄膜表征的通用色散模型

丹尼尔·弗兰塔 吉里·沃达克娜 马丁·塞马克①

摘 要 通用色散模型是描述固体中基本元激发色散模型(对介电响应的贡献)的集合。本章介绍的所有贡献都满足色散理论的基本条件(时间反演对称性,Kramers-Kronig(KK)一致性和有限求和规则积分),每部分的贡献以统一的形式表达。在这种形式中,贡献的谱分布是参数化的,使用的是与求和规则相关的归一化色散函数。这些归一化色散函数必须乘以与带电粒子密度相关的跃迁强度参数。分离对跃迁强度和归一化谱分布的贡献是有益的,因为可以使我们优雅地在这些模型中引入温度依赖性。

3.1 简介

色散模型用于描述材料的介电响应。根据色散理论,介电响应必须满足 3 个基本条件[1-7]和一个补充条件。对于热力学平衡中没有空间色散的各向同性材料,这些条件可以写成如下的介电函数。

(1) 时间反演对称性,即

$$\hat{\varepsilon}(\omega) = \hat{\varepsilon}^{*}(-\omega) \tag{3.1}$$

式中:*号表示共轭复数。该条件确保响应函数在时域上是实函数。

(2) Kramers-Kronig 关系,即

$$\varepsilon_r(\omega) = 1 + \frac{1}{\pi}\int_{-\infty}^{\infty}\frac{\varepsilon_i(\xi)}{\xi - \omega}\mathrm{d}\xi \tag{3.2}$$

式中:下标'r'和'i'表示实部和虚部;积分为柯西主值积分。条件式(3.1)可以将 KK 关系式(3.2)写为

① 丹尼尔·弗兰塔(⊠),吉里·沃达克娜,马丁·塞马克

马萨里克大学理学院,物理电子学系,捷克共和国布尔诺,卡特利雅斯克 2 号,邮编 261137

e-mail: franta@ physics. muni. cz

$$\varepsilon_r(\omega) = 1 + \frac{2}{\pi}\int_0^\infty \frac{\xi\varepsilon_i(\xi)}{\xi^2 - \omega^2}d\xi \qquad (3.3)$$

KK 关系符合响应函数的因果关系。

(3) 求和规则,即

$$\int_0^\infty \omega\varepsilon_i(\omega)d\omega = \frac{2}{\pi}\omega_p^2 \qquad (3.4)$$

式中:常数 ω_p 为等离子体频率,它与电子密度 N_e 有关,即[7]

$$\omega_p^2 = \frac{e^2 N_e U}{\epsilon_0 m_e} \qquad (3.5)$$

无量纲修正因子 U 补偿正电核的影响。如果核子数与质子数的比值为 2∶1,那么,这个因子的理论值是 $U = 1.000274$[7-11]。利用超收敛定理可以推导出求和规则。假设在高频下,所有材料的介电函数表达式都相同,则

$$\hat{\varepsilon}(\omega) \approx 1 - \frac{\omega_p^2}{\omega^2} \qquad (3.6)$$

等离子体频率项由式(3.5)计算,因为它对应于稀疏非相互作用的等离子体模型。求和规则也可以基于经典运动定律或量子运动定律导出。

(4) 耗散系统条件,即

$$\varepsilon_i(\omega) \geq 0 \quad (\omega > 0) \qquad (3.7)$$

该条件对应于热力学平衡的系统。

本章只讨论无空间色散、非磁性介质的线性介电响应模型满足的 3 个基本条件。原则上,应使用张量介电函数代替标量介电函数。为简单起见,仅给出各向同性材料的标量介电函数的结果。然而,将这些模型推广应用到各向异性介质并不困难。

在本章中,将介绍适合于描述各种元激发模型的集合。这些模型的组合可用于描述从远红外到 X 射线的光谱区各种材料的完全介电响应。因此,这些模型的集合进一步称为通用色散模型(UDM),重点将放在可解析计算的介电函数模型上。虽然本章的目的是从实用的角度介绍色散模型,但是为了理解这些模型背后的原理,就必须具备凝聚态物理的基本知识。因此,在本章中介绍各向同性情况下的 UDM。

如果介电函数的虚部是已知的,那么,从 Kramers-Kronig 关系式(3.2)和式(3.3)就可以计算介电函数的实部。甚至可以在广义介电函数的意义上理解这些关系,即介电函数的虚部可以包含 δ 函数或不连续性。对于表示介电函数虚部的逆 Kramers-Kronig 关系情况更复杂。Kramers-Kronig 关系的一般形式为

$$\varepsilon_i(\omega) = -\frac{1}{\pi}\int_{-\infty}^{\infty}\frac{\varepsilon_r(\xi)-1}{\xi-\omega}\mathrm{d}\xi + \frac{\lim_{\xi\to 0}\xi\varepsilon_i(\xi)}{\omega} \qquad (3.8)$$

或

$$\varepsilon_i(\omega) = -\frac{2\omega}{\pi}\int_{-\infty}^{\infty}\frac{\varepsilon_r(\xi)-1}{\xi^2-\omega^2}\mathrm{d}\xi + \frac{\lim_{\xi\to 0}\xi\varepsilon_i(\xi)}{\omega} \qquad (3.9)$$

在式(3.2)中的第二项和式(3.8)中的第一项表示极化率 $\hat{\chi}(\omega)=\hat{\varepsilon}(\omega)-1$ 的虚部和实部的希尔伯特变换与希尔伯特逆变换。式(3.8)的第二项对于电介质为零,但对于导电材料则不为零。因此,对于导电材料,不可能简单地将极化率函数的虚部计算为实部的逆希尔伯特变换[6]。如果把 Kramers-Kronig 关系写成与 $\omega\hat{\chi}(\omega)$ 成比例的量(如复光学电导率 $\hat{\sigma}(\omega)=-\mathrm{i}\omega\varepsilon_0\hat{\chi}(\omega)$)就可以避免这个问题。对于这样的量,Kramers-Kronig 关系仅由希尔伯特变换给出。

3.2　理论背景

3.2.1　经典模型

起初,经典模型被用于所有物质的建模。在经典模型的理论体系内,介质被描述为由大量带电粒子系统形成的准中性环境。考虑两种类型的力,回复力使粒子回到平衡位置,阻尼力使粒子减速,不必考虑形成系统的所有粒子。由于具有相同结构的相同粒子表现出相同的行为,因此,可以考虑由 m 个非等效耦合粒子组成的具有相同行为的系统。考虑到上面的因素(在各向同性情况下),该问题需要解 m 个线性常微分方程,这些方程很容易解决[12]。这样系统的介电函数可以用封闭的矩阵方程描述,即

$$\hat{\boldsymbol{\varepsilon}}(\omega) = 1 + \boldsymbol{\omega}_p^{\mathrm{T}}[\boldsymbol{S}-\omega^2\boldsymbol{I}-\mathrm{i}\omega\boldsymbol{G}]^{-1}\boldsymbol{\omega}_p \qquad (3.10)$$

式中:列向量 $\boldsymbol{\omega}_p$ 包含了等离子体频率。它们与各个模式的有效密度的平方根成正比,即

$$\boldsymbol{\omega}_p^{\mathrm{T}} = (\omega_{p,1}, \omega_{p,2}, \cdots, \omega_{p,m}) \qquad (3.11)$$

式中:符号 T 表示转置;矩阵 $\boldsymbol{S}$ 是对角线矩阵,对角线上元素为中心频率的平方(自由载流子可以用零频率来描述),即

$$\boldsymbol{S} = \begin{pmatrix} \omega_{c,1}^2 & 0 & \cdots & 0 \\ 0 & \omega_{c,2}^2 & \cdots & 0 \\ \vdots & \vdots & \ddots & \vdots \\ 0 & 0 & \cdots & \omega_{c,m}^2 \end{pmatrix} \qquad (3.12)$$

27

式中:I 为单位矩阵;G 为实对称正定矩阵,即

$$G = \begin{pmatrix} \gamma_{11} & \gamma_{12} & \cdots & \gamma_{1m} \\ \gamma_{12} & \gamma_{22} & \cdots & \gamma_{2m} \\ \vdots & \vdots & \ddots & \vdots \\ \gamma_{1m} & \gamma_{2m} & \cdots & \gamma_{mm} \end{pmatrix} \tag{3.13}$$

式中:γ_{lk} 是阻尼参数。矩阵 G 的正定性保证了系统是耗散的。使用 Cholesky 分解很方便地将矩阵 G 参数化,即

$$G = BB^{\mathrm{T}} \tag{3.14}$$

式中:B 为对角线上具有正项的下三角矩阵。在经典模型中,每个模式有确定的频率、强度和阻尼 3 个参数,再加上确定模式间耦合的 $m(m-1)/2$ 个附加参数,因此,色散参数的总数为 $3m + m(m-1)/2$。

介电响应式(3.10)是具有耦合模式的阻尼谐振子(DHO)系统的一般结果。实际上,通常可以假设振子是独立的。在这种情况下,矩阵 G 是对角线矩阵,得到的模型称为 Drude-Lorentz 模型。将 Drude-Lorentz 模型的介电函数表示为[13]

$$\hat{\varepsilon}(\omega) = 1 + \sum_k \frac{\omega_{c,k}^2}{\omega_{c,k}^2 - \omega^2 - \mathrm{i}\gamma_k \omega} \tag{3.15}$$

式中:$\gamma_k \equiv \gamma_{kk}$。$\omega_{c,k} = 0$ 的项对应于描述自由电荷介电响应的德鲁特模型,具有非零 $\omega_{c,k}$ 的项对应于描述束缚电荷介电响应的 Lorentz 模型。

经典模型由运动方程推导出,保证其满足时间反转对称性并且 KK 是一致的。从渐近行为可以证明,求和规则积分仅取决于等离子体频率参数,即

$$\int_0^\infty \omega \varepsilon_i(\omega) \mathrm{d}\omega = \frac{\pi}{2} \sum_k \omega_{p,k}^2 \tag{3.16}$$

上述经典模型以本征振动模式为基础,即 $\omega_{p,k}^2$ 表示振动模式的强度,但是求和规则在单个粒子的基础上也采用相同的形式。因此,所有振动模式下的等离子体频率之和为

$$\sum_k \omega_{p,k}^2 = \omega_p^2 \tag{3.17}$$

式中:ω_p 为式(3.5)系统中与粒子密度相关的等离子体频率。

经典模型在某种意义上是通用的,它可用于模拟固体中的各种吸收现象。对于某些现象,经典模型的精度是足够的,但对于其他许多现象,使用合理数量的项也不可能达到所需的精度。这并不奇怪,因为纯粹基于经典力学(如带隙)的模型无法描述许多量子力学效应。因此,人们应该寻找更适合描述这种现象的其他模型。

3.2.2 基于量子力学的模型

原则上,可以将固体描述为多体系统,并使用量子力学定律推导介电响应。这种方法称为从头开始计算,对于研究固体的特性非常重要,因为它们不需要任何实验输入。然而,它在数值上是密集型的,而且目前的近似方法不够精确和不够快,不足以在实践中用作色散模型(详情见第4章)。实际的色散模型是基于量子力学理论中已知的结果,但除此之外,还需要一些经验知识。

对于温度为 T 的开放量子力学系统,使用费密黄金法则(或者 Kubo 公式)[10,13-16]表示介电函数是一个很好的起点。在偶极子近似的理论体系中,介电函数的实部和虚部表示为

$$\varepsilon_r(E) = 1 + \frac{2}{\epsilon_0 V} \sum_{i,f}^{f \neq i} P_i(T) \, |\langle f|\hat{d}_x|i\rangle|^2 \, \frac{E_f - E_i}{(E_f - E_i)^2 - E^2} \tag{3.18}$$

$$\varepsilon_r(E) = 1 + \frac{2}{\epsilon_0 V} \sum_{i,f}^{f \neq i} P_i(T) \, |\langle f|\hat{d}_x|i\rangle|^2 [\delta(E_f - E_i - E) - \delta(E_i - E_f - E)] \tag{3.19}$$

式中:求和运算包含了所有可能的初态 $|i\rangle$ 和终态 $|f\rangle$;符号 V 为系统的体积;符号 $E(E = \hbar\omega)$ 为与频率有关的光子能量;符号 E_i 和 E_f 分别为系统的初态和终态的能量。光与量子系统相互作用表现为光子的受激吸收或发射,同时系统从初态跃迁到终态。在式(3.19)中,吸收和发射过程由虚部中的 δ 函数表示。在能态无限寿命近似中,δ 函数的使用是正确的。态的有限寿命导致态能量波动,并且 δ 函数必须用有限宽度的函数代替,在 3.2.3 节中将详细讨论。式(3.18)实数部分是使用极点的 KK 关系式(3.2)计算的。这些函数的符号取决于吸收过程($E_i < E_f$)还是发射过程($E_i > E_f$)。跃迁的概率由偶极矩阵元 $\langle f|\hat{d}_x|i\rangle$ 大小的平方给出,其中 $\hat{d}_x$ 是沿平行于外部电场的坐标 x 的偶极算符,即

$$\hat{d}_x = \sum_j q_j \hat{x}_j \tag{3.20}$$

在上面的表达式中,j 上的求和运算包括了所有带电荷 q_j 和位置算符 $\hat{x}$ 的粒子。因此,对于表示吸收过程的式(3.19)中的每一项,都有一项表示具有相同跃迁概率的反向发射过程。这些项具有相反的符号,但是对于吸收过程 $E_i < E_f$ 和发射过程 $E_i > E_f$,发现系统处于初始状态 $|i\rangle$ 的概率 $P_i(T)$ 是不同的。由于这个原因净贡献是非零的。在平衡状态下,系统由正则分布描述,发现系统中处于 $|i\rangle$ 态的概率由下式给出,即

$$P_i(T) = \exp\left(\frac{\Omega - E_i}{k_B T}\right) \tag{3.21}$$

由归一化条件确定正则势 Ω 为

$$\sum_i P_i(T) = \sum_i \exp\left(\frac{\Omega - E_i}{k_B T}\right) = 1 \tag{3.22}$$

注意:对于处于平衡态的系统,吸收过程的概率高于反向发射过程的概率。因此,对于所有正光子能量 E,在式(3.19)中的介电函数虚部贡献都是正的。介电函数虚部为正的条件是色散模型必须满足的耗散系统的第四个补充条件。在经典模型中,由阻尼系数式(3.13)组成的矩阵 G 的正定性保证了满足该条件。

式(3.18)和式(3.19)中的偶极矩阵元可以使用当前矩阵元重写,即

$$|\langle f|\hat{d}_x|i\rangle|^2 = \frac{\hbar^2 |\langle f|\hat{j}_x|i\rangle|^2}{(E_f - E_i)^2} \tag{3.23}$$

式中:$\hat{j}_x$ 为与单个粒子的动量算符 $\hat{p}_{x,j}$ 相关的体积分电流密度算符(或简称电流算符[16]),即

$$\hat{j}_x = \sum_j \frac{q_j}{m_j}\hat{p}_{x,j} \tag{3.24}$$

介电函数的虚部表示为

$$\varepsilon_i(E) = \frac{\pi\hbar^2}{\epsilon_0 V}\sum_{i,f}^{f \neq i} P_i(T)\frac{|\langle f|\hat{j}_x|i\rangle|^2}{(E_f - E_i)^2}[\delta(E_f - E_i - E) - \delta(E_i - E_f - E)] \tag{3.25}$$

由于 δ 函数确保 $|E_f - E_i| = E$,分母中的因子 $(E_f - E_i)^2$ 可以写成 E^2 并放在总和之外。因此,如果我们将联合态密度(JDOS)函数定义为

$$J(E) = \frac{\pi\hbar^2}{\epsilon_0 V}\sum_{i,f}^{f \neq i} P_i(T)|\langle f|\hat{j}_x|i\rangle|^2[\delta(E_f - E_i - E) - \delta(E_i - E_f - E)] \tag{3.26}$$

然后介电函数的虚部简化为

$$\varepsilon_i(E) = \frac{J(E)}{E^2} \tag{3.27}$$

在某些情况下,定义 JDOS 函数时不包含和中的矩阵元,即

$$J(E) = \frac{1}{V}\sum_{i,f}^{f \neq i} P_i(T)[\delta(E_f - E_i - E) - \delta(E_i - E_f - E)] \tag{3.28}$$

只有当矩阵元独立于 i 和 f 时,这个函数才与 JDOS 函数式(3.26)一致。在窄能量区发生相同类型的跃迁时,常使用矩阵元的常数近似值。但是,通常不能将矩阵元假设为常数。除了函数 $\varepsilon_i(E)$ 和 $J(E)$ 之外,还可以方便地引入函数 $F(E)$,即

$$F(E) = \frac{\pi \hbar^2}{\epsilon_0 V} \sum_{i,f}^{f \neq i} P_i(T) \frac{|\langle f | \hat{j}_x | i \rangle|^2}{E_f - E_i} [\delta(E_f - E_i - E) + \delta(E_i - E_f - E)]$$

(3.29)

这个函数称为跃迁强度函数,它与介电函数的虚部有关,即

$$\varepsilon_i(E) = \frac{F(E)}{E}$$

(3.30)

值得注意的是,在偶极子近似理论体系内的跃迁强度函数为常数因子,等于复电导率 $\sigma_r(E) = F(E)\varepsilon_0/\hbar$ 的实部。函数 $F(E)$ 很重要,因为它提供了经典求和规则与量子力学 Thomas - Reiche - Kuhn (TRK) 求和规则之间的联系[13,17]。TRK 求和规则可以分别应用于系统中存在的每种类型带电粒子(电子,不同的核)。TRK 求和规则进一步表明,在终态 f 上无量纲振子强度 f_{if}^k 的总和与初态 i 无关,并且等于系统中 k 类粒子数量,即

$$\frac{1}{V} \sum_f^{f \neq i} f_{if}^k = \mathcal{N}_k$$

(3.31)

式中:V 为系统的体积;$\mathcal{N}_k$ 为第 k 类粒子的密度。振子强度可以借助于偶极子 $\hat{d}_{xk}$ 的矩阵元或当第 k 类粒子的 $\hat{j}_{xk}$ 算符子定义,即

$$f_{if}^k = \frac{2m^k}{\hbar^2 q_k^2}(E_f - E_i) |\langle f | \hat{d}_{xk} | i \rangle|^2 = \frac{2m_k}{q_k^2} \frac{|\langle f | \hat{j}_{xk} | i \rangle|^2}{E_f - E_i}$$

(3.32)

式中:q_k 和 m_k 分别为第 k 类粒子的电荷和质量。注意:TRK 和规则式(3.31)是从量子力学的一般原理,并假设哈密顿量是仅取决于动能(仅依赖于动量算符)和势能之和(仅依赖于位置算符)。在偶极近似的体系中,可以使用跃迁强度函数写出 TRK 求和规则[7],即

$$\int_0^\infty F(E) \mathrm{d}E = \sum_k \frac{\pi}{2} \frac{(q_k \hbar)^2}{\epsilon_0 m_k} \mathcal{N}_k = \frac{\pi}{2} \frac{(e\hbar)^2}{\epsilon_0 m_e} \mathcal{N}_e \mathcal{U} = N$$

(3.33)

这等效于经典求和规则式(3.16)。在上述方程中引入的物理量 N 为总跃迁强度。理论上,N 的数量可以由已知的带电粒子密度确定。

虽然式(3.19)的右侧表示为 δ 函数的总和,但是由于系统中的能级数足够多,因此,可以使用连续的 JDOS 函数。实际上,将 JDOS 函数表达为对应于各个独立元吸收过程贡献之和是方便的。在理论和经验知识的基础上,建立了对应于各个独立元吸收过程的 JDOS 函数。虽然这些贡献可以用跃迁强度函数或介电函数的虚部表示,但是这种方法通常称为 JDOS 函数的参数化(PJDOS)。通过使用求和归一化项和对应于独立元吸收过程的跃迁强度参数,这样表达独立元吸收过程的贡献是有益的,总的跃迁强度函数为

$$F(E) = \sum_t N_t F_t^0(E) \tag{3.34}$$

式中:t 为单个过程贡献(项)的计数;N_t 为跃迁强度参数;$F_t^0(E)$ 为归一化跃迁强度函数。整个模型的色散参数包括跃迁强度参数 N_t 和函数 $F_t^0(E)$ 的参数,这些参数确定了单过程贡献的光谱分布(如带隙能量)。介电函数计算为

$$\varepsilon_r(E) = 1 + \sum_t N_t \frac{2}{\pi} \int_0^\infty \frac{F_t^0(x)}{x^2 - E^2} dx = 1 + \sum_t N_t \varepsilon_{r,t}^0(E) \tag{3.35}$$

$$\varepsilon_i(E) = \sum_t N_t \frac{F_t^0(E)}{E} = \sum_t N_t \varepsilon_{i,t}^0(E) \tag{3.36}$$

介电函数虚部的表达式来自式(3.30),实部由 KK 关系式(3.3)计算得到。在所采用的形式中,量 $\varepsilon_t^0(E)$ 是单个贡献的归一化极化率,但它们将称为对介电函数的归一化贡献或仅称为归一化介电函数。

注意:在推导上述表达式时,假设哈密顿量的本征态是已知的。为了描述介电响应的特定元激发,我们经常利用第二量子化,即使用单粒子状态和准粒子描述系统。应该进一步强调的是,总跃迁强度 N 可以使用系统中的实际粒子数表示,但是单个独立元激发跃迁强度不能用于计算这些过程中涉及的粒子密度。这些跃迁强度必须理解为对应于有效粒子数的强度,或者,必须考虑具有有效质量或有效电荷的粒子。例如,价电子激发的跃迁强度通常使用每个原子的有效价电子数 n_{ve}[4]描述,即

$$N_{ve} = \frac{2}{\pi} \frac{(e\hbar)^2}{\epsilon_0 m_e} \mathcal{N}_a n_{ve} \tag{3.37}$$

式中:$\mathcal{N}_a$ 为原子密度。自由载流子的跃迁强度通常用有效质量 $m*m_e$ 描述,即

$$N_{fc} = \frac{2}{\pi} \frac{(e\hbar)^2}{\epsilon_0 m * m_e} \mathcal{N}_d \tag{3.38}$$

式中:$\mathcal{N}_d$ 为掺杂物的密度。最后,用有效电荷 $q*e$ 表示声子激发的跃迁强度,即

$$N_{ph} = \frac{2}{\pi} \frac{(q*e\hbar)^2}{\epsilon_0 m_n} \mathcal{N}_n \tag{3.39}$$

式中:$\mathcal{N}_n$ 和 m_n 为原子核的密度和质量。

3.2.3 展宽

如上所述,对于在固体物理中遇到的复杂系统,不可能获得精确的量子力学解。在实际应用中,采用不同的近似模型表征单个元激发。例如,应用于晶体材

料的非相互作用粒子的近似,通常会产生 JDOS(或其一阶导数)中产生离散谱或不连续性,称为范霍夫奇点[18]。然而,在实际的吸收光谱中通常没有观察到。实际上,由于在近似模型中忽略了不同的效应,尖锐的结构变得模糊。导致吸收光谱中尖锐结构模糊(展宽)的原因是态的有限寿命(与温度相关,对于开放系统而言是固有的)或晶格中的各种不规则性(通常与温度无关)。然后,使用经验展宽过程模拟尖锐结构的模糊情况[19-30]。

在实践中,基于近似模型确定未展宽的 JDOS,然后将展宽的介电响应计算为表示该介电响应的函数与适当选择的归一化展宽函数 $\beta(x)$ 的卷积。由于展宽过程是一种经验方法,因此,在应用展宽过程时哪个函数代表介电响应并不明显。例如,展宽过程可以应用于函数 $\varepsilon_i(E)$、$F(E)$ 或 $J(E)$[31],即

$$\widetilde{\varepsilon}_i(E) = \int_{-\infty}^{\infty} \beta(E-t)\varepsilon_i(t)\,\mathrm{d}t \qquad \varepsilon\text{-展宽} \qquad (3.40)$$

$$\widetilde{\varepsilon}_i(E) = \frac{\widetilde{F}(E)}{E} = \frac{1}{E}\int_{-\infty}^{\infty} \beta(E-t)F(t)\,\mathrm{d}t \qquad F\text{-展宽} \qquad (3.41)$$

$$\widetilde{\varepsilon}_i(E) \cong \frac{\widetilde{J}(E)}{E^2} = \frac{1}{E^2}\int_{-\infty}^{\infty} \beta(E-t)J(t)\,\mathrm{d}t \qquad J\text{-展宽} \qquad (3.42)$$

式中:"~"为展宽的函数。两个单参数归一化分布函数用于展宽,第一个是高斯函数,即

$$\beta_G(x) = \frac{1}{\sqrt{2\pi}B}\exp\left(-\frac{x^2}{2B^2}\right) \qquad J\text{-展宽} \qquad (3.43)$$

式中:B 为展宽参数的均方根(RMS)值。第二个分布函数是洛伦兹函数,即

$$\beta_L(x) = \frac{1}{\pi}\frac{B/2}{x^2+B^2/4} \qquad (3.44)$$

式中:展宽参数 B 为最大值一半的全宽度(FWHM)。高斯分布函数比洛伦兹分布函数应用更普遍(由于中心极限定理),但是采用洛伦兹分布函数,常常可以获得解析表达式。

先前已经证明,即使未展宽的介电响应也具有零静态电导率($F(0)=0$),J-展宽或 F-展宽过程也可以给出非零静态电导率[21,31]。另一方面,ε-展宽总是给出静态电导率为零的介电响应[31]。因此,ε-展宽适用于表示束缚电荷(带间电子跃迁,声子吸收等)贡献的色散模型,J-展宽或 F-展宽适用于具有非零静态电导率贡献的色散模型(如二维石墨烯片中的自由电荷或直接电子跃迁的贡献)。此外,结果表明,只有 ε-展宽和 F-展宽保留了求和规则积分[31]。因此,如果应用于归一化贡献,它们也将保留归一化。

ε-展宽和 F-展宽可以借助卷积运算以简明的形式写出,符号 $*$ 表示卷积

运算,即

$$\widetilde{\varepsilon}_i^0 = \beta * \varepsilon_i^0$$

$$\widetilde{\varepsilon}_i^0 = \frac{1}{E}(\beta * F^0) \tag{3.45}$$

归一化介电函数实部的 KK 关系可以用希尔伯特变换 H 写成[32]

$$\varepsilon_r^0(E) = \frac{1}{\pi}\int_{-\infty}^{\infty}\frac{\varepsilon_i^0(x)}{x-E}dx \equiv H[\varepsilon_i^0](E) \tag{3.46}$$

由于希尔伯特变换和卷积的顺序可以交换[31]，ε-展宽归一化介电函数的实部可以写成

$$\widetilde{\varepsilon}_r^0 = H[\widetilde{\varepsilon}_i^0] = H[\beta * \varepsilon_i^0] = H[\beta] * \varepsilon_i^0 \tag{3.47}$$

对于 F-展宽的归一化介电函数的实部，可以推导出类似的表达式，即

$$\widetilde{\varepsilon}_i^0 = H\left[\frac{\widetilde{F}^0}{E}\right] = \frac{1}{E}H[\beta * F^0] = \frac{1}{E}(H[\beta] * F^0) \tag{3.48}$$

ε-展宽和 F-展宽的归一化介电函数都可以写成

$$\widetilde{\widehat{\varepsilon}}_i^0 = \hat{\beta} * \varepsilon_i^0$$

$$\widetilde{\widehat{\varepsilon}}_i^0 = \frac{1}{E}(\hat{\beta} * F^0) \tag{3.49}$$

复函数 $\hat{\beta}$ 定义为

$$\hat{\beta} = H[\beta] + i\beta \tag{3.50}$$

如果用数值方法计算展宽介电函数的实部，则仅用单积分而不是用二重积分(卷积后再进行希尔伯特变换)，这一点是很重要的。

高斯分布函数式(3.43)的希尔伯特变换由下式给出，即

$$H[\beta_G](x) = -\frac{\sqrt{2}}{\pi B}D\left(\frac{x}{\sqrt{2}B}\right) \tag{3.51}$$

式中：$D(x)$ 为道森积分函数[33-35]，该函数定义为

$$D(x) = \exp(-x^2)\int_0^x \exp(t^2)dt \tag{3.52}$$

道森函数可以有效地使用数值计算。洛伦兹分布函数式(3.44)的希尔伯特变换为

$$H[\beta_L](x) = -\frac{1}{\pi}\frac{x}{x^2+B^2/4} \tag{3.53}$$

复数洛伦兹展宽函数可以自然地写成

$$\hat{\beta}_L(x) = -\frac{1}{\pi}\frac{1}{x+iB/2} \tag{3.54}$$

34

洛伦兹 ε-展宽介电函数 $\hat{\beta}_L * \varepsilon_i^0$ 可以计算为[30]

$$\widetilde{\varepsilon}^0 = \frac{1}{\pi}\int_{-\infty}^{\infty} \frac{\varepsilon_i^0(x)}{x - \hat{E}}\mathrm{d}x$$

其中

$$\hat{E} = E + iB/2 \tag{3.55}$$

洛伦兹 ε-展宽提供了量子色散和经典色散模型之间的桥梁。在两能级系统中,具有能量差 E_r 的离散跃迁的归一化介电函数的虚部由下式给出,即

$$\varepsilon_i^0(E) = \frac{1}{E_r}(\delta(E - E_r) - \delta(E + E_r)) \tag{3.56}$$

该响应函数的洛伦兹 ε-展宽为

$$\widetilde{\varepsilon}_r^0(E) = H[\beta_L] * \varepsilon_i^0 = -\frac{1}{\pi E_r}\left(\frac{E - E_r}{(E - E_r)^2 + B^2/4} - \frac{E + E_r}{(E + E_r)^2 + B^2/4}\right) \tag{3.57}$$

$$\widetilde{\varepsilon}_i^0(E) = \beta_L * \varepsilon_i^0 = \frac{B}{2\pi E_r}\left(\frac{1}{(E - E_r)^2 + B^2/4} - \frac{1}{(E + E_r)^2 + B^2/4}\right) \tag{3.58}$$

这相当于经典模型中的洛伦兹项,因为归一化介电函数式(3.15)的实部和虚部表示为

$$\varepsilon_r^0(E) = \frac{2}{\pi}\frac{E_c^2 - E^2}{(E_c^2 - E^2)^2 + B^2 E^2}$$

$$\varepsilon_i^0(E) = \frac{2}{\pi}\frac{BE}{(E_c^2 - E^2)^2 + B^2 E^2} \tag{3.59}$$

展宽函数式(3.57)和式(3.58)以下式为中心能量可以写成

$$E_c = \sqrt{E_r^2 + B^2/4} \tag{3.60}$$

注意:对于临界阻尼($E_c = B/2$)或过阻尼($E_c < B/2$)振子的洛伦兹项,不能表示为洛伦兹 ε-展宽的离散跃迁。

3.3 元激发的色散模型

线性介电响应对应于两个能态之间的跃迁,跃迁过程伴随着光子的吸收或发射。涉及电子激发(复合)的吸收(发射)过程称为电子跃迁(吸收)过程。如果在电子跃迁过程中声子占据数没有发生改变,该跃迁过程称为直接电子跃迁;如果声子占据数发生改变,则该跃迁过程称为间接电子跃迁。另一方面,声子吸收(发射)过程是没有电子激发(复合)的过程。电子跃迁覆盖了从零频(光子能量)到 X 射线的整个光谱区。如果费密能量位于价带内或靠近价带,则该带中

的电子态被部分填充,并且可能会发生间接带内跃迁。间接带内跃迁称为自由载流子贡献。电子跃迁的能带结构和分类示意图如图 3.1 所示。对于具有分离的导带与价带且价带被电子填充的材料,直接带间跃迁和间接带间跃迁是可以存在的。价带和导带起源是部分被占据的原子价态轨道能级的分裂;高能激发带位于导带上方并且起源于价壳层之上电子轨道态,如图 3.1 所示,价电子进入高能激发带的电子激发称为高能激发,这些高能激发也可以理解为散射过程;价壳层之下的电子轨道会产生离散的核芯能级态,来自这些核芯能级态的电子激发称为核电子激发。

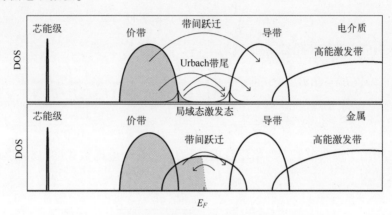

图 3.1　电介质和金属的电子态密度(DOS)分布函数
及可能的带内电子跃迁示意图

3.3.1　声子吸收

声子吸收在不同类型的材料中表现出不同的行为(晶体和无序,极性与离子性)。在下面的几个小节中,将分别讨论几种不同的描述声子吸收的色散模型。

3.3.1.1　无序材料的单声子吸收

从振动模式的角度来看,无序固体可以看作是大量的具有独立振动模式的原子集合,其中振动模式的总数等于自由度数减 3。在无序固体中振动模式是局域化的,描述振动模式振幅的特征向量具有不可忽略的值,主要集中在与固体中小体积相对应的块中。这些块中的每一个部分都可以被视为具有相对较少振动模式的分子。这种分子的跃迁强度函数作为 δ 函数的总和由下式给出,即

$$F_{1ph}(E) = \sum_p N_p [\delta(E - E_p) + \delta(E + E_p)] \tag{3.61}$$

36

式中:指数 p 为各个不同振动模式(光谱中的峰值);符号 E_p 和 N_p 分别为各个振动模式的能量和跃迁强度。介电函数的虚部为

$$\varepsilon_{i,1ph}(E) = \sum_p \frac{N_p}{E_p} [\delta(E - E_p) - \delta(E + E_p)] \tag{3.62}$$

这与非相互作用气体分子所获得的结果相同。因此,在研究无序固体中的声子吸收时,通常也采用气体吸收光谱中使用的术语。

位于形成上述分子小块的外部原子导致 δ 函数的展宽,从而形成吸收光谱。如果分子是弱相互作用的(这对气体来说是正确的),那么,ε 洛伦兹展宽是合适的。这是因为分子间的相互作用(碰撞)可以通过弛豫时间描述,因此,使用洛伦兹模型描述是合适的。

在无序固体中,分子间弱相互作用的假设是无效的。无序固体中相互作用很强以至于它们不能通过弛豫时间描述,因此将相互作用假想为分子的扭曲(变形)更为正确。分子的随机变形引起局域振动模式的频率变化,根据中心极限定理,高斯分布可以描述这些频率变化的精确分布[34-37]。因此,在这种情况下,高斯 ε-展宽更为合适。

然后,对无序固体中单声子吸收的介电函数(极化率)的 ε-展宽贡献可表示为

$$\hat{\varepsilon}_{1ph}(E) = \sum_p \frac{N_p}{E_p} \hat{\beta}_{G,p} * [\delta(E - E_p) - \delta(E + E_p)] \tag{3.63}$$

式中:复数高斯展宽函数 $\hat{\beta}_{G,p}$ 由式(3.50)、式(3.43)和式(3.51)给出。如图3.2所示,将归一化高斯 ε-展宽的介电函数与不同 ε-展宽介电函数的光谱依赖性进行比较,对应于一种模式的归一化介电函数的显式表达式为

$$\varepsilon_{r,p}^0(E) = \frac{-\sqrt{2}}{\pi B_p E_p} \left[D\left(\frac{E-E_p}{\sqrt{2} B_p}\right) - D\left(\frac{E+E_p}{\sqrt{2} B_p}\right) \right] \tag{3.64}$$

$$\varepsilon_{i,p}^0(E) = \frac{1}{\sqrt{2\pi} B_p E_p} \left[\exp\left(-\frac{(E-E_p)^2}{2B_p^2}\right) - \exp\left(-\frac{(E+E_p)^2}{2B_p^2}\right) \right] \tag{3.65}$$

式中:B_p 为展宽系数,不同振动模式所对应的 B_p 是不同的。介电函数实部是使用式(3.52)中定义的道森积分 $D(x)$ 计算得到;展宽系数 B_p 在式(3.64)和式(3.65)中给出了 RMS 值。由于我们通常使用红外光谱中的 FWHM 值(对于洛伦兹分布没有定义 RMS 值),因此,有必要指出,在高斯分布的情况下,RMS 和 FWHM 值存在以下关系,即

$$\sqrt{2} B^{RMS} = \frac{B^{FWHM}}{2\sqrt{\ln 2}} \tag{3.66}$$

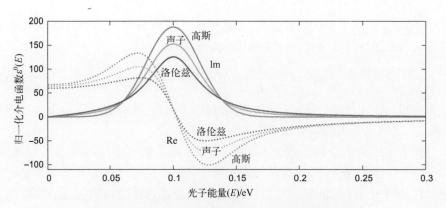

图 3.2 用 3 种不同的展宽函数计算的 ε-展宽离散谱的
归一化介电函数（$E_p = 0.1\text{eV}, B_p = 0.05\text{eV}, L_p = 0.5$）

3.3.1.2 晶体材料的单声子吸收

理想晶体材料中的单声子吸收由离散振动模式谱表示。这些模式对应于具有零动量（即在 r 点）的横向光学声子模式（TO），TO 模式的数量取决于元胞中的原子数量。只有在光学激活模式下，那些非消失偶极矩阵元的振动模式才会出现在吸收光谱中。在这种情况下，独立欠阻尼的经典振子模型是比较合适的，它等效于洛伦兹 ε-展宽离散跃迁模型。对应于 TO 模式 p 的归一化介电函数可以表示为

$$\hat{\varepsilon}_p^0(E) = \frac{1}{E_p}\hat{\beta}_{L,p} * [\delta(E-E_p) - \delta(E+E_p)] = \frac{2/\pi}{E_p^2 + B_p^2/4 - E^2 - iB_p E} \quad (3.67)$$

式中：复数洛伦兹展宽函数 $\hat{\beta}_{L,p}$ 由式（3.54）给出；B_p 为吸收峰的 FWHM；E_p 为共振能量。分母中的表达式（$E_p^2 + B_p^2/4$）通常是用中心能量 $E_{c,p}^2 = (E_p^2 + B_p^2/4)$ 表达，然而，写成 $E_p^2 + B_p^2/4$ 的形式更方便，因为 DHO 欠阻尼的条件可以写为 $E_p > 0$。

在某些情况下，声子吸收不能使用独立的 DHO（洛伦兹）模型描述，而必须使用具有耦合模式的 DHO 模型。具有耦合模式的 DHO 模型已在 3.2.1 节中讨论过。在该模型中，可以使用矩阵表示对介电函数（极化率）的贡献，即

$$\hat{\varepsilon}_{1ph}(E) = \frac{2}{\pi}\boldsymbol{N}^{\text{T}}[\boldsymbol{S} - E^2\boldsymbol{I} - iE\boldsymbol{B}\boldsymbol{B}^{\text{T}}]^{-1}\boldsymbol{N} \quad (3.68)$$

式中：$\boldsymbol{N}$ 是由单个 TO 模式跃迁强度的平方根构成的实向量，即

$$\boldsymbol{N}^{\text{T}} = (\sqrt{N_1}, \sqrt{N_2}, \cdots, \sqrt{N_m}) \quad (3.69)$$

矩阵 $\boldsymbol{S}$ 是一个实对角矩阵，对角线元是中心频率 $E_{c,p}$ 的平方，即

38

$$S = \begin{pmatrix} E_{c,1}^2 & 0 & \cdots & 0 \\ 0 & E_{c,2}^2 & \cdots & 0 \\ \vdots & \vdots & \ddots & \vdots \\ 0 & 0 & \cdots & E_{c,m}^2 \end{pmatrix} \qquad (3.70)$$

符号 I 表示单位矩阵,矩阵 B 是在对角线上具有正值的实下三角矩阵,即

$$B = \begin{pmatrix} \sqrt{B_1} & 0 & \cdots & 0 \\ \nu_{12}B_{12}/\sqrt{|B_{12}|} & \sqrt{B_2} & \cdots & 0 \\ \vdots & \vdots & \ddots & \vdots \\ \nu_{1m}B_{1m}/\sqrt{|B_{1m}|} & \nu_{2m}B_{2m}/\sqrt{|B_{2m}|} & \cdots & \sqrt{B_m} \end{pmatrix} \qquad (3.71)$$

式中:常数 B_p 和 B_k 确定了模式的展宽和耦合。常数 ν_{kl} 的定义为

$$\nu_{kl} = \frac{\sqrt{N_k N_l}}{N^T N} \qquad (3.72)$$

引入常数 ν_{kl},是为了确保当 N_k 或 N_l 为零时,矩阵 B 中对应元素消失。这种具有耦合模式的 DHO 模型会产生不对称形状的吸收峰(图 3.3)。

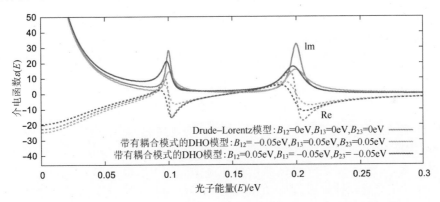

图 3.3　3 个独立模式(Drude-Lorentz 模型)和 3 个耦合模式对 DHO 模型介电函数的贡献
($N_1 = 0.02\mathrm{eV}^2$, $E_{c,1} = 0.1\mathrm{eV}$, $B_1 = 0.005\mathrm{eV}$, $N_2 = 0.1\mathrm{eV}^2$, $E_{c,2} = 0.2\mathrm{eV}$, $B_2 = 0.01\mathrm{eV}$,
$N_3 = 0.1\mathrm{eV}^2$, $E_{c,3} = 0\mathrm{eV}$, $B_3 = 0.05\mathrm{eV}$ 。具有零中心频率的模式描述了自由电荷的贡献。
参数 B_{12} 、 B_{13} 和 B_{23} 的值对于每条曲线是不同的)

　　与较简单的独立 DHO 模型相比,参数 B_p 不能解释为模型中峰的 FWHM。在这种情况下,峰的 FWHM 与参数 B_p 和 B_{kl} 之间的关系非常复杂。此外,用于参数化模型的中心能量 $E_{c,p}$ 与对应于峰的共振光子能量 E_p 之间的关系也非常复杂,如果展宽系数和耦合系数很小,那么,共振能量仅与中心能量稍有不同。

3.3.1.3 部分无序材料中的单声子吸收

在某些情况下,声子吸收峰既不能用洛伦兹描述也不能用高斯 ε-展宽的离散光谱描述,必须将这两个展宽过程相结合。由此产生的展宽过程由两个参数展宽函数描述,该函数称为 Voigt 函数,是洛伦兹分布函数和高斯分布函数的卷积,即

$$\hat{\beta}_{V,p}=\hat{\beta}_{G,p}*\beta_{L,p}=\hat{\beta}_{L,p}*\beta_{G,p} \tag{3.73}$$

或者由复数的法捷耶夫函数 $W(\hat{z})$ 表示,即

$$\hat{\beta}_{V,p}(x)=\frac{i}{\sqrt{2\pi}\,B_{G,p}}W\!\left(\frac{x+iB_{L,p}/2}{\sqrt{2}\,B_{G,p}}\right) \tag{3.74}$$

$$W(\hat{z})=\frac{i}{\pi}\int_{-\infty}^{\infty}\frac{\exp(-t^2)}{\hat{z}-t}\mathrm{d}t \tag{3.75}$$

在这种情况下,对应于一种模式的归一化介电函数可以表示为

$$\hat{\varepsilon}_p^0(E)=\frac{i}{\sqrt{2\pi}\,B_{G,p}E_p}\left[W\!\left(\frac{E-E_p+iB_{L,p}/2}{\sqrt{2}\,B_{G,p}}\right)-W\!\left(\frac{E+E_p+iB_{L,p}/2}{\sqrt{2}\,B_{G,p}}\right)\right] \tag{3.76}$$

Voigt 曲线的 FWHM 对参数 $B_{L,p}$(洛伦兹部分的 FWHM)和 $B_{G,p}$(高斯部分的均方根)的精确依赖是相当复杂的。然而,这些展宽参数对 Voigt 曲线 B_p 的 FWHM 的依赖性可以使用以下公式以足够的精度近似[43],即

$$B_{L,p}\approx B_pL_p,\quad B_{G,p}\approx\frac{B_p}{2\sqrt{2\ln2}}\sqrt{(1-aL_p)^2-(1-a)^2L_p^2} \tag{3.77}$$

式中:$a=0.5346$;L_p 是高斯线和部分洛伦兹线的混合参数。使用 Voigt、高斯和洛伦兹展宽函数计算的 ε 展宽归一化介电函数的比较如图 3.2 所示。由于复数法捷耶夫函数的计算比实际道森函数的计算更复杂,因此,为了计算方便,常常使用近似值,其中 Voigt 线形被高斯分布和洛伦兹分布的线性组合所取代。定义这种线性组合有几种方法,它们在高斯分布和洛伦兹分布的展宽因子选择上有所不同。最简单的方法是将高斯函数和洛伦兹函数与相同的 FWHM[44]结合起来,即

$$\hat{\beta}_{V,p}\approx(1-L_p)\hat{\beta}_{G,p}+L_p\hat{\beta}_{L,p} \tag{3.78}$$

式中:L_p 是高斯和洛伦兹部分的混合参数。值得注意的是,该混合参数与式(3.77)中的混合参数相比具有不同的意义。在该近似中,与 Voigt 曲线精确值的偏差通常小于实验误差(峰值绝对误差小于 10^{-4})。

3.3.1.4 具有非对称吸收峰的单声子吸收

耦合模式的 DHO 经典模型给出了非对称峰,可以用具有复数跃迁强度的洛

伦兹模型近似[45]。如上所述,欠阻尼洛伦兹模型可以写成洛伦兹 ε -展宽的离散谱,对介电函数(极化率)的贡献可以表示为

$$\hat{\varepsilon}_{1ph}(E) = \frac{1}{C_N} \sum_p \left(N_p + iM_p \frac{E}{E_p} \right) \frac{1}{E_p} \hat{\beta}_p * \left[\delta(E - E_p) - \delta(E + E_p) \right] \quad (3.79)$$

式中:M_p 为吸收峰对应跃迁强度的非对称部分;C_N 为归一化常数。在欠阻尼洛伦兹模型的情况下,复数展宽函数 B_p 由式(3.54)给出,但是使用不同类型的展宽函数可以很容易地推广该模型。虽然跃迁强度的实部 N_p 总是正的,但跃迁强度的虚部 M_p 可以是任意的。该模型满足介电响应的前两个条件,即满足式(3.1)的时间反演对称性及式(3.2)和式(3.8)的 KK 变换关系。式(3.79)中的无量纲因子 E/E_p 确保了该模型的时间反演对称性。利用超收敛定理很容易证明,在式(3.79)中,所有单个非对称项的和规则积分式(3.4)是无穷大的。为了确保第三个基本条件(即求和规则积分的收敛性),下列求和必须等于零[45],即

$$\sum_p \frac{M_p}{E_p} = 0 \quad (3.80)$$

非对称部分有助于洛伦兹展宽函数的求和规则,而不是高斯展宽函数。然后,根据超收敛定理,给出了归一化常数,即

$$C_N = \frac{1}{\sum_p N_p} \sum_p \left(N_p + \frac{M_p B_{L,p}}{E_p} \right) \quad (3.81)$$

式中:$B_{L,p}$ 是 p 峰展宽的洛伦兹部分(对于 Voigt 和线性组合曲线 $B_{L,p} = L_p B_p$)。

该模型的优点是:对于 3 种或更多模式存在的情况下,与具有耦合模式的 DHO 模型需要 $m(m-1)/2$ 个参数相比,非对称部分由较少数量 $(m-1)$ 的独立色散参数确定,其中 m 表示模式数量。另一方面,该模型的缺点在于难以满足第四个辅助条件,即在整个光谱区难以满足 $\varepsilon_i \geqslant 0$。

在参数 M_p 足够小的情况下,该模型满足第四个条件,但是难以给出满足 M_p 足够小的一般极限。图 3.4 中的非对称峰值不满足此条件。对于图中所选参数,当满足 $|M_2| < 0.002767$ 时,该模型满足第四条件。因此,该模型仅适用于略微非对称的峰;对于强非对称峰,必须使用具有耦合模式的 DHO 模型,或者必须考虑式(3.79)中的模型以及对介电函数的某些其他贡献,以确保所得到的介电函数虚部在整个光谱区为正。

需要注意的是,可以证明式(3.79)所给出的具有洛伦兹展宽的模型[45]与参考文献[46]中引入的"因子化洛伦兹振子"的模型是相当的。

在导电材料(如石墨[47-49])中,在红外区存在一个或多个具有非对称轮廓的声子吸收峰。这些声子吸收峰的非对称性是由声子和自由电荷之间的量子力学

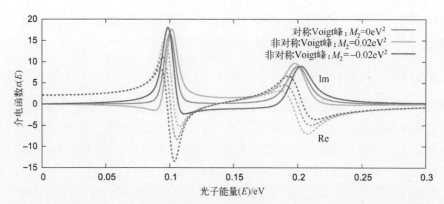

图 3.4　两个不对称 Voigt ε-展宽峰对介电函数的贡献(非对称性表示由于声子模式之间的耦合而导致跃迁强度的重新分布。加入无耦合的介电函数用于比较。参数选择如下:

$N_1 = 0.02\mathrm{eV}^2$, $E_1 = 0.1\mathrm{eV}$, $B_1 = 0.01\mathrm{eV}$, $L_1 = 0.3$, $N_2 = 0.05\mathrm{eV}^2$, $E_2 = 0.2\mathrm{eV}$, $B_1 = 0.02\mathrm{eV}$,

$L_2 = 0.7$。对于具有 $M_1 = -(E_1/E_2)M_2$ 的每条曲线,参数 M_1 和 M_2 的值是不同的)

干涉引起的,称为 Fano 共振[50]。在这种情况下,基于 ε-展宽离散跃迁的模型无法描述非对称峰,且跃迁强度的虚部满足条件式(3.80)。如果使用因子 E_p/E 而不是式(3.79)中的因子 E/E_p,则可以解决该问题,即

$$\hat{\varepsilon}_{1ph}(E) = \sum_p \left(N_p + \mathrm{i}M_p \frac{E_p}{E} \right) \frac{1}{E_p} \hat{\beta}_p * \left[\delta(E - E_p) - \delta(E + E_p) \right] \quad (3.82)$$

在这种情况下,对于各个非对称部分,求和规则积分始终为零。因此,即使仅考虑一个声子振动模式,该模型也满足 3 个基本条件。如果将上述介电函数用作 UDM 的一部分,则可以满足第四个辅助条件,因为它包含来自自由载流子对介电函数的贡献(图 3.5)。吸收峰的非对称部分应理解为自由载流子跃迁强度函数的重新分布,该模型的非对称部分改变了零能量下介电函数虚部的值,即静态电导率。因此,将该模型作为无自由载流子贡献模型的一部分,会导致介电函数中出现人为的正或负的类德鲁特奇点。

3.3.1.5　单声子吸收的温度依赖性

对于一个处于平衡状态的系统,声子占据数的平均值可以由玻色-爱因斯坦统计决定,即

$$f^{BE}(E_p, T) = \frac{1}{\exp(E_p/(k_B T)) - 1} \quad (3.83)$$

该统计因子可以从开放系统的概率因子式(3.21)在准粒子近似下推导出。在准粒子近似下,单声子吸收过程的概率与占据数加 1 成正比,而单声子发射过程的概率与占据数成正比。能量 E_p 处的单声子吸收峰对应的跃迁强度是吸收过

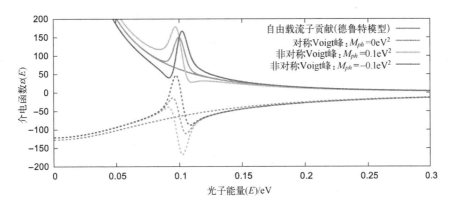

图3.5 非对称 Voigt Fano ε-展宽峰对介电函数的贡献,表示由于声子峰和自由载流子
贡献之间的 Fano 共振效应引起的跃迁强度重新分布(加入对称峰(无 Fano 共振效应)和
无声子峰(德鲁特贡献)的介电函数进行比较。对应于德鲁特模型和声子峰的参数选择
如下:$N_D = 2\text{eV}^2, B_D = 0.1\text{eV}, N_{ph} = 0.1\text{eV}^2, E_{ph} = 0.1\text{eV}, B_{ph} = 0.01\text{eV}(半宽度), L_{ph} = 0.2)$

程跃迁强度 $N_{+p}(T)$ 与发射过程跃迁强度 $N_{-p}(T)$ 的总和,其中 $N_{+p}(T)$ 为正值,
$N_{-p}(T)$ 为负值,即

$$N_p(T) = N_{+p}(T) + N_{-p}(T) \sim f^{BE}(E_p, T) + 1 - f^{BE}(E_p, T) = 1 \qquad (3.84)$$

式(3.84)表明,单声子吸收的强度通过统计因子不依赖于温度,但是声子
共振频率 E_p 和展宽 B_p 具有温度依赖性。此外,声子矩阵元具有弱温度依赖性,
这意味着跃迁强度值也可能有弱温度依赖性。声子频率的温度依赖性主要是热
膨胀的结果,可以用平均玻色-爱因斯坦统计因子模拟,通过平均声子能量给出
温度依赖性[51-53]。在这种情况下,可以使用以下 3 个参数公式化温度依赖
性,即

$$E_p(T) = E_p^{0k} + (E_p^{300k} - E_p^{0k}) \frac{\exp(\Theta/300k) - 1}{\exp(\Theta/T) - 1} \qquad (3.85)$$

式中:E_p^{0k} 和 E_p^{300k} 分别为 0K 和室温下的声子能量,值得注意的是,$E_p(T)$ 随着温
度增加而降低($E_p^{300k} < E_p^{0k}$);参数 Θ 是平均声子能量(K),该参数对所有声子模式
都是通用的,它代表了所有参与热膨胀的声子(也就是光学上不活跃的声子)的
贡献。因此,$k_B\Theta$ 是一个完全不同于光学活性声子的离散能量 E_p 的量。

同样类型的温度依赖性也可用于表示声子[54]有限寿命的部分展宽因子
B_p。在这种情况下,展宽因子随温度的升高而增大($B_p^{0k} < B_p^{300k}$)。

3.3.1.6 多声子吸收

除了金刚石、硅、锗等单极性晶体材料,多声子吸收效应与单声子吸收相比
是非常微弱的。在单极性材料中,多声子吸收在红外区占有主导地位,因为它没

有被单声子吸收过程所掩盖,而单声子吸收过程由于选择规则(消失的偶极矩阵元)而被禁止。

在电荷输运不可忽略的材料(如极性晶体、无序固体)中,单声子吸收占主导地位,很难将吸收光谱分离成单声子吸收和多声子吸收。多声子吸收效应的大小通常接近于实验精度的极限。因此,多声子吸收模型的选择通常不是很重要,但是可以采用与单声子吸收相同的模型,但具有更宽的峰和更小的跃迁强度。在本节中,我们将不讨论这个模型,而是集中讨论描述单极晶体材料中多声子吸收所需的模型。

在单声子吸收过程中,只有动量为零的声子(即在 Γ 点处)才对吸收过程有贡献,这是因为必须保持吸收过程中的总动量守恒且光子的动量可以忽略不计。在多声子吸收过程中,情况更为复杂,因为我们必须考虑所有参与这些过程的声子动量之和为零的吸收和发射过程。对于双声子吸收过程,可以对布里渊区积分计算 JDOS。除了对布里渊区积分之外,还必须对所有光学支和声学支进行求和。对于 3 个以上的声子吸收过程,由于需要在布里渊区上进行多重积分,且声子分支上的求和更为复杂,情况也更加复杂。在本节中,我们将集中讨论描述双声子吸收的模型。

从晶体固体理论可知,上述布里渊区域的积分会导致 JDOS 函数导数出现奇点,称为范霍夫奇点[15,18],范霍夫奇点对应于布里渊区中高对称点或低对称点附近的临界点。在三维空间(3D)中,存在 4 种类型的范霍夫奇点:M_0 型奇点,对应于表示吸收过程的最小能量值的临界点;M_1 和 M_2 型奇点对应于鞍点;M_3 类型奇点对应于最大值。从理论上讲,每一类声子分支组合的临界点必须至少出现一次,但由于声子分支在对称点上的简并性,某些临界点在光谱中无法区分。值得注意的是,即使在许多临界点的情况下,JDOS 函数也可以表示为对应于临界点基本序列 M_0-M_1-M_2-M_3 各部分的贡献之和。此外,由于偶极矩阵元的消失,一些范霍夫奇异点在吸收光谱中不可见。因此,在 E_0-E_3 与 E_1 和 E_2 能量间断之间的能量间隔内,利用 ε 展宽的分段连续 JDOS 函数可以模拟单个声子分支组合的多声子吸收。对应于声子支组合的吸收带数目对每种材料是特定的。在这里不讨论某一特定材料的多声子吸收,而是给出关于双声子吸收的通用模型(表 3.1)。

表 3.1　建模 3D 范霍夫奇点的线形函数 L_i

	$3D(E_0,E_1,E_2,E_3)$		
	$E_0 \leqslant E \leqslant E_1$	$E_1 \leqslant E \leqslant E_2$	$E_2 \leqslant E \leqslant E_3$
M_0	$L_0(E) = \sqrt{X_1(E)}$	$Y_{\mathrm{II}}(E)$	0
M_1	$L_1(E) = 1 - \sqrt{Y_1(E)}$	$Y_{\mathrm{II}}(E)$	0

	3D(E_0, E_1, E_2, E_3)		
	$E_0 \leq E \leq E_1$	$E_1 \leq E \leq E_2$	$E_2 \leq E \leq E_3$
M_2	$L_2(E) = 0$	$X_{\mathrm{II}}(E)$	$1 - \sqrt{X_{\mathrm{III}}(E)}$
M_3	$L_3(E) = 0$	$X_{\mathrm{II}}(E)$	$\sqrt{Y_{\mathrm{III}}(E)}$

3D 各向同性范霍夫奇点的 JDOS 函数可以用表 3.1 中引入的线形函数 L_i 建模。函数 X_{I}、X_{II}、X_{III} 和 Y_{I}、Y_{II}、Y_{III} 定义为

$$X_l(E) = \frac{E - E_{l-1}}{E_l - E_{l-1}}, \quad Y_l(E) = \frac{E_l - E}{E_l - E_{l-1}} \quad (E_{l-1} \leq E \leq E_l) \tag{3.86}$$

式中: $l = 1(\mathrm{I})$, $2(\mathrm{II})$, $3(\mathrm{III})$。如图 3.6 所示, JDOS 函数示意图对应于临界点的基本顺序。各向同性临界点周围的行为用二次型描述, 特征值的大小与决定临界点类型的负特征值的数目相同。实际上, 大多数临界点都是各向异性的, 特别是在布里渊区边界处, 即具有不同大小的二次型特征值。在极端情况下, 各向

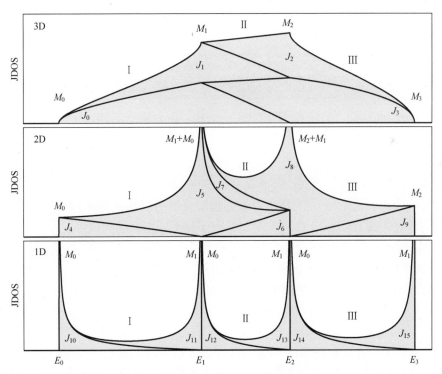

图 3.6　3D、2D 和 1D 范霍夫奇点对应的双声子吸收过程的联合态密度(JDOS)示意图(每部分的贡献计算为 $J_i(E) = E^2 L_i(E)$, 假设 $E_0 = 0.8E_3$, $E_1 = 0.88E_3$, $E_2 = 0.93E_3$)

异性 3D 临界点可以表现为低维点，即 2D(一个特征值为零)或 1D(两个特征值为零)临界点。各向异性临界点的 JDOS 函数可以用对应于 3D、2D 的贡献的线性组合来近似，在非常少数的情况下，也可以用 1D 范霍夫奇点近似。

表 3.2 和表 3.3 介绍了 2D 和 1D 奇异点所对应的函数。这些表中的列对应于 2D 和 1D 临界点相对于 3D 临界点的不同对齐方式。在图 3.6 的中间和下方分别对应于 2D 和 1D 奇点的 JDOS 函数贡献的示意图。

表 3.2 建模 2D 范霍夫奇点线形函数 L_i

	$2D(E_0,E_1,E_2)$		$2D(E_1,E_2,E_3)$	
	$E_0 \leqslant E \leqslant E_1$	$E_1 \leqslant E \leqslant E_2$	$E_1 \leqslant E \leqslant E_2$	$E_2 \leqslant E \leqslant E_3$
M_0	$L_4(E)=Y_{\mathrm{I}}(E)$	0	$L_7(E)=Y_{\mathrm{II}}(E)$	0
M_1	$L_5(E)=-\ln Y_{\mathrm{I}}(E)$	$-\ln X_{\mathrm{II}}(E)$	$L_8(E)=-\ln Y_{\mathrm{II}}(E)$	$-\ln X_{\mathrm{III}}(E)$
M_2	$L_6(E)=0$	$X_{\mathrm{II}}(E)$	$L_9(E)=0$	$X_{\mathrm{III}}(E)$

表 3.3 建模 1D 范霍夫奇点线形函数 L_i

	$1D(E_0,E_1)$	$1D(E_1,E_2)$	$1D(E_2,E_3)$
	$E_0 \leqslant E \leqslant E_1$	$E_1 \leqslant E \leqslant E_2$	$E_2 \leqslant E \leqslant E_3$
M_0	$L_{10}(E)=1/\sqrt{X_{\mathrm{I}}(E)}-1$	$L_{12}(E)=1/\sqrt{X_{\mathrm{II}}(E)}-1$	$L_{14}(E)=1/\sqrt{X_{\mathrm{III}}(E)}-1$
M_1	$L_{11}(E)=1/\sqrt{Y_{\mathrm{I}}(E)}-1$	$L_{13}(E)=1/\sqrt{Y_{\mathrm{II}}(E)}-1$	$L_{15}(E)=1/\sqrt{Y_{\mathrm{III}}(E)}-1$

介电函数的归一化虚部描述了声子分支 A 和 B 组合的两声子吸收带，其计算公式为

$$\varepsilon_{i,2\mathrm{ph}}^0(E)=\frac{f_{A\pm B}(E,T)}{C_N}H(E)\sum_{i=0}^{15}A_iL_i(E) \qquad (3.87)$$

式中：C_N 为归一化常数；A_i 为描述单个 L_i 强度贡献的权重；$f_{A\pm B}(E,T)$ 是温度依赖因子；系数 $A\pm B$ 用以区分对应于 A 和 B 声子支不同组合的吸收带。

引入函数 $H(E)$ 以便在临界点之间改变介电函数的形状，$H(E)$ 的重要性在于 L_i 函数的线性组合仅在范霍夫奇点附近是正确的，所以需要引入附加参数来影响在奇点之间的介电函数形状。函数 $H(E)$ 的定义为

$$H(E)=\frac{\kappa_l\lambda_lY_l(E)}{(\kappa_l\lambda_l-1)Y_l(E)+1}+\frac{\kappa_l/\lambda_lX_l(E)}{(\kappa_l/\lambda_l-1)X_l(E)+1} \quad (E_{l-1}\leqslant E\leqslant E_l) \qquad (3.88)$$

式中：κ_l 和 λ_l 为在相应间隔内调节形状的非零正参数。函数 $H(E)$ 的定义确保了在 E_0 和 E_3 之间函数 $H(E)$ 是连续的，并且在临界点能量处等于 1。注意：如果参数 κ_l 等于 1，那么，函数 $H(E)$ 在相应的间隔内是常数(图 3.7)。

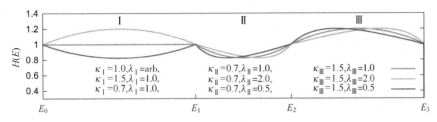

图 3.7　不同参数值的线形修正函数 $H(E)$ 的示例

　　如果对于所研究的材料在临界点的结构是已知的,那么,使用参与双声子吸收过程的单声子能量表示临界点能量 $E_0 - E_3$,临界点能量等于临界点处声子能量的和($A+B$)或差($A-B$),即

$$E_0 = E_A^{M_0} \pm E_B^{M_0}, \cdots E_3 = E_A^{M_3} \pm E_B^{M_3} \qquad (3.89)$$

这样的过程减少了模型中独立参数的数量。例如,在文献[55]中晶体硅的双声子吸收通过 15 个吸收带建模,吸收带的临界能量由 17 个独立声子频率确定。

　　临界点能量的温度依赖性通过与单声子吸收相同的平均玻色–爱因斯坦统计因子来建立模型,即温度依赖性由式(3.85)描述,相同的平均声子能量参数 Θ 用于所有声子频率的温度依赖性。

　　虽然在单声子吸收的情况下,吸收和发射概率的温度依赖性不会导致声子吸收的温度依赖性(式(3.84)),但是对于两个声子吸收过程的情况是不同的。温度依赖因子 $f_{A+B}(E, T)$ 可以通过与 3.3.1.5 节中的单声子吸收相同的过程导出,但必须考虑两个声子的产生和湮灭。在同时产生两个声子或同时湮灭两个声子的情况下,温度依赖因子由下式给出,即

$$f_{A+B}(E, T) = 1 + f^{BE}(E_A(E), T) + f^{BE}(E_B(E), T) \qquad (3.90)$$

式中:$E_A(E)$ 和 $E_B(E)$ 分别为声子支 A 和 B 中参与能量为 E 的光子吸收或发射过程的能量。类似的计算给出了一个声子产生和一个声子湮灭的过程的温度依赖因子,即

$$f_{A-B}(E, T) = f^{BE}(E_B(E), T) - f^{BE}(E_A(E), T) \qquad (3.91)$$

从已知的声子支结构中可以知道临界点能量的函数 $E_A(E)$ 和 $E_B(E)$ 的值,在这些能量之间的区域,它们可以通过线性插值近似,即

$$E_A(E) = E_A^{M_{l-1}} Y_l(E) + E_A^{M_l} X_l(E) \qquad (E_{l-1} \leqslant E \leqslant E_l) \qquad (3.92)$$

使用相同的线性插值近似得到 $E_B(E)$。式(3.90)和式(3.91)的温度依赖因子不需要引入任何新参数。

　　双声子吸收的复介电函数是根据 3.2.3 节中所述的 ε-展宽计算式(3.87)介电函数的未展宽虚部计算的,并且只能采用数值方法,即式(3.49)中的卷积积分必须用数值方法计算。我们可以将相邻临界点能量间隔分成足够小的子区

间,在这些子区间(如三次样条)上使用函数的多项式逼近式(3.87),然后使用展宽多项式的分析结果。在第 j 个区间上表示为

$$\varepsilon_{i,j}^0(E) = \sum_{n=0}^{m} \alpha_{j,n} E^n \quad (E_{j-1} \leqslant E \leqslant E_j) \tag{3.93}$$

式中:m 为近似多项式的级次;$a_{j,n}$ 为多项式系数。因此,该子区间对展宽介电函数的贡献表示为

$$\widetilde{\varepsilon}_{j+}^0(E) = \int_{E_{j-1}}^{E_j} \hat{\beta}(E-t) \sum_{n=0}^{m} \alpha_{j,n} t^n dt = \int_{E-E_{j-1}}^{E-E_j} \hat{\beta}(x) \sum_{n=0}^{m} A_{j,n}(E) x^n dx \tag{3.94}$$

$$A_{j,n}(E) = (-1)^n \sum_{k=n}^{m} \alpha_{j,k} \binom{k}{n} E^{k-n} \tag{3.95}$$

式中:$\widetilde{\varepsilon}_{j+}^0(E)$ 为正能量区间 (E_{j-1}, E_j) 内对介电函数的贡献。因为时间反演对称性是与正能量和负能量的介电函数都相关,因此,可以写出包括两个区间 (E_{j-1}, E_j) 和 $(-E_j, -E_{j-1})$ 对介电函数的贡献,即

$$\widetilde{\varepsilon}_j^0(E) = \sum_{n=0}^{m} \sum_{k=n}^{m} \alpha_{j,k} \binom{k}{n} (-E)^{k-n} \begin{bmatrix} (-1)^k (\hat{B}_n(E-E_{j-1}) - \hat{B}_n(E-E_j)) \\ + (\hat{B}_n(E+E_{j-1}) - \hat{B}_n(E+E_j)) \end{bmatrix} \tag{3.96}$$

式中:$\hat{B}_n(x)$ 是由下列积分定义的函数,即

$$\hat{B}_n(x) = \int x^n \hat{\beta}(x) dx \tag{3.97}$$

对于洛伦兹展宽,积分结果可用解析的方法表示,即

$$\hat{B}_{L,n}(x) = -\frac{1}{\pi} \left(\frac{-iB}{2}\right)^n \left[\ln\left(1 - \frac{i2x}{B}\right) + \sum_{k=0}^{n-1} \binom{n}{k} \frac{1}{n-k} \left(\frac{i2x}{B} - 1\right)^{n-k} \right] \tag{3.98}$$

在高斯展宽的情况,上述积分可以用下列的递推公式表达,即

$$\hat{B}_{G,n}(x) = D_n(x) + iG(x) \tag{3.99}$$

$$D_0(x) = -\frac{2}{\pi} D_i\left(\frac{x}{\sqrt{2}B}\right), \quad G_0(x) = \frac{1}{2} \text{erf}\left(\frac{x}{\sqrt{2}B}\right) \tag{3.100}$$

$$D_1(x) = \frac{\sqrt{2}B}{\pi} D\left(\frac{x}{\sqrt{2}B}\right) - \frac{x}{\pi}, \quad G_1(x) = \frac{B}{\sqrt{2\pi}}\left(1 - \exp\left(-\frac{x^2}{2B^2}\right)\right) \tag{3.101}$$

$$D_n(x) = (n-1)B^2 D_{n-2}(x) + \frac{\sqrt{2}B}{\pi} x^{n-1} D\left(\frac{x}{\sqrt{2}B}\right) - \frac{1}{n\pi} x^n \tag{3.102}$$

$$G_n(x) = (n-1)B^2 G_{n-2}(x) - \frac{B}{\sqrt{2\pi}} x^{n-1} \exp\left(-\frac{x^2}{2B^2}\right) \tag{3.103}$$

递归公式使用了 3 个特殊函数:式(3.52)的道森函数 $D(x)$、道森函数的积分函数 $D_i(x)$ 和误差函数 $\mathrm{erf}(x)$,它们的定义为

$$D_i(x) = \int_0^x D(t)\,\mathrm{d}t$$

$$\mathrm{erf}(x) = \frac{2}{\sqrt{\pi}} \int_0^x \exp(-t^2)\,\mathrm{d}t \tag{3.104}$$

以上 3 个函数均可以由计算机进行高效计算。

在 Voigt 展宽的情况下(式(3.74)),理论上应该使用更为复数的特殊函数计算结果,但是在实践中,通过洛伦兹和高斯展宽的线性组合近似 Voigt 展宽就足够了(见 3.3.1.4 节)。

在前面所提出的双声子吸收模型中,描述范霍夫奇点 L_0-L_{15} 的函数可用于描述介电函数的虚部。在文献[55]中提出了类似的晶体硅中双声子吸收模型,将描述范霍夫奇点的函数用于模拟跃迁强度函数而不是介电函数的虚部,这需要对形状函数 $H(E)$ 进行不同定义,因为如果临界点能量 E_0 为零,那么,对于较小的能量,介电函数的虚部必须满足 $\varepsilon_i(E) \propto E$。

3.3.2 价电子激发

价电子激发对应于电子从已占据的价电子带向空导带或空高能激发带的跃迁。在准粒子近似下的晶体中,单粒子态具有明确的动量。由于动量守恒,可以区分从价带到导带的直接和间接电子跃迁。然而,这种分类不能用于非晶态材料,因此,必须对晶态和非晶材料分别研究价电子激发。

3.3.2.1 晶体固体中的直接价电子激发

在单电子近似的理论体系中,介电函数可以借助于在 3.3.1.6 节中详细描述的 3D 和 2D 范霍夫奇点建模[13,15,18,21,56,57]。然后,归一化介电函数的虚部由下式给出,即

$$\varepsilon_{i,\mathrm{dt}}^0(E) = \frac{f_{vc}(E,T)}{C_N E^2} H(E) \sum_{i=0}^{9} A_i J_i(E) \tag{3.105}$$

式中:$f_{vc}(E,T)$ 为温度依赖因子;C_N 为归一化常数,线形修改函数 $H(E)$ 由式(3.88)定义;权重 A_i 描述单独贡献的强度 $J_i(E)$。在没有多体效应的情况下,贡献 $J_i(E)$ 以 $J_i(E) = L_i(E)$ 给出,其中函数 $L_i(E)$ 在表 3.1 和表 3.2 中给出。在 3.3.1.6 节所述的双声子吸收的情况下,$L_i(E)$ 函数模拟了介电函数的虚部,而在直接跃迁(DT)的情况则不同。更具体地说,这些函数用于建模 JDOS 函数

(请注意式(3.105)分母中的因子 E^2)。

与声子不同的是,在大多数情况下,声子被认为是独立的准粒子,电子之间的相互作用是不可忽视的。电子-空穴的相互作用在吸收光谱中表现为两种现象:第一种现象是,在低于带间电子跃迁最小能量 E_0 以下的区域出现了称为激子的离散跃迁,这些离散的跃迁对应于电子-空穴对之间的结合态;第二种现象是,跃迁强度(跃迁概率)从高能到低能的再分配,这种重新分布表示了电子-空穴系统中光谱连续部分的影响。在 Elliott 理论[15,24,57-59]体系中,描述离散部分 $A_0 J_{0ex}^{3D}(E)$ 的贡献必须作为附加项添加到式(3.105)中,并且必须修改贡献 $J_0(E)$ 和 $J_3(E)$ 的平方根部分。在图 3.8 的上半部分,展示了有和没有多体效应的 JDOS 函数示意图。函数 $J_{0ex}^{3D}(E)$ 定义为

$$J_{0ex}^{3D}(E) = S_0^{3D}(E_1) \sum_{n=1}^{\infty} \frac{2R}{n^3} \delta\left(E - E_0 + \frac{R}{n^2}\right) \tag{3.106}$$

式中:参数 R 是描述电子-空穴相互作用强度的里德堡能量。由于离散部分位于临界点能量 E_0 之下,我们必须扩展函数 $H(E)$ 的定义,使其在 $E<E_0$ 等于 1。函数 $J_0(E)$ 和 $J_3(E)$ 变为

$$J_0(E) = \frac{S_0^{3D}(E_1)}{S_0^{3D}(E)} \quad (E_0 \leqslant E \leqslant E_1) \tag{3.107}$$

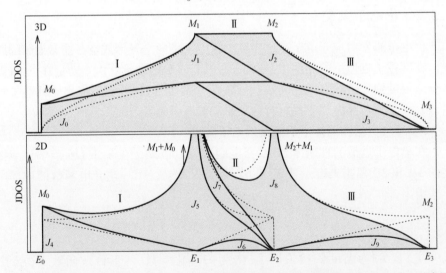

图 3.8 对应于 3D 和 2D Van Hove 奇点的直接价电子激发态的联合态密度(JDOS)示意图
(假设 $R=0.004E_3$,$E_0=0.5E_3$,$E_1=0.7E_3$ 和 $E_2=0.8E_3$。虚线对应于没有多体效应的个体贡献,而实线对应于包括激子效应的贡献,即由 Sommerfield因子校正。箭头表示一系列离散跃迁中第一激子($n=1$)的位置)

$$J_3(E) = \frac{S_3^{3D}(E_2)}{S_3^{3D}(E)} \quad (E_2 \leqslant E \leqslant E_3) \tag{3.108}$$

函数 $S_0^{3D}(E)$ 和 $S_3^{3D}(E)$ 称为 Sommerfield 因子,定义为

$$S_0^{3D}(E) = 1 - \exp\left(-2\pi\sqrt{\frac{R}{E-E_0}}\right)$$

$$S_3^{3D}(E) = \exp\left(2\pi\sqrt{\frac{R}{E_3-E}}\right) - 1 \tag{3.109}$$

在小 R 的极限下,函数 $J_0(E)$ 和 $J_3(E)$ 与 $L_0(E)$ 和 $L_3(E)$ 相同。

在 2D 范霍夫奇点的情况下,Elliott 理论给出了两组离散跃迁级数,一组低于临界点能量 E_0,而另一个组低于 E_1,即

$$J_{0ex}^{2D}(E) = S_0^{2D}(E_1) \sum_{n=1}^{\infty} \frac{32R}{(2n-1)^3} \delta\left(E - E_0 + \frac{4R}{(2n-1)^2}\right) \tag{3.110}$$

$$J_{1ex}^{2D}(E) = S_1^{2D}(E_2) \sum_{n=1}^{\infty} \frac{32R}{(2n-1)^3} \delta\left(E - E_1 + \frac{4R}{(2n-1)^2}\right) \tag{3.111}$$

必须将这些函数作为两个附加项 $A_4 J_{0ex}^{2D}(E) + A_7 J_{1ex}^{2D}(E)$ 添加到式(3.105)中。此外,贡献 4、6、7 和 9 必须改为

$$J_4(E) = Y_{\mathrm{I}}(E) \frac{S_0^{2D}(E_1)}{S_0^{2D}(E)} \quad (E_0 \leqslant E \leqslant E_1) \tag{3.112}$$

$$J_6(E) = X_{\mathrm{II}}(E) \frac{S_2^{2D}(E_1)}{S_2^{2D}(E)} \quad (E_1 \leqslant E \leqslant E_2) \tag{3.113}$$

$$J_7(E) = Y_{\mathrm{II}}(E) \frac{S_1^{2D}(E_2)}{S_1^{2D}(E)} \quad (E_1 \leqslant E \leqslant E_2) \tag{3.114}$$

$$J_9(E) = X_{\mathrm{III}}(E) \frac{S_3^{2D}(E_2)}{S_3^{2D}(E)} \quad (E_2 \leqslant E \leqslant E_3) \tag{3.115}$$

式中:2D Sommerfield 因子定义为

$$S_0^{2D}(E) = 1 + \exp\left(-2\pi\sqrt{\frac{R}{E-E_0}}\right)$$

$$S_2^{2D}(E) = 1 + \exp\left(2\pi\sqrt{\frac{R}{E_2-E}}\right) \tag{3.116}$$

$$S_1^{2D}(E) = 1 + \exp\left(-2\pi\sqrt{\frac{R}{E-E_1}}\right)$$

$$S_3^{2D}(E) = 1 + \exp\left(2\pi\sqrt{\frac{R}{E_3-E}}\right) \tag{3.117}$$

只要临界点 M_0 是纯 3D、纯 2D,或者里德堡能量 R 小于展宽参数,并且在吸收光谱中离散跃迁呈现为单一峰结构,上述能量低于 E_0 以下的离散跃迁模型是正确的。当 M_0 是各向异性临界点并且里德堡能量大于展宽参数时,必须保证离散跃迁级数不会加倍。一个有用的近似是离散跃迁振幅和位置的加权平均公式。在这种情况下,归一化介电函数的虚部为

$$\varepsilon_{i,\mathrm{dt}}^0(E) =$$

$$\frac{f_{vc}(E,T)}{C_N E^2} H(E) \left[\sum_{n=1}^{\infty} A_{0ex,n} \delta(E - E_{0ex,n}) + \sum_{n=1}^{\infty} A_{1ex,n} \delta(E - E_{1ex,n}) + \sum_{i=0}^{9} A_i J_i(E) \right]$$

$$(3.118)$$

式中:激子的振幅和能量表示为

$$A_{0ex,n} = \frac{R}{A_0 + A_4} \left(\frac{2A_0 S_0^{3D}(E_1)}{n^3} + \frac{32A_4 S_0^{2D}(E_1)}{(2n-1)^3} \right) \tag{3.119}$$

$$A_{0ex,n} = E_0 - \frac{R}{A_0 + A_4} \left(\frac{A_0}{n^2} + \frac{4A_4}{(2n-1)^2} \right) \tag{3.120}$$

$$A_{1ex,n} = \frac{32RA_7 S_1^{2D}(E_2)}{(2n-1)^3}$$

$$E_{1ex,n} = E_1 - \frac{4R}{(2n-1)^2} \tag{3.121}$$

温度依赖因子 $F_{vc}(E,T)$ 可以通过费密-狄拉克统计得到。如果费密能级位于带隙中,并且价带和导带都离费密能级足够远,那么,这个因子值可以设置为 1。因此,介电和半导体中的温度依赖性可以用这个因子描述,临界点能量的温度依赖性可以用与声子相同的公式描述,即借助平均玻色-爱因斯坦统计因子(式(3.85))。与声子不同的是,对于单个临界点能量 E_0 - E_3 必须使用单独的平均声子能量参数 Θ_0-Θ_3[52,53]。

上述提出的模型使用描述范霍夫奇点的函数 J_0-J_9 建模 JDOS 函数。在所有临界点能量 E_0 大于零的材料中(即电介质和半导体),用描述范霍夫奇点的函数模拟 JDOS 函数、跃迁强度函数或介电函数虚部并不特别重要。因此,式(3.118)中分母的因子 E^2 可以用 E 或 1 代替,甚至可以使用通用因子 E^κ,其中 κ 是模型的参数。如果对电介质或半导体中的 DT 进行建模,则应使用 ε-展宽。与通常只使用单一展宽参数的声子相比,在 DT 的情况下,有必要使用多个展宽参数。对于属于单个临界点的结构,通常需要使用不同的展宽参数。例如,使用 B_0 展宽 M_0 周围的结构(贡献 J_{0ex}、J_0、J_4),使用 B_1 展宽 M_1 周围的结构(贡献 J_{1ex}、J_1、J_5)。

在这一节中仅考虑了 3D 和 2D 范霍夫奇点。原则上,该模型还可以扩展到包含具有相应激子效应的 1D 奇异点。

对本节讨论的 DT 模型略加修改,就可用于晶体硅的温度依赖性色散模型[60]。结果表明,上述所提出的模型可以认为是 Adachi[19,61]、Kim[21,22]、Tanguy[23,24]、Herzinger、Johs[25,26]等人模型的扩展。

在金属中,如果初态或终态没有完全被电子填充,不能使用抛物线能带近似描述 DT 最小能量附近的行为。因此,围绕这个最小能量的 JDOS 不能被描述为范霍夫 M_0 奇点,必须设计一个特殊的模型。此外,初态能量或终态能量由费密能级给出,因此,热依赖因子不能近似为 1。在本章中,我们将不讨论金属中的 DT 模型。

另一种特殊情况是石墨烯。石墨烯是二维结构,其中价带和导带在六角布里渊区的 K 点接触。此外,接触点周围的能带形成锥体,而费密能量正好位于锥体的顶点接触处。这种能带结构加上恒定动量(电流)矩阵元的假设,得到了恒定电导率(恒定跃迁强度函数),即通用的电导率。在这种情况下,可以借助函数 $F_4(E) \equiv L_4(E)$、$F_5(E) \equiv L_5(E)$ 和 $F_6(E) \equiv J_6(E)$,建模介电响应常规部分的未展宽跃迁强度函数,描述具有临界点能量 $E_0 = 0$ 的 2D 范霍夫奇点。在这种特殊情况下,必须使用 F-展宽而不是 ε-展宽。此外,它必须在与温度相关的因子相乘之前执行,即

$$\hat{\varepsilon}_{dt}^0(E) = \frac{f_{vc}(E,T)}{C_N E} \left[\hat{\beta} * \left(\sum_{i=4,5,6} A_i F_i(E) \right) \right] \quad (3.122)$$

式中:温度相关因子 $f_{vc}(E,T)$ 为

$$f_{vc}(E,T) = f^{FD}(-E/2,T) - f^{FD}(E/2,T) \quad (3.123)$$

$f^{FD}(E,T)$ 是费密能量等于零的费密-狄拉克统计因子,即

$$f^{FD}(E,T) = \frac{1}{\exp(E/(k_B T)) + 1} \quad (3.124)$$

相似的吸收结构也出现在石墨[48]中,它是具有各向异性临界点的 3D 结构。

3.3.2.2 晶体固体中的间接价电子激发

除了直接电子跃迁之外,还存在间接电子跃迁,在价带和导带之间的电子跃迁伴随着声子占据数的变化。在这种情况下,主要的吸收过程是一个声子的产生或湮灭的过程。多声子占据数改变的过程要弱得多,可以忽略不计。因此,与温度相关的介电函数虚部可以分成两部分,即

$$\varepsilon_{i,idt}(E) = \sum_p \frac{N_p}{E} \frac{(f^{BE}(E_p,T)+1)F_{ab}^0(E-E_p) + f^{BE}(E_p,T)F_{ab}^0(E+E_p)}{2f^{BE}(E_p,300k)+1}$$

$$(3.125)$$

式中:对与声子 E_p 的可能能量相应的声子分支进行 p 上的求和,以确保在间接吸收过程中的动量守恒。具有 $E-E_p$ 的部分对应于声子产生的过程,而具有 $E+E_p$ 的部分对应于声子湮灭的过程。分母中的项保证了 300K 下的归一化。参数 N_p 是相应声子分支在 300K 时的跃迁强度。玻色-爱因斯坦统计因子 f^{BE} (式 (3.83)) 决定了声子占据数,即跃迁过程的概率[7,15,62]。原则上,我们还应该包括温度依赖因子 $F_{vc}(E,T)$,但它的作用通常可以忽略不计。当声子产生或湮灭时,对应于一个分支的间接跃迁(IDT)的归一化跃迁强度函数计算为

$$F_{ab}^0(E) = \frac{(|E|-E_g)^2(E_h-|E|)^2}{C_N|E|^k((|E|-E_r)^2+B^2/4)^\nu} \Pi_{E_g,E_h}(|E|) \qquad (3.126)$$

式中:符号 E_g 和 E_h 为从价带到导带激发电子跃迁所需的最小能量和最大能量。参数 ν 可以是 0 或 1。如果 $\nu=0$,则公式表示 E_g 和 E_h 之间的宽吸收带,在 E_g 以上和 E_h 以下的邻域中具有二次行为。在带隙区域,这种行为称为在 3.3.2.4 节中讨论的 Tauc 定律。参数 κ 调节了该吸收带的不对称性。如果 $\kappa=1$,则吸收带的形状被洛伦兹项修正,符号 E_r 和 B 分别表示共振能量和展宽。函数 $\Pi_{E_g,E_h}(E)$ 确保了跃迁强度函数在 E_g 以下和 E_h 以上为零,即

$$\Pi_{E_g,E_h}(E) = \Theta(E-E_g)\Theta(E_h-E) \qquad (3.127)$$

在许多情况下,仅使用一个函数式(3.126)不可能对吸收带的形状建模,而且必须使用其他若干项。注意:每个吸收带都应该使用单独的参数 E_r 和 B,但实际上在带隙能量 E_g 附件区域以外,不可能区分各个吸收分支。因此,只有一组参数 E_r 和 B 可用于所有声子分支。

介电函数的实部和归一化常数 C_N 必须用 KK 关系和归一化积分计算。其结果可以用参数 κ 的整数值的解析形式表示(对于 $\kappa=1$ 和 $v=0,1$,参见文献[63,64])。对于 $\kappa=0,1,2$ 和 $v=0$ 的情况,介电函数如图 3.9 所示。为了避免参数 κ 具有非整数值时的数值积分,可以在 κ 的整数值间使用线性插值的近似,即

$$F_{ab}^0(E,\kappa) \approx (\kappa-\lfloor\kappa\rfloor)F_{ab}^0(E,1+\lfloor\kappa\rfloor) + (1-\kappa+\lfloor\kappa\rfloor)F_{ab}^0(E,\lfloor\kappa\rfloor) \qquad (3.128)$$

式中:$\lfloor\kappa\rfloor$ 是阶梯函数。

显然,IDT 的总跃迁强度与温度密切相关,因为 IDT 的概率取决于由玻色-爱因斯坦统计决定的声子占据数。由于系统的热膨胀,包括 DT 和 IDT 在内的整个系统的跃迁强度只有弱温度依赖性。因此,随着温度的升高,IDT 的跃迁强度增加而 DT 的跃迁强度减小。

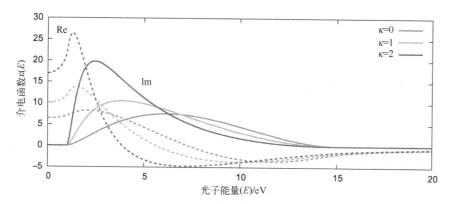

图 3.9　在 $v=0$ 和不同 κ 值下，IDT 模型式（3.126）和 IBT 模型式（3.133）对
介电函数的贡献（$E_g=1\mathrm{eV}$，$E_h=15\mathrm{eV}$ 和 $N=400\mathrm{eV}^2$）

3.3.2.3　高能价电子激发

在一定能级以上，晶体固体的吸收光谱是光滑的，在带间跃迁区没有可见光的结构。这可以通过以下事实解释：在更高的能量下，电子的行为更像自由电子而不是束缚电子。虽然没有明确定义的能量，高于这个能量就会导致电子从价带激发从而产生无结构吸收光谱，但是将价电子的激发分为价带激发（直接和间接）和位于导带上方的导带激发是比较方便的（图 3.1）。价电子向导带以上能态的跃迁称为高能价电子激发。由于系统的热膨胀，这些电子激发的跃迁强度仅与温度相关。

最简单的高能量跃迁模型（HET）是单参数模型，其归一化介电函数为

$$\varepsilon_{r,\mathrm{het}}^{0}(E)=\frac{3E_x}{\pi E^2}\left(-\frac{(E_x-E)^2}{E^3}\ln\left|1-\frac{E}{E_x}\right|+\frac{(E_x+E)^2}{E^3}\ln\left|1+\frac{E}{E_x}\right|-\frac{2}{3E_x}-\frac{2E_x}{E^2}\right)$$

（3.129）

$$\varepsilon_{i,\mathrm{het}}^{0}(E)=\frac{3E_x(|E|-E_x)^2}{E^5}\Theta(|E|-E_x)$$

式中：参数 E_x 是高能价电子激发的能量阈值。该参数的值必须大于带隙能量 E_g，但是通常比价带→导带跃迁的最大能量 E_h 更接近于 E_g。介电函数的虚部在阈值能量 E_x 附近具有二次方程的特征，因此，在吸收光谱中没有与该能量相关的明显结构。

在高能下，上述模型的介电函数的虚部为 $1/E^3$。经典模型（见 3.2.1 节）也表现出相同的行为，因此，称为色散模型的经典渐近行为。由实验可知，对于 X 射线区域的能量，主要由弹性散射损耗给出的介电函数虚部下降快于 $1/E^3$。如果我们想对这个区域的介电响应进行建模，那么，应该包括（$|E|+E_a$）项，以确

保在式(3.129)分母中高于能量 E_a 更快地衰减,即

$$\varepsilon_{i,\mathrm{het}}^{0}(E) = \frac{(\,|E|-E_x)^2}{C_N E^5(\,|E|+E_a)}\Theta(\,|E|-E_x)\qquad(3.130)$$

对于提出的两种高能价电子激发模型,均可用解析方法表示实部 $\varepsilon_{r,\mathrm{het}}^{0}(E)$ 和归一化常数 C_N。在图 3.10 中比较了 HET 模型相应的介电函数虚部。

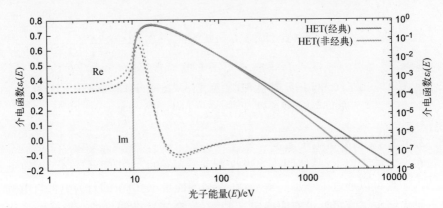

图 3.10　对应于 HET 模型式(3.129)和式(3.130)的介电函数的
贡献($E_x = 10\mathrm{eV}, E_a = 500\mathrm{eV}, N_{\mathrm{het}} = 500\mathrm{eV}^2$)

3.3.2.4　无定形材料中的价电子激发

在无序材料中,不可能区分涉及声子占据数变化的价带→导带间跃迁和声子不参与的价带→导带间跃迁。因此,带间跃迁可以用 E_g(带隙能量)和 E_h(带间跃迁的最大能量)之间的宽吸收带描述。这种情况与晶体固体中 IDT 的情况类似,但是没有由声子的平均玻色-爱因斯坦统计因子(式(3.126))引入的温度依赖性。这是因为声子辅助吸收过程与声子不参与吸收过程具有几乎相同的光谱分布,并且这两个过程的跃迁强度之和仅是弱的温度依赖性(主要由热膨胀给出)。

利用单粒子近似和二次能带近似,可以推导出 JDOS 函数在带隙附近的行为。然后,给出了 JDOS 函数作为价带初态与导带终态的关系,即

$$J(E) = \int_{-\infty}^{\infty} f_{vc}(E,T) D_v(S) D_c(S+E)\,\mathrm{d}S\qquad(3.131)$$

式中:对初态 S 的能量进行积分;符号 D_v 和 D_c 分别表示初态和终态的态密度(DOS)。如果动量(电流)矩阵元是常数,则跃迁概率仅由温度相关因子 $f_{vc}(E, T)$ 给出,该温度相关因子由费密-狄拉克分布确定为

$$f_{vc}(E,T) = f^{FD}(S,T)\left(1 - f^{FD}(S+E,T)\right)\qquad(3.132)$$

56

由于费密能级位于远离价带和导带的带隙中(图 3.1),这个因子通常被设置为 1。这个结果称为 Tauc 定律,它表明 JDOS 函数在带隙 E_g 以上的邻域内应该为二次函数,而在 E_g 下方为零。对于 JDOS 在跃迁最大能量 E_h 附近的行为,也可以得到类似的结果。

带间跃迁(IBT)满足 E_g 以上和 E_h 以下的二次函数关系,可以构造为项的线性组合,即

$$\varepsilon^0_{i,\text{ibt}}(E) = \frac{(|E|-E_g)^2(E_h-|E|)^2}{C_N E|E|^\kappa((|E|-E_r)^2+B^2/4)^\nu} \Pi_{E_g,E_h}(|E|) \tag{3.133}$$

在该线性组合中每一项具有相同的 E_g、E_h 和 κ 值,但具有不同的参数值 ν、E_r 和 B。介电函数的实部和归一化常数 C_N 可以表示整数值参数 κ 的解析形式($\kappa=1$ 和 $\nu=0,1$ 参见文献[63,64])。对于 $\kappa=0,1,2$,$\nu=0$,介电函数如图 3.9 所示。

以与晶体固体相同的方式对无定形材料中的高能激发进行建模。因此,总价电子激发的介电响应可以表示为 IBT 和 HET 贡献的总和,即

$$\hat{\varepsilon}_{\text{vee}}(E) = N_{\text{ibt}}\hat{\varepsilon}^0_{\text{ibt}}(E) + N_{\text{het}}\hat{\varepsilon}^0_{\text{het}}(E) \tag{3.134}$$

在 HET 和 IBT 方程中出现的阈值能量 E_x 和 E_h 不能由任何可见光吸收光谱识别。因此,HET 和 IBT 常常用不包含参数 E_x 和 E_h 的模型描述。Tauc-Lorentz(TL)模型结合了在带隙附近有效的 Tauc 定律和 Lorentz 模型(或洛伦兹函数),可以实现该目的。

Campi 和 Coriasso[65,66] 提出了将 Lorentz 模型与 Tauc 定律相结合的第一个校正的物理模型。Campi-Coriasso(CC)模型是基于洛伦兹模型式(3.59)的跃迁强度函数在零能量附近具有二次形式的事实,即

$$F^0_{LM}(E) = \frac{2}{\pi} \frac{BE^2}{(E_c^2-E^2)^2+B^2E^2} \tag{3.135}$$

Campi 和 Coriasso 通过偏移能量 E_g 改变了 Lorentz 模型,即执行了 $E \to E-E_g$ 的替换,而对于低于 E_g 的能量,将跃迁强度设置为零。给出的归一化跃迁强度函数为

$$
\begin{aligned}
F^0_{cc}(E) &= F^0_{LM}(E-E_g)\Theta(E-E_g) \\
&= \frac{2}{\pi} \frac{B(E-E_g)^2\Theta(E-E_g)}{((E_c-E_g)^2-(E-E_g)^2)^2+B^2(E-E_g)^2}
\end{aligned} \tag{3.136}
$$

式中:参数 E_c 必须满足不等式 $E_c>E_g$。使用式(3.30)和 KK 关系计算介电函数,解析表达式参见文献[67]。

另一种将 Tauc 定律和 Lorentz 模型结合起来构建模型的方法,将 Lorentz 模型的跃迁强度函数乘以一个截断函数:该截断函数在带隙以下为零,在带隙上方

的邻域内为二次函数,在高能量下趋于 1。下面有两种模型被广泛使用。

第一个是使用单参数截断函数的 Jellison-Modine(JM)模型[68],即

$$T_1(E) = \frac{(E-E_g)^2}{E^2} \Theta(E-E_g) \tag{3.137}$$

第二个是 A. S. FelAuto 等人使用两参数截断函数的(ASF)模型[69],即

$$T_2(E) = \frac{(E-E_g)^2}{(E-E_g)^2+E_q^2} \Theta(E-E_g) \tag{3.138}$$

在文献中,JM 模型通常称为 Tauc-Lorentz 模型,而 ASF 模型称为 Cody-Lorentz 模型。在文献[67]中提出了两种模型,它们使用与 JM 和 ASF 模型相同的截断函数,但是用 Lorentz 函数(LF)代替了 Lorentz 模型的跃迁强度。我们将这些模型称为 Lorentz 函数截断模型 TLF1 和 TLF2。

JM、ASF、TLF1 和 TLF2 模型的介电函数虚部可用通用表达式表示为

$$\varepsilon_{i,m}^o = \frac{T_a(E)F_b(E)}{C_N E} \tag{3.139}$$

式中:C_N 是归一化常数;截断函数 $T_a(E)$ 是式(3.137)或式(3.138),$F_b(E)$ 是下面两个函数之一,即

$$F_{LM}(E) = \frac{E^2}{(E_c^2-E^2)^2+B^2E^2}$$

$$F_{LF}(E) = \frac{1}{(E-E_r)^2+B^2/4} \tag{3.140}$$

式中:能量 E_c 和 E_r 的关系由式(3.60)给出,这些模型的汇总如表 3.4 所列。

表 3.4   式(3.139)中使用的截断函数和跃迁强度函数的汇总(还包含了 $N=100eV^2$、$E_c=3eV$、$B=3eV$ 和 $E_g=1eV$ 计算得到的 CC 模型拟合值对应的色散参数和差 δ_ε 的均方根值。IBT+HET 模型式(3.134)的跃迁强度 N 是 $N_{ibt}+N_{het}$)

模型 m	截断函数 $T_a(E)$	基础函数 $F_b(E)$	Ne /eV	E_g /eV	E_c /eV	B /eV	E_q /eV	E_h /eV	E_x /eV	δ_ε /eV
JM	$T_1(E)$	$F_{LM}(E)$	107.1	0.85	2.71	2.56	—	—	—	0.0192
TLF1	$T_1(E)$	$F_{LF}(E)$	97.8	1.13	2.93	3.34	—	—	—	0.0123
ASF	$T_2(E)$	$F_{LM}(E)$	102.0	0.96	2.85	3.02	0.79	—	—	0.0032
TLF2	$T_2(E)$	$F_{LF}(E)$	97.5	0.93	2.59	2.92	2.58	—	—	0.0058
IBT+HET	n. a.		82.2+20.3	1.00	2.71	2.85	—	19.6	6.10	0.0024

上面介绍的 TL 模型的每个版本都有略微不同的形状。为了比较这些模型,用其他形式的 TL 模型对选定在 $0 \sim 10 eV$ 光谱区计算的 CC 模型的介电函数色散进行拟合。与最佳拟合相对应的色散参数和表示模型间差异的均方根值参数 δ_ε 如表 3.4 所列。将 IBT + HET 模型(式(3.134))和单个 IBT 项(式(3.133))、单个 HET 项(式(3.129))的结果进行了比较。在图 3.11 中,将 CC 模型的介电函数与四参数 JM 和 TLF1 模型进行了比较。由于与 CC 模型的差异太小而在图中不可见,因此,不显示与 5 个参数化的 ASF 和 TLF2 模型相对应的曲线。这些模型的更详细比较可以在文献[67]中找到。

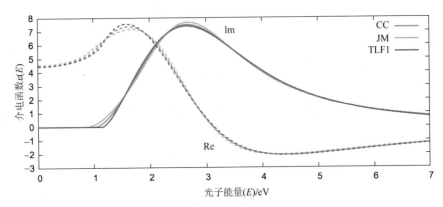

图 3.11　3 种 Tauc-Lorentz 模型对介电函数的贡献(色散参数如表 3.4 所列)

从物理的角度来看,没有理由更喜欢其中一个 TL 模型。最佳结果模型的选择也是针对个别材料的。如果我们不确定使用哪种模型,有可能用几种模型的线性组合模拟价电子激发。

3.3.3　局域态的电子跃迁

除了形成价带和导带的扩展态外,还有局域占据和未占据态(图 3.1)。在无定形和晶体固体中,都存在源自断裂跃迁对称性的局域态。在结晶固体中,断裂的跃迁对称性(无序)是形成晶体的核的热运动结果。在无定形的固体中,无序是固有的,也是由热运动引起的。局域态也可能源于材料中的缺陷,如空位、杂质等。如果初态和终态是局域态,我们应该讨论局域激发,如果初态或终态是扩展态,即价态或导态,然后用子带隙吸收尾模拟了激发。

3.3.3.1　局域态激发

通常可以在带隙能量以下以离散跃迁观察到局域态,而光子能量则以相应占据和未占据局域态能量差形式给出。这意味着不能像 IBT(式(3.131))的情况那样用初态和终态之间的相关性计算 JDOS。在大多数情况下,高斯 ε 展宽的离散跃迁是合适的模型[63,64],也就是与声子相同的模型(参见 3.3.1.1 节)。在类金刚石碳(DLC)[70-73]中的 π 电子激发或硫系化合物中的非键合电子激发[74-76]的情况下,相应的吸收结构可用 IBT 模型式(3.133)描述。在这些情况下,π 电子和非键合电子态的局域化程度相对较低,因此,可以将态密度表示为两个价带和两个带隙能量不同的导带。

3.3.3.2 指数尾部

指数(Urbach)尾用于描述由于电子从局域价态到未占据扩展态的跃迁,以及从扩展的价态到未占据局域态的跃迁所引起的带隙以下的弱吸收[77](图 3.1)。用局域态密度与价带或导带中的态密度之间的相关性给出与这些跃迁相关的 JDOS。局域态密度一般是典型宽度为几十 MeV 以内的窄峰,并且呈指数衰减。由于扩展带的典型宽度约为 10eV,因此,相关性使得 JDOS 看起来像扩展带的副本,在其两端有指数尾部。局域态的 DOS 受费密能量的限制,因此指数尾部的范围有限。对应于局域态到扩展态或扩展态到局域态跃迁的归一化介电函数的虚部可以通过[63,64]建模,即

$$
\varepsilon_{i,ut}^0(E) = \frac{1}{C_N E |E|^\kappa} \left\{ \exp\left(\frac{|E|-E_g}{E_u}\right) \Pi_{E_g/2,E_g}(|E|) \right.
$$

$$
+ \left[1 + \frac{E_m - E_g}{4E_u} - \frac{(2|E-E_m-E_g|)^2}{4E_u(E_m-E_g)} \right] \Pi_{E_g,E_m}(|E|)
$$

$$
\left. + \exp\left(\frac{E_m-|E|}{E_m}\right) \Pi_{E_m,E_m+E_g/2}(|E|) - \exp\left(-\frac{E_g}{2E_u}\right) \Pi_{E_g/2,E_m+E_g/2}(|E|) \right\} \quad (3.141)
$$

式中:E_u 是称为 Urbach 能量的参数,它表达了指数带尾下降的斜率,并且用参数 κ 修正吸收带的形状。如果模型描述了从局域态到扩展态的跃迁,那么,能量 E_m 是价带顶部和导带之间的能量差;如果模型描述了扩展到局域跃迁,那么,能量 E_m 是价带底部和导带之间的能量差。原则上,应该使用两个具有不同 E_m 的模型式(3.141),但是由于对应于这些跃迁的吸收结构很弱,它们被 E_g 之上的其他吸收结构所掩盖。因此,可以使用具有平均值的一个模型,即

$$
E_m = E_g/2 + E_h/2 \quad (3.142)
$$

该模型由三部分构成的示意图如图 3.12 所示。在式(3.141)中,前 3 项对应于模型的 3 个部分,第四个常数项确保 JDOS 在能量 $E_g/2$ 和 $E_m+E_g/2$ 之间的连续性。如上所述,指数尾部的范围受到费密能级的限制。因此,假设费密能量位于带隙的中间,构造模型使得它在 $E_g/2$ 以下和 $E_m+E_g/2$ 以上为零。归一化介电函数的实部和 $\kappa = 1$ 的归一化常数 C_N 的解析表达式参见文献[64]。

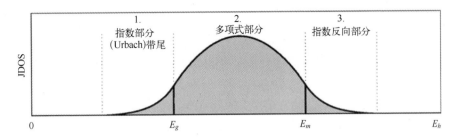

图 3.12　指数尾模型的 JDOS 函数示意图($\kappa = 1$)

当用 Tauc-Lorentz 模型描述价电子激发时,可以使用指数尾模型,它不受能量 E_m 的限制并且可扩展到无穷大,即

$$\varepsilon_{i,ut}^0(E) = \frac{1}{C_N E |E|^\kappa} \left\{ \begin{array}{l} \left[\exp\left(\frac{|E| - E_g}{E_u} \right) - \exp\left(-\frac{E_g}{2E_u} \right) \right] \Pi_{E/2, E_g}(|E|) \\ + \frac{A(|E| - E_0)^2}{|E|^{4-\kappa}} \Theta(|E| - E_g) \end{array} \right\}$$

(3.143)

该模型由能量 E_u、E_g 和整数 κ 参数化。必须确定 E_0 和 A 的值,以便介电函数的虚部及其导数在 E_g 处是连续的。

3.3.4　自由载流子的贡献

如果价带或导带被部分占据,即费密能级位于这些带内或足够接近这些带,则带内直接跃迁有助于材料的介电响应。这些跃迁称为自由载流子贡献(FCC),因为它们可以解释为在准粒子近似理论体系中电荷的载流子,即电子和空穴的运动。虽然 FCC 的最大能量由部分填充带的宽度给出,但是可以使用经典模型,该模型不受任何最大能量的限制。没有能量上限不是一个严重的问题,因为它位于带间电子跃迁的区域,在这个区域中,电子跃迁比 FCC 强得多。由于 FCC 对应的介质函数在零能量处具有奇点,因此,用复电导率 $\hat{\sigma}(\omega) = -i\omega\varepsilon_0[\hat{\varepsilon}(\omega) - 1]$ 或等效地用与其实数成比例的跃迁强度函数描述自由载流子的介电响应更为方便。德鲁特模型(式(3.15))的归一化跃迁强度函数为

$$F_{fcc}^0(E) = \frac{2}{\pi} \frac{B}{E^2 + B^2}$$

(3.144)

德鲁特模型不受高能量极限的约束,而是表现出经典的渐近行为。如果我们想要在高能 X 射线区域中对介电响应进行建模,这可能是有问题的。在这种情况下,最好使用引入高能量限制 E_w 的德鲁特模型修正方程,即

61

$$F_{fcc}^0(E) = \frac{(E_w^2 - E^2)^2 \Theta(E_w - E)}{C_N(E^2 + B^2)}$$

$$(3.145)$$

$$C_N = \frac{(E_w^2 + B^2)^2}{B} \arctan\left(\frac{E_w}{B}\right) - E_w B^2 - \frac{5}{3} E_w^3$$

该模型的介电函数可以通过式(3.35)和式(3.36)解析表示,该模型与德鲁特模型的比较如图3.13所示。

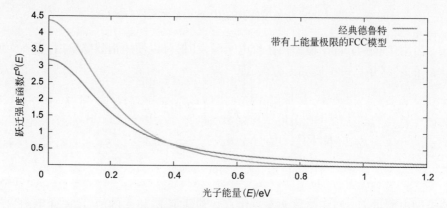

图 3.13　自由载流子模型的归一化跃迁强度函数 $F^0(E) = E\varepsilon_i^0(E)$ 的
贡献($B = 0.2\text{eV}, E_w = 1\text{eV}$)

　　带内跃迁的温度依赖性是一个复杂的现象,不可能用一个普遍有效的公式描述它。粗略地说,它取决于能带结构中费密能级的位置。例如,如果费密能级位于价带内(如在金属中),电子占据数在部分填充的带内重新分布,总跃迁强度实际上是恒定的。由于费密-狄拉克统计量的模糊,展宽参数 B 随温度的升高而增大,从而导致静态电导率的降低。如果费密能位于带隙内(如在半导体中),那么,材料的电导率随着温度而增加,因为价带中的空穴密度和导带中的电子密度增加。在本征半导体中,费密能级正好位于带隙的中心位置,带内间接跃迁强度的温度依赖性参见文献[78,79],即

$$F_{fcc}^0(E, T) = \left(\frac{T}{300}\right)^{3/2} \exp\left[-\frac{E_g}{2k_B}\left(\frac{1}{T} - \frac{1}{300}\right)\right] F_{fcc}^0(E) \qquad (3.146)$$

式中:$F_{fcc}^0(E)$ 为在温度 300K 下的归一化参数。

　　虽然对于超导态下材料的描述提出了不可忽视的理论问题,但在介电模型中写出与超导电性(SC)相应的部分还是相当容易的,跃迁强度的归一化贡献为

$$F_{sc}^0(E) = 2\delta(E) \qquad (3.147)$$

对介电函数实部的贡献为

$$\varepsilon_{r,sc}^{0}(E) = -\frac{2}{\pi E^{2}} \qquad (3.148)$$

3.3.5 核芯电子激发

除了价电子之外,核芯电子也可以被激发到未占据的电子态(图 3.1)。这些激发表现为光谱中的尖锐吸收边。这些吸收边的位置由形成材料的各个原子中的核芯电子态的能量决定。这意味着,材料中所含的每种元素都以该元素所特有的能量吸收边表示。材料中原子的精确构型对这些吸收边的位置只有很小的影响。

核芯电子对导带的激发影响吸收边附近的吸收结构的形状,这些结构称为精细吸收结构,它们的形状不仅取决于形成材料的原子类型和数量,还取决于它们在该材料中的构型。核芯电子的高激发态对于介电响应的贡献可以用光滑函数表示。这些光滑贡献的强度仅由原子的类型和数量决定,并且与材料中这些原子的确切构型无关。

在价电子激发区,核芯电子激发(CEE)对介电响应的影响很小。因此,如果实验数据没有扩展到非常高的能量,就可以忽略来自 CEE 的贡献,或者可以使用在低能量下足够精确的简单分析模型[7,60,64,78],即

$$\hat{\varepsilon}_{cee}^{0}(E) = \frac{E_{s}}{\pi E^{3}}\left(\ln\left|\frac{E+E_{s}}{E-E_{s}}\right| - \frac{2E}{E_{s}}\right) + i\frac{E_{s}}{E^{3}}\varTheta(|E|-E_{s}) \qquad (3.149)$$

在低能量下,该模型对介电函数的实部给出了几乎恒定的贡献,可以表示为

$$\lim_{E\to 0}\hat{\varepsilon}_{cee}^{0}(E) = \frac{2}{3\pi E_{s}^{2}} \qquad (3.150)$$

例如,在氢化非晶硅的情况下,这些贡献对于 K 层核电子为 1.2×10^{-5},对于 L 层核电子为 0.0204[64]。

CEE 模型(式(3.149))在能量 $E = E_{s}$ 具有经典的渐近行为和奇异性。与 HET 类似,CEE 的修正模型应该比高能量下的经典渐近行为快得多。通过将项 $(|E|+E_{a})$ 置于式(3.149)虚部的分母中,可以实现高能量下的更快衰减。$E = E_{s}$ 处的奇点是由 Heaviside 阶跃函数引起的,它可以通过展宽过程去除。因此,修正后的 CEE 色散模型归一化介电函数可以写成

$$\hat{\varepsilon}_{cee}^{0}(E) = \hat{\beta}\frac{1}{C_{N}E^{3}(|E|+E_{a})}\varTheta(|E|-E_{s}) \qquad (3.151)$$

式中: C_{N} 是给定的归一化常数,由下式给出,即

$$C_{N} = \frac{E_{s}\left[\ln(E_{s})-\ln(E_{s}+E_{a})\right]+E_{a}}{E_{s}E_{a}^{2}} \qquad (3.152)$$

如果使用洛伦兹展宽函数式(3.55),则结果可以解析地表示为

$$\hat{\varepsilon}_{cee}^{0}(E) = \frac{1}{\pi C_N} \left\{ \begin{array}{l} \dfrac{2}{E_a^2(\hat{E}^2-E_a^2)}\ln(E_a+E_s) - \dfrac{2}{E_a^2\hat{E}^2}\ln(E_s) - \dfrac{2}{E_s E_a \hat{E}^2} \\[3mm] + \dfrac{1}{\hat{E}^3(E_a-\hat{E})}\left[\dfrac{1}{2}\ln(E+E_s)^2 + B^2/4 - \mathrm{i}\arctan\left(\dfrac{E+E_s}{B/2}\right) + \mathrm{i}\,\dfrac{\pi}{2}\right] \\[3mm] - \dfrac{1}{\hat{E}^3(E_a+\hat{E})}\left[\dfrac{1}{2}\ln(E-E_s)^2 + B^2/4 - \mathrm{i}\arctan\left(\dfrac{E-E_s}{B/2}\right) - \mathrm{i}\,\dfrac{\pi}{2}\right] \end{array} \right\}$$

$$(3.153)$$

在图 3.14 中,用对数图显示了 CEE 模型对介电函数的贡献。在这个图中,可以看到洛伦兹展宽导致低能区域虚部的非零贡献。这个缓慢衰减的弱吸收尾部在带隙下方的区域是非物理意义的,在该区域应观察到指数尾部。因此,在式(3.151)中使用高斯展宽更好,但是在这种情况下,展宽介电函数需要使用数值积分。

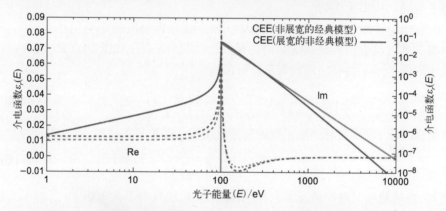

图 3.14　对应于 CEE 模型式(3.149)和式(3.153)的介电函数的贡献
($N_{cee}=500\mathrm{eV}^2$, $E_s=100\mathrm{eV}$, $B=1\mathrm{eV}$, $E_a=500\mathrm{eV}$)

3.4　结论

UDM 是以统一形式描述各种元激发的模型集合。为了描述特定材料的介电响应,必须将与这些元激发相对应的贡献结合起来。为了确定模型中应包含哪些贡献,需要对所研究材料的结构有一些先验知识。此外,贡献的确切数量和类型取决于模型有效的光谱区与模型的期望精度。本章介绍的模型只是一组基本元激发模型的集合,可以对这些模型进行一些修改或扩展。使用 UDM 的软件示例是

newAD 程序[80]。到目前为止，UDM 被用于描述以下材料的光学响应：$a-\mathrm{Si}$：$\mathrm{H}^{[64,81]}$，$\mathrm{HfO}_2^{[63,82]}$，$\mathrm{SiO}_2^{[82,83]}$，$\mathrm{Al}_2\mathrm{O}_3^{[82]}$，$\mathrm{Ta}_2\mathrm{O}_5^{[82]}$，$\mathrm{TiO}_2^{[82]}$，$\mathrm{MgF}_2^{[82,84]}$ 和 $\mathrm{ZnSe}^{[85]}$。

致谢：感谢 Dominik Munzar、Adam Dubroka 和 David Nečas 阅读手稿、进行讨论和提出有益的意见。这项研究得到了捷克共和国教育、青年和体育部资助项目 LO1411（NPU I）的支持。

参考文献

[1] H.A. Kramers, in *Atti Cong. Intern. Fisica, (Transactions of Volta Centenary Congress) Como*, vol. 2 (1927), pp. 545–557

[2] R. de Laer Kronig, J. Opt. Soc. Am.; Rev. Sci. Instrum. **12**, 547 (1926)

[3] M. Altarelli, D.L. Dexter, H.M. Nussenzveig, D.Y. Smith, Phys. Rev. B **6**, 4502 (1972)

[4] E. Shiles, T. Sasaki, M. Inokuti, D.Y. Smith, Phys. Rev. B **22**, 1612 (1980)

[5] D.Y. Smith, in *Handbook of Optical Constants of Solids*, vol. 1, ed. by E.D. Palik (Academic Press, Dublin 1985), pp. 35–68

[6] V. Lucarini, K.E. Peiponen, J.J. Saarinen, E.M. Vartiainen, *Kramers-Kronig Relations in Optical Materials Research* (Springer, Berlin, 2005)

[7] D. Franta, D. Nečas, L. Zajíčková, Thin Solid Films **534**, 432 (2013)

[8] Z.C. Yan, G.W.F. Drake, Phys. Rev. A **52**, R4316 (1995)

[9] M. Dressel, G. Grüner, *Electrodynamics of Solids: Optical Properties of Electrons in Matter* (University Press, Cambridge, 2002)

[10] D. van der Marel, in *Strong interactions in low dimensions* (Kluwer Academic Publishers, Dordrecht, 2004), chap. 8, pp. 237–276

[11] B.L. Zhou, J.M. Zhu, Z.C. Yan, Phys. Rev. A **73**, 014501 (2006)

[12] J.A.S. Barker, J.J. Hopfield, Phys. Rev. **135**, A1732 (1964)

[13] F. Wooten, *Optical Properties of Solids* (Academic Press, New York, 1972)

[14] R. Kubo, J. Phys. Soc. Japan **12**, 570 (1957)

[15] P.Y. Yu, M. Cardona, *Fundamentals of Semiconductors* (Springer, Berlin, 2001)

[16] P.B. Allen, in *Conceptual Foundations of Material Properties:A Standard Model For Calculation Of Ground- and Excited-state Properties*, ed. by M.L. Cohen, S.G. Louie (Elsevier, Amsterdam, 2006), pp. 165–218

[17] H.A. Bethe, E.E. Salpeter, *Quantum Mechanics of One- and Two-Electron Atoms* (Springer, Berlin, 1957)

[18] L. Van Hove, Phys. Rev. **89**, 1189 (1953)

[19] S. Adachi, Phys. Rev. B **35**, 7454 (1987)

[20] S. Adachi, Phys. Rev. B **41**, 1003 (1990)

[21] C.C. Kim, J.W. Garland, H. Abad, P.M. Raccah, Phys. Rev. B **45**, 11749 (1992)

[22] C.C. Kim, J.W. Garland, P.M. Raccah, Phys. Rev. B **47**, 1876 (1993)

[23] C. Tanguy, Phys. Rev. Lett. **75**, 4090 (1995)

[24] C. Tanguy, Solid State Commun. **98**, 65 (1996)

[25] C.M. Herzinger, B.D. Johs, W.A. McGahan, J.A. Woollam, W. Paulson, J. Appl. Phys. **83**, 3323 (1998)

[26] B.D. Johs, C.M. Herzinger, J.H. Dinan, A. Cornfeld, J.D. Benson, Thin Solid Films **313–314**, 137 (1998)

[27] A.B. Djurišić, E.H. Li, Phys. Status Solidi B **216**, 199 (1999)

[28] A.B. Djurišić, Y. Chan, E.H. Li, Semicond. Sci. Technol. **16**, 902 (2001)

[29] Y.S. Ihn, T.J. Kim, T.H. Ghong, Y. Kim, D.E. Aspnes, J. Kossut, Thin Solid Films **455–456**, 222 (2004)

[30] L.V. Rodríguez-de Marcos, J.I. Larruquert, Opt. Express **24**, 28561 (2016)

[31] D. Franta, D. Nečas, L. Zajíčková, I. Ohlídal, Thin Solid Films **571**, 496 (2014)

[32] R.N. Bracewell, *The Fourier Transform and Its Applications* (McGraw-Hill, Singapore, 1999)

[33] M. Abramowitz, I.A. Stegun (eds.), *Handbook of mathematical functions with Formulas, Graphs, and Mathematical Tables* (National Bureau of Standards, 1964)

[34] M.E. Thomas, S.K. Andersson, R.M. Sova, R.I. Joseph, Infrared Phys. Technol. **39**, 235 (1998)

[35] D. De Sousa Meneses, M. Malki, P. Echegut, J. Non-Cryst. Solids **352**, 769 (2006)

[36] D. De Sousa Meneses, J.F. Brun, B. Rousseau, P. Echegut, J. Phys. Condes. Matter **18**, 5669 (2006)

[37] R. Kitamura, L. Pilon, M. Jonasz, Appl. Opt. **46**, 8118 (2007)

[38] J. Humlíček, J. Quant. Spectrosc. Radiat. Transf. **27**, 437 (1982)

[39] R. Brendel, D. Bormann, J. Appl. Phys. **71**, 1 (1992)

[40] D. De Sousa Meneses, G. Gruener, M. Malki, P. Echegut, J. Non-Cryst. Solids **351**, 124 (2005)

[41] S.M. Abrarov, B.M. Quine, Appl. Math. Comput. **218**, 1894 (2011)

[42] J. Kischkat, S. Peters, B. Gruska, M. Semtsiv, M. Chashnikova, M. Klinkmüller, O. Fedosenko, S. Machulik, A. Aleksandrova, G. Monastyrskyi, Y. Flores, W.T. Masselink, Appl. Opt. **71**, 6789 (2012)

[43] J.J. Olivero, R.L. Longbothum, J. Quant. Spectrosc. Radiat. Transf. **17**, 233 (1977)

[44] P. Thompson, D.E. Cox, J.B. Hastings, Appl. Crystallogr. **20**, 79 (1987)

[45] J. Humlíček, R. Henn, M. Cardona, Phys. Rev. B **61**, 14554 (2000)

[46] D.W. Berreman, F.C. Unterwald, Phys. Rev. **174**, 791 (1968)

[47] G.S. Jeon, G.D. Mahan, Phys. Rev. B **71**, 184306 (2005)

[48] A.B. Kuzmenko, E.B. Kuzmenko, E. van Heumen, F. Carbone, D. van der Marel, Phys. Rev. Lett. **100**, 117401 (2008)

[49] J. Humlíček, A. Nebojsa, F. Munz, M. Miric, R. Gajic, Thin Solid Films **519**, 2624 (2011)

[50] U. Fano, Phys. Rev. **124**, 1866 (1961)

[51] R. Zallen, M.L. Slade, Phys. Rev. B **18**, 5775 (1978)

[52] P. Lautenschlager, P.B. Allen, M. Cardona, Phys. Rev. B **31**, 2163 (1985)

[53] P. Lautenschlager, M. Garriga, L. Viña, M. Cardona, Phys. Rev. B **36**, 4821 (1987)

[54] A. Debernardi, Phys. Rev. B **57**, 12847 (1998)

[55] D. Franta, D. Nečas, L. Zajíčková, I. Ohlídal, Opt. Mater. Express **4**, 1641 (2014)

[56] G. Harbeke, in *Optical Properties of Solids*, ed. by F. Abelès (North–Holland, Amsterdam, 1972), pp. 21–92

[57] F. Bassani, G. Pastori Parravicini, *Electronic States and Optical Transitions in Solids, The Science of the Solid State*, vol. 8 (Pergamon Press, USA, 1975)

[58] B. Velický, J. Sak, Phys. Status Solidi **16**, 147 (1966)

[59] D. Sell, P. Lawaetz, Phys. Rev. Lett. **26**, 311 (1971)

[60] D. Franta, A. Dubroka, C. Wang, A. Giglia, J. Vohánka, P. Franta, I. Ohlídal. Appl. Surf. Sci. **421**, 405 (2017)

[61] S. Adachi, Phys. Rev. B **38**, 12966 (1988)

[62] S. Flügge, H. Marshall, *Rechenmethoden der Quantentheorie*, 2nd edn. (Springer, Berlin, 1952)

[63] D. Franta, D. Nečas, I. Ohlídal, Appl. Opt. **54**, 9108 (2015)

[64] D. Franta, D. Nečas, L. Zajíčková, I. Ohlídal, J. Stuchlík, D. Chvostová, Thin Solid Films **539**, 233 (2013)

[65] D. Campi, C. Coriasso, J. Appl. Phys. **64**, 4128 (1988)

[66] D. Campi, C. Coriasso, Mater. Lett. **7**, 134 (1988)

[67] D. Franta, M. Černák, J. Vohánka, I. Ohlídal, Thin Solid Films **631**, 12 (2017)

[68] G.E. Jellison Jr., F.A. Modine, Appl. Phys. Lett. **69**, 371 (1996)

[69] A.S. Ferlauto, G.M. Ferreira, J.M. Pearce, C.R. Wronski, R.W. Collins, X.M. Deng, G. Ganguly, J. Appl. Phys. **92**, 2424 (2002)

[70] V. Paret, M.L. Thèye, J. Non-Cryst, Solids **266–269**, 750 (2000)

[71] M. Gioti, D. Papadimitriou, S. Logothetidis, Diam. Relat. Mater. **9**, 741 (2000)

[72] D. Franta, I. Ohlídal, Acta Phys. Slov. **50**, 411 (2000)

[73] D. Franta, L. Zajíčková, I. Ohlídal, J. Janča, Vacuum **60**, 279 (2001)

[74] D. Franta, M. Hrdlička, D. Nečas, M. Frumar, I. Ohlídal, M. Pavlišta, Phys. Status Solidi C **5**, 1324 (2008)

[75] D. Franta, D. Nečas, M. Frumar, Phys. Status Solidi C **6**, S59 (2009)

[76] D. Franta, D. Nečas, I. Ohlídal, M. Hrdlička, M. Pavlišta, M. Frumar, M. Ohlídal, J. Optoelectron. Adv. Matter. **11**, 1891 (2009)

[77] J. Tauc, in *Optical Properties of Solids*, ed. by F. Abelès (North–Holland, Amsterdam, 1972), pp. 277–313

[78] D. Franta, D. Nečas, L. Zajíčková, I. Ohlídal, Thin Solid Films **571**, 490 (2014)

[79] C. Kittel, *Introduction to Solid State Physics*, 5th edn. (Wiley, New York, 1976)

[80] D. Franta, D. Nečas, et al. Software for optical characterization, in *newAD2*. http://newad. physics.muni.cz

[81] D. Franta, D. Nečas, L. Zajíčková, I. Ohlídal, J. Stuchlík, Thin Solid Films **541**, 12 (2013)

[82] D. Franta, D. Nečas, I. Ohlídal, A. Giglia, in *Proceedings of SPIE*. Optical Systems Design 2015: Optical Fabrication, Testing, and Metrology V, vol. 9628 (2015), p. 96281U

[83] D. Franta, D. Nečas, I. Ohlídal, A. Giglia, in Photonics Europe 2016: Optical Micro- and Nanometrology VI, Proc. SPIE, vol. 9890 (2016), p. 989014

[84] D. Franta, D. Nečas, A. Giglia, P. Franta, I. Ohlídal, Appl. Surf. Sci. **421**, 424 (2017)

[85] I. Ohlídal, D. Franta, D. Nečas, Appl. Surf. Sci. **421**, 687 (2017)

第4章 从头计算预测光学特性

帕维尔·翁德拉奇卡 大卫·霍莱茨 莲卡·扎伊奇科娃[①]

摘 要 本章简要介绍了一些从头计算方法,这些方法可用于预测固体的光学特性,以便深入了解其基本原理,解释实验观察到的现象或预测新材料的特性。密度泛函理论是电子结构计算中最受欢迎的第一性原理技术,同时,简要介绍了一种基于格林函数形式的更为复杂的多体微扰理论,也介绍了 Bethe-Salpeter 方程作为计算含激子效应的光学特性的方法。这些方法被应用于晶体硅的模型系统以及更复杂的氧化物材料。

4.1 引言

从头计算方法也称为第一原理方法,可以只使用基本原理计算某些物理量,而不需要任何经验参数。在材料科学中,这种自下而上的方法建立在这种量子力学计算的基础上,并对所获得的特性进行放大,以更好地理解实验结果或对实验进行预测和规划。虽然从头开始的建模技术已经存在了近一个世纪,但直到最近 20 年,它们才在最简单的晶体系统之外得到了更广泛的应用。这是由于可用计算能力的快速增加,基础理论和数值方法的进展,以及从头计算软件的可用性和用户界面友好性的不断提高。这些因素的结合降低了对从头计算的方法感兴趣研究人员的准入门槛,并可以将它们应用到比以往任何时候都更复杂、更现实的系统中。虽然这本书的重点是薄膜的实验表征,但本章简要概述了用于预

① 帕维尔·翁德拉奇卡(✉), 莲卡·扎伊奇科娃

马萨里克大学,中欧技术研究所等离子技术研究组(CEITEC),捷克共和国布尔诺,普尔基诺瓦 123 号,邮编 61200

马萨里克大学,理学院物理电子学系,捷克共和国布尔诺,卡特拉斯卡 2 号,邮编 261137

e-mail: pavel. ondracka@ gmail. com

大卫·霍莱茨

里奥本矿山大学,物理冶金和材料测试系,奥地利里奥本,朗茨-约瑟夫大街 18 号,邮编 8700

测固体能带结构和光学特性的技术。然而,本书的目的并不是对基本理论和原理进行透彻讨论,因为它不适合作为一个章节。

阅读本章后,读者应大致了解标准从头开始技术的可能性,以及如何将它们用于补充实验工作。使用第一原理计算有两种概念上不同的方法。第一种方法是用从头计算来解释实验结果,即解释观察到的现象并深入了解基本原理。例如,在光学特性方面,计算得到的信息不仅限于最终的介电函数,还包括完整的能带结构和动量矩阵元等,这些知识对于理解和解释测量数据是必不可少的。第二种方法是使用从头计算的预测能力。由于原则上不需要经验输入,从头计算可以用来模拟未知材料的特性。例如,通过搜选大量可能的候选材料,并选择最有前途的材料进行后续深入的实验研究,高通量地搜索新材料正变得越来越重要,因为它们节省了实验成本和工作量。

4.2 能带结构计算

4.2.1 量子力学波函数

第一步,在理论上任何从头计算的唯一需要输入是系统的结构。在数学上,它意味着以哈密顿量$\hat{H}$量子力学算符"设置场景"。然后,系统由波函数$\psi(r,t)$描述,其平方范数表示系统在时间t处于特定位置r的概率。哈密顿量通过薛定谔方程定义波函数,即

$$\hat{H}\psi(r,t) = \mathrm{i}\hbar\frac{\partial\psi}{\partial t}(r,t) \tag{4.1}$$

在静态情况下,采用与时间无关的薛定谔方程形式,即

$$\hat{H}\psi(r) = E\psi(r) \tag{4.2}$$

式中:E为系统的总能量。在固体物理学的背景下,系统通常被认为是由带正电的离子组成的,每个离子位于位置R_j并具有电荷q_j,电子位于位置r_i且具有负电荷e。用式(4.2)表示这种多体问题,即

$$\hat{H}\Psi(\{R_j\},\{r_i\}) = E\psi(\{R_j\},\{r_i\}) \tag{4.3}$$

虽然式(4.3)在形式上很简单,但薛定谔方程是多体波函数$\Psi(\{R_j\},\{r_i\})$的偏微分方程,因此,对于大多数情况具有实际意义的问题,该方程的解是不可能的。单个质子的质量比电子质量重约1836倍,因此,电子可以更快地对任何微扰做出反应,于是出现了玻恩-奥本海默(Born-Oppenheimer)近似,即

$$\Psi(\{R_j\},\{r_i\}) = \psi_N(\{R_j\})\times\psi(\{r_i\},\{R_j\}) \tag{4.4}$$

式中:$\psi_N(\{R_j\})$为分离核的波函数;$\psi(\{r_i\},\{R_j\})$为电子波函数。结果表明,在大多数情况下,原子核都可以用经典力学的方法处理。在电子给出的势场中,原子核是带正电的粒子。相反,电子的瞬时状态是在原子核静态构型中的电子多体问题从头解(如$\{R_j\}$现在只是外部参数的一部分)。进一步简化的假设是:电子多体波函数$\psi(\{r_i\})$是单电子波函数的乘积,即

$$\psi(\{r_i\})=\Pi_i\phi(r_i) \tag{4.5}$$

式(4.5)称为哈特里(Hartree)近似。然而,这种形式违反了泡利不相容原理,因为产生的波函数对于费密子(具有半整数自旋的粒子,如电子)的粒子交换不是反对称的。在哈特里-福克(Hartree-Fock,HF)的近似中,通过假设电子波函数是斯莱特(Slater)行列式的形式解决这个问题,即

$$\psi(\{r_i\})=\frac{1}{\sqrt{N!}}\begin{vmatrix} \phi_1(r_1) & \phi_2(r_1) & \cdots & \phi_N(r_1) \\ \phi_1(r_2) & \phi_2(r_2) & \cdots & \phi_N(r_2) \\ \vdots & \vdots & \ddots & \vdots \\ \phi_1(r_n) & \phi_2(r_n) & \cdots & \phi_N(r_n) \end{vmatrix} \tag{4.6}$$

尽管实现了泡利不相容原理(交换相互作用),哈特-福克的解仍然是基于单粒子轨道的,因此除了简单的交换之外,它忽略了多体效应。我们注意到,为了使式(4.6)正确,$\varphi_i(r_j)$必须已经包含了自旋(自旋轨道)。也就是说,位置向量r_j已经包括了电子自旋坐标,它们的积分包括了对自旋坐标上的求和。

4.2.2 密度泛函理论

利用密度泛函理论(DFT)将多体波函数转换为电荷密度作为主要量的量子力学计算开辟了一条新途径。这从根本上简化了解,因为我们现在只处理一个位置函数r。基态电子电荷密度$\rho(r)$与多体波函数有关,即

$$\rho(r)=\sum_i\int dr_1 dr_2\cdots dr_i\cdots dr_N\psi*(r_1,r_2,\cdots,r_i\equiv r,\cdots,r_N)$$
$$\psi(r_1,r_2,\cdots,r_i\equiv r,\cdots,r_N) \tag{4.7}$$

Hohenberg 和 Kohn[1]也证明了一个逆关系,即任何可观测量(包括总能量)都是由$\rho(r)$唯一确定的加常数。因此,多体问题被重新表述为变分问题:基态电荷密度使总能量泛函最小化。最后,Kohn 和 Sham[2]证明许多相互作用的电子基态电荷密度$\rho(r)$与具有相同元素电荷的虚拟非相互作用粒子系统的基态电荷密度相同,并且提供了一个实用的方法。相应的单粒子波函数φ_i和能量ε_i是 Kohn-Sham(KS)方程的解[2],即

$$\hat{H}_{KS}\phi_i=\epsilon_i\phi_i \tag{4.8}$$

导致

$$\rho(\boldsymbol{r}) = \sum_{i=1}^{N} \phi_i * (\boldsymbol{r}) \phi_i(\boldsymbol{r}) \tag{4.9}$$

式中：N 为电子的总数。

KS 哈密顿量可以分解为 4 个部分：

$$\hat{H}_{KS} = -\frac{\hbar^2}{2m_e}\nabla^2 + \frac{e^2}{4\pi\varepsilon_0}\int \mathrm{d}\boldsymbol{r}' \frac{\rho(\boldsymbol{r}')}{|\boldsymbol{r}' - \boldsymbol{r}|} + V_{ext} + V_{xc} \tag{4.10}$$

式中：第一项是非相互作用电子的动能；第二项（称为哈特里 V_H）是密度为 $\rho(r)$ 电子云的库仑静电势；第三项是原子核和/或外部场的外部电势；最后一项是所谓的交换 - 关联（xc）电势力，代表电子 - 电子相互作用的量子力学部分。与其他项相反，外部电势是系统特有的，并且由系统几何结构和化学特性所决定（如原子的位置和类型）。

Kohn-Sham 轨道是 KS 方程式（4.8）的解，它取决于电荷密度，而电荷密度又取决于 KS 轨道本身。因此，需要一个自洽的解，从最初的电子密度猜测（如原子密度的叠加）开始求解 KS 方程，混合新旧电子密度，直到得到一个收敛的自洽解。该过程如图 4.1 所示。我们注意到，KS 方程可以很容易地推广到包括自旋极化[3]。但是，为了尽可能简单地说明问题，本章将只考虑非自旋极化情况。

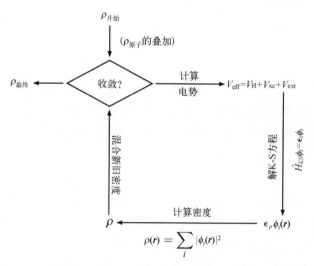

图 4.1　在 DFT 理论体系下电子电荷密度的自洽计算方法

值得注意的是，虽然一些量，如电荷密度和总能量，具有明确的物理意义，但是实际上，KS 轨道并不是哈特里 - 福克意义上的单电子态。因此，将 KS 状态解释为单粒子状态并没有正式的理由。尽管如此,已经证明 KS 波函数与准粒子波函数非常相似[4]。因此,在某些情况下,将 KS 特征值解释为准粒子能量与激发能量的差值是成功的。

4.2.3 交换-关联泛函

尽管 KS 方程除了玻恩-奥本海默近似外不包含任何其他方程,并且保证能够得到基态解,但是交换-关联势 V_{xc} 的确切形式尚不清楚。因此,交换-关联能量 E_{xc} 存在不同程度的近似值[5],交换-关联势可以从中写为

$$V_{xc}[\rho](r) = \frac{\delta E_{xc}[\rho]}{\delta \rho(r)} \qquad (4.11)$$

(1) **局域密度近似(LDA)**。在 LDA 方案中,交换-关联能是基于密度等于实际系统密度的均匀电子气体交换-关联能来建模[1],即

$$E_{xc}^{LAD}[\rho] = \int d^3 r \rho(r) e_{xc}^{hom}(\rho(r)) \qquad (4.12)$$

式中:e_{xc}^{hom} 为均匀电子气的每个粒子的交换-关联能。对均匀电子气体的交换能进行了解析计算,通过量子力学蒙特卡罗模拟确定了关联能[6],并建立了关联部分的简单解析公式[7]。

LDA 非常成功地描述了总能量和结构特性。然而,它也存在一些问题,如过高估计的键能(低估了晶胞的大小),或者众所周知的带隙低估等问题[8]。值得注意的是,未能正确确定带隙并非完全由 LDA 引起[9]。此外,有些情况表明,偏移的 LDA 能带结构可以与采用更复杂的多体方法计算的准粒子能带结构很好地吻合[9]。

(2) **广义梯度近似(GGA)**。在对 LDA 的第一次修正 GGA 中,x_c 能量函数不仅取决于给定点 r 处的总电子密度,还取决于其梯度,即

$$E_{xc}^{GGA}[\rho] = \int d^3 r f(\rho(r), \nabla \rho(r)) \qquad (4.13)$$

GGA 泛函已经发展了许多参数化,有些基于半经验的方法,包括从选定的一组材料(如文献[10])的拟合特性确定的参数,另一些则完全从头开始,如流行的 PBE 泛函[11]。虽然 GGA 很成功地纠正了一些 LDA 问题,如总能量或结构参数[12](尽管通常不是同时纠正这两个问题),但相对于实验而言,在能带能量方面相对于 LDA 的改进通常是微不足道的[13]。

(3) **超广义梯度近似(Meta-GGA)**。Meta-GGA 函数是交换-关联近似中的另一个步骤[14],增加了半局域动能密度 $\tau(r)$ 作为另一个部分,即

$$E_{xc}^{meta-GGA}[\rho] = \int d^3 \boldsymbol{r} f(\rho(\boldsymbol{r}), \nabla \rho(\boldsymbol{r}), \tau(\boldsymbol{r})) \tag{4.14}$$

$$\tau(\boldsymbol{r}) = -\frac{\hbar^2}{2m_e} \sum_{i=1}^{N} |\nabla \phi_i(\boldsymbol{r})|^2 \tag{4.15}$$

Meta-GGA 可以构造具有良好精度的晶格常数、结合和表面能的泛函[15]，而 GGA 泛函数优化通常仅能可靠地给出其中一个量。由于目前对光学特性的关注，特别值得一提的例子是改进的 Becke-Johnson (TB-mBJ) 函数，它是专门为获得正确的带隙而开发的[16]。它预测带隙的精度可与计算范围广泛的 GW 方法相媲美，可结算结果通常与实验非常吻合[17]（图 4.2）。然而，有人认为，对于某些材料而言，良好的带隙值是以与 GGA 相比更差的整体能带结构为代价的[17,18]。

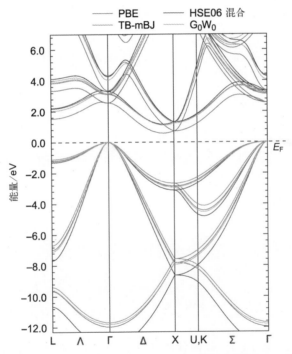

图 4.2　不同水平 DFT 泛函和在 PBE 上 G_0W_0 方法计算得到的 Si 能带结构图
（这突出了标准 DFT 泛函的带隙问题（在本例中是 PBE）。然而，我们可以看到，即使是
能够再现准粒子带隙的 G_0W_0 方法，如混合泛函（HSE06）或 TB-mBJ 泛函，
也存在其他一些问题，如不同的价带压缩和能带结构的其他微小变化）

（4）**混合泛函**。混合泛函将 DFT 与哈特里-福克理论相结合，将精确交换分量的一部分与 DFT 泛函的交换分量和完全关联结合起来[19]，即

$$E_x^{exact} = -\frac{e^2}{4\pi\varepsilon_0} \sum_{i,j}^{N} \iint d^3\boldsymbol{r}_1 d^3\boldsymbol{r}_2 \frac{\phi_i*(\boldsymbol{r}_1)\phi_j*(\boldsymbol{r}_2)\phi_j(\boldsymbol{r}_1)\phi_i(\boldsymbol{r}_2)}{|\boldsymbol{r}_1-\boldsymbol{r}_2|} \quad (4.16)$$

由于 KS 局域势和 HF 非局域势的混合,可以获得更好的带隙、晶格常数和其他特性[20]。有各种混合泛函可用,其中最受欢迎的是 B3LYP[21]、PBE0[22] 或 HSE[23]。它们之间的差异主要取决于与精确交换结合使用的交换-关联泛函的选择、DFT 和哈特里-福克交换的混合因子以及屏蔽的计算。

4.2.4 超越 DFT

4.2.4.1 GW 方法

对于准粒子特性的严格描述,如使用格林函数的多体微扰理论,超越 DFT 的方法变得不可避免。在这里,我们只强调一些一般的概念,特别是那些与光学特性计算直接相关的概念。对于 GW 方法的全面回顾,感兴趣的读者可参阅文献[4,24,25]。

在格林函数的多体形式中,一般非均匀系统的准粒子能量 $\varepsilon_{n,k}^{QP}$ 可以从下面的准粒子方程中获得,即

$$(\hat{T}+\hat{V}_{ext}+\hat{V}_H)\psi_{n,k}(\boldsymbol{r})+\int d^3\boldsymbol{r}'\sum(\boldsymbol{r},\boldsymbol{r}',\epsilon_{n,k}^{QP})\psi_{n,k}(\boldsymbol{r}')=\epsilon_{n,k}^{QP}\psi_{n,k}(\boldsymbol{r})$$

$$(4.17)$$

式中:$\hat{T}$ 是动量算符;$\hat{V}_{ext}$ 和 $\hat{V}_H$ 分别是外部势和库仑势(哈特里势);$\sum(\boldsymbol{r},\boldsymbol{r}',\varepsilon_{n,k}^{QP})$ 是电子自能算符,它表示由于电子之间的交换和关联效应而产生的电势,一般是非厄米特算符。因此,$\varepsilon_{n,k}^{QP}$ 可以是复数,虚部对应于准粒子的寿命。

单粒子和双粒子的格林函数定义为

$$G(1,2)=-\frac{i}{\hbar}\langle N|\mathcal{T}[\varPsi(2)\psi^\dagger(1)]|N\rangle \quad (4.18)$$

和

$$G(1,2';1,2')=-\left(\frac{i}{\hbar}\right)^2\langle N|\mathcal{T}[\psi(1)\psi(2)\psi^\dagger(2')\psi^\dagger(1')]|N\rangle \quad (4.19)$$

式中:(1)代表(r,t);$|N>$ 为具有 N 个电子的系统基态构型;$\mathcal{T}$ 为时序算符;$\psi(1)$ 和 $\psi^\dagger(1)$ 是在海森堡表象中在(1)处湮灭并产生电子的场算符。单粒子格林函数的物理意义是概率振幅,对于 $t_2<t_1$,空穴将从 r_1 传播到 r_2,或者对于 $t_2>t_1$,电子将从 r_2 传播到 r_1。当傅里叶变换到频域时,格林函数的极点对应于激发能。

Hedin[26] 提出了一组自洽方程,其中自能算符 $\sum$ 与单粒子格林函数相关联,即

$$\Sigma(1,2) = i\hbar \int d(34) G(1,3^+) W(1,4) \Lambda(3,2,4) \qquad (4.20)$$

$$G(1,2) = G_0(1,2) + \int d(34) G_0(1,3^+) \Sigma(3,4) G(4,2) \qquad (4.21)$$

$$\Lambda(1,2,3) = \delta(1,2)\delta(1,3) + \int d(4567) \frac{\delta\Sigma(1,2)}{\delta G(4,5)} G(4,6) G(7,5) \Lambda(6,7,3)$$
$$\qquad (4.22)$$

$$W(1,2) = v(1,2) + \int d(34) v(1,3) P(3,4) W(4,2) \qquad (4.23)$$

$$P(1,2) = -i\hbar \int d(34) G(1,3) \Lambda(3,4,2) G(4,1^+) \qquad (4.24)$$

式中：Λ 为顶点函数；P 为极化函数；G_0 为非相互作用的格林函数（对应于 $\Sigma = 0$）；W 为屏蔽的库仑势；1+ 为状态 $t \to t + \delta$；δ 为正无穷小。屏蔽的库仑势通过微观介电函数倒数 ε^{-1} 与裸库仑势关联，即

$$W(1,2) = \int d(3) \varepsilon^{-1}(1,3) v(3,2) \qquad (4.25)$$

在 GW 近似中，忽略了顶点函数的第二部分，只留下 $\Lambda(1,2,3) = \delta(1,2)\delta(1,3)$，这会导致

$$\Sigma(1,2) = i\hbar G(1,2) W(1,2) \qquad (4.26)$$

$$W(1,2) = v(1,2) + \int d(34) W(1,3) P(3,4) v(4,2) \qquad (4.27)$$

和

$$P(1,2) = -i\hbar G(1,2) G(2,1^+) \qquad (4.28)$$

在傅里叶变换到频域之后，自能量采用以下形式，即

$$\Sigma(\boldsymbol{r},\boldsymbol{r}';\omega) = \frac{i}{2\pi} \int d\omega' G(\boldsymbol{r},\boldsymbol{r}';\omega+\omega') W(\boldsymbol{r},\boldsymbol{r}';\omega') \qquad (4.29)$$

要使用式(4.25)计算屏蔽库仑势，需要计算与极化率相关的微观介电函数，即

$$\varepsilon(\boldsymbol{r},\boldsymbol{r}',\omega) = \delta(\boldsymbol{r}-\boldsymbol{r}') - \int d\boldsymbol{r}'' v(\boldsymbol{r}-\boldsymbol{r}'') P(\boldsymbol{r}'',\boldsymbol{r}',\omega) \qquad (4.30)$$

计算极化的标准近似是随机相位近似（RPA）[27,28]。只需再次考虑顶点函数的第一部分，将式(4.28)中的 G 替换为非相互作用的 G_0，即

$$P^0(1,2) = -i\hbar G_0(1,2) G_0(2,1^+) \qquad (4.31)$$

式中：P_0 是独立的粒子极化。

在最简单的情况下，以 KS 轨道为基础，将密度泛函理论用作计算准粒子特性的起点。在这种情况下，非相互作用格林函数是从 KS 态构建的，即

$$G_0(\boldsymbol{r},\boldsymbol{r}';\omega) = \sum_{nk} \frac{\phi_{nk}(\boldsymbol{r})\phi_{nk}^*(\boldsymbol{r}')}{\hbar\omega - \epsilon_{nk} - \mathrm{sgn}(\epsilon_F - \epsilon_{nk})i\delta} \qquad (4.32)$$

式中：ε_F 为费密能量。独立粒子极化（P_0）是对总电势（感应屏蔽和外部）作出响应的非相互作用电子的所有独立跃迁的总和，即

$$P^0(\boldsymbol{r},\boldsymbol{r}',\omega) = \sum_{nk}^{\mathrm{val}} \sum_{n'k'}^{\mathrm{cond}} \phi_{nk}^*(\boldsymbol{r}) \phi_{n'k'}(\boldsymbol{r}') \phi_{n'k'}^*(\boldsymbol{r}') \phi_{nk}(\boldsymbol{r}')$$
$$\times \left(\frac{1}{\hbar\omega - \epsilon_{k'n'} + \epsilon_{kn} + \mathrm{i}\delta} - \frac{1}{\hbar\omega + \epsilon_{k'n'} - \epsilon_{kn} - \mathrm{i}\delta} \right) \tag{4.33}$$

对于晶体材料，式（4.30）可以傅里叶变换为

$$\varepsilon_{G,G'}(\boldsymbol{q},\omega) = \delta_{G,G'} - v_G(\boldsymbol{q}) P_{G,G'}(\boldsymbol{q},\omega) \tag{4.34}$$

式中：$\boldsymbol{G}$ 和 $\boldsymbol{G}'$ 是互为倒数的晶格向量；$\boldsymbol{q}$ 是第一布里渊区的波向量；$v_G(\boldsymbol{q}) = 4\pi e^2 / |\boldsymbol{q}+\boldsymbol{G}|^2$。在 RPA 近似下不可约极化率为

$$P^0_{G,G'}(q,\omega) = \frac{1}{\Omega} \sum_{n,n',k} \langle n,k | \mathrm{e}^{-\mathrm{i}(q+G)r} | n',k+q \rangle \langle n',k+q | \mathrm{e}^{\mathrm{i}(q+G')r'} | n,k \rangle$$

$$\times \left[f(\epsilon_{n',k+q}) - f(\epsilon_{n,k}) \right] \left[\frac{1}{\epsilon_{n',k+q} - \epsilon_{n,k} - \hbar\omega - \mathrm{i}\delta} + \frac{1}{\epsilon_{n',k+q} - \epsilon_{n,k} + \hbar\omega + \mathrm{i}\delta} \right]$$

$$\tag{4.35}$$

式中：Ω 为单位晶胞体积；f 为费密分布函数。总和的第一部分中，动量矩阵元对应于跃迁概率，而第二部分对应于联合态密度（JDOS）。通过式（4.30）计算介电张量 ε，取其倒数 ε^{-1} 计算 W（式（4.25）），并使用 G_0（式（4.32））作为 G 的近似，得到式（4.26）中定义的自能。最后，在 KS 结果的基础上，用一阶微扰方法得到准粒子能量 $\varepsilon_{n,k}^{QP}$，即

$$\epsilon_{n,k}^{\mathrm{QP}} = \epsilon_{n,k} + C_{n,k} \mathrm{Re} \left\langle \phi_{nk} \left| \sum(\epsilon_{n,k}) - V_{\mathrm{xc}} \right| \phi_{n,k} \right\rangle \tag{4.36}$$

$C_{n,k}$ 是准粒子重新归一化因子。

$$C_{n,k} = \left(1 - \mathrm{Re} \left\langle \phi_{n,k} \left| \partial \sum(\epsilon) / \partial \epsilon \right|_{\epsilon_{n,k}} \left| \phi_{n,k} \right\rangle \right) \right)^{-1} \tag{4.37}$$

这种微扰方法的公式通常表示为 $G_0 W_0$，表明格林函数和屏蔽库仑势都是在没有自洽的情况下计算的[4]。还有许多其他方案（GW_0，GW）都具有不同程度的自洽性[29-31]。

4.3 光学特性

可直接测量的宏观介电函数 ε_M 通过将介质张量的 $(0,0)$ 元素取倒数与微观介电函数相连，即

$$\varepsilon_M(\omega) = \lim_{q \to 0} \frac{1}{\left[\varepsilon^{-1}(\boldsymbol{q}, \omega)\right]_{0,0}} \qquad (4.38)$$

$q \to 0$ 源于这样的事实:光的波矢通常比系统中典型的电子波矢量短得多。

在系统中微观非均匀的情况下,介电矩阵的所有元素都对 $\varepsilon_{0,0}^{-1}$ 分量有贡献。这称为局域场效应,并且源于这样的事实:在非均匀系统中,即使空间恒定的外场在微观尺度上,也会引起某些场的涨落,并且即使极化率(如在 RPA 中)不包含明显的电子-空穴相互作用,也导致跃迁的有效混合。

与式(4.38)相关的一个问题是:它涉及人为限制 G 和 G' 的 $\varepsilon_{G,G'}$ 计算,以及随后获得的 $\varepsilon_{0,0}^{-1}$ 分量。一种可能的简化方法是跳过全介电张量的取逆,并用(0,0)分量的倒数替换逆张量的(0,0)分量。换句话说,这忽略了局域场效应,并简化了式(4.38),即

$$\varepsilon_M^{NLF}(\omega) = \lim_{q \to 0} \varepsilon_{0,0}(\boldsymbol{q}, \omega) = 1 - \lim_{q \to 0}\left[v(\boldsymbol{q})P_{0,0}(\boldsymbol{q}, \omega)\right] \qquad (4.39)$$

4.3.1 Bethe-Salpeter 方程

在 4.2 节中展示了如何使用独立跃迁 RPA(独立粒子)方法获得微观介电函数。这种近似对于金属和其他材料是足够的,由于有效的屏蔽,其中激子(电子-空穴相互作用)效应忽略不计。然而,在半导体中,激子效应通常是不可忽视的。

将激子效应纳入光学响应的两个最流行的理论体系是 Bethe-Salpeter 方程(BSE)[32-35]和时变密度泛函理论[36,37]。我们只关注前者,因为尽管在计算上有更高的要求,但它的建立更加完善并且使用更加广泛。

Bethe-Salpeter 理论是由双粒子传播子(描述两个粒子通过系统运动的四点函数)构成的。直接空间中四点广义(可约)极化函数 $\bar{P}$ 的 BSE 假设形式[37],即

$$\bar{P}(1,2;1',2') = P^0(1,2;1',2') + \int d(3456) P^0(1,4;1',3') \bar{K}(3,5;4,6) \bar{P}(6,2;5,2')$$

$$(4.40)$$

式中:$\bar{P}$ 是由和双粒子相互作用的格林函数定义的,即

$$\bar{P}(1,2;1',2') = i\hbar\left[G_2(1,2;1',2') - G(1,1')G(2,2')\right] \qquad (4.41)$$

K 是一个包含屏蔽库仑作用和裸库仑相互作用的交互内核,即

$$\bar{K}(3,5;4,6) = \delta(1,2)\delta(3^+,4)\bar{v}(1,3) - \delta(1,3)\delta(2,4)W(1^+,2) \qquad (4.42)$$

式中:$\bar{v}$ 是修正后的库仑相互作用。对于 $G = 0$,$\bar{v}_G(\boldsymbol{q})$ 定义为 0,否则,这是没有长程项的裸库仑势。$P^0(1,2;1',2')$ 是四点独立粒子极化,即

$$P^0(1,2;1',2') = i\hbar G(1,2')G(2,1') \qquad (4.43)$$

用 $\bar{P}$ 代替不可约极化 P 是很方便的,因为可以直接由极化函数计算 ε_M,从而避免了式(4.38)[37]中介质张量繁琐的矩阵求逆,即

$$\varepsilon_{\mathrm{M}}(\omega) = 1 - \lim_{q \to 0} \left[v_0(\boldsymbol{q}) \overline{P}_{0,0}(\boldsymbol{q}, \omega) \right] \tag{4.44}$$

四点极化与它在宏观介电函数计算中的两点相似性有关,即

$$\overline{P}(1,2) = \overline{P}(1,2;1^+,2^+) \tag{4.45}$$

最后,通过类 Dyson 方程将广义(可约)极化率 $\overline{P}$ 与不可约极化率联系起来,即

$$\overline{P}(1,2) = P(1,2) + \int d(34) P(1,3) \overline{v}(3,4) \overline{P}(4,2) \tag{4.46}$$

当进入具有由单个粒子状态(通常是 KS 轨道)定义的跃迁空间时,BSE 采用矩阵方程的形式,并导致双粒子有效哈密顿量 $\hat{H}^{\mathrm{BSE}}$ 的特征值问题,即

$$\hat{H}^{\mathrm{BSE}}_{vck,v'c'k'} A^{\lambda}_{v'c'k'} = E^{\lambda} A^{\lambda}_{vck} \tag{4.47}$$

式中:v 跨越所有占据的价带,而 c 跨越空的导带。Tamm-DANCOFF 近似中[38]的哈密顿量为(即忽略哈密顿量的耦合项)

$$\hat{H}^{\mathrm{BSE}} = \hat{H}^{(\mathrm{diag})} + 2\hat{H}^{(x)} + \hat{H}^{(\mathrm{dir})} \tag{4.48}$$

哈密顿量的对角项 $\hat{H}^{(\mathrm{diag})}$ 是单粒子跃迁的贡献,即

$$\hat{H}^{(\mathrm{diag})}_{vck,v'c'k'} = (\epsilon_{ck} - \epsilon_{vk}) \delta_{vv'} \delta_{cc'} \delta_{kk'} \tag{4.49}$$

电子空穴交换项 $\hat{H}^{(x)}$ 是排斥性的,是由未屏蔽的库仑相互作用引起的,即

$$\hat{H}^{(x)}_{vck,v'c'k'} = \int d^3\boldsymbol{r} \int d^3\boldsymbol{r}' \phi_{vk}(\boldsymbol{r}) \phi^*_{ck}(\boldsymbol{r}) \overline{v}(\boldsymbol{r},\boldsymbol{r}') \phi^*_{v'k'}(\boldsymbol{r}') \phi_{c'k'}(\boldsymbol{r}') \tag{4.50}$$

由于屏蔽的库仑势,直接(关联)项 $\hat{H}^{(\mathrm{dir})}$ 描述了屏蔽的有吸引力的电子-空穴相互作用,即

$$\hat{H}^{(\mathrm{dir})}_{vck,v'c'k'} = -\int d^3\boldsymbol{r} \int d^3\boldsymbol{r}' \phi_{vk}(\boldsymbol{r}) \phi^*_{ck}(\boldsymbol{r}') W(\boldsymbol{r},\boldsymbol{r}') \phi^*_{v'k'}(\boldsymbol{r}) \phi_{c'k'}(\boldsymbol{r}') \tag{4.51}$$

哈密顿量的这种分解可以容易地关闭和打开其他不同部分,即不同的相互作用。例如,忽略 $\hat{H}^{(\mathrm{dir})}$ 等同于具有局域场效应的 RPA。

那么,广义极化率可写为[35]

$$\overline{P}_{vckv'c'k'} = \sum_{\lambda} \frac{A^{\lambda}_{vck} A^{\lambda\,*}_{v'c'k'}}{\hbar\omega - E^{\lambda}} \tag{4.52}$$

随后根据下面的公式计算宏观介电函数的 $\varepsilon_{\alpha\alpha}$ 分量[35],即

$$\varepsilon_{\alpha\alpha,\mathrm{M}}(\omega) = 1 + \frac{1}{\Omega} \frac{e^2 \hbar^2}{\varepsilon_0 m_0^2} \sum_{\lambda} \left| \sum_{cvk} A^{\lambda}_{vck} \frac{\langle ck \mid \hat{p}_{\alpha} \mid vk \rangle}{\epsilon_{ck} - \epsilon_{vk}} \right| \sum_{\beta=\pm 1} \frac{1}{E_{\lambda} - \beta\hbar(\omega + i\delta)} \tag{4.53}$$

式中:$\hat{p}_{\alpha}$ 是动量算符 $\hat{p}$ 的 α 分量。

因为 BSE 哈密顿量为 $N = N_v N_c N_k$，特别是对于大型系统 BSE 计算非常耗时，对角化问题的时间复杂度为 $O(N^3)$。有一些替代方法可以加速计算，如时间演化算法，在该算法中，通过求解初值问题获得宏观极化率，而不是 BSE 哈密顿量的对角化，从而具有更好的 $O(N^2)$ 复杂度[39]。

4.3.2 一般工作流程

在大多数情况下，为了得到包括激子效应的光谱，需要进行图 4.3 所示的一系列计算。首先是从 KS 轨道和能量开始，它们被用来构造非相互作用格林函数 G_0，并在 RPA 水平上计算屏蔽。利用单程 G_0 和 W_0 构造自能量，从而产生准粒子能量，并与 W_0 和 KS 轨道一起用于构造 BSE 双粒子哈密顿量。通常的简化方法是跳过 GW 步骤并使用 DFT 能量（具有可能的刚性移位，即剪刀算符）。以立方硅为例，用 G_0W_0 BSE 和 PBE BSE 两种方案计算的介电函数之间的差异如图 4.4 所示。图 4.4 还显示了在前一种方法中，由于包括了激子效应，导致 G_0W_0 BSE 和 G_0W_0 RPA 计算之间显著的光谱权重偏移。

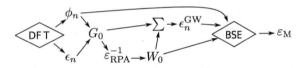

图 4.3　基于 DFT 和 G_0W_0 的 BSE 计算流程示意图

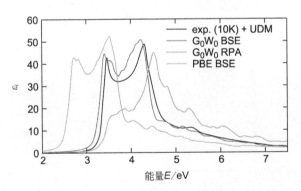

图 4.4　在不同理论下计算 c-Si 的介电函数虚部 ε_i，与在第 3 章中使用 UDM 在 10K 下通过椭圆偏振测量确定的 ε_i 相比[40]（G_0W_0 计算是在 PBE-DFT 计算的基础上进行的。注意：由于前者包含了激子效应，因此，在 G_0W_0 BSE 和 G_0W_0 RPA 计算的结果之间存在显著的光谱权重偏移。在这种简单模型情况下，除了 PBE 泛函低估带隙低之外（即刚性能量位移），在 PBE-DFT 结果上用 BSE（PBE BSE）计算的 ε_i 的形状与在准粒子 G_0W_0 计算上的 BSE（G_0W_0 BSE）计算的结果几乎相同）

4.4 复杂系统建模

正如本章开头所提到的,从头计算所需要的唯一输入原则上是系统的结构,它定义了与原子核相关的外部势场 V_{ext}。这对于有序晶体材料来说是一项简单的任务,该结构由原始晶胞明确定义。然而,对于不具有任何短程有序的系统,如固溶体或无定形材料,情况更复杂。尽管在这些情况下,不容易获得适合于标准 DFT 计算的精确描述,但仍然有可能生成满足周期性边界条件(PBC)理论体系的结构模型,在大多数情况下该模型也可得出此类非周期性结构的代表性结果。

4.4.1 特殊的准随机结构

有几种方法可以处理在 PBC 中的结晶固溶体,最常用的方法是所谓的超级元胞近似法。其中使用多个元胞,形成固溶体的原子分布在相应的子晶格上。例如,在锐钛矿结构的 $Ti_xSi_{1-x}O_2$ 的情况下,Ti 和 Si 原子分布在锐钛矿结构的 Ti 亚晶格位点上。特殊的准随机结构(SQS)[41,42] 是一种特殊设计的超级元胞,其原子与具有相同成分的统计随机固溶体的短程有序参数非常接近。该方法的优点在于明确地包括各种局部环境,这可能导致电子结构中的局部非均匀弛豫和连接的局部特征。SQS 超级元胞的生成相对简单,并且提供了一个几何透视图。另一方面,可得到的组成直接受到超级元胞大小的限制(例如,在图 4.5 中的示例中,超级元胞有 108 个原子,其中含有 72 个氧原子和 36 个金属原子,因此,

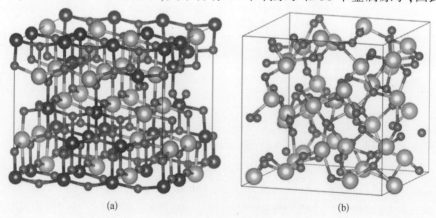

(a)   (b)

图 4.5 结构模型

(a)用 SQS 方法在锐钛矿结构中生成的 $Ti_{0.5}Si_{0.5}O_2$ 固溶体;(b)通过模拟退火生成的无定形 TiO_2 结构。

$Ti_xSi_{1-x}O_2$中可用的最小组成是 $x \approx 0.03$）。处理稀疏组分的大超级晶胞在计算上仍然令人望而却步。然而,该方法在大范围组分化合物上的研究是一种趋势。

4.4.2 模拟退火

模拟退火"熔化和淬火"方案是生成无定形结构模型的一种理论方法。该模型符合快速淬火的物理过程,因此冻结了无序或只有很小的有序液体状结构。在 DFT 的背景下,从头计算分子动力学用于执行此过程,其中最初的晶体结构在高温(如 5000K)下保持一段时间(通常为几个 ps),然后经过几个 ps 后快速冷却至 0K,通过结构弛豫消除离子上的任何残余力。如果可靠的力场可用,模拟退火也可以使用经典分子动力学,这会大大缩短计算时间。由于 DFT 计算(或者模拟退火本身,或者使用生成的结构进行任何后续光学特性的计算)采用 PBC,目的是去除晶体的短程有序,但不能阻止长程有序。因此,选择一个足够大的模拟盒是至关重要的,这样 PBC 引起的人工远程阶数不会影响预测的特性,同时它又要足够小,可以保证计算成本低廉。

4.4.3 例:$Ti_xSi_{1-x}O_2$ 的折射率

图 4.6 给出了固溶体模型和无定形结构的应用实例。这里计算了基于不同基体晶体的固溶体的折射率,以及几种不连续的无定形 $Ti_xSi_{1-x}O_2$组合物,覆盖

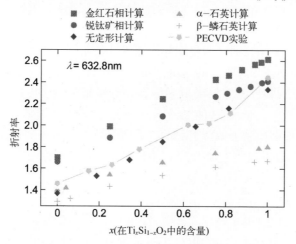

图 4.6 $Ti_xSi_{1-x}O_2$ 混合氧化物在 632.8nm 处计算折射率的组分依赖性[43]（利用具有 TB-mBJ 泛函的 DFT 计算电子结构,在 RPA 理论上计算光学特性。采用 SQS 方法生成了锐钛矿、金红石、α-石英和 β-鳞石英的晶体结构,采用模拟退火方法近似生成了无定形结构。实验上比较了非晶 $Ti_xSi_{1-x}O_2$薄膜的折射率）

了整个准二元 SiO_2-TiO_2 的连接线。晶体结构的选择是基于晶界二元氧化物最稳定的晶型。对于等离子体增强化学气相沉积(PECVD)制备的薄膜样品,用椭圆偏振法对 n 的预测值与实验值进行了比较[43],用 TB-mBJ 泛函(参见 4.2.3 节)预测的无定形结构值与实验值非常吻合。理论预测和测量之间的最大差异可能是 TiO_2,其中 n 的实验值与锐钛矿 TiO_2 的实验值一致,而不是无定形结构的 TiO_2。实际上,这种结构演变也通过 X 射线衍射被证实:虽然纯 TiO_2 样品呈现锐钛矿结构,但所有其他含 Si 的样品都是无定形结构[43]。

4.5 关于解释结果的几点说明

4.5.1 预测与实验

尽管理论和现有计算资源的发展取得了很大的进展,但计算结果与实验数据之间往往达不到完美的一致。它是由多种原因引起的,例如:

(1) 理论中的近似 (GW 近似,RPA);

(2) 数值精度。特别是对于较大的系统,有时很难得到关于参数的良好收敛计算,如 k 点的数量(即倒易空间的离散化)和导带数量等参数;

(3) 温度效应。严格地说,从头计算对应于 0K(没有零点振动)。虽然可以考虑电子-声子相互作用[44],但在从头计算代码中还没有很好地建立,此外,计算成本也很高;

(4) 无限完美系统的模型将实际有限尺寸的系统与缺陷进行了对比。

有时候,即使在很好吻合的情况下也需要格外谨慎。例如,据报道,简单的 LDA+RPA 方法可以在某些情况下对静态介电张量 ε_{stat} 的电子部分进行良好的估计,如 TiO_2[45]。然而,在这种情况下,实际一致是幸运地消除了错误,因为从 DFT 的价带下移被由激子效应引起的红移所补偿。

另一方面,可以得出一个合理的结论,尽管获得准确的带隙和光学特性的绝对值是相当困难的,但一般的趋势,如相对值和组分,在定性上通常是正确的。

本章只是讨论了电子跃迁。注意:使用冻结声子法或密度泛函微扰理论[46]计算声子谱和计算声子-光子相互作用是相对简单的,也可以包括声子辅助的间接电子跃迁[47]。然而,这不是目前的常规任务。

4.5.2 电子与光学带隙

在电子和光学特性的从头计算以及新方法和新泛函的开发过程中,带隙值

82

是一个重要的基准参数。因为它只是一个标量,所以它为与其他报告比较和/或验证计算提供了一种非常方便的方法。不幸的是,在带隙比较中有一些常见的误解。与获得准粒子能带结构所需的光电子能谱(PES)和反向光电子能谱(IPS)相比,光学测量相对容易。由于实验数据的可用性,通常将从电子结构计算获得的带隙值与实验光学带隙进行比较。以二氧化钛为例,两种最常见的晶型是金红石和锐钛矿,它们的光学带隙分别为 3.03eV 和 3.2eV[48]。许多论文将计算出的类 HOMO-LUMO 电子带隙与这些值进行比较,如文献[49,50]。然而,PES 和 IPS 报道金红石的准粒子带隙为 3.6eV[51],较低的光学带隙是由低于带隙的激子引起的。

另一个问题是无定形材料中带隙的处理。在晶体材料中,电子态是非定域的,吸收起点很尖锐。而在无定形结构中,带边是由空间局域电子态组成的,吸收起点是缓慢的。这就是所谓的 Urbach 尾带,它包含来自结构无序和热晶格振动引起的无序等因素的贡献。因此,由电子结构计算得到的 HOMO-LUMO 带隙比实验得到的带隙明显低得多。提取光学带隙的常用实验方法是所谓的 Tauc 曲线拟合[52,53],通过如下公式得到

$$\omega \sqrt{\varepsilon_i} \propto (\hbar\omega - E_g) \qquad (4.54)$$

在此过程中,$\omega\sqrt{\varepsilon}$ 在吸收开始附近的线性部分由 $\hbar\omega$ 的线性函数拟合,并外推到零。类似的方法也可以用于从头算数据,或者用于计算的介电函数[54],或者用于在矩阵元为常数假设下联合态密度的简单拟合[55]。

4.6 结论

本章回顾了在标准 DFT 理论体系下计算电子结构的从头计算方法,特别是对光学特性的计算。从采用量子力学交换和相关电子-电子相互作用的标准近似的单粒子 DFT 到准粒子 GW 方法,介绍了不同层级的精度和复杂性。简要介绍了使用 RPA 和 Bethe-Salpeter 理论预测光学特性的方法。最后,还讨论了与实际材料建模相关的问题,如固溶体或无定形结构。电子能带结构、介电函数和折射率的计算实例表明,最先进的从头计算具有现代知识材料科学所需的预测能力和定性精度(通常也是定量的和精确的)。

致谢:我们要感谢 Dominik Munzar 教授阅读本章,提出了宝贵的意见和进行了有益的讨论。

参考文献

[1] P. Hohenberg, W. Kohn, Phys. Rev. **136**(3B), B864 (1964). https://doi.org/10.1103/PhysRev. 136.B864

[2] W. Kohn, L.J. Sham, Phys. Rev. **140**(4A), A1133 (1965). https://doi.org/10.1103/PhysRev. 140.A1133

[3] U. von Barth, L. Hedin, J. Phys. C: Solid State Phys. **5**(13), 1629 (1972). https://doi.org/10. 1088/0022-3719/5/13/012

[4] M.S. Hybertsen, S.G. Louie, Phys. Rev. B **34**(8), 5390 (1986). https://doi.org/10.1103/ PhysRevB.34.5390

[5] J.P. Perdew, MRS Bull. **38**(09), 743 (2013). https://doi.org/10.1557/mrs.2013.178

[6] D.M. Ceperley, B.J. Alder, Phys. Rev. Lett. **45**(7), 566 (1980). https://doi.org/10.1103/ PhysRevLett.45.566

[7] J.P. Perdew, Y. Wang, Phys. Rev. B **45**(23), 13244 (1992). https://doi.org/10.1103/PhysRevB. 45.13244

[8] J.P. Perdew, A. Zunger, Phys. Rev. B **23**(10), 5048 (1981). https://doi.org/10.1103/PhysRevB. 23.5048

[9] R.W. Godby, M. Schlüter, L.J. Sham, Phys. Rev. B **37**(17), 10159 (1988). https://doi.org/10. 1103/PhysRevB.37.10159

[10] J.P. Perdew, A. Ruzsinszky, G.I. Csonka, O.A. Vydrov, G.E. Scuseria, L.A. Constantin, X. Zhou, K. Burke, Phys. Rev. Lett. **100**(13), 136406 (2008). https://doi.org/10.1103/PhysRevLett.100. 136406

[11] J.P. Perdew, K. Burke, M. Ernzerhof, Phys. Rev. Lett. **77**(18), 3865 (1996). https://doi.org/10. 1103/PhysRevLett.77.3865

[12] J.P. Perdew, A. Ruzsinszky, G.I. Csonka, O.A. Vydrov, G.E. Scuseria, L.A. Constantin, X. Zhou, K. Burke, Phys. Rev. Lett. **100**(13), 136406 (2008). https://doi.org/10.1103/PhysRevLett.100. 136406

[13] P. Dufek, P. Blaha, V. Sliwko, K. Schwarz, Phys. Rev. B **49**(15), 10170 (1994). https://doi.org/ 10.1103/PhysRevB.49.10170

[14] J.P. Perdew, K. Schmidt, AIP Conf. Proc. **577**(1), 1 (2001). https://doi.org/10.1063/1.1390175

[15] J.P. Perdew, A. Ruzsinszky, G.I. Csonka, L.A. Constantin, J. Sun, Phys. Rev. Lett. **103**(2), 026403 (2009). https://doi.org/10.1103/PhysRevLett.103.026403

[16] F. Tran, P. Blaha, Phys. Rev. Lett. **102**(22), 226401 (2009). https://doi.org/10.1103/ PhysRevLett.102.226401

[17] D. Koller, F. Tran, P. Blaha, Phys. Rev. B **85**(15), 155109 (2012). https://doi.org/10.1103/ PhysRevB.85.155109

[18] D.J. Singh, Phys. Rev. B **82**(20), 205102 (2010). https://doi.org/10.1103/PhysRevB.82.205102

[19] A.D. Becke, J. Chem. Phys. **98**(2), 1372 (1993). https://doi.org/10.1063/1.464304

[20] J. Heyd, J.E. Peralta, G.E. Scuseria, R.L. Martin, J. Chem. Phys. **123**(17), 174101 (2005). https://doi.org/10.1063/1.2085170

[21] K. Kim, K.D. Jordan, J. Phys. Chem. **98**(40), 10089 (1994). https://doi.org/10.1021/ j100091a024

[22] C. Adamo, V. Barone, J. Chem. Phys. **110**(13), 6158 (1999). https://doi.org/10.1063/1.478522

[23] J. Heyd, G.E. Scuseria, M. Ernzerhof, J. Chem. Phys. **118**(18), 8207 (2003). https://doi.org/ 10.1063/1.1564060

[24] F. Aryasetiawan, O. Gunnarsson, Rep. Prog. Phys. **61**(3), 237 (1998), http://stacks.iop.org/ 0034-4885/61/i=3/a=002

[25] L. Hedin, J. Phys.: Condens. Matter **11**(42), R489 (1999). https://doi.org/10.1088/0953-8984/

11/42/201

[26] L. Hedin, Phys. Rev. **139**(3A), A796 (1965). https://doi.org/10.1103/PhysRev.139.A796

[27] J. Lindhard, Kgl. Danske Videnskab. Selskab Mat.-Fys. Medd. **28** (1954)

[28] D. Pines, D. Bohm, Phys. Rev. **85**(2), 338 (1952)

[29] M. Shishkin, G. Kresse, Phys. Rev. B **75**(23), 235102 (2007). https://doi.org/10.1103/PhysRevB.75.235102

[30] B. Holm, U. von Barth, Phys. Rev. B **57**(4), 2108 (1998). https://doi.org/10.1103/PhysRevB.57.2108

[31] E.L. Shirley, Phys. Rev. B **54**(11), 7758 (1996). https://doi.org/10.1103/PhysRevB.54.7758

[32] E.E. Salpeter, H.A. Bethe, Phys. Rev. **84**(6), 1232 (1951). https://doi.org/10.1103/PhysRev.84.1232

[33] G. Strinati, La Rivista del Nuovo Cimento **11**(12), 1 (1988). https://doi.org/10.1007/BF02725962

[34] G. Bussi, Physica Scripta **T109**, 141 (2004). https://doi.org/10.1238/Physica.Topical.109a00141

[35] C. Rödl, F. Fuchs, J. Furthmüller, F. Bechstedt, Phys. Rev. B **77**(18), 184408 (2008). https://doi.org/10.1103/PhysRevB.77.184408

[36] E. Runge, E.K.U. Gross, Phys. Rev. Lett. **52**(12), 997 (1984). https://doi.org/10.1103/PhysRevLett.52.997

[37] G. Onida, L. Reining, A. Rubio, Rev. Mod. Phys. **74**(2), 601 (2002). https://doi.org/10.1103/RevModPhys.74.601

[38] A.L. Fetter, J.D. Walecka, *Quantum Theory of Many-Particle Systems* (Courier Corporation, 2012)

[39] W.G. Schmidt, S. Glutsch, P.H. Hahn, F. Bechstedt, Phys. Rev. B **67**(8), 085307 (2003). https://doi.org/10.1103/PhysRevB.67.085307

[40] D. Franta, A. Dubroka, C. Wang, A. Giglia, J. Vohánka, P. Franta, I. Ohlídal, Appl. Surf. Sci. (2017). https://doi.org/10.1016/j.apsusc.2017.02.021

[41] S.H. Wei, L.G. Ferreira, J. Bernard, A. Zunger, Phys. Rev. B: Condens. Matter **42**(15), 9622 (1990). https://doi.org/10.1103/PhysRevB.42.9622

[42] D. Holec, L. Zhou, R. Rachbauer, P.H. Mayrhofer, in *Density Functional Theory: Principles, Applications and Analysis*, ed. by J.M. Pelletier, J. Morin (Nova Publishers, 2013), pp. 259–284

[43] P. Ondračka, D. Holec, D. Nečas, E. Kedroňová, S. Elisabeth, A. Goullet, L. Zajíčková, Phys. Rev. B **95**(19), 195163 (2017). https://doi.org/10.1103/PhysRevB.95.195163

[44] F. Giustino, Rev. Mod. Phys. **89**(1), 015003 (2017). https://doi.org/10.1103/RevModPhys.89.015003

[45] S.D. Mo, W.Y. Ching, Phys. Rev. B **51**(19), 13023 (1995). https://doi.org/10.1103/PhysRevB.51.13023

[46] S. Baroni, S. De Gironcoli, A. Dal Corso, P. Giannozzi, Rev. Mod. Phys. **73**(2), 515 (2001). https://doi.org/10.1103/RevModPhys.73.515

[47] J. Noffsinger, E. Kioupakis, C.G. Van de Walle, S.G. Louie, M.L. Cohen, Phys. Rev. Lett. **108**(16), 167402 (2012). https://doi.org/10.1103/PhysRevLett.108.167402

[48] H. Tang, H. Berger, P.E. Schmid, F. Lévy, Optical properties of anatase (TiO2). Solid State Commun. **92**(3), 267–271 (1994). https://doi.org/10.1016/0038-1098(94)90889-3

[49] R. Asahi, Y. Taga, W. Mannstadt, A. Freeman, Phys. Rev. B **61**(11), 7459 (2000). https://doi.org/10.1103/PhysRevB.61.7459

[50] K. Glassford, J. Chelikowsky, Phys. Rev. B **46**(3), 1284 (1992). https://doi.org/10.1103/PhysRevB.46.1284

[51] S. Rangan, S. Katalinic, R. Thorpe, R.A. Bartynski, J. Rochford, E. Galoppini, J. Phys. Chem. C **114**(2), 1139 (2010). https://doi.org/10.1021/jp909320f

[52] J. Tauc, Mater. Res. Bull. **3**(1), 37 (1968). https://doi.org/10.1016/0025-5408(68)90023-8

[53] O. Stenzel, *The Physics of Thin Film Optical Spectra*, vol. 44, Springer Series in Surface Sciences (Springer, Berlin, 2005). https://doi.org/10.1007/3-540-27905-9

[54] M. Landmann, T. Köhler, S. Köppen, E. Rauls, T. Frauenheim, W.G. Schmidt, Phys. Rev. B **86**(6), 064201 (2012). https://doi.org/10.1103/PhysRevB.86.064201

[55] P. Ondračka, D. Holec, D. Nečas, L. Zajíčková, J. Phys. D: Appl. Phys. **49**(39), 395301 (2016). https://doi.org/10.1088/0022-3727/49/39/395301

第二部分　分光光度法和椭圆偏振光谱法

第5章 薄膜的反射光谱成像法光学表征

米洛斯拉夫·奥赫利达尔 吉里·沃达克 大卫·内恰斯 [①]

摘 要 本章主要集中在利用非显微反射光谱成像法研究薄膜的光学表征,主要研究对象是光学特性非均匀的薄膜。该技术的优点是可以沿相对较大面积的待测薄膜进行测量。文中还讨论了该技术开发利用的动机,给出了该技术的基本特点和实现方法,以及反射光谱成像法的基本实验装置和实验数据的获取方法。根据薄膜测量的目的,对数据处理方法进行了分类。此外,本章还介绍了薄膜领域成像光谱反射测量的结果示例。在本章的最后,还简要介绍了成像反射光谱仪在其他任务中的潜在应用。

5.1 引言

在光学应用中随着对薄膜和薄膜系统新颖而复杂特性的需求,其生产需要越来越先进的技术测量这些特性。在下面的段落中,我们将介绍其中的一项技术——成像反射光谱测量技术(ISR);描述该技术的基本特点和可能性,以及具体实现方法;对 ISR 方法进行分类,并在薄膜光学特性表征领域展示利用它们所

---

① 米洛斯拉夫·奥赫利达尔(✉)

布尔诺理工大学物理工程学院, 捷克共和国布尔诺, 泰克尼斯卡 2 号,邮编 261669

奥斯特拉瓦技术大学(VSB)采矿和地质学院物理研究所, 捷克共和国,奥斯特拉瓦

e-mail: ohlidal@ fme. vutbr. cz

吉里·沃达克

马萨里克大学物理电子学系, 捷克共和国布尔诺,卡特拉斯卡 267/2 号,邮编 61137

捷克计量研究所,捷克共和国布尔诺,奥克如茨尼 31 号,邮编 3163800

e-mail: jiri. vodak@ yahoo. com

大卫·内恰斯

马萨里克大学,中欧技术研究所等离子技术研究组(CEITEC),捷克共和国布尔诺,普尔基诺瓦 123 号,邮编 61200

e-mail: yeti@ physics. muni. cz

取得的结果。

需要注意的是,我们将在下面的内容中区分"技术"和"方法"两个概念,"技术"用于描述涉及获取实验数据的方法,"方法"用于描述根据获得的实验数据确定薄膜光学特性。ISR 技术和 ISR 方法都是整体的一部分,我们统称为 ISR。

5.2　反射光谱成像法发展和开发的动机

任何光学薄膜制造商的目标都是生产出满足特定光学特性要求的理想薄膜。不幸的是,在实际条件下制备的薄膜往往会出现各种影响这些性能的缺陷,忽略这些缺陷的存在会导致这些薄膜光学参数的明显错误甚至完全不正确。这个问题将在第 10 章中讨论。

上述缺陷之一是薄膜光学特性的表面非均匀性。从薄膜光学的角度来看,如果薄膜的光学特性及其光学参数(厚度和光学常数)沿着薄膜表面变化,则使用薄膜的非均匀性这一术语,这种缺陷最常见的类型是薄膜厚度的非均匀性。即使只有薄膜厚度是非均匀的,只要厚度非均匀是典型的,诸如常规的椭圆偏振法和分光光度技术[1-3]等成熟的光学(非成像)技术也会失效。

这是由于用于薄膜光学分析的商用分光光度计和椭圆偏振仪的照明光束直径相对较大造成的(根据光束入射角的不同,通常从几平方毫米到几十平方毫米)。因此,在薄膜表面的照明光斑内,局部膜厚的变化会导致薄膜参数的平均化。另一方面,用常规技术测量薄膜的光学特性是一种局部测量,不能用这种方法评估薄膜厚度的一般非均匀性。因此,有必要对薄膜的研究区域进行扫描,这是一项非常耗时的工作。另一个使用常规技术难以得到正确结果的情况是:横向尺寸小于照明光束直径的薄膜的特性。在分光光度法的领域,一些作者[4-8]解决了薄膜厚度不均匀的问题,目的是从常规分光光度计的测试实验数据中获得更准确的薄膜光学参数值。他们认为,薄膜厚度非均匀性是一种特殊的形状,如楔形的形状。他们还假设样品被矩形截面的光束照射,该矩形截面的两侧与厚度梯度平行。当然,在一般厚度非均匀的情况下,他们所使用的公式是不适用的。

在参考文献[9]中,用薄膜厚度分布密度的积分表示厚度非均匀的薄膜反射率。这种解决薄膜厚度非均匀问题的方法是迄今为止最常用的,但是该方法也不能提供该薄膜局部厚度的分布图。

可通过使用直径减小的照明光束扫描所研究薄膜的感兴趣区域获得该分布图(分布图的空间分辨率由薄膜表面上照明点的大小给出)。用一束白光照射所研究的样品,用光纤从小的样品区收集反射光,然后用光谱分析仪进行分析[10-13]。通过样品架的二维运动执行扫描,无论是固定光纤移动样品还是移动光纤固定样品都可实现,这种技术在薄膜区域较大和/或所需要较高的空间分辨率的情况下是非常耗时的,这是该技术的显著缺点。

在用常规椭圆偏振仪测量薄膜光学参数时,一些工作还考虑了薄膜厚度非均匀性的影响[14-16]。同样,上述方法都无法提供薄膜的局部厚度分布图。因此,需要将常规的分光光度法和椭圆偏振法扩展到其成像方法,在常规测试技术的基础上增加样品的空间分辨率,而无需扫描样品,从而为表征沿薄膜横向表面变化的光学特性开辟了新途径。在过去的 10 年里,这种成像技术得到了发展。上述问题中经常使用的技术是成像椭圆偏振仪。我们在这本书中不讨论这项技术,但相关的这种技术的资料可以在文献[17-25]中找到。

我们只提到这种技术有一定的缺点,就是成像椭圆偏振仪的精度与常规的非成像椭圆偏振仪差不多,数据未修正时结果的真实性较低。成像椭圆偏振仪使用成像系统,该成像系统大多使用微系统实现,在 CCD 相机的芯片上生成所研究样品的图像。这给研究样品的空间分辨率带来了很大的好处,但也导致了这种成像技术的某些缺点。这些缺点的主要原因是成像参数不理想:入射角在成像透镜的数值孔径所给定的范围内变化,数值孔径必须高才能获得足够的空间分辨率;测量的结果是在数值孔径限制的一定角度范围内的平均结果(这个问题可以通过一定的校正消除,但不是简单的方法);样品的图像会因为照明光束的斜入射发生变形,在数据预处理过程中,有必要对成像系统景深不足所引起的图像进行融合;构成成像系统元件的材料决定了其可使用的光谱区。

此外,将常规技术升级到它们的成像版本也增加了相应测量系统的复杂性,从而提高了它们的成本。因此,人们希望找到一种可以克服这些缺点的成像技术。这种技术是利用在正入射下整个样品的非显微成像光谱反射法。在下面的段落中,我们将重点讨论该技术,并将其称为 ISR 技术。

因此,我们既不涉及扫描反射测量技术[10,12,13,26,27],也不涉及显微成像反射测量技术[28]。

ISR 技术是从 20 世纪 90 年代末开始发展起来的,并在许多情况下得到应用并证实了其适用性[11,29-41]。结果表明,ISR 技术是对薄膜厚度非均匀性进行光学表征的重要方法。

5.3 正入射下非显微成像光谱反射测量技术简介

ISR 专门用来表征非均匀薄膜的光学特性,当然,ISR 也可以用来检测薄膜的均匀性。ISR 最普遍的目的是获得描述薄膜区域光学非均匀性的局部参数图。然而,ISR 最常见的实际应用精确地反映薄膜厚度分布和薄膜光学常数的光谱依赖性。对于更广泛的应用目标,ISR 还可以确定所使用的色散模型的参数,如薄膜材料的带隙、相关电子跃迁的最大能量极限或与参与相关跃迁的电子浓度成比例的参数。在某些情况下,它还可以提供膜层表面粗糙度的均方根参数图。

非均匀薄膜的一般情况如图 5.1 所示。在吸收基板上沉积了厚度和光学常数沿薄膜面积变化的非均匀弱吸收薄膜。一束准直的单色光束从空气中垂直入射到薄膜表面,所选择的波长 λ 可以在足够宽的光谱区间变化。整个系统对入射光的响应由以下参数决定:薄膜的局部厚度 $h^{u,v}$ 和局部折射率 $\hat{n}_1^{u,v}=n_1^{u,v}+ik_1^{u,v}$($\hat{n}_1^{u,v}$ 是局部实折射率,$k_1^{u,v}$ 是局部消光系数)与基板的折射率 $\hat{n}_s=n_s+ik_s$(假设基板的吸收很高/或基板很厚,其背面不影响结果)。"局部"一词是指薄膜的这些局部光学参数表征了薄膜在小部分区域的光学特性,并且可能不同于其他区域的光学参数。这些区域形成一个覆盖整个研究薄膜区域的连续矩阵,并用上标 u 和 v 标记。测量的是薄膜在宽光谱区(近紫外、可见光和近红外)的局部反射率。在下面的文字中,来自这个波段的电磁辐射将被简单地称为光。从光学的角度来看,薄膜被定义为干涉光学薄膜。所以我们处理的是这类薄膜,其局部反射率是由薄膜界面之间的光干涉给出的,这同时意味着 ISR 技术只适用于非吸收性或弱吸收性薄膜。当单色准直光束垂直照射薄膜时,聚焦在薄膜上的成像系统观察到的干涉条纹是等厚条纹,它们位于薄膜中[42]。

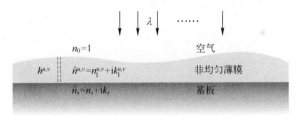

图 5.1　采用 ISR 研究样品的例子

所有应用于 ISR 技术的仪器都使用成像系统来生成所研究样品的图像,图像通常是由 CCD 摄像机记录的。这种成像系统必须聚焦在所研究的薄膜上。正是成像过程,将 CCD 摄像机的每个 $(u,v)^{th}$ 像素分配给样品表面相应的面积 $(u,v)^{th}$ 上。样品表面区域的大小应足够小,以便可以认为在每一区域内薄膜是均匀①。然后,图 5.1 中系统的小 (u,v) 区域的局部反射率由以下表达式给出,

① 当厚度非均匀的梯度很高时(如薄膜的边缘),在这些区域内不能认为薄膜是均匀的,但是可以通过校正获得正确的结果。

该区域对应于 CCD 相机的第 (u,v) 个像素值,即

$$R^{u,v} = \frac{I_r^{u,v}}{I_o^{u,v}} = |\hat{r}^{u,v}|^2 \qquad (5.1)$$

在上述方程中,$I_r^{u,v}$ 是薄膜第 (u,v) 个像素区域反射的光强,$I_o^{u,v}$ 是入射在薄膜第 (u,v) 个像素区域上的光强度,$\hat{r}^{u,v}$ 是局部反射系数。在正入射情况下,该系数表达式为

$$\hat{r}^{u,v} = \frac{\hat{r}_1^{u,v} + \hat{r}_2^{u,v} \exp(\mathrm{i}\,\hat{X}^{u,v})}{1 + \hat{r}_1^{u,v}\,\hat{r}_2^{u,v} \exp(\mathrm{i}\,\hat{X}^{u,v})}$$

式中:$\hat{r}_1^{u,v}$ 和 $\hat{r}_2^{u,v}$ 分别为上下表面的局部菲涅耳反射系数,符号 $\hat{X}^{u,v}$ 表示局部相移角,即

$$\hat{r}_1^{u,v} = \frac{n_0 - \hat{n}_1^{u,v}}{n_0 + \hat{n}_1^{u,v}}, \hat{r}_2^{u,v} = \frac{\hat{n}_1^{u,v} - \hat{n}_s}{\hat{n}_1^{u,v} + \hat{n}_s}, \hat{X}^{u,v} = \frac{4\pi}{\lambda}\hat{n}_1^{u,v} h^{u,v}$$

与常规的非成像反射测量相比,在薄膜的每个 $(u,v)^{\text{th}}$ 区域测量局部反射率 $R^{u,v}$ 的能力,与常规的非成像反射仪相比增加了空间分辨率,而不需要扫描样品。在获取连续的单色图像之间改变入射光的波长,我们可以获得这些薄膜的相对较大的图像集,并且以这种方式还可以获得局部反射率的相关性(图 5.2)。

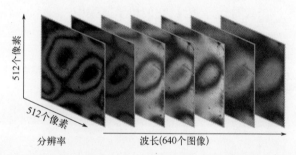

图 5.2　所研究的薄膜的单色图像合集,这种合集可以获得薄膜局部反射率的光谱图

5.4　ISR 技术实验装置

ISR 技术的实验装置简单,主要方案如图 5.3 所示。白色光源是单色器的输入,单色器输出的由计算机控制波长的单色光束被分束器分成两束。该光束的一部分垂直照射所研究的样品,在从样品表面反射回来后,通过成像系统在 CCD 摄像机的芯片上生成样品的图像。

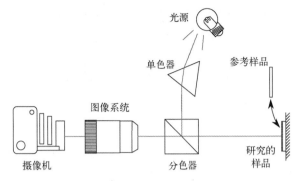

图 5.3　ISR 技术的基本装置

　　准直单色光束在研究样品上的正入射带来了一些好处。具体来说,我们一次从整个样品表面获取信息(即不扫描表面),通过 CCD 相机芯片上的成像系统对包含必要信息的干涉条纹进行精确成像,所需光学参数的计算公式更简单,缺点是必须使用分束器。成像系统定义了适用的光谱区。该系统最好是以反射光学为基础,因为反射光学在紫外光谱区也能很好地工作,在紫外光谱区薄膜的光学特性表现得更为突出。CCD 相机在研究样品的光谱区必须具有良好的光谱灵敏度,与成像系统一起,它定义了样品的空间分辨。ISR 技术被设计为一种相对测量技术,即在相同的条件下,将研究样品的测量信号与参考样品(已知)的测量信号进行比较,这样就消除了样品照明中可能存在的非均匀性。当然,有必要确保所研究的样品与参考样品的位置相同,这可以通过适当的样品架来完成。

5.5　成像反射光谱仪

　　ISR 技术基本方案的具体实施可通过两个实例加以验证。

5.5.1　宽光谱区成像光谱反射仪

　　测量薄膜局部反射率的光谱区必须足够宽,才能获得可靠的光学参数计算所需的信息。在这个系统里,使用折射光学元件引入了光的色散问题。另外,由普通光学材料制造的折射光学元件在紫外光谱区不起作用,而薄膜在 UV 光谱区光学性能更加显著,这些问题可以通过使用具有反射光学元件的成像系统有效地解决。然后,只需要解决分束器中光的色散问题。如图 5.4(a)所示(计算机绘制的三维图),给出了使用这种方法的具有宽光谱区的非显微成像反射光谱仪的示例,其方案如图 5.4(b)所示。

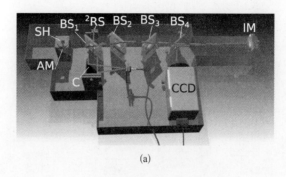

(a)

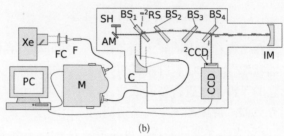

(b)

图 5.4 计算机绘制的 ISRWS 三维视图(不显示 ISRWS 整体装置的外部部分,即氙灯、
单色器和控制计算机)(a);ISRWS 实验装置的 3 个部分:第一部分,照明部分是氙气
紫外弧光灯 Xe,它通过光纤、光纤耦合器 FC 和滤光片 F 连接到第二部分(单色器 M);
第三部分(测量系统)由准直器 C、一组二氧化硅楔 BS_{1-4}、辅助镜 AM、样品支架 SH、
成像镜 IM 和 CCD 摄像机(b)。测量系统的参考通道由二次参考通道 ^2RS 和 CCD 芯片的
一小部分 ^2CCD 组成。所有都是由计算机控制的

　　完整的 ISRWS 系统分为 3 个光纤连接的不同部分。虽然光纤的使用降低
了光的总通量,但是,使用光纤系统具有更好的灵活性。ISRWS 系统的 3 个部
分是:光源(紫外氙弧光灯 Xe)、单色器 M(商用计算机控制的 Czerny-Turner 型
单色器)和原始测量系统。该测量系统由准直器(单离轴抛物面反射镜 C)、样
品支架 SH、一组熔融石英楔 $BS_1 \sim BS_4$(一些也用作分束器)、球形成像镜 IM 和
紫外-可见 CCD 相机组成。连接氙灯的单色器作为测量系统的光源,由于使用
了光纤,它可以很容易地用作其他仪器的光源。在测量系统中,发散的单色光束
通过准直仪进行准直,然后使用第一个熔融石英光楔(按 5.4 节中所述的方式
用作分束器)将光源对准被测样品,这样就可以实现光在样品上的正入射。然
后,从被测样品反射的光依次穿过所有熔融石英光楔,第一个是前面提到的分束
器,其他的用来消除主光路的二次反射,第四个石英楔也用作分束器,可以通过
位于所有二氧化硅楔后面的成像镜进行轴内成像,然后通过光学系统生成的图
像由 CCD 相机的芯片进行记录。最初通过 BS_1 的光不用于被测样品的成像,实

际上它导致了光强的损失,但可以在参考通道中利用它来测量并随后消除光源光强度的可能波动,这是通过使用辅助参考样品实现的,该参考样品与被测样品同时成像在 CCD 相机芯片上(为此目的有专门保留的部分 CCD 芯片)。该思想的原理是:在一系列样品测量之间二次参考样品从未更换或移动,因此可以观察到光源强度的变化。ISRWS 能够测量最大尺寸约为 20mm×20mm 的样品,同时保持空间分辨率 9lp/mm。

该测试系统的光谱区从 270nm 到 1000nm(1.2~4.6eV),单个样品测量的持续时间通常为 30min(不包括参考样品和背景的测量,而且不需要每次都测量背景)。

5.5.2　空间分辨率增强的成像反射光谱仪

可以实施 ISR 技术非常简单的仪器的一个示例是具有样品空间分辨率增强的成像光谱反射仪(ISRER)。ISRER 是一种低成本、简单的非均匀梯度薄膜光学表征测试仪器。其计算机绘制的 3D 视图如图 5.5(a)所示,基本方案如图 5.5(b)所示。

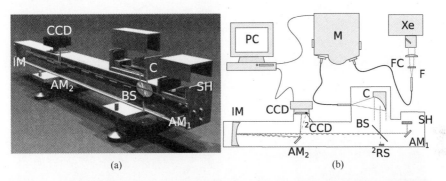

(a)　　　　　　　　　　　(b)

图 5.5　计算机绘制的 ISRER 3D 视图(不显示 ISRER 整体装置的外部部分,即氙灯、单色器和控制计算机)(a);完整 ISRER 的基本方案。氙气紫外弧光灯 Xe 通过光纤、光纤耦合器 FC 和滤光片 F 连接到单色仪 M 上,测量系统本身由准直器 C、薄膜分光镜 BS、两个辅助镜 AM$_1$ 和 AM$_2$、样品架 SH、成像镜 IM 和 CCD 摄像机组成(b)。参考通道由二次参考样品 ^{2}RS 和 CCD 芯片(^{2}CCD)的一部分实现。整个系统由计算机 PC 控制

用于 ISRER 的单色光源(灯和单色器)与 ISRWS 中的单色光源相同,只是 ISRER 的测量部分不同。主要的区别是使用薄膜分光镜而不是四个石英光楔。薄膜分光镜的优点是膜层厚度小,在某种意义上消除了二次反射的影响(二次反射非常接近原始反射而无法区分,因此不会降低获取图像的质量)。由于没有附加分光镜,该成像是轻微离轴成像(使用辅助镜 AM$_2$ 以减小离轴角),好处

是到达 CCD 芯片的光强度不会显著降低（即使是理想的分束器也会导致 75%的强度损失）。虽然 ISRER 的空间分辨率明显高于 ISRWS，但它仍然足够低，不会受到离轴成像装置的影响。通过使用参考信道样品，参考信道以与 ISRWS 中类似的方式实现。所测样品的尺寸极限约为 20mm×15mm（略小于 ISRWS），但可以在样品上实现空间分辨率 16μm×16μm，可选择波长的光谱区为 400～1000nm。

薄膜厚度梯度最大值为 12.5μm/mm。对于厚度梯度较大的薄膜，ISRER 的可能性如图 5.6 和图 5.7 所示。

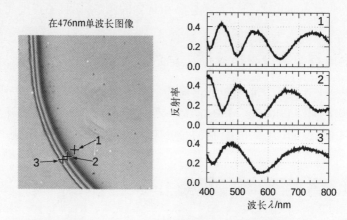

图 5.6　HfO$_2$ 薄膜的边缘在 $\lambda = 400$nm 的局部反射率图（原始数据与参考样品的反射率相乘），以及 3 个选定的 CCD 像素点的光谱反射率

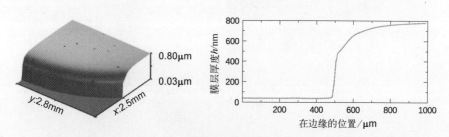

图 5.7　图 5.6 所示的薄膜边缘的 3D 图和垂直于该边缘的薄膜边缘轮廓

5.6　数据采集

上述两种成像光谱反射仪都测量了所研究样品局部反射率的光谱依赖性。由这些数据的集合，得到了样品的局部相对反射率 $R_r^{u,v}(\lambda_k)$ 的光谱依赖性值。将给定波长 λ_k 的这些值排列在矩阵中。该矩阵的第 (u, v) 个元素对应于在波

长 λ_k 处记录所研究样品的图像 CCD 摄像机的第 (u,v) 个像素。这意味着这个矩阵元素 $R_r^{u,v}(\lambda_k)$ 是在上述第 (u,v) 个 CCD 像素上所对应的样品表面上的第 (u,v) 个小面积的反射率。在 CCD 摄像机的相应像素上成像的单个小区域的索引值为 $u=1,2,\cdots,U;v=1,2,\cdots,V$。$U$ 和 V 是 CCD 芯片在水平和垂直方向上的像素数,由 CCD 摄像机分辨率给出。整个矩阵对应于样品的成像区域。测量时,从给定的成像光谱反射仪(ISRM)的可用光谱区中,以选定的采样步长适当地选择波长 λ_k(根据研究样品的假设光谱反射率)。这样,就可以从一组样品图像中获得一组矩阵(图 5.2)。由具有相同索引值 u 和 v 的矩阵元素形成的向量表示了样品局部相对反射率的光谱依赖性。样品局部相对反射率的光谱依赖性"图"用于研究确定薄膜的光学参数。为了消除光源强度的时间波动,将两种反射仪设计成双通道仪器。使用两种反射仪获取样品的实验数据有 3 个步骤,包括测量参考样品(在时间 t_1 测量)、待研究样品的测量(在时间 t_2 测量)和背景信号的测量(在时间 t_3 测量)。背景信号可表示为

$$S^{u,v}(\lambda_k,t_3)=D_f^{u,v}(\lambda_k,t_3)+b^{u,v}I_o(\lambda_k,t_3)$$

式中:$I_o(\lambda_k,t_3)$ 为单色仪在波长 λ_k 处 t_3 时刻输出的强度;$b^{u,v}$ 为比例常数;$b^{u,v}I_o(\lambda_k,t_3)$ 为 CCD 摄像机对在反射仪内散射的光响应;$D_f^{u,v}(\lambda_k,t_3)$ 为暗电流(它包含由 CCD 芯片不被曝光时产生的整个信号),在曝光时间和芯片温度与样品的实际测量值相同时,在关闭 CCD 相机快门后获得的所有信号。在获取相关信号后立即获取暗电流并将其减去。因此,文本中没有进一步提到暗电流。在消除暗电流后,实验信号处理的整个三步过程可以简洁地表示为:从具有坐标 u 和 v 的单个像素中得到的没有 $D_f^{u,v}$ 的信号可以写成

$$S_{J,i}^{u,v}(\lambda_k,t_i)=I_o(\lambda_k,t_i)\left[\eta^{u,v}(\lambda_k)R_i^{u,v}(\lambda_k)+b^{u,v}\right] \tag{5.2}$$

式中:索引值 J 可以取两个值,m 值为"测量通道",s 值为"参考通道";索引值 i 可以根据测量的种类记为 1、2 或 3(1 用于参考样品的测量,2 用于所研究样本的测量,3 用于没有样品的背景测量)。

$I_o(\lambda_k,t_i)$ 是在波长 λ_k 和时间 t_i 单色仪输出的光强度,$\eta^{u,v}(\lambda_k)$ 描述了仪器的所有影响因素,如光学元件不理想和/或相机坏像素的影响,还包括信号放大或相机偏置和噪声等。$R_i^{u,v}(\lambda_k)$ 是指不同索引值下当前样品的局部绝对反射率。由于 $i=3$ 的反射率等于 0(没有任何样品的空白测量),在式(5.2)中的第一个加数也就等于 0,只有背景信号 $I_o(\lambda_k,t_i)\,b^{u,v}(\lambda_k,t_3)$ 仍然存在。式(5.3)确保消除 ISRM 光源的任何时间不稳定性(即消除 $I_o(\lambda_k,t)$ 的时间依赖性),还消除了背景和样品照明非均匀性的影响,即

$$R_r^{u,v}(\lambda_k) = \frac{\dfrac{S_{m,2}^{u,v}(\lambda_k,t_2)}{S_{s,2}(\lambda_k,t_2)} - \dfrac{S_{m,3}^{u,v}(\lambda_k,t_3)}{S_{s,3}(\lambda_k,t_3)}}{\dfrac{S_{m,1}^{u,v}(\lambda_k,t_1)}{S_{s,1}(\lambda_k,t_1)} - \dfrac{S_{m,3}^{u,v}(\lambda_k,t_3)}{S_{s,3}(\lambda_k,t_3)}} = \frac{R_2^{u,v}(\lambda_k)}{R_1^{u,v}(\lambda_k)} \tag{5.3}$$

这是在选择的测量光谱区,研究样品的局部相对反射率的光谱依赖性。通过这种方式,我们获得了这种局部反射率光谱依赖性的图(图5.6)。单个样品测量的持续时间通常为30min(无需每次测量参考样品和背景)。

5.7 成像反射光谱仪的主要特点

在关于ISR技术论文的最后,我们将总结这一技术的主要特点如下。

(1) CCD摄像机记录着被研究薄膜较大面积的单色图像,这些图像是由一个成像系统在宽波长区产生的。

(2) 薄膜表面的一个小区域通过成像过程被指定为CCD相机的一个像素区域。

(3) 这些区域很小,以至于认为薄膜在该区域内是均匀的。

(4) ISR技术是一种相对的测试技术。所研究样品的局部反射率的光谱依赖性与参考样品(主要是硅单晶片)的局部反射率的光谱依赖性相对应。

(5) ISR技术的输出实验数据是薄膜局部相对反射率的光谱依赖关系图。

(6) 照射样品的准直光束的正入射消除了输出实验数据后处理过程中扫描和图像融合的必要性。

5.8 成像反射光谱仪的方法

如引言中所述,我们将ISR方法视为一种实验数据处理方法,通过它我们可以确定感兴趣的光学薄膜参数,这些方法是测定光学薄膜参数技术的组成部分。利用ISR技术获得的实验数据是薄膜局部反射率光谱的依赖图,这个事实定义了这些数据的信息内容的极限。在此极限内,不同的数据处理方法可以提供不同层次的信息。它们的具体特征是必须处理大量的实验数据(假设图像大小500×500像素,每个像素具有500点光谱,则数据点的数量是1.25×10^8,薄膜参数的搜索数量估计是2.5×10^5)。这意味着不可能简单地使用标准形式的Levenberg-Marquardt非线性最小二乘拟合算法来确定薄膜参数,为此,有必要开发原始算法。另一方面,大量的实验数据消除了薄膜参数的随机误差,因此,确定的值参数仅有系统误差。ISR方法将在第6章中详细讨论,并给出了它们的数学表达式。

强调 ISR 方法的另一个重要特征也很重要。寻求的大多数薄膜参数实际上总是相互关联的,也就是说,不可能非常明确地确定它们。为了克服这个问题,必须采用多样本方法来提高最小二乘法数据拟合的稳定性(如文献[43])。ISR 技术在单个 CCD 像素中执行独立测量,本质上为多采样方法提供数据。现在我们将集中讨论这些方法的分类,同时,将展示个别 ISR 方法的精选演示,用以说明这些方法的可能情况。我们将利用由 CCD 像素提供信息的角度对 ISR 方法进行分类。应该强调的是,这种分类只能是示意性的。原因是 ISR 方法的使用不仅取决于我们要解决的任务,而且还取决于我们决定要使用什么方法。例如,当确定具有已知光学常数的光谱依赖性的薄膜局部厚度时,相关的 ISR 方法可作为独立的方法。但是,如果我们的目标是描述一种与理想薄膜有很大不同的薄膜(如有更多缺陷的薄膜)和/或具有复杂形式光谱依赖性的光学常数,我们可能必须将该方法与其他薄膜表征方法结合使用(如常规的椭圆偏振法或分光光度法),并且 ISR 方法应作为补充方法使用。然而,有时我们也可以将相关的 ISR 方法作为独立方法使用。在图 5.8 中给出了分类示意图。

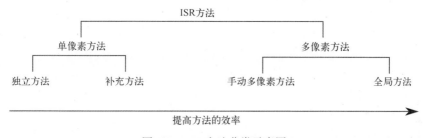

图 5.8 ISR 方法分类示意图

在对单个 CCD 相机像素测量的局部反射光谱进行单独时,我们将 ISR 方法标记为单像素法。当同时处理这些光谱时,这种方法称为多像素法。我们将以 ISR 方法可以作为独立单像素方法应用的情况开始演示各个方法。

5.8.1 单像素 ISR 法作为独立方法

单像素 ISR 法可作为非均匀薄膜光学表征的独立方法,只要假设该薄膜不存在厚度非均匀以外的结构缺陷。薄膜的光学常数是均匀的,在感兴趣的光谱区,薄膜光学常数的光谱依赖性相对简单(甚至已知)。

在色散模型中,描述这些光学常数光谱依赖性的参数个数与光学常数的光谱依赖性复杂的情况相比还是很少的。所有这些色散参数和局部厚度可以通过在每个像素中分别进行拟合独立确定。上述情况可以用氮化碳薄膜证明,氮化

碳薄膜是用 CH_4/N_2 混合气体通过介质阻挡放电沉积在硅单晶片上(详细的薄膜制备工艺过程见参考文献[44])。在处理实验数据时,使用了基于无定形材料电子联合态密度(PJDOS)参数化的色散模型[45]。假设除了厚度非均匀外,薄膜中没有其他缺陷。

结果表明,这些薄膜在光学常数上可以被认为是均匀的(色散模型参数的测定值在所有薄膜中几乎相同,与 CCD 相机的单个像素对应)。图 5.9(a)给出了从这些薄膜的测量结果中选择的样品的色散模型。图 5.9(b)所示为该氮化碳薄膜局部厚度的三维图。

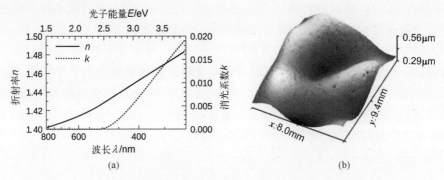

(a)   (b)

图 5.9 选择的非均匀氮化碳薄膜的折射率 n 和消光系数 k 的光谱依赖性(a)及用 ISR 方法确定的氮化碳薄膜局部厚度的三维分布图(b)

由 ISR 测量得到的局部相对反射率光谱图存在噪声。这意味着,由单个 CCD 像素确定的局部厚度图和薄膜光学常数值也不可避免地表现出噪声。反射率值 $R^{u,v}$ 的测量相对误差约 1%(对应于标准偏差)。使用标准误差分析,确定了表面分布的局部厚度值的统计相对误差为 1% ~ 2%(对应于标准偏差)。对于光学常数的准确度也得到了同样的结论。

单像素 ISR 方法简单是它的主要优势。不幸的是,当所表征的非均匀薄膜表现出复杂的光学常数光谱依赖特性时,光学常数需要使用具有更多参数的色散模型和/或存在比厚度非均匀性更多的缺陷(如边界粗糙度、薄膜之间非常薄的界面层或者基板与薄膜之间非常薄的过渡层)。在此基础上,采用常规(非成像)椭圆偏振法和常规(非成像)分光度法等方法完成了这种 ISR 方法。该方法应用于本例子的详细描述参见文献[36],其他应用可在文献[32,33]中找到。

5.8.2 单像素 ISR 法作为补充方法

在这种情况下,单像素 ISR 方法与其他光学方法结合使用(如椭圆偏振法和/或分光光度法),它扮演了一个互补的角色。作为其他方法的补充方法,可以使我们获得表征局部薄膜参数的方法,通过这些参数可以表征薄膜沿着表面的非均匀性(如局部厚度或局部粗糙度),而通过上述的其他方法,只可以获得沿薄膜表面保持不变的薄膜光学常数。作为使用单像素 ISR 方法与其他方法结合作为互补方法的例子,我们将介绍在硅单晶基板上使用等离子体增强化学气相沉积法制备的强非均匀 $SiO_xC_yH_z$ 薄膜的光学表征方法(薄膜的详细制备过程参见文献[11])。采用常规的变角度椭圆偏振法(VASE)、微光斑映射椭圆偏振法(μSE)和 ISR 3 种方法对薄膜进行了表征。使用两种椭圆偏振技术确定所研究薄膜光学常数的光谱依赖性,并用 μSE 对薄膜的光学常数和典型的薄膜厚度非均匀性进行评价。为此,对间距 1mm 的 11×9 的网格共 99 个样品位置进行了 μSE 测量。用 ISR 技术获取的实验数据用于确定薄膜局部厚度的分布。利用椭圆偏振技术获得的实验数据,使用 Levenberg−Marquardt 算法,基于以下薄膜结构模型进行处理:除了厚度非均匀性薄膜中无缺陷,即薄膜材料是光学各向同性的,在垂直于样品平面的方向上均匀,膜边界尖锐光滑且厚度非均匀性为楔形。此外,假设薄膜光学常数在每个扫描的微区范围内不变化(微区直径为 250μm)。在 ISR 的情况下,假设薄膜对应于 CCD 摄像机的单个像素区域是均匀的。使用基于 PJDOS 的类二氧化硅材料的表达式对薄膜复折射率进行了建模[45]。采用单像素 ISR 方法作为对常规 VASE 法和 μSE 法的补充。通过对 VASE 数据的拟合,得到了薄膜光学常数的光谱依赖关系。随后,利用椭圆偏振仪获得的光学常数,并假设它们是正确的,对 ISR 获得的单像素反射光谱进行了拟合,所得结果如图 5.10 所示。

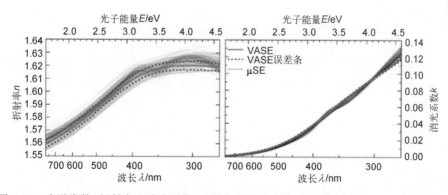

图 5.10 光学常数(折射率和消光系数)光谱依赖性的比较,包括使用常规 VASE(粗实线)、单样品上 99 个独立位置的 μSE(细阴影线)和多样品 μSE(虚线)测定的折射率与消光系数。相对于常规 VASE 的 3 个标准差的误差条用虚线显示[11]

在图 5.10 中无法显示所有 99 条 μSE 曲线的误差条,因此以数字形式总结误差。在整个光谱区,折射率 n 的标准差大约是 0.013。对于消光系数 k,在紫外到近红外光谱区中,紫外光谱区的波动大约是 0.01,红外光谱区的波动是0.001。从图 5.10 中可以明显看出,常规 VASE 法和 μSE 法的误差条是重叠的,也就是说结果是一致的。从 μSE 法得到的折射率值在表面分布中没有变化的趋势,它们的波动只是代表了随机实验误差,消光系数也是如此。因此,在实验的精度范围内,没有发现光学常数非均匀性的证据。值得指出的是,根据我们的经验这样的结论是典型的。换句话说,即使薄膜的厚度具有很大的非均匀性,但它的光学常数通常仍可认为是均匀的。

由于常规 VASE 和 μSE 法测得的光学常数值的一致性,利用常规 VASE 测得的光学常数光谱依赖性用于通过图 5.11(a)中所示的 ISR 测定的精细局部厚度图。使用 μSE 得到的相应分布如图 5.11(b)所示。

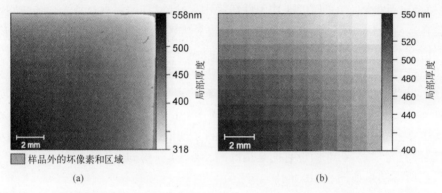

图 5.11　ISR 数据拟合得到的薄膜局部厚度图。右侧和顶部边缘的粉红色区域对应于坏像素和样品外的像素(a)。用 μSE[11]测定的薄膜局部厚度分布图(b)。

用 ISR 和 μSE 确定的局部厚度图进行精确比较是不可能的,因为在这两次测量中不可能确保样品的位置完全相同。然而,这两种分布图的趋势使我们可以得出结论,两者的测量结果是一致的。最后,可以说,常规 VASE、μSE 和 ISR 的结合为薄膜厚度非均匀性的光学表征提供了一种精确的方法。这种方法不方便日常的使用,因为通过 μSE 分析所讨论的薄膜花费大约需 5 天时间。文献[35,38]中还发表了其他情况,其中单像素 ISR 方法作为与其他光学方法相结合的补充方法被应用,将 ISR 方法与常规的 VASE 和近正入射的常规光谱反射仪(SR)相结合。同样,后两种方法用于确定光学常数的光谱依赖性,而单像素ISR 方法用于确定仅显示厚度非均匀的薄膜局部厚度的精细图。

在结束本段时,有必要作以下说明。如果薄膜的厚度具有强非均匀性,则有可能推测沉积过程不够均匀,而且薄膜材料沿薄膜生长方向也是非均匀的,尽管这种材料的非均匀性可能小于厚度的非均匀性。这意味着,薄膜在光学常数上也可能是非均匀的。遗憾的是,反射光谱的显著特征,即薄膜中的干涉主要取决于薄膜厚度和折射率的乘积(称为光学厚度),这使得很难区分厚度和光学常数的非均匀性。因此,在常规方法不能准确确定光学常数的情况下,与这些常规方法一起使用的单像素 ISR 方法也会导致不正确的结果,这一事实限制了单像素 ISR 方法在具体情况下的适用性。

5.8.3 手动多像素 ISR 方法

当单像素 ISR 方法处理与各像素色散模型参数独立拟合的薄膜局部反射率的光谱依赖性时,得到的图像具有很高的噪声。

另一方面,不可能使用一组通用色散模型参数将所有像素中的 ISR 数据简单地拟合在一起。拟合参数的总数很大且都是相关的。尽管如此,这两个问题是可以解决的,我们将通过在常压下用六甲基二硅醚毛细管等离子体射流在硅基板上制备的 SiO_2 薄膜证明,关于这些薄膜制备的详细说明见文献[37]。在这种情况下,采用手动多像素 ISR 法作为独立方法,该过程有 3 个步骤,每个步骤只涉及合理数目的参数的最小二乘拟合问题。

第一步:使用理想薄膜模型和薄膜光学常数的初始估计,在每个像素中独立地拟合薄膜厚度。在这种特殊情况下,使用了参考的 SiO_2 光学常数。以这种方式获得的厚度分布图尚不正确,但这第一步就足以区分薄膜图像中的好像素和坏像素。判断的标准是实验的局部反射光谱依赖性与其在代表性感兴趣区域的手动选择像素中的拟合的一致性。像素选择应符合覆盖所寻求参数的全部范围的要求。对这种吻合性的评价是主观的。

第二步:手动选择一组好的像素(如 10 个)。根据这些像素对应的实验数据同时拟合出共同的光学常数。在选定的光谱集中,厚度的大变化有助于降低厚度与色散模型参数之间的相关性,并提高拟合过程(多样本方法)的稳定性。薄膜采用了类 SiO_2 薄膜材料的 PJDOS 色散模型,Si 基板值取自文献[46]。

第三步:在每个像素中再次独立地拟合薄膜厚度,但这次需要使用在第二步中得到的光学常数。薄膜实际折射率的光谱依赖性如图 5.12 所示。虽然色散模型允许有吸收,但在测量的光谱区发现薄膜基本上是没有吸收的。因此,没有显示消光系数。

在图 5.13(a)中给出了上述过程的最终结果,即获得的薄膜局部厚度三维图。在该图中,可以看到用手术刀刮掉一半薄膜所产生的人工边缘。用 Veeco Dektak 轮廓仪测量了薄膜的厚度。沿边缘(即在图 5.13(a)中的平面内)以步

长为 0.5mm 进行了两次测量。最后,用 Bruker Dimension Icon 原子力显微镜在
ScanAsyst 模式下对薄膜边缘进行了测量。利用移动工作台在连续扫描之间进行精确的移动,获得 50 幅图像,然后在每幅图像中评估台阶高度。

用图 5.13(a)中剖面定义的二维剖面对所有测量结果进行了比较。图 5.13(b)显示了所有 3 种测量方法所获得剖面的比较。

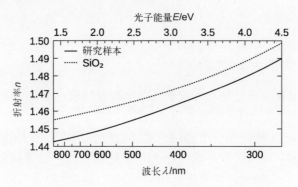

图 5.12 等离子体射流制备的 SiO_2 薄膜与热氧化制备 SiO_2 薄膜的折射率对比曲线

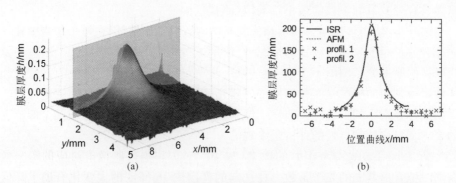

图 5.13 沿薄膜人工边缘的局部厚度 3D 轮廓图(a)及用 ISR、AFM 和接触式
轮廓仪测量的薄膜边缘厚度分布(b)[37]

考虑到各种测量方法的不确定度,所得结果吻合较好。图 5.13(b)还显示了所研究薄膜的强厚度非均匀性。由像素间厚度差确定的薄膜光滑部分(不包括边缘和碎片)的局部厚度最大梯度约为 $1.6×10^{-4}$。对所讨论的 ISR 方法实验误差进行了分析,发现局部厚度的测量精度约为 2nm。限制因素是薄膜光学常数的不确定度,因为它们是最大的不确定源。最后,我们可以说,所讨论的 ISR 方法已成功地应用于确定薄膜厚度强非均匀性的薄膜光学常数和局部厚度图。

5.8.4 全局法

前文提出的手动多像素法虽然在实际应用中效果良好,但也存在一些不足。首先,为了拟合需要从感兴趣区域找到一个小而又有代表性的像素子集,该子集具有良好的局部反射率光谱依赖性。这种选择是主观的,与数据分析的自动化是不相适应的,这在某种程度上有点不尽人意。此外,不能充分利用全部可用数据,意味着随机噪声对参数不确定性的贡献大于需求。如果分析利用所有可用数据,即来自所有像素的反射率曲线,则与系统误差相比随机误差可能变得微不足道,从而可以有效地消除随机误差。

因此,在仅假设薄膜厚度非均匀的情况下,利用与 ISR 主要任务相关的最小二乘法问题的具体结构,开发了一套原始的实验数据处理方法。此方法的基本特点是将自由参数分成厚度(局部参数,每个像素点可能都不同)和色散模型参数(所有像素共用的参数)。随后,利用原始的 Levenberg-Marquardt 算法,对两种参数进行了轮换拟合。然而,该算法在色散模型参数拟合过程中对局部厚度进行校正,以保持有效光学厚度(薄膜厚度和折射率乘积)。这就大大提高了算法的收敛性,并可以以合理的计算资源对大型成像反射仪测量的数据集进行分析。使用保持有效光学厚度条件的原因是,光学厚度决定了反射光谱中干涉极小值和极大值的位置。因此,极小值和极大值随光学厚度的变化而移动。当理论反射率曲线与实验点相对应时,即使极值偏移较小,平方差之和也会增加。因此,一旦现在允许最小的变化,拟合算法将无法通过分别更新厚度和色散模型参数进一步进行下去。随着薄膜厚度的增加,这种限制越来越严重,这是因为较厚的薄膜极值的间隔更近。文献[47]首次使用了这种方法对上述 ISR 实验数据处理过程进行了精确分析,将其应用于在硅基板上沉积的两种不同的无定形薄膜材料,两种薄膜均表现出较强的厚度非均匀性。

第一个样品是由 $CH_4:N_2 = 1:10$ 气体混合物在常压介质阻挡放电中制备的氢化氮化碳薄膜($CN_x:H$)。第二个样品是用四乙氧基硅烷和甲醇混合物在低压射频(13.56MHz)电容耦合下沉积的 $SiO_xC_yH_z$ 薄膜(沉积过程的细节见文献[47])。两种薄膜均采用相同的结构和色散模型,这些薄膜被认为是单 ISR 像素的理想选择。利用基于 PJDOS 的类 SiO_2 材料的复折射率表达式[45],建立了两种薄膜材料的复折射率模型,并对数据进行直接并行化。结果表明,在单像素中保留与有效光学厚度相对应数量的策略,使得最小二乘拟合快速收敛。实验结果还表明,即使该算法的性能在膜厚约 600nm 以上的情况下变差,但其结果仍然是可以接受的。表 5.1 总结了这两种薄膜的数据量和拟合参数集。该表还包括在功能相当强大的个人计算机上运行的计算时间(六核 AMD Prompom Ⅱ

处理器和 16GiB 内存）。表 5.1 中列出的计算时间表明,所开发的拟合程序使全局 ISR 数据分析成为可能,即使计算资源相对较少。

表 5.1　两种薄膜的实验 ISR 数据集的特点及拟合参数

薄　　膜	$SiO_xC_yH_z$	$CN_x:H$
拟合光谱数 M	70310	85469
每个光谱的点数 K	656	628
数据大小［MiB］	176	205
自由共用参数 D	5	5
最短的拟合时间/s	540	624

　　通过多像素数据拟合可以减少参数误差和提高结果的可靠性,有助于样品的表征,该表征也可以通过使用其他方式。但是,关键的进展是,现在可以使用 ISR 作为一种独立的方法表征更广泛的样品,而不需要与常规的椭圆偏振法和分光光度法相结合。由于该方法利用了薄膜图像中所有像素点的实验数据,在拟合过程中不断地对共用参数和局部参数进行拟合,因此可以称为全局法。

　　本文介绍了这种方法的优点,以及它在薄膜表征中的应用,但是这种方法不是一种理想的方法。使用分子束外延(MBE)在单晶 GaAs(100) 基板上制备的 ZnSe 薄膜可以作为一个很好的例子(详细的沉积参数见文献[40])。薄膜顶部的粗糙度来自于薄膜的镶嵌(或块状)结构[48]。MBE 通常制备出沿基板表面相当均匀的薄膜。然而,有时可能会遇到厚度变化到被认为是非均匀的 ZnSe 外延薄膜。当然,当缺陷、表面粗糙度和厚度非均匀性同时出现时,薄膜的表征就变得更加困难。所考虑的薄膜结构模型如图 5.14 所示。

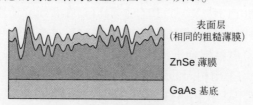

图 5.14　薄膜结构模型的示意图

　　由于具有粗糙上边界的 ZnSe 薄膜被放置在空气中,它的表面形成了非常薄的表面层[49]。这种表面层被建模为所谓的表面层,即具有上下边界的、彼此精确分开的薄膜(另见图 6.4)。基板-薄膜边界被认为是光滑的,当横向相关性不起作用时,那么,使用一个数字就足以描述粗糙度,即高度不规则的均方根值RMS。虽然薄膜的厚度是相对非均匀的,但在与CCD相机的单个像素对应的表面范围内,薄膜的厚度被认为是均匀的。

用PJDOS模型计算了ZnSe薄膜的光学常数[50,51],表面层[49]和GaAs基板[52]的值用先前研究的结果。

用标量衍射理论(SDT)模拟了上边界粗糙度对反射率的影响[53]。由SDT得到的表达式具有无穷级数的形式。这个级数被改写成一种可以适合计算机有效计算的形式。特别是,计算时间几乎与级数的计算精度无关,因此无需在SDT计算中权衡精度和速度。与瑞利·莱斯理论(RRT)[53]相比,这是一个很大的优势。该理论已被用于模拟上边界粗糙度对文献[38]中相同(如上所述)ZnSe薄膜光学特性的影响,其中,单像素ISR方法与常规的VASE和SR结合使用。粗糙度的影响用RRT中非常复杂的公式描述。这对于ISR来说是非常重要的,因为它必须处理大量的实验数据,并将导致很长的数据处理时间。本段所描述的拟合算法基本上在整个薄膜图像中得到了令人满意的拟合,如图5.15所示。

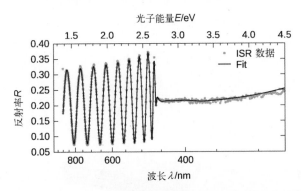

图5.15　GaAs上ZnSe薄膜的典型ISR谱及其理论模型拟合结果,
光谱对应于接近图像中心的像素[40]

由于ZnSe薄膜的光学常数是在ISR数据分析中建模和拟合的,因此,可以将得到的光谱依赖性与其他工作中的光谱依赖性进行比较。在图5.16中给出了ASE法测定的ZnSe薄膜[38]、外延ZnSe薄膜[54]和块状ZnSe材料[55]的光谱依赖性对比曲线。

图5.16所示结果可以认为它们之间具有较好的一致性。通过将ISR数据划分为4个象限,并对每个象限分别重新进行拟合,检验了薄膜光学常数的均匀性。对控制复折射率曲线整体形状的参数进行了拟合,但从整个数据中确定光谱依赖性的精细结构的位置参数值是固定的。

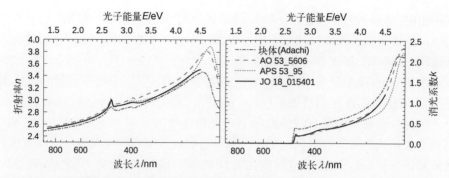

图 5.16 ZnSe 薄膜光学常数的光谱依赖性(AO535606、JO 18_015401、APS 53_95 和块体
(Adachi)的曲线分别代表文献[38,40,54]中外延 ZnSe 薄膜和 ZnSe 块体[55]的光学常数[40])

考虑到该方法的典型实验误差,得到的 4 种光谱依赖性是不可区分的,因
此,最初认为薄膜材料可以被视为均匀的假设是合理的。

图 5.17 给出了局部薄膜厚度 h、均方根粗糙度(RMS)和表面层厚度的分布
图。在 RMS 和表面层厚度分布图上都可以看到,伪像与研究样品或参考样品上
的缺陷相对应。去除了与这些伪像对应的像素和坏像素(反射光谱质量低),并
从剩余像素中确定了均方根粗糙度和表面层厚度的平均值(或典型值)。均方
根粗糙度为 4.7nm,与其他光学[38,49]和原子力显微镜[38]的研究结果一致。平均

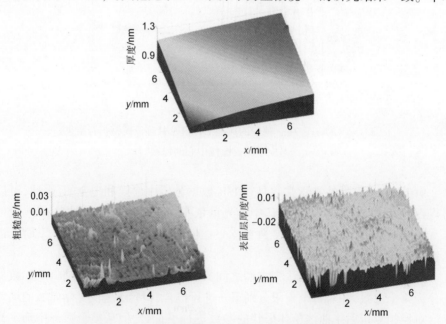

图 5.17 ZnSe 薄膜局部厚度、上边界 RMS 和表面层厚度图

108

表面层厚度为 10.3nm,略高于其他方法[38,49],但仍有合理的一致性。

我们可以得出结论,ISR 技术在适当的数据处理方法下,可以作为一种独立的薄膜光学表征方法,这种方法与理想的方法有很大的不同,因此需要复杂的建模。

5.9 ISR 的精度和准确性

在本段开头,应当指出,ISR 的精度和准确度在很大程度上取决于要解决的问题。为了证明 ISR 测量本身的精度和准确度(即获得的反射率数据的精度和准确度),在 Si 基板上沉积厚度为 800nm 的均匀 SiO$_2$ 薄膜样品,然后用反射仪 ISRER 反复测量(8 次)。然后,将以这种方式获得的所有反射率数据与通过文献[56]中所述方法计算的理论值进行比较,文献[56]中的方法使用许多常规测量(VASE 和 SR)获得的 SiO$_2$ 薄膜光学常数值。可以认为这条曲线是正确的,结果如图 5.18 所示。在图的顶部,将理论曲线与通过 ISR 测量得到的选定小面积(成像在 CCD 摄像机的相应单像素上)的局部光谱反射率进行了比较。在

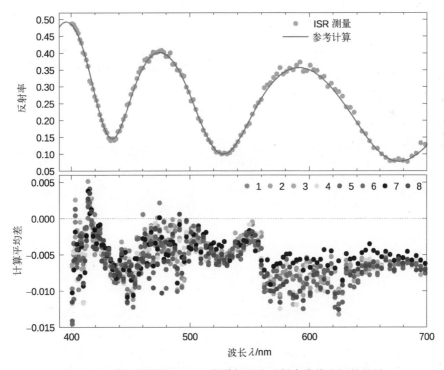

图 5.18　实际测量的 ISRER 光谱与理论反射率曲线之间的差异

图 5.18的下图,图中的每个点表示在给定波长处计算的理论曲线与对应于被测样品中心区域的所有 CCD 像素局部反射率的相关平均值之间的差。该区域的选择与常规技术(VASE 和 SR)所使用的区域(即照明区域)大致相同。不同的颜色表示不同的测量值。在光谱反射率相关性极小值附近,相对平均偏差约为5%。这个值可以看作是局部薄膜反射率的校正值与实测值之间的最大相对偏差。

然而,ISR 用户通常更感兴趣的是确定样品光学参数值的可靠性,而不是单个反射率值的准确性。

正如 5.8.2 节中所提到的那样,如果主要任务是确定薄膜的局部厚度,则对其误差最大的贡献来自薄膜材料光学常数的不确定性。无论光学常数是在 ISR确定的,还是从其他测量中获得的(这代表的是外部误差源),它们的精确度很少优于 0.01。因此,由于该技术主要对光学厚度 nh 敏感,因此绝对厚度值系统地偏离了一个常数比例因子。根据薄膜厚度和其他方面,这种系统偏差可达到几纳米,这一点在用于计量时必须加以考虑。但在材料研究中,对于高度非均匀样品的表征是没有意义的,因为空间相关性(即形状)更为重要。因此,我们将从相关性更强的方面进一步说明 ISR 结果的精度。

图 5.19 给出了根据典型的 ISRWS 测量结果确定的薄膜厚度(在硅基板上)的理论标准差。它表明在不降低噪声或增加光谱点数目的情况下,无法提高薄膜局部反射率的精度极限。实验结果表明,测量的理论灵敏度明显较好,拟合薄膜厚度的标准偏差为几十皮米。

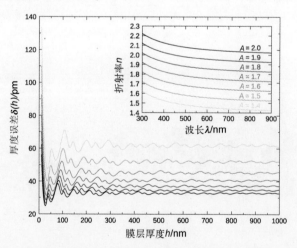

图 5.19 由于 ISRWS 的典型测量噪声引起的拟合厚度理论标准偏差,绘制成为薄膜厚度和折射率的函数。用简单的 Cauchy 公式模拟了折射率的光谱依赖性,其常数项 A 的值如本图所示

为了回答理论估算如何与实际实验结果的对应关系,采用了上述厚度均匀的 800nm 厚 SiO_2 薄膜的测量值。分别对单个测量值进行独立拟合(用固定的光学常数),并对得到的厚度图进行统计分析,获得的拟合薄膜厚度的局部标准差如图 5.20 所示。

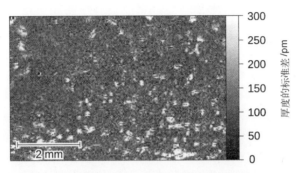

图 5.20　重复 ISRWS 测量得到的 800nm 厚 SiO_2 薄膜拟合厚度的标准差分布图

由于薄膜是非常非均匀,在重复测量的情况下,含有约为几百皮米相对较大变化幅度的斑点。该图中的总体平均值和中位数分别为 128pm 和 116pm,不到理论估计值的 2 倍。实践证明,该方法具有较好的精度(可重复性)。

最后,图 5.21 显示了 ISR 结果一致性的补充说明。测量了厚度为 300nm 的几乎表面均匀的 TiO_2 薄膜(用固定的光学常数)。由于均匀性不理想,因此用低阶多项式拟合厚度图,然后减去多项式得到如图 5.21 所示的残差。在理想情况下,该残差应该为零。图上包含大小约几百皮米孤立的斑点,均方根值为 52pm,约为理论值的 2 倍(TiO_2 具有更高的折射率)。

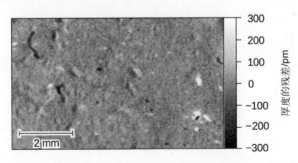

图 5.21　300nm 厚 TiO_2 薄膜的拟合厚度残差图(由 ISRWS 测量)(残差是通过对厚度的整体空间依赖性进行低次多项式拟合然后从厚度图中减去该多项式得到的)

5.10 ISR 的其他应用

到目前为止,我们主要关注了 ISR 在薄膜光学表征中的应用,即确定薄膜的厚度及其光学常数的光谱依赖性。这些薄膜具有厚度非均匀、上边界粗糙度等缺陷,并且它们的结构模型可能含有表面层。在宽光谱区测量空间反射率分辨的能力在其他应用中也是有益的。作为该应用的一个例子,ISR 可用于在有机层中定位金属 Au。金属 Au 是采用等离子射流进行局部热处理从有机金属化合物中还原出来的[57]。固体表面等离子体处理一般有许多有趣和重要的应用。在上述应用中,采用旋涂法在盖玻片上制备了含有 Au 的有机膜层,然后进行真空干燥(膜层制备的详细说明见文献[57])。

在这些膜层中,Au 处于+1 价氧化态。在等离子体射流作用下,前驱体层中的 Au 以小颗粒的形式还原成金属态的 Au(氧化态为0)(图 5.22)。

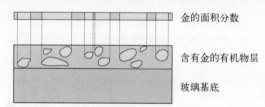

图 5.22 含有 Au 颗粒的有机膜层,在薄膜表面显示了 Au 颗粒的投影

利用 ISR 技术可以定量地评价这些金属 Au 颗粒在膜层表面的投影。用于描述光与膜层相互作用的模型可以是多种多样的。它们必须基于这样一个事实,即感兴趣的膜层厚度大约为 $6\mu m$,具有非均匀性,并且其有机材料的折射率接近玻璃基板的折射率。因此,在膜层部分透明区光的干涉是很弱的。含有金属 Au 的部分(热处理部分)不透明,因此,这些膜层被建模为厚板而不考虑干涉。此外,还考虑到这些膜层与理想膜层有明显的不同,这意味着反射光谱中存在着各种缺陷和畸变。同时考虑到大量的 ISR 实验数据需要一个简单、稳定的模型,并尽可能与实验数据相吻合。最后,将该膜层模拟为由未处理的有机化合物和金属 Au 覆盖的分离区域形成的厚板。该模型适用于金属 Au 的分布 a_f,其定义为

$$a_f^{u,v} = \frac{A_{\text{gold}}^{u,v}}{A_{\text{reg}}^{u,v}}$$

与摄像机像素对应的(坐标 u 和 v)Au 表面层的区域表示为 $A_{\text{gold}}^{u,v}$,$A_{\text{reg}}^{u,v}$ 表示整个区域。使用 $a_f^{u,v}$,可以将 CCD 相机像素对应的同一区域局部相对反射率表示为

112

$$R^{u,v}(\lambda_k) = a_f^{u,v} R_{\mathrm{gold}}(\lambda_k) + (1-a_f^{u,v}) R_{\mathrm{org}}(\lambda_k) \qquad (5.4)$$

式中：$R_{\mathrm{gold}}(\lambda_k)$ 是通过测量参考样品（在玻璃片上磁控溅射制备的均匀 Au 膜层）在波长 λ_k 处得到的 Au 相对反射率的值。$R_{\mathrm{org}}(\lambda_k)$ 是未经处理的均匀有机气相前驱体膜层在相同波长下的相对反射率。$a_f^{u,v}$ 的值是通过最小二乘法用前面的式（5.4）确定。总而言之，这些值形成了所研究样品中还原的金属 Au 分布的面积投影图。

所获得的结果如图 5.23（a）所示。在该图中选择了 3 个点 A、B、C 来说明由 ISR 获得的相应的局部相对反射率是如何沿薄膜表面变化的（图 5.23（b））。A 点含有最多的金属 Au（因此，其反射率最接近纯金属 Au），B 点含有较少的金属 Au，C 点没有经过热处理，因此它不含任何金属 Au。通过应用于样品表面 A、B、C 点的 X 射线光电子能谱和共焦显微镜（仅对金属 Au 沿样品表面的面积分布进行定性评价）完成 ISR 方法，两种方法所得结果与 ISR 定量结果一致。

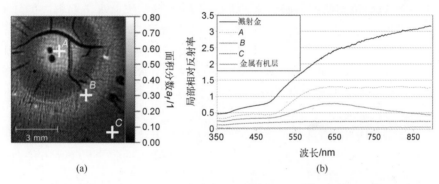

(a)　　　　　　　　　　　(b)

图 5.23　ISR 测量得到的金属 Au 的区域分布图。标度显示了模型参数 a_f 的值——等离子体射流热处理的金属 Au 与前驱体中有机 Au 的面积分数比（a）。局部相对反射率比较。测量被测样品上斑点（标记在图（a）中）和未经等离子射流处理的纯 Au 膜层和有机 Au 膜层的局部相对反射率（b）

5.11　结论

在光学薄膜的制备过程中，各种因素都可能会导致薄膜中出现大量缺陷，严重影响薄膜的性能，这在新的沉积技术开发和调整工艺中尤其引人关注。因此，人们希望有能够检测这些缺陷的存在并表征它们对薄膜光学性能影响的仪器。ISR 技术与适当的数据处理方法相结合，是实现这一目的合适技术。ISR 的优势充分体现在表征薄膜参数的局部非均匀性时。当这种非均匀性是主要时，即不可能解析地描述这种非均匀性时，就不能用常规（非成像）和常用的光学方法

(如光度法和椭圆偏振法)对这些薄膜进行正确的光学表征。

ISR 在薄膜光学领域中的主要目的是确定薄膜的光学参数，主要包括薄膜的局部厚度图和光学常数的光谱依赖性。借助于 ISR 还可以确定色散模型中出现的其他材料参数，如薄膜材料的带隙、相关电子跃迁的最大能量极限或与参与跃迁的电子浓度数量比例。最后，它还可确定一些结构参数，如薄膜上边界的局部均方根粗糙度图。

ISR 技术的实验装置简单。成像反射光谱仪的设计在正入射情况下测量薄膜样品的大小为 20mm×20mm。在 270~1000nm 光谱区，即 1.2~4.6eV 能量区，样品的空间分辨率可达 $16\mu m \times 16\mu m$，局部厚度梯度最大值约为 $12.5\mu m/mm$。一个样品测量的持续时间通常为 30min(不考虑测量参考样品和背景的时间，而且参考样品和背景不需要每次测量)。

ISR 技术提供了大量的实验数据。这一事实表明，有必要采用特殊的数据处理方法，以确定需要的薄膜光学参数。使用适当方法取决于要解决的任务。如果已知薄膜光学常数的光谱依赖性，则可采用单像素 ISR 法确定薄膜的局部厚度分布图。如果不知道薄膜光学常数的光谱依赖性，则在薄膜均匀性的假设下，可以采用常规的(非成像)方法确定薄膜的光学常数。作为补充方法，单像素 ISR 方法可用于确定薄膜的局部厚度图，同样的任务也可以用独立的手动多像素 ISR 方法解决。

多像素方法等同于 ISR 技术中固有的多样品方法，进一步提高了该方法在解决光谱反射率测量基本任务的效率。最强的 ISR 方法是全局 ISR 方法，它能够解决非常不理想的薄膜表征问题。也就是说，它使得我们能够确定薄膜光学常数的未知光谱依赖性(假设薄膜光学常数是均匀的)，薄膜局部厚度的分布图以及如有必要的其他薄膜参数，如上边界的均方根粗糙度和表面层薄膜的平均厚度。该方法使用了一种原始的 ISR 数据处理算法，保证了寻找薄膜参数过程的快速收敛。上述 ISR 技术和 ISR 方法构成了完整的 ISR。

需要指出的是，这里提出的所有 ISR 方法都是建立在薄膜光学常数均匀性假设基础上的。根据我们的经验，这个假设在现实生活中对于绝大多数的例子是有效的。原则上，也可以用 ISR 同时表征薄膜的光学常数和厚度的非均匀性。然而，迄今为止，这项任务仍然是一项挑战。

用 ISR 方法确定光学参数的精度取决于解决的具体问题。光学常数的测试精度一般不超过 0.01。光学常数的不确定性导致被测薄膜局部厚度的系统偏差。根据薄膜厚度和其他方面的不同，这种系统偏差甚至可以达到几纳米。ISR 测量的精度高，在测量局部厚度的情况下，这一精度可以用局部厚度的均方根偏差值估计，该偏差在 $10~10^2$ pm 量级。

ISR 的适用范围可以定义为：由于使用 ISR 技术的目的是确定薄膜局部厚度的分布图，因此，有必要利用薄膜中产生的干涉图样，这意味着光束与薄膜底部边界之间必须存在相互作用，从而影响到薄膜的局部反射。因此，只有在所使用的光谱区吸收足够小的薄膜才能用 ISR 技术进行研究。换句话说，ISR 技术可以用于介质或半导体薄膜，但不能用于强吸收薄膜(如金属薄膜)。

在前面的段落中，我们讨论了 ISR 在薄膜光学表征领域中的应用。我们不仅完成了寻找光学常数的光谱依赖性和确定薄膜局部厚度分布的基本任务，而且指出了 ISR 在这一领域的更广泛潜力（见 5.10 节）。一般来说，对于分析特殊设计的薄膜(如图案化、局部沉积、局部刻蚀薄膜)，ISR 是一个很好的选择。综上所述，可以说，ISR 是薄膜光学表征的重要技术。同时，薄膜光学领域外 ISR 的应用潜力也很大，它可以成功地应用于任何需要了解研究样品表面局部反射图的领域，如生物、医疗用品等。

致谢：本章的工作得到捷克共和国教育、青年和体育部资助的项目 LO1411（NPU I）的支持。本文介绍的反射仪是利用布尔诺技术大学物理工程研究所的仪器实现的。

参考文献

[1] H.G. Tompkins, W.A. McGahan, *Spectroscopic Ellipsometry and Reflectometry: A User's Guide* (Wiley, 1999). Google-Books-ID: W35tQgAACAAJ

[2] H.G. Tompkins, E.A. Irene, *Handbook Of Ellipsometry* (William Andrew Publisher; Springer, Norwich, NY; Heidelberg, Germany, 2005). http://www.books24x7.com/marc.asp?bookid=32277. OCLC: 310147997

[3] M. Quinten, *A Practical Guide to Optical Metrology for Thin Films* (Wiley-VCH Verlag GmbH & Co, KGaA, 2012)

[4] M.I. Török, Optica Acta: Int. J. Opt. **32**(4), 479 (1985). https://doi.org/10.1080/713821745

[5] T. Pisarkiewicz, T. Stapinski, H. Czternastek, P. Rava, J. Non-Cryst. Solids **137**, 619 (1991). https://doi.org/10.1016/S0022-3093(05)80194-2, http://www.sciencedirect.com/science/article/pii/S0022309305801942

[6] T. Pisarkiewicz, J. Phys. D: Appl. Phys. **27**(1), 160 (1994). https://doi.org/10.1088/0022-3727/27/1/025, http://stacks.iop.org/0022-3727/27/i=1/a=025

[7] E. Márquez, J.M. González-Leal, R. Jiménez-Garay, S.R. Lukic, D.M. Petrovic, J. Phys. D: Appl. Phys. **30**(4), 690 (1997). https://doi.org/10.1088/0022-3727/30/4/026, http://stacks.iop.org/0022-3727/30/i=4/a=026

[8] E. Márquez, P. Nagels, J.M. González-Leal, A.M. Bernal-Oliva, E. Sleeckx, R. Callaerts, Vacuum **52**(1–2), 55 (1999). https://doi.org/10.1016/S0042-207X(98)00233-4, http://www.sciencedirect.com/science/article/pii/S0042207X98002334

[9] D. Nečas, I. Ohlídal, D. Franta, J. Opt. A: Pure Appl. Opt. **11**(4), 045202 (2009). https://doi.org/10.1088/1464-4258/11/4/045202, http://iopscience.iop.org/1464-4258/11/4/045202

[10] L. Abel-Tiberini, F. Lemarquis, M. Lequime, Appl. Opt. **45**(7), 1386 (2006). https://doi.org/10.1364/AO.45.001386

[11] D. Nečas, I. Ohlídal, D. Franta, V. Čudek, M. Ohlídal, J. Vodák, L. Sládková, L. Zajíčková, M. Eliáš, F. Vižd'a, Thin Solid Films **571**, Part 3, 573 (2014). https://doi.org/10.1016/j.tsf.2013.12.036

[12] J. Spousta, M. Urbánek, R. Chmelík, J. Jiruše, J. Zlámal, K. Navrátil, A. Nebojsa, T. Šikola, Surf. Interface Anal. **34**(1), 664 (2002). https://doi.org/10.1002/sia.1383, http://onlinelibrary.wiley.com/doi/10.1002/sia.1383/abstract

[13] M. Urbánek, J. Spousta, K. Navrátil, R. Szotkowski, R. Chmelík, M. Buček, T. Šikola, Surf. Interface Anal. **36**(8), 1102 (2004). https://doi.org/10.1002/sia.1850, http://onlinelibrary.wiley.com/doi/10.1002/sia.1850/abstract

[14] I. Ohlídal, D. Nečas, D. Franta, V. Buršíková, Diam. Relat. Mater. **18**(2–3), 364 (2009). https://doi.org/10.1016/j.diamond.2008.09.003, http://www.sciencedirect.com/science/article/pii/S0925963508004342

[15] D. Nečas, D. Franta, V. Buršíková, I. Ohlídal, Thin Solid Films **519**(9), 2715 (2011). https://doi.org/10.1016/j.tsf.2010.12.065

[16] D. Nečas, I. Ohlídal, D. Franta, J. Opt. **13**(8), 085705 (2011). https://doi.org/10.1088/2040-8978/13/8/085705, http://stacks.iop.org/2040-8986/13/i=8/a=085705

[17] L. Stiblert, T. Sandström, Le J. de Phys. Colloq. **44**(C10) (1983). https://doi.org/10.1051/jphyscol:19831016

[18] D. Beaglehole, Review of Scientific Instruments **59**(12), 2557 (1989). https://doi.org/10.1063/1.1139897

[19] G. Jin, P. Tengvall, I. Lundström, H. Arwin, *Analytical Biochemistry* (1995), p. 69. https://doi.org/10.1006/abio.1995.9959

[20] H. Arwin, Thin Solid Films **313–314**, 764 (1998). https://doi.org/10.1016/S0040-6090(97)00993-0, http://www.sciencedirect.com/science/article/pii/S0040609097009930

[21] L. Asinovski, D. Beaglehole, M.T. Clarkson, phys. status solidi (a) **205**(4), 764 (2008). https://doi.org/10.1002/pssa.200777855, http://onlinelibrary.wiley.com/doi/10.1002/pssa.200777855/abstract

[22] U. Wurstbauer, C. Röling, U. Wurstbauer, W. Wegscheider, M. Vaupel, P.H. Thiesen, D. Weiss, Appl. Phys. Lett. **97**(23), 231901 (2010). https://doi.org/10.1063/1.3524226, http://scitation.aip.org/content/aip/journal/apl/97/23/10.1063/1.3524226

[23] M. Fried, G. Juhász, C. Major, P. Petrik, O. Polgár, Z. Horváth, A. Nutsch, Thin Solid Films **519**(9), 2730 (2011). https://doi.org/10.1016/j.tsf.2010.12.067, http://www.sciencedirect.com/science/article/pii/S0040609010016974

[24] G. Jin, Y.H. Meng, L. Liu, Y. Niu, S. Chen, Q. Cai, T.J. Jiang, Thin Solid Films **519**(9), 2750 (2011). https://doi.org/10.1016/j.tsf.2010.12.175, http://www.sciencedirect.com/science/article/pii/S0040609010018249

[25] P.G. Ellingsen, M.B. Lilledahl, L.M.S. Aas, C.d.L. Davies, M. Kildemo, J. Biomed. Opt. **16**(11), 116002 (2011). https://doi.org/10.1117/1.3643721

[26] K. Mahmoud, S. Park, S.N. Park, D.H. Lee, Metrologia **51**(6), S293 (2014). https://doi.org/10.1088/0026-1394/51/6/S293. WOS:000345426000008

[27] K. Mahmoud, S. Park, S.N. Park, D.H. Lee, in *Fifth Asia-Pacific Optical Sensors Conference*, vol. 9655, ed. by B. Lee, S.B. Lee, Y. Rao (Spie-Int Soc Optical Engineering, Bellingham, 2015), vol. 9655, p. 965503. WOS:000358602400002

[28] K. Kim, S. Kim, S. Kwon, H.J. Pahk, Int. J. Precis. Eng. Manuf. **15**(9), 1817 (2014). https://doi.org/10.1007/s12541-014-0534-3

[29] M. Ohlídal, I. Ohlídal, D. Franta, T. Králík, M. Jákl, M. Eliáš, Surf. Interface Anal. **34**(1), 660 (2002). https://doi.org/10.1002/sia.1382, http://onlinelibrary.wiley.com/doi/10.1002/sia.1382/abstract

[30] M. Ohlídal, I. Ohlídal, P. Klapetek, M. Jákl, V. Čudek, M. Eliáš, Jpn. J. Appl. Phys. **42**(7S), 4760 (2003). https://doi.org/10.1143/JJAP.42.4760, http://iopscience.iop.org/1347-4065/42/

7S/4760

[31] I. Ohlídal, M. Ohlídal, P. Klapetek, V. Čudek, M. Jákl, in *Wave-Optical Systems Engineering II* (2004), pp. 260–271. https://doi.org/10.1117/12.509628, http://dx.doi.org/10.1117/12.509628

[32] M. Ohlídal, V. Čudek, I. Ohlídal, P. Klapetek, in *Proceedings of SPIE*, ed. by C. Amra, N. Kaiser, H.A. Macleod (2005), vol. 5963, pp. 596, 329–596, 329–9. https://doi.org/10.1117/12.625380, http://proceedings.spiedigitallibrary.org/proceeding.aspx?articleid=876920

[33] M. Ohlídal, I. Ohlídal, P. Klapetek, D. Nečas, V. Buršíková, Diam. Relat. Mater. **18**(2–3), 384 (2009). https://doi.org/10.1016/j.diamond.2008.10.012

[34] M. Ohlídal, I. Ohlídal, E-J. Surf. Sci. Nanotechnol. **7**, 409 (2009). https://doi.org/10.1380/ejssnt.2009.409

[35] I. Ohlídal, M. Ohlídal, D. Nečas, D. Franta, V. Buršíková, Thin Solid Films **519**(9), 2874 (2011). https://doi.org/10.1016/j.tsf.2010.12.069, http://ww.sciencedirect.com/science/article/pii/S0040609010016998

[36] M. Ohlídal, I. Ohlídal, P. Klapetek, D. Nečas, A. Majumdar, Meas. Sci. Technol. **22**(8), 085104 (2011). https://doi.org/10.1088/0957-0233/22/8/085104, http://iopscience.iop.org/0957-0233/22/8/085104

[37] D. Nečas, V. Čudek, J. Vodák, M. Ohlídal, P. Klapetek, J. Benedikt, K. Rügner, L. Zajíčková, Meas. Sci. Technol. **25**(11), 115201 (2014). https://doi.org/10.1088/0957-0233/25/11/115201

[38] D. Nečas, I. Ohlídal, D. Franta, M. Ohlídal, V. Čudek, J. Vodák, Appl. Opt. **53**(25), 5606 (2014). https://doi.org/10.1364/AO.53.005606

[39] J. Schaefer, J. Hnilica, J. Sperka, A. Quade, V. Kudrle, R. Foest, J. Vodak, L. Zajickova, Surf. Coat. Technol. **295**, 112 (2016). https://doi.org/10.1016/j.surfcoat.2015.09.047. WOS:000376834700017

[40] D. Nečas, I. Ohlídal, D. Franta, M. Ohlídal, J. Vodák, J. Opt. **18**(1), 015401 (2016). https://doi.org/10.1088/2040-8978/18/1/015401, http://stacks.iop.org/2040-8986/18/i=1/a=015401

[41] J. Vodák, D. Nečas, M. Ohlídal, I. Ohlídal, Measurement Science and Technology **28**(2), 025205 (2017). https://doi.org/10.1088/1361-6501/aa5534, http://stacks.iop.org/0957-0233/28/i=2/a=025205

[42] P. Hariharan, *Optical Interferometry* (Academic Press, 2003). Google-Books-ID: EGdMO3rfVj4C

[43] D. Franta, I. Ohlídal, Acta Phys. Slovaca **50**(4), 411 (2000)

[44] A. Majumdar, J. Schäfer, P. Mishra, D. Ghose, J. Meichsner, R. Hippler, Surf. Coat. Technol. **201**(14), 6437 (2007). https://doi.org/10.1016/j.surfcoat.2006.12.011, http://www.sciencedirect.com/science/article/pii/S0257897206014-800

[45] D. Franta, D. Nečas, L. Zajíčková, I. Ohlídal, Thin Solid Films **571**, 490 (2014). https://doi.org/10.1016/j.tsf.2014.03.059

[46] D. Nečas, J. Vodák, I. Ohlídal, M. Ohlídal, A. Majumdar, L. Zajíčková, Appl. Surf. Sci. **350**, 149 (2015). https://doi.org/10.1016/j.apsusc.2015.01.093, http://www.sciencedirect.com/science/article/pii/S016943321500118X

[47] V. Holý, K. Wolf, M. Kastner, H. Stanzl, W. Gebhardt, J. Appl. Crystallogr. **27**(4), 551 (1994). https://doi.org/10.1107/S0021889894000208, http://scripts.iucr.org/cgi-bin/paper?wi0141

[48] D. Franta, I. Ohlídal, P. Klapetek, A. Montaigne-Ramil, A. Bonanni, D. Stifter, H. Sitter, J. Appl. Phys. **92**(4), 1873 (2002). https://doi.org/10.1063/1.1489068, http://aip.scitation.org/doi/10.1063/1.1489068

[49] D. Franta, D. Nečas, L. Zajíčková, Thin Solid Films **534**, 432 (2013). https://doi.org/10.1016/j.tsf.2013.01.081

[50] D. Franta, D. Nečas, L. Zajíčková, I. Ohlídal, J. Stuchlík, D. Chvostová, Thin Solid Films **539**, 233 (2013). https://doi.org/10.1016/j.tsf.2013.04.012

[51] I. Ohlídal, D. Necas, D. Franta, phys. status solidi (c) **5**(5), 1399 (2008). https://doi.org/10.1002/pssc.200777769, http://onlinelibrary.wiley.com/doi/10.1002/pssc.200777769/abstract

117

[52] J.A. Ogilvy, H.M. Merklinger, J. Acoust. Soc. Am. **90**(6), 3382 (1991). https://doi.org/10.1121/1.401410, http://asa.scitation.org/doi/abs/10.1121/1.401410

[53] D. Franta, I. Ohlídal, P. Klapetek, A. Montaigne-Ramil, A. Bonanni, D. Stifter, H. Sitter, Acta Phys. Slovaca **53**(2), 95 (2003)

[54] S. Adachi, *Optical properties of crystalline and amorphous semiconductors: materials and fundamental principles* (Boston: Kluwer Academic Publishers, 1999). http://trove.nla.gov.au/version/39699241

[55] D. Franta, D. Nečas, I. Ohlídal, A. Giglia, in *Optical Systems Design 2015: Optical Fabrication, Testing, and Metrology V*, vol. 9628 (2015), vol. 9628, pp. 96,281U–96,281U–12. https://doi.org/10.1117/12.2190104

[56] J. Vodák, D. Nečas, D. Pavliňák, J.M. Macak, T. Řičica, R. Jambor, M. Ohlídal, Appl. Surf. Sci. **396**, 284 (2017). https://doi.org/10.1016/j.apsusc.2016.10.122

第 6 章 成像分光光度法的数据处理方法

大卫·内恰斯[①]

摘　要　讨论了成像光学技术的数据处理方法和算法,重点讨论了可见光和紫外波段的成像分光光度法。由于这些技术通常产生大量的数据,因此,必须开发出有效的数据拟合方法。这将从解决大量的最小二乘计算问题,以不同的方式对其进行拆分以提取有用信息的角度进行介绍,并构建针对个别现象和典型样品建立有效的模型。讨论了理想薄膜、非均匀薄膜和粗糙薄膜光学量的有效计算,以及光学常数和光谱或角度平均的建模。

第 5 章的结果证明了成像分光光度法在薄膜表征中的应用。在这里,我们继续这个主题,并更详细地描述模型和数据处理方法,仍然主要集中在近红外-可见-紫外光谱区的薄膜测量。该区域光谱的显著特征是干涉模式——具有极大值和极小值的模式,其密集度由薄膜厚度和折射率决定。另外,薄膜其他特性以相当复杂的方式在光谱中表现出来;很少有可能通过分析短光谱区提取有用的信息。因此,数据处理需要对整个光谱进行定量建模,并在模型和实验值之间寻找最佳的匹配。

这与用于生物和化学分析的成像分光光度法技术不同,从红外吸收到荧光,分析光谱定位特征(峰)。通过光谱积分或峰拟合,以及结合各种因子分析和成分分析(如主成分分析),获得感兴趣量的信息。

在 6.1 节、6.3 节和 6.4 节讨论的更通俗的观点同样适用于光谱成像。然而,由于这项技术在实际中得到了应用,因此,本文提出了薄膜成像反射光谱法(ISR)及其在固体物质和材料研究中的具体模型、公式和算法[1-13],它们可简单

① 　大卫·内恰斯(✉)

马萨里克大学,中欧技术研究所等离子技术研究组(CEITEC),捷克共和国布尔诺,普尔基诺瓦 120 号,邮编 61200.

e-mail: yeti@ physics. muni. cz

地用于透射模式。这些基本概念也适用于成像光谱椭圆偏振法,但是必须对细节进行调整。

最后,我们直截了当地指出,成像并没有给光与薄膜系统相互作用的描述以及在第 2 章、第 3 章及第 7 章~第 10 章中发展起来的所有理论和方法带来根本性的变化,它们原则上仍然可以使用。它们的实用性取决于是否适合处理可能具有较低精度的大容量光学数据。

6.1 挑战

成像仪器的光谱区和分辨率、可测面积和空间分辨率取决于光学系统的设计、探测器的像素分辨率和测量过程。然而,可以肯定的是,像素分辨率正在稳步提高。目前,人们认为 512×512 像素的分辨率是中等的,仪器可以配备 1024×1024、2048×2048 甚至更大的探测器。改进的数据采集率可以在每个频谱中收集更多的点。因此,单次测量可以生成大型数据集,这既是优点也是挑战。一方面,它使样品的详细表征成为可能,甚至开启了全新方法的可能性;另一方面,庞大的数据量带来了新的挑战。

例如,考虑使用第 5 章中描述的成像分光光度法的典型测量,并进行精细光谱采样,它大约需要 40min,产生 640 个不同波长的图像,每个图像为 512×512 像素。换句话说,大约每小时获得 1GB 的实验数据。对于其他成像分光光度法[4,10],类似的数据产生率也备受关注,尽管在有限的光谱区获取低分辨率光谱可能只需要 1min。

数据采集时间是可以接受的。然而,为了使实验技术具有实用性和适合于常规表征,数据分析的时间也应该是可以接受的。特别是,如果对 GiB 大数据集的瞬时处理可能不是一个合理的需求,那么,简单的分析应该足够快,至少可以进行交互实验。在一般情况下,数据分析不应该比获取数据花费更长的时间。如果不能满足这一要求,这项技术就会变得"专业化",其应用也会更加有限。因此,本章的很大一部分致力于快速数据处理,而效率将是选择模型和方法的关键因素。第二个重要因素是拟合参数的数量应该足够少。

ISR 数据处理的基本任务与其他光学技术相同。建立了测量模型,包括一般样品结构(层数、层间关系等)、构成薄膜的材料光学常数的光谱依赖关系模型(详见第 3 章)以及样品和仪器的缺陷(第 9 章和第 10 章)。

该模型确定了测量反射率如何依赖于自变量(波长 λ 或样品上的位置(x, y))以及我们试图找到的参数,如薄膜厚度、粗糙度或带隙能量。通常,它还包含一些令人讨厌的参数,如与缺陷或系统误差有关的参数,我们可能对这些参数

不感兴趣,但仍然是必要的,因为模型必须包括影响测量的所有重要影响因素。因此,模型定义了函数

$$R(\lambda, x, y, \cdots; \boldsymbol{p}) \tag{6.1}$$

式中:$\boldsymbol{p} = (p_1, p_2, \cdots, P_P)^T$ 是参数的列向量,P 是参数的个数。然后,我们使用最小二乘法(LSM)对实验值的理论依赖关系进行拟合,即通过寻找使模型值与实验值之间的平方差之和最小化的参数 $\boldsymbol{p}$,从而得到参数值为

$$S = \sum_{n=1}^{N} \frac{1}{c_n^2} [R(\lambda_n, x_n, y_n, \cdots; \boldsymbol{p}) - R_n^{\mathrm{exp}}]^2 = \boldsymbol{d}^T \boldsymbol{d} \tag{6.2}$$

索引值 n 区分所有测量值 R_n^{exp}(总计 N)和相应的自变量值(另见表 6.1)。系数 c_n 为第 n 次测量的标准差并确定其权重,因此,加权差向量的分量为

$$d_n = (R_n - R_n^{\mathrm{exp}})/c_n \tag{6.3}$$

在 S 的最小值下需要满足

$$\frac{\partial S}{\partial p_\alpha} = 0 \tag{6.4}$$

为了简洁,在下面我们将 $R(\lambda_n, x_n, y_n, \cdots, \boldsymbol{p})$ 用 $R_n(\boldsymbol{p})$ 表示。

　　光学量对参数的依赖性是高度非线性的,需要使用非线性最小二乘拟合,这几乎普遍是用 Levenberg-Marquardt(LM)方法[14-17]实现的,尽管 Hanson-Krogh 方法[18]也被使用过[4],甚至对参数空间[19]进行了强搜索(在极少量光谱点数的情况下)。

表 6.1　本章中出现的各项计数表示法以及与之相关的索引变量
(必要时索引变量可能有所不同)(总数满足 $N = K \times M$ 和 $P = G + M \times L$ 的关系)

项　　目	总　　数	索引变量	例　　子
独立数据点	N	n	R_n^{exp}——单点测量反射率
光谱中的数据点	K	k	λ_k——第 k 个波长
图像像素	M	m	h_m——在第 m 个像素的薄膜厚度
拟合参数	P	α	P_α——第 α 个拟合参数
局部拟合参数	L	α	$v_{m,\alpha}$——在像素 m 的第 α 个局部拟合参数
全局拟合参数	G	α	u_α——全局第 α 个拟合参数

　　LM 方法是一个迭代过程,我们将简要总结。它可以用雅可比矩阵 $\boldsymbol{J}$ 表示,即

$$J_{n\alpha} = \frac{1}{c_n} \frac{\partial R_n}{\partial p_\alpha} \tag{6.5}$$

121

并且 $\alpha = 1, 2, \cdots, P$。利用 J 和 d，构造了近似 Hessian 矩阵 H（正定矩阵）和梯度向量 g，即

$$H = J^{\mathrm{T}} J \text{ 和 } g = J^{\mathrm{T}} d \tag{6.6}$$

并求解了参数变化的线性方程组 Δp，即

$$(H + \mu D) \Delta p + g = \overline{H} \Delta p + g = 0 \tag{6.7}$$

然后更新参数值

$$p \to p + \Delta p \tag{6.8}$$

这个过程代表 LM 方法的一个步骤，并重复直到它收敛，即平方和 S 和/或参数 p 停止变化为止。由此得到的参数集满足式（6.4）（在选定的标准内），尽管它可能不符合 S 的全局最小值，即最佳可能的一致性。

阻尼参数 μ（也称为 Marquardt）控制方法的可信区域，从而控制参数更新步骤的行为。大 μ 值表示 LM 谨慎步骤，接近于求式（6.4）的解的最陡下降法[17]，而小 μ 值表示接近牛顿法[17]的置信步骤。因此，一个成功的步骤是 μ 的减小，而一个失败的步骤则是 μ 的增加[20]。

矩阵 D 是一个对角矩阵，它将 Hessian 扩充为 $\overline{H}$ 矩阵，并定义了方法如何随参数缩放。在最简单的情况下，$D = 1$，对应于所谓的无标度 LM 方法，该方法在参数不具有可比量级时收敛性很差。选择 $D = \mathrm{diag} H$ 可以提高收敛性，从而得到所谓的标度 LM 方法，但也可能是其他选择[16,17]。

从这个高级视角来看，所有光学技术的数据都是以相同的方式处理的。ISR 或椭圆光谱成像法与单点测量的关键区别在于问题的尺度。继续这个介绍性的示例，假设我们只想要拟合每个像素的薄膜厚度。此外，色散模型的 5 个参数对于样品的区域是通用的，因为薄膜材料在那里是均匀的（注意：全局参数不一定需要不变的样品特性——它们也可以描述空间依赖性）。对于相对较小的 200×200 像素区域，我们有 40000 个拟合参数和 25.6×10^6 个实验数据点。雅可比矩阵 J 大约有 10^{12} 个元素，而 Hessian H 只有 1.6×10^9 个元素。实际上，矩阵是相对稀疏的，所以非零元素的数量不是很大（我们将在 6.4 节中对此进行更详细的讨论）。然而，很明显，采用随机 LM 实现并插入模型和整个 ISR 数据集是注定要失败的。

核心的困难在于大量的拟合参数都纠缠在一起。例如，两个不同像素中的薄膜厚度值在第一眼看上去可能是独立的。然而，它们是通过色散模型的全局参数联系在一起的，这些参数与所有厚度都密切相关。因此，在下面的章节中，我们将把问题分解成更小的部分，并从在常用 LM 方法实现能力范围内的方法开始，逐步发展到涉及越来越多耦合参数的数据拟合场景。

数据丰度在成像技术中并不是唯一的问题，因为它们也经常遇到一些某种程度上互补的困难、单个光谱中的信息较少等问题。与非成像技术相比，由于接

收到的辐射通量较小,因此光谱有更大的噪声。经常会遇到局部缺陷("坏像素"),而且系统性错误也更常见。一般来说,向成像的过渡增加了整个测量系统的复杂性。许多成像系统都被构造成显微镜,即放大倍率大于1。这导致与成像系统的像差、焦深、数值孔径(未定义的入射和反射角度)、光学元件的材料在包括 UV 区在内的宽光谱区的适用性等相关的主要复杂性[21]。复杂的模型只是用来获得一些可靠的厚度图[8]。因此,与非成像仪器相比,成像仪器往往受到限制。当倾斜入射时需要复杂的后处理,如小波重构的图像融合[22],除非通过相应地倾斜探测器满足离轴景深光学原理的要求[23]。因此,这些方法经常用于半定量的测量和相对测量,而正入射 ISR 可以避免这些问题。另一方面,例如与倾斜入射的全三分量椭圆偏振光谱相比,光谱包含的信息更少。我们将试图使这两个缺点(信息过多和过少)对立起来,并将它们变成一种优势。

6.2 单光谱模型

将最小二乘问题(式(6.1)~式(6.8))分解为可处理部分的简单明显的方法是避免使用全局参数。然后,所有参数都是局部的,对应于特定的图像像素,Hessian H 变成块对角矩阵,其中块对应于像素,符号化为

$$
H = \begin{pmatrix} H_1 & & & \\ & H_2 & & \\ & & \ddots & \\ & & & H_M \end{pmatrix} \tag{6.9}
$$

每个 M 光谱都可以独立地拟合,就像在单点法中一样。因此,我们需要解决大量的小问题,而不是大的 J 和 H 的最小二乘问题。

由于每个子问题只有几个自由拟合参数和 K 个数据点,软件可以很容易地使用标准的高质量 LM 实现,如 MINPACK[16] 或其 GSL 自适应[24]。定制的 ISR 数据处理软件是常见的[4,9,25],而且通常是必要的。当 ISR 数据分析从概念验证发展到常规表征和应用时,它可以避免通用软件框架下所产生的时间成本。并行计算可以明显缩短分析时间,已经提出了许多实现 LM 算法并行化的方法[26]。实际上,对数据的简单并行化就足够了,将拟合单个频谱作为一项基本任务,并行地处理这些任务。由于一个光谱可以快速拟合(从用于精细光谱分辨率的几十毫米到用于粗光谱的大约 $1\mu s$,在 2016 年),因此,实际上最好将工作分解为比单像素更大的任务(如图像行),可以减少时间成本。

利用样品的先验知识可以进一步简化子问题。它可以使用来自已知薄膜和基板的特性,也可以来自其他方法,如常规的椭圆偏振法和分光光度法的预先表

征。强非均匀性(通常是使用 ISR 的主要原因之一)会影响常规光学方法的表征。然而,借助于合适的模型,即使是非常不均匀的薄膜也可以成功地进行表征[7]。

当我们了解薄膜的整体特性时,如光学常数光谱依赖性、平均厚度或粗糙度,大多数拟合的参数可以在 ISR 数据处理中是固定的。ISR 通常作为辅助技术,提供所选参数的精细图[1,2,4,9]。在 5.9 节中也讨论了这类分析的一个例子。

到目前为止,这种单光谱方法是最常见的[1-8,10]。事实上,已发表的文献很少超出单光谱数据处理的范畴。这不应被视为一个缺点,至少不一定是缺点。几个选定参数的精细图通常会带来可从 ISR 数据中提取的大多数有用信息,同时避免一些可能的陷阱。

单光谱数据处理和相应的模型也可作为 6.3 节和 6.4 节所述更复杂方案的基本组成部分。因此,我们将从总结常见的薄膜特性和其他需要建模的效应开始,并从效率和参数计数的角度出发,开发适合 ISR 的相应模型。

6.2.1 厚度

薄膜厚度是在每个像素中测量的最有用和最常用的量。几乎所有具有显著空间变化特性的薄膜在厚度上也都是非均匀的,而厚度非均匀的薄膜的其他参数往往没有表现出可测量的变化[9,27]。如果厚度变化是蚀刻的结果(与非均匀沉积相反),那么,几乎没有任何理由考虑薄膜材料的局部差异。因此,我们将首先从第 m 个像素 h_m 或简单地在 h 中拟合局部厚度开始,因为每个光谱都是单独处理的,并且用于像素区分的下标可以删除。

反射率是有效菲涅耳反射系数 r 的平方绝对值(对于正入射只有一个),即

$$R = |r|^2 = r^* r \qquad (6.10)$$

式中:∗ 为复数共轭。对于在不透明基板上具有折射率 $\hat{n}$ 和厚度 h 的薄膜,可以写成

$$r = \frac{r_1 + r_2 U}{1 + r_1 r_2 U}$$

其中

$$U = \exp(iuh)$$

和

$$u = \frac{4\pi}{\lambda} \hat{n} \qquad (6.11)$$

式中:λ 为真空波长;r_{12} 为在两个边界的菲涅耳反射系数(见第 2 章);唯一取决于薄膜厚度的量是 U。

在更一般的情况下,研究的薄膜可以在薄膜系统中。这种系统经常由薄膜及其上边界上的表面层和/或薄膜与基板之间的过渡层形成。反射系数仍然是一个简单的线性有理表达式,即

$$r = \frac{r_1 + (t_1 t_1' - r_1 r_1') r_2 U}{1 - r_1' r_2 U} \qquad (6.12)$$

式中:t_1 为菲涅耳透射系数;斜撇"′"为从基板侧斜入射光的系数;所有系数都是膜上和膜下系统的有效系数(图 6.1);唯一取决于厚度的物理量仍然是 U。

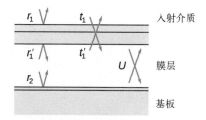

图 6.1 式(6.12)中有效菲涅耳系数 r_1、r_1'、r_2、t_1、t_1' 和 U 的示意图

所有其他物理量,光学常数甚至菲涅耳系数,都可以预先计算出来,并制成对应于各个光谱点所有波长 λ_k 的表格,这样就会加快数据处理。然而,最耗时的操作是计算式 (6.11) 中 U 的复指数函数 $\exp(iuh)$。由于 h 可以任意变化,所以不能预先计算它们。

因此,减少 exp 计算的数量是很重要的,这将是本章中反复出现的主题。在这里,减少计算数量是相当简单的,在 $j_{n\alpha}$ 中反射率相对于 h 的导数可以写成

$$\frac{\partial R}{\partial h} = \frac{\partial r}{\partial h} r^* + r \frac{\partial r^*}{\partial h} = 2\left[\mathrm{Re} r \mathrm{Re} \frac{\partial r}{\partial h} + \mathrm{Im} r \mathrm{Im} \frac{\partial r}{\partial h} \right] \qquad (6.13)$$

式中:r 由式(6.11)和式(6.12)分别表示为

$$\frac{\partial r}{\partial h} = \frac{iuUr_2(1 - r_1^2)}{(1 + r_1 r_2 U)^2} \, \text{和} \, \frac{\partial r}{\partial h} = \frac{iuUr_2 t_1 t_1'}{(1 - r_1' r_2 U)^2} \qquad (6.14)$$

因此,反射率及其导数可以仅使用一个 exp 值一起计算,与单纯的数值微分所需的 3 个 exp 值相比有很大的改进。

6.2.2 光学常数

光学常数的光谱依赖性可以通过拟合每个像素中的色散模型参数确定,即使最简单的色散模型也有几个参数。用于带间跃迁的基本 PJDOS 模型[28,29]有 3 个参数,Tauc-Lorentz 模型[30]有 4 个(或 5 个)参数。尽管折射率柯西公式 $n = A + B/\lambda^2$ 只有两个参数,但通常需要用消光系数 $k = \alpha \exp(-\beta\lambda)$ 的指数公式加以

补充,使参数再次增加到 4 个。

一个明显的结果就是计算需求的增加,这种增加在一定程度上是不可避免的。但与仅拟合厚度相比,额外的复杂计算量可以保持很小。首先,我们注意到式(6.13)适用于任何模型参数,它不是特定于 h。如果 p_α 是薄膜 $\hat{n}_1 = \hat{n}_1(p;\lambda)$ 复折射率色散模型的参数,则反射系数的导数可以用链式规则写成

$$\frac{\partial r}{\partial p_\alpha} = \frac{\partial r}{\partial \hat{n}_1} \frac{\partial \hat{n}_1}{\partial p_\alpha} \tag{6.15}$$

右侧的第一个因子不特定于 p_α,只会被计算一次,即

$$\frac{\partial r}{\partial \hat{n}_1} = \frac{1}{(1+r_1 r_2 U)^2}\left[(1-r_2^2 U^2)\frac{\partial r_1}{\partial \hat{n}_1} + (1-r_1^2)\left(U\frac{\partial r_2}{\partial \hat{n}_1} + r_2\frac{\partial U}{\partial \hat{n}_1}\right)\right] \tag{6.16}$$

此外,当用折射率和反射系数表示导数时,得到

$$\frac{\partial r}{\partial \hat{n}_1} = \frac{1}{(1+r_1 r_2 U)^2}\left[\frac{2n_0(1-r_2^2 U^2)}{(\hat{n}_1 + n_0)^2} + \left(\frac{4\pi i h r_2}{\lambda} - \frac{2\hat{n}_2}{(\hat{n}_2 + \hat{n}_1)^2}\right)U(1-r_1^2)\right] \tag{6.17}$$

式中:n_0 和 $\hat{n}_2$ 分别为环境与基板的折射率。虽然式(6.17)的右边不是特别简单,但它是一个关于输入 R 表达式物理量的有理函数,无论如何都必须计算。式(6.15)中的第二个因子是特定于色散模型和每个 p_α 的。对于某些模型,如柯西公式,导数是非常简单的函数。在其他情况下,导数是复杂的,甚至不可能解析计算,因为导数的计算要求与数值微分相似。

在每个像素中拟合完整的色散模型并获得其所有参数的二维分布的想法听起来很吸引人,并在实践中进行了探索[6,31]。然而,在尝试执行时,我们通常会遇到参数数量增加的另一个后果:相关性。参数间存在强相关性的主要原因之一是:总和式(6.2)对光谱中干涉极小值和极大值的位置非常敏感。极值位置仅取决于光学厚度,即厚度和折射率的乘积,而不是分别取决于厚度和折射率。由于正入射反射光谱信息含量较低,导致实验光谱参数高度相关和不确定度大,对任何缺陷和系统误差敏感。

参数相关性如图 6.2 所示。我们采取了在硅基板上简单的理想薄膜模型,其光学常数用柯西公式描述,并假设在 $300\sim800\text{nm}$ 的光谱区测量反射率。然后,使用 LSM 计算了柯西公式参数 A 与薄膜厚度 h 之间的相关系数 $C_{A,h}$,并绘制了几个 A 值作为薄膜厚度的函数。对于大多数参数组合 $C_{A,h}$ 为很大的负值。特别是当薄膜很薄(约为 50nm)或折射率很高时,相关系数非常接近于 -1,这就表明了拟合结果的可靠性较低。因此,当尝试在每个像素中拟合完整的色散模型时,有必要仔细考虑得到的参数图是否代表真实的空间变化或仅是伪像,以及它们带来的更普遍的价值。

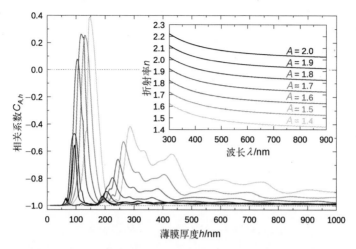

图 6.2　柯西公式参数 A 与薄膜厚度 h 之间的相关系数,绘制了几个不同的 A 值作为
膜厚度的函数(对应的折射率在子图中示出)(虚线表示相关系数等于 0 和−1,
对应于 A 和 h 的不相关(理想情况)和完全负相关(最坏的情况))

6.2.3　非均匀性

　　尽管 ISR 的主要应用是测量强非均匀的薄膜,但探测器像素相对应的区域
非常小,因此,通常假设薄膜在一个像素内是均匀的。当薄膜厚度变化很大以至
于这个假设不再有效时,我们观察到光谱中的干涉对比度降低。然后,反射率必
须在与一个像素相对应区域内的厚度分布上进行积分(见 10.4 节),即

$$R(h) = \int \rho(t) R(h+t) \, dt \qquad (6.18)$$

式中:h 在这里为像素中的平均膜层厚度(积分被理解为在 ρ 的域上)。像素 ρ
中的厚度密度(厚度分布密度)取决于厚度变化 $h = h(x,y)$ 和像素形状,具有相
当复杂的解析形式。此外,积分是一种影响数据处理速度的缓慢操作,即

　　幸运的是,对于相对较大的非均匀性,ρ 的精确形式并不重要。对光学量的
影响可以用一个参数来描述,即厚度变化的均方根值 s [7,32] 为

$$s^2 = \int t^2 \rho(t) R(h+t) \, dt \qquad (6.19)$$

我们可以选择与简单楔形薄膜相对应的形式的 $\rho(h)$,即恒定厚度梯度为

$$\rho(t) = \frac{1}{s\pi} \sqrt{1 - \left(\frac{t}{2s}\right)^2} \qquad (6.20)$$

这也是其他薄膜形状的合理近似值,密度分布如图 6.3 所示。

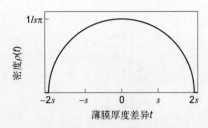

图 6.3 用式(6.20)描述的模型的薄膜厚度密度

计算式(6.18)型积分,中低精度的一种有效方法是以 ρ 为权函数的高斯求积[33]。n 点求积规则有 n 个横坐标 A_j 和权重 W_j,即

$$\int \rho(t) R(h+t) \mathrm{d}t \approx \sum_{j=1}^{n} W_j R(h+A_j) \tag{6.21}$$

将所有多项式函数 $R(h)$ 精确积分到 $2n-1$ 阶。因此,如果 $R(h)$ 是光滑函数,几乎总是可以用低阶多项式很好地局部逼近,则式(6.21)只需计算几个厚度的 $R(h)$ 即可达到足够的精度。

密度式(6.20)的一个优点是它与第二类切比雪夫多项式的权函数相同(除标度外),其中 A_j 和 W_j 有一个简单的闭合形式[33,34]($j=1,2,\cdots,n$),即

$$A_j = 2s\cos\frac{\pi j}{n+1}$$
$$W_j = \frac{2}{n+1}\sin^2\frac{\pi j}{n+1} \tag{6.22}$$

由于计算速度很重要,对于 ISR 来说,我们使用的是点数较少的求积规则。实现式(6.18)的最简单实用的规则是三点规则(五点规则如表 6.2 所列),即

$$R(h,s) \approx \frac{1}{2}R(h) + \frac{1}{4}\left[R(h-\sqrt{2}s) + R(h+\sqrt{2}s)\right] \tag{6.23}$$

表 6.2 几个有用的低阶高斯求积的横坐标和权值(所有函数 $\rho(t)$ 都是归一化的,使得它们的积分和二阶矩(色散)是统一的,它们的一阶矩(平均值)为零)

函数 $\rho(t)$	区　间	点　数	横　坐　标	权　重
$\sqrt{1-t^2/4}/\pi$	$[-2,2]$	3	0	1/2
			$\pm\sqrt{2}$	1/4
		5	0	1/3
			± 1	1/4
			$\pm\sqrt{3}$	1/12

128

函数 $\rho(t)$	区　间	点　数	横　坐　标	权　重
$\exp(-t^2/2)\sqrt{2\pi}$	$(-\infty,\infty)$	3	0	2/3
			$\pm\sqrt{3}$	1/6
		5	0	8/15
			$\pm[5-\sqrt{10}]^{1/2}$	$3/(140-40\sqrt{10})$
			$\pm[5+\sqrt{10}]^{1/2}$	$3/(140+40\sqrt{10})$
$1/2\sqrt{3}$	$[-\sqrt{3},\sqrt{3}]$	3	0	4/9
			$\pm3/\sqrt{5}$	5/18
		5	0	64/225
			$\pm(5/3-2\sqrt{10/63})^{1/2}$	$(322+13\sqrt{70})/1800$
			$\pm(5/3+2\sqrt{10/63})^{1/2}$	$(322-13\sqrt{70})/1800$

它精确地将 $R(h)$ 积分到 5 次多项式,并且需要对 3 个 exp 函数进行求值,每个函数项一个 exp 函数。注意:可以消除一项,即

$$\exp(iu\sqrt{2}s)\exp(-iu\sqrt{2}s)=1 \qquad (6.24)$$

因此,有

$$r(h-\sqrt{2}s)=\frac{qr_1+r_2U}{q+r_1r_2U}$$

$$r(h+\sqrt{2}s)=\frac{r_1+r_2qU}{1+r_1r_2qU} \qquad (6.25)$$

式中:$q=\exp(iu\sqrt{2}s)$。当我们把 R 的求值和它对 h 导数的求值结合起来,得到了实质性的改进,因子 q 是一个常数。因此,导数不引入任何新的 exp 函数,即

$$\frac{\partial\,r(h-\sqrt{2}s)}{\partial\,h}=\frac{iuqr_2U(1-r_1^2)}{(q+r_1r_2U)^2}$$

$$\frac{\partial\,r(h+\sqrt{2}s)}{\partial\,h}=\frac{iuqr_2U(1-r_1^2)}{(1+r_1r_2qU)^2} \qquad (6.26)$$

总体来说,只有两项 exp 函数计算仍然是必要的,单纯的计算和数值微分共需要 9 个。

如果使用二阶导数公式[32],则可以达到近似平均反射率(式(6.18))相对较低的计算要求,即

$$R(h,s) \approx R(h) + \frac{s^2}{2}R''(h) \qquad (6.27)$$

但是,式(6.23)仍然近似于式(6.27)的 s 值,当它开始失效时,式(6.27)则容易突然得到不合理的数值。

薄膜的非均匀性 s 可以作为一个随厚度的变化而变化独立的参数拟合。这就要求用 R 对 s 求导数,而这又可以只用代数运算来完成,因为

$$\frac{\partial r(h \pm \sqrt{2}s)}{\partial s} = \pm\sqrt{2}\frac{\partial r(h \pm \sqrt{2}s)}{\partial h} \qquad (6.28)$$

右边用表达式(6.26)表示。如果 h 和 s 是唯一的拟合参数,这仍然是一个合理的方法。然而,在正入射反射光谱中,非均匀性通常很难与其他效应区别开来,特别是吸收效应[35,36]。另一种方法是分两步处理,在第一步中只确定薄膜厚度图,然后根据估计的厚度梯度或在每个像素附近的厚度值分布的扩展计算局部非均匀性。计算出的局部 s 值在第二步中作为固定值使用。注意:有必要使用抗局部缺陷的稳健估计值[37],例如,四分位之间的差可用于扩展计算,以抑制坏像素和缺陷对样品或正入射反射率的影响。计算的梯度 ∇h 与像素值的关系为

$$2\sqrt{3}s = \Lambda \nabla h \qquad (6.29)$$

式中: Λ 为对应于一个像素采样区域的边。可能需要在式(6.29)中插入经验因子。特别是,CMOS 传感器的填充因子比 CCD 传感器小,后者的感光面积接近像素的 100%。因此,真实的 s 值比从梯度计算的值小。校正因子的另一个原因可能是多重反射导致图像略微模糊(或其他影响)[38]。

6.2.4　光谱和角度平均

如果成像分光光度计有单色仪,并且入射到样品上的光束是准直的,我们通常可以忽略单色仪的有限线宽(厚度在 $1\,\mu m$ 或以上的薄膜除外),并且基本上总是忽略入射角的锥度。一些仍可认为是光谱的成像仪器,使用了较大带宽的滤光片转盘或可变带通滤光片[2,8];在极端情况下,甚至使用 RGB 光源和探测器来获得某种光谱分辨率的反射率[19,39]。对光谱分布进行正确的积分就变得至关重要。同样,入射角分布的积分对于有聚焦光束的仪器以及大数值孔径的仪器来说也是至关重要的。

光谱平均和角度平均以及对任何其他量的积分与厚度平均式(6.18)相似,唯一的区别是用 λ 或 φ 代替厚度 h,用相应的分布代替 $\rho(h)$。高斯求积可以再次用于有效的积分。例如,如果密度 ρ 是高斯分布的,则为厄米-高斯求积[33,34](一些低阶规则的横坐标和权重再次如表 6.2 所列)。

原则上,多个量的平均应使用其多维分布的积分。在实践中,我们将其替换为单个边缘分布 ρ_λ 和 ρ_φ 的序列平均,因为完全分布是未知的,即

$$\int \rho_\lambda(t) \left[\int \rho_\varphi(t') R(\lambda + t, \varphi + t') dt' \right] dt \qquad (6.30)$$

由于每一次积分大大降低了计算速度,有效的积分就变得更加重要了。

对于光谱平均,可以通过使用为相邻光谱点计算的反射系数避免额外的计算。例如,针对平均 $R^{avg}(\lambda)$ 的三点规则计算为

$$R^{avg}(\lambda_k) \approx W_{-1} R(\lambda_{k-1}) + W_0 R(\lambda_k) + W_1 R(\lambda_{k+1}) \qquad (6.31)$$

式中:计算权重 W_{-1}、W_0 和 W_1 以近似于所选择的分布参数 ρ_λ。当然,这只有在光谱点 λ_k 足够近的情况下才有可能。如果它们相距较远,则最好使用更精细的光谱步长计算光谱,然后,用适当的权重对这个超采样光谱进行平均,从而得到 $R^{avg}(\lambda_k)$。通常,当需要多个邻域值时,式(6.31)是离散相关的,即

$$R^{avg}(\lambda_k) \approx \sum_j W_j R(\lambda_{k+j}) \qquad (6.32)$$

利用相关定理和快速傅里叶变换可以有效地计算离散相关性[40]。然而,当我们发现这条路很吸引人时,这就意味着光谱带太宽了。

平均入射角有一些细节。第一,对于斜入射角,p 和 s 偏振光的菲涅耳系数不同。式(6.11)或式(6.12)中 r 的每个表达式必须替换为单独的 r_p 和 r_s 表达式(见第 2 章)。然后,有

$$R = \frac{1}{2}(|r_p|^2 + |r_s|^2) \qquad (6.33)$$

在此假设光源、探测器和光学系统都是非偏振的。值得注意的是,在斜入射下 u 对于两种偏振都是相同的,即

$$u = \frac{4\pi}{\lambda} \hat{n} \cos\varphi_1 \qquad (6.34)$$

所以对于两种偏振 u 只需要计算一次。入射角 φ、薄膜中的折射角 φ_1 只以 $\cos\varphi$、$\cos\varphi_1$ 的形式在 u 中和菲涅耳系数中出现。因此,用角度余弦而不是角度本身是有用的。如果光学常数的光谱依赖特性是固定的,余弦可以且应该被预先计算并列表给出。由于 $\cos\varphi \approx 1 - \varphi^2/2$ 适用于较小的 φ,对于正入射准直光束的情况,余弦的偏差可以忽略,这就解释了为什么在这种情况下可以忽略入射角的锥度。

第二,因为 $\varphi \geqslant 0$ 角分布是单边的。如果考虑名义上的正入射聚焦光束($\varphi = 0$),则平均入射角是正的,可能实质上也是正的。因此,干涉的极小值和极大值在光谱中的位置与正入射相比会发生偏移,如果不考虑这一点,薄膜的厚度会被系统地低估。

131

仍然能对干涉极值位置进行一些修正,最粗略的近似是基于计算 $\cos\varphi_1$ 的平均值,然后将该平均值作为有效折射角的余弦 $\cos\varphi_{1,\mathrm{eff}}$[8,41],即

$$\cos\varphi_{1,\mathrm{eff}} = \int_0^{\varphi_{\max}} \rho_\varphi(\varphi)\cos\varphi_1(\varphi)\mathrm{d}\varphi \qquad (6.35)$$

然后,利用有效角 $\varphi_{1,\mathrm{eff}}$ 可以计算出所有其他角度和菲涅耳系数。虽然极值位置得到校正,但是这种特殊近似无法描述降低的干涉对比度,由于它不符合式(6.30),因此,尚不清楚如何扩展或改进它以涵盖这一影响。

因此,角度平均最好是基于积分式(6.30)。单点高斯求积规则需要对单个入射角的 R 值进行计算,如 $\cos\varphi_{1,\mathrm{eff}}$ 方法,并得到类似的粗略近似。然而,它属于可扩展到多点规则的体系,这些规则反映干涉对比度的降低并提供更好的平均反射率近似。不幸的是,ρ_φ 很少是已知求积规则的加权函数。此外,它甚至没有固定的形式,即不能通过简单的缩放获得不同的两个最大入射角 $\varphi_{\max}$ 的函数 ρ_φ。因此,求积规则必须根据具体情况进行数值计算,这是不方便的。

因此,我们将 φ 转化为具有恒定密度 $\rho_v(v)$ 的变量 $v = v(\varphi)$,这取决于光源和光学系统,可以是 $v = \cos(\varphi)$、$v = 1/\cos^2\varphi$ 或类似的量。在 φ 上的积分被替换为

$$\int_{v_{\min}}^{v_{\max}} R(v)\mathrm{d}v \qquad (6.36)$$

这可以使用标准的勒让德-高斯求积法[33,34]计算,因为现在的权重是统一的(关于所选低阶规则的横坐标和权重,请参见表6.2)。重要的是,变量的变化不会扭曲小 φ 下 $R(\varphi)$ 的形状,这将阻止高斯求积的使用—函数保持光滑,并可近似为低阶多项式。

6.2.5 粗糙度

薄膜边界粗糙度是影响测量光学量的一种普遍现象,必须经常加以考虑。对于描述光与随机粗糙表面和介质边界的相互作用,人们已经发展了大量的理论方法。对于镜面反射光(相对于散射),最常用的有3种理论:有效介质近似(EMA)[42]、标量衍射理论[43-46]和二阶瑞利-赖斯理论[47-49]。在10.3节中,对这些理论进行了详细的描述。在这里,我们只讨论它们对 ISR 数据处理的适用性。

EMA 是3种方法中最简单的一种,仅适用于非常精细的粗糙度[50]。两层介质之间的每一个粗糙边界都被一个虚拟层所代替。利用混合公式从周围介质的光学常数计算虚拟层的光学常数。它的厚度 h_{EMA} 通常与均方根粗糙度 RMS 值 σ 的平方成正比,尽管实际上不存在这种关系,h_{EMA} 只是一个有效的参数而没

有明确的解释[50]。EMA 可以很容易地应用于 ISR 模型中，由于虚拟层的光学常数由混合公式给出，所以在每个粗糙边界的模型中只出现一个新的参数，即虚拟厚度 h_{EMA}。

即使使用 EMA，反射率对模型参数的函数性依赖也变得相当复杂，这对导数的影响更大。用 h 和 h_{EMA} 计算 R 的导数仍可用式(6.14)(第二个变量)。色散模型参数的导数仍需用链式规则式(6.15)计算。然而，如果将折射率 $\hat{n}_1$ 代入EMA，则还可以通过数值计算出用于光滑薄膜边界的导数 $dr/d\hat{n}_1$(式(6.17))。

二阶 RRT 代表了相反的极端——它有广泛的适用范围[49,50]，但它是非常复杂的。RRT 表达式涉及多重积分，这使得它在计算上不适用于 ISR，除非在特殊的应用中证明计算成本是合理的。还应该指出，在 RRT 中，粗糙度是用空间频率的功率谱密度描述(粗糙度的统计特性见第 11 章)。即使它的函数形式是固定的，如高斯函数，它仍然必须由至少两个参数表征，然后，作为自由拟合参数输入到模型中。

SDT 相当复杂，在有效实现时仍然可以进行计算，如下所示。它仅在粗糙边界局部光滑时有效，即在长波粗糙度的极限下。这使得它在某种意义上补充了EMA，如果需要，这两种方法可以自然地结合起来。

在 SDT 中，粗糙度由边界 z 坐标的统计分布描述。如果薄膜系统由 F 层组成，则由于存在 $F+1$ 个边界，薄膜系统的分布为 $F+1$ 维。SDT 公式将粗糙薄膜系统 r 的反射系数表示为对应的光滑薄膜系统在 $F+1$ 维分布上反射系数 r 的统计平均值。如果假设分布是高斯分布，则平均反射系数等于涉及 $1 \sim F+1$ 边界的各项之和，也就是 $0 \sim F$ 层[11,46]，即

$$\langle r \rangle = \sum_{d=0}^{F} \langle r \rangle_d \tag{6.37}$$

表面粗糙度(零层)项很简单，即

$$\langle r \rangle_0 = r\exp\left(-\frac{1}{2}B_0^2 S_{1,1}\right) \tag{6.38}$$

其他的为级数形式($d \geqslant 1$)为

$$\langle r \rangle_d = \sum_{p=d}^{\infty} \sum_{\substack{m \\ \sum m_j = p}} \exp(2\mathrm{i}m\,\hat{X}) Q_d(m) H_d(m) \tag{6.39}$$

式中：向量 $m = (m_1, m_2, \cdots, m_F)$ 的元素 m_j 表示光通过第 j 层的次数。因子 $\exp(2\mathrm{i}m\,\hat{X})$ 描述光通过膜层获得的相位，其中 X 是由相位项 $X_j = 2\pi\,\hat{n}_j h_j/\lambda$ 形成的向量。因子 $Q_d(m)$ 表示膜层边界上的相互作用。它们对相应于光滑膜层系统的菲涅耳系数 $2p+1$ 次齐次多项式。最后用因子 $H_d(m)$ 表示粗糙度的影响。它

们是多维高斯函数,指数函数的自变量是某些向量与矩阵 S 的标量积,即

$$S_{i,j} = \sigma_i \sigma_j C_{i,j} \tag{6.40}$$

定义为粗糙边界的 RMS 值 σ_i 和它们之间的关系 $C_{i,j}$。

对于具有任意相关粗糙边界的一般多层膜,其表达式仍然相当复杂。如果我们考虑边界粗糙的单层薄膜,它们就简化了,这是最有可能被 ISR 分析的典型样品。然后,总和式(6.37)只包含两个项,$\langle r \rangle_0$ 和 $\langle r \rangle_1$,后者由经典级数给出[44,46,51],即

$$\langle r \rangle_1 = \sum_{p=1}^{\infty} \exp(2ipX_1) Q_1(p) H_1(p) \tag{6.41}$$

其中

$$Q_1(p) = t_1 t_1' \, (r_1')^{p-1} r_2^p \tag{6.42}$$

和

$$H_1(p) = \exp\left(-\frac{1}{2}D_1^2 S_{1,1} - D_2^2 S_{2,2} - D_1 D_2 S_{1,2}\right) \tag{6.43}$$

求和索引值 p 通过 D_j 输入到 $H(p)$,即

$$D_j = B_j - B_{j-1}, B_0 = \frac{4\pi}{\lambda}n_0, B_1 = \frac{4\pi}{\lambda}p\hat{n}_1, B_2 = 0 \tag{6.44}$$

单层膜表达式相当复杂。当在薄膜边界处考虑额外的非常薄的膜层时,无论是实际的表面层和过渡层,还是源自 EMA 的虚拟层,形式为式(6.42)的 $Q_1(p)$ 不需要任何修改,在式(6.42)和式(6.38)中用相应附加膜层的有效菲涅耳系数代替 r_1、r_1'、t_1 和 t_1' 就足够了。更准确地说,如果附加膜层是所谓的相同薄膜[52],即上下边界几何形状相同的薄膜就可以替换(图 6.4)。薄表面层和过渡层基本上都满足这一条件。

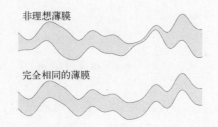

图 6.4 仅沿 z 轴移动的上边界与下边界相同的薄膜
(一个不相同的薄膜有几何上不同的上下边界,即使它们在统计上是相同的)

矩阵 S 等于

$$S = \begin{pmatrix} \sigma_1^2 & C\sigma_1\sigma_2 \\ C\sigma_1\sigma_2 & \sigma_2^2 \end{pmatrix} = \begin{pmatrix} \sigma_1 & 0 \\ 0 & \sigma_2 \end{pmatrix} \begin{pmatrix} 1 & C \\ C & 1 \end{pmatrix} \begin{pmatrix} \sigma_1 & 0 \\ 0 & \sigma_2 \end{pmatrix} \tag{6.45}$$

式中:$C = C_{12}$ 是两个边界之间的相关系数。如果其中一个边界是光滑的,但在这种情况下,我们可以简单地将 $C = 0$。

可是,式(6.41)引入了复指数函数,并且每项至少包含一个。将式(6.42)和式(6.43)的表达式组合为单个表达式,可以确保每项正好包含一个指数函数,但是每项中一个指数函数仍然太多。

如果级数式(6.41)只包含 $\exp(2ipX_1)$ 类型的 exp 函数,那么,大多数 exp 函数可以很容易地消除,写成

$$\exp(2ipX_1) = \left[\exp(2iX_1) \right]^p = z^p \tag{6.46}$$

把这个级数变成幂级数,得到简单幂级数,即

$$\sum_{p=0}^{\infty} a_p z^p \tag{6.47}$$

可以使用 Horner 算法进行计算,该算法避免了在每项中计算幂(或指数),用连续的乘法代替它,即

$$z^p = z^{p-1} z \tag{6.48}$$

生成的幂函数 z^p 需要从之前的 z^{p-1} 次幂函数计算得到。

SDT 因子 $H_1(p)$ 中的指数还包含与 p^2 成正比的项。因此,简单的递推关系式(6.48)是不够的。然而,双递推关系使有效求和成为可能。我们首先根据它们对 p 的依赖进行重新组合,即

$$\langle r \rangle_1 = C \sum_{p=1}^{\infty} B^p A^{p^2} \tag{6.49}$$

式中:A、B 和 C 是常数。特别是

$$A = \exp\left(-\frac{8\pi^2}{\lambda^2} (S_{1,1} - 2S_{1,2} + S_{2,2}) \hat{n}_1^2 \right) \tag{6.50}$$

$$B = r_1' r_2 \exp(2iX_1) \exp\left(\frac{16\pi^2}{\lambda^2} (2S_{1,2} - S_{1,1}) \hat{n}_1 n_0 \right) \tag{6.51}$$

和

$$C = \frac{t_1 t_1'}{r_1'} \exp\left(-\frac{16\pi^2}{\lambda^2} S_{1,1} n_0^2 \right) \tag{6.52}$$

对这 3 个表达式的求值需要两个复数 exp 函数和一个实数 exp 函数。然后,定义了两个辅助序列 y^p 和 z^p,即

$$y_1 = A, \quad z_1 = ABC, \quad y_{p+1} = A^2 y_p, \quad z_{p+1} = B y_{p+1} z_p \tag{6.53}$$

可以证明 $z_p = CB^p A^{p2}$，因此，有

$$\langle r \rangle_1 = \sum_{p=1}^{\infty} z_p \qquad (6.54)$$

不需要额外的复杂的计算，式(6.53)和式(6.54)只涉及乘法与加法。

当级数快速收敛时，只需几项就可以得到总和，并且具有对实验数据进行建模所需的精度。因此，有时速度增益可能很小(注意：对于较大的粗糙度，该级数收敛得更快[46])。然而，重新制定的求和方案仍具有重要的优势。它消除了估计需要多少项并进行速度精度权衡的必要性[51]。计算成本基本上是固定的。一旦我们花费了成本，就可以对总和进行高精度的计算。这对于数值微分特别有用，如果函数不是光滑的，它可能会导致无意义的值。在绘制理论光谱时也很有用，因为它可以防止曲线中的虚假跳跃。不幸的是，当涉及 SDT 时，数值微分是通过拟合参数计算导数的唯一明智的选择。

通常情况下，只有薄膜的上边界是粗糙的，而下边界则是光滑的。这意味着 $\sigma_2 = 0$，而 A、B 和 C 的表达式(6.50)~式(6.52)略有简化。具体来说，由于 $S_{2,2} = S_{1,2} = 0$，指数函数的自变量中只有涉及 $S_{1,1} = \sigma_1^2$ 的项。然而，计算的整体复杂性保持不变。这是因为即使只有一个边界是粗糙的，光通过膜层时获得的相位仍然会因粗糙度而变化。只有边界相同的薄膜(包括两个边界都光滑的膜层，作为一种特殊情况)才能被有效边界所取代，从而降低了复杂性。结果是，只有一个边界粗糙的薄膜不值得单独进行计算。

6.2.6 厚膜层,混合层和非相干模型

薄膜并不是唯一一种可以用 ISR 表征的样品。对于已不再观测到干涉(或变得可以忽略不计)的厚膜层，厚度不再是一个有意义的拟合量，但仍有可能观测到膜层材料的空间变化。

对于建模来说，我们必须转向非相干模型。如果基板不透明或背面反射可以忽略，则样品的反射率为

$$R = \frac{R_1 + \tilde{R}_2 - 2R_1\tilde{R}_2}{1 - R_1\tilde{R}_2} \qquad (\tilde{R}_2 = T^2 R_2) \qquad (6.55)$$

在这个公式中，R_1 和 R_2 是上下膜层边界的反射率(反射系数的平方绝对值)。表达式(6.55)一般用 T 表示膜层的透射率。然而，该膜层通常是透明的($T = 1$)和 $\tilde{R}_2 = R_2$，或者是不透明的($T = 0$)和 $R = R_1$。如果它是弱吸收的，使得 $T \neq 0, 1$，则它的厚度再次出现在公式中，或者至少是厚度和消光系数的乘积。

表征膜层材料变化的拟合参数可以通过不同的方式选择，基本方法如下。

(1) 光谱依赖性是参数化的显式公式，如使用化合物中元素的质量密度或

原子分数。如果很难得到理论上的依赖关系,则可以通过实验曲线之间的参数插值获得这些公式。

(2) EMA 混合公式,其中参数为一种材料的分数 p。如果该膜层由微观上的混合材料组成,这个模型是非常有用的。根据对膜层结构和组成材料的假设,在 10.3.1 节中总结出不同的 EMA 公式,可以用于表示混合物的介电函数。

(3) 非相干(或空间)平均,其中假设区域的一部分 p 被一种材料覆盖,其余的 $1-p$ 部分被另一种材料覆盖。当组成材料在微观上不混合时,这个模型是有用的。然后,将反射率表示为 $R = pR_a + (1-p)R_b$,其中材料 a 和 b 的 R_a 与 R_b 用式(6.55)进行计算。

最后一个分析的例子见 5.13 节,我们注意到它可能是这里讨论的计算要求最低的模型,而且可以说是想象得到的要求最低的模型。不仅 R_a 和 R_b 可以预先计算和列表,而且最小二乘问题是线性的。因此,面积分数是由显式公式给出的,即

$$p = \frac{1}{C}\left[B + \sum_{k=1}^{K} \frac{1}{c_k^2} R_k^{\exp}(R_{a,k} - R_{b,k}) \right] \tag{6.56}$$

其中

$$B = -\sum_{k=1}^{K} \frac{1}{c_k^2} R_{b,k}(R_{a,k} - R_{b,k})$$

$$C = \sum_{k=1}^{K} \frac{1}{c_k^2}(R_{a,k} - R_{b,k})^2 \tag{6.57}$$

是常量。EMA 模型更复杂,需要非线性最小二乘拟合,但在计算上仍然很节省成本。

6.3 多光谱处理

单个正入射谱中的有限信息,限制了我们希望在每个像素上获得的参数数量和可靠性。通过独立测量预先获得一些样品特性,这种方法虽然是有帮助的,但是并不总是可行或实用的。当 ISR 必须作为一种薄膜表征技术独立使用时,只有一个选择是可以降低参数相关性和提高可靠性:智能化的数据处理。

我们可以从常规光学技术中经常使用的多样品分析中得到启示。在多样品分析中,对于多个相关样品的实验数据同时使用单一的、一致的模型对整个数据集进行拟合。另一种相关的方法是同时拟合来自不同技术和仪器的数据。这两种方法在降低参数相关性和提高灵敏度方面都是有效的。

在 ISR 中,来自单像素的光谱可以发挥一组相关测量的作用,其中一些参数

独立于每个像素(通常是膜层厚度),而其他参数则是所有像素共有的(一些甚至是所有色散模型参数)。但是,不必马上进行 6.1 节描述的巨大的最小二乘问题。我们可以采取更合理大小的光谱数据集,并使用多像素(或多光谱)的方法进行数据处理。

6.3.1 手动多像素

用于常规技术的光学数据拟合软件,如 newAD 2[53] 或 RefFIT[54],可以处理由几十个甚至上百个光谱组成的中等数据集合。这种数据的子集必须以某种方式从包含数万至数百万的全部实验数据集中选择出来。最简单的方法通常是基于视觉检查的手动选择,同时考虑到以下因素。

(1) 质量。剔除光谱中明显的缺陷和变形。

(2) 空间覆盖。覆盖整个感兴趣的区域。

(3) 参数覆盖。尝试对该区域内变化的所有厚度和其他参数进行采样。

然后,对这组简化的光谱矩阵 M 进行处理,进而得到公共参数的值。在随后的完整 ISR 数据拟合中,将这些参数设为固定的值[9]。

这种方法并不能从本质上消除非吸收和弱吸收薄膜的厚度和折射率等参数之间的相关性(如果考虑吸收结构的存在,则 Kramers-Kronig 关系可以降低不同薄膜厚度在光谱拟合时的相关性)。但是,这种方法也有一些积极的作用。即使是在相当差的光谱中,通过限制在每个像素中独立拟合的参数的数量,通常也能够获得合理的结果。同时,较差的光谱也不会影响共用参数,如果选择的光谱中存在随机的、小的扭曲变形和偏差,它们可以抵消掉。最后,利用因子 $1/\sqrt{M}$ 抑制随机噪声的影响,特别是当单个光谱包含相对较少的点的情况。

两次迭代该过程是很有用的,因为通过手头数据的合理拟合更容易判断缺陷和变形。根据空间和参数的覆盖范围以及先前迭代的残差平方和,也可以自动执行第二次迭代。多次运行第二次迭代也有助于计算结果的稳定性。这种方法的一个例子见 5.10 节。

6.3.2 分区多像素

在多像素的方法中,假设某些薄膜特性在整个薄膜区域是恒定的。如果它们变化很缓慢,或者根据可识别的图形变化,那么,可以对该方法进行优化来涵盖变化。可识别的图形包括薄膜特性对坐标(后者在局部蚀刻和沉积的情况下经常发生)或不同材料覆盖的不同区域的线性或径向依赖性。

在所有这些情况下,我们将整个样品分割成区域,并使用多像素方法处理每个区域中的数据。区域通常是根据初步拟合的结果来定义的。可以通过将所有光谱与所有可能的模型进行拟合,然后,选择导致最小残差平方和的模型识别需要不同模型的不同区域(如果需要可以使用形态操作,如打开和关闭调整区域边界)。径向图形的中心可以从局部厚度的简单拟合中获得,也可以基于任何其他薄膜特性会随着与薄膜厚度相同的几何形状而变化的假设,将区域指定为薄膜厚度在一定范围内的区域[9]。最后,可以机械地将样品区域分割成矩形,以获得具有缓慢变化的薄膜特性的低分辨率图。

单个区域覆盖较小的区域和/或范围的薄膜特性,这就是定义它们的关键。也意味着减小参数相关性和误差补偿。因此,结果的不确定性也相应地更大。尽管如此,分区处理代表了单像素处理和在所有薄膜参数的一致性之间合理的中间方法。

6.3.3　时序多样品

ISR 可以用于研究沉积和刻蚀过程的动力学,甚至是在线的[2,4,10]。虽然通常的方法是分别对每个时间帧进行拟合并对结果进行后处理,但多样品方法的一系列相关测量结果自然产生于在相同像素上、在不同的时间点 t_1、t_2、$\cdots$、t_T 的光谱序列。

如果薄膜材料在此过程中不发生变化,这一假设对于蚀刻甚至沉积都是有效的,那么,使用多样品模型是简单的。对应于同一薄膜的所有光谱,只是其厚度(或可能的粗糙度)在每次测量中是不同的。

如果沉积材料是缓慢变化的,则通常在 t_j 时间薄膜被建模为 j 子层的叠加。较低的 $j-1$ 子层对应于薄膜 t_{j-1} 时间,而最上面的子层则是在 t_j 时出现的新的子层。每个子层的厚度是一个独立的参数,但大多数其他特性对所有子层来说仍然是通用的,只有选定例如与薄膜密度或成分有关的参数才应该有所不同。通常,最好的是时间演化由沉积速率模型、粗糙度生长模型或薄膜密度演化模型描述,并且只对这些模型的参数进行拟合。

6.4　全局数据处理

在以上讨论的所有数据处理方法中,我们都避免了处理 6.1 节中包含数万到数百万相关参数的巨大的最小二乘问题。这可以使用 LSM 标准技术。在本节中,我们不再回避它。

通过同时拟合来自样品区域或局部区域的所有光谱,我们寻求不再使用手动选择和其他临时选择,并实现对随机噪声影响的最大抑制。事实上,如此多的数据在一起被拟合时,全局参数的 LSM 误差估计值随着 $1/\sqrt{N}$ 的减小而变得很小,以至于系统误差可以忽略不计,因此,不再适用于不确定性的估计[25]。在这一点之外,添加更多的数据将不再提高全局参数的准确性。因此,如果数据集很大,那么,将所有光谱拟合在一起可能是没有必要的,甚至也是没用的;我们只需要达到有效消除随机误差的程度即可。

6.4.1 全局和局部交替拟合

暂时假设局部参数和全局参数是独立的。那么,问题可以分成两个更容易处理的部分。在 6.2 节中已经处理了 Hessian(式(6.9))的局部部分。

全局部分也不需要,因为只有 G 个全局参数。因此,Hessian 矩阵是一个 $G×G$ 矩阵,同样地,参数和梯度向量只有 G 个元素。雅可比矩阵式(6.5)仍然很大,因为它有 N 行,N 是数据点的总数。尽管 LM 的实现通常采用雅可比 J 矩阵和从矩阵推导出的其他量,但从式(6.1)~式(6.8)中可以清楚地看出,这是不必要的,并且算法可以用 H 和 g 编写。如果我们选择可以直接提供的 LM 程序,则可以避免构造显式 J,即

$$\begin{cases} H_{\alpha\beta} = \sum_{n=1}^{N} \dfrac{1}{c_n} \dfrac{\partial R_n}{\partial p_\alpha} \dfrac{1}{c_n} \dfrac{\partial R_n}{\partial p_\beta} \\ g_\alpha = \sum_{n=1}^{N} \dfrac{1}{c_n} \dfrac{\partial R_n}{\partial p_\alpha} \dfrac{1}{c_n} (R_n - R_n^{\exp}) \end{cases} \tag{6.58}$$

式(6.58)的和可以逐项计算,并且在计算中不出现大于 $G×G$ 的矩阵。当然,应该注意的是,有一个原因使得用 J 实现更为常见。大多数都是针对较小的最小二乘问题,这种情况下最好使用 J,因为它可以使用更智能的算法[16],但就矩阵和运算而言,这里最好避免使用(如 QR 或雅可比矩阵的奇异值分解)。

由于这两个部分都很简单,并且可以使用标准 LM 程序实现,因此,以下可能的数据处理过程似乎是显而易见的:将局部参数和全局参数交替拟合,直到两个拟合都收敛。不幸的是,当 LM 算法被分割成不同参数子集的单独更新时,其收敛性往往是很差的[17,25]。只有当参数子集几乎可以独立地拟合时,我们才能期望交替更新的合理收敛。

在典型的 ISR 情况下,全局参数和局部参数几乎是独立的吗?不,如果在色散模型是全局的情况下,每个像素对应的膜层厚度参数子集远非独立的(图 6.2)。看看 s 的最小化究竟是如何受阻的,这是很有启发性的。反射光谱中干涉极小值和极大值的位置由光学厚度 nh 给出,即实际薄膜的折射率 n 和厚度 h 的乘积(目前不考虑色散)。当光学厚度变化时,极小值和极大值发生偏移。如果理论光谱已经相对较好地符合了实验数据,除非极小值和极大值仅略微偏移,否则,偏移将增加 s。这就限制了厚度和色散模型参数在单独更新时的变化

幅度。对于较厚的薄膜,由于极小值和极大值的间隔较近,这种限制更为严重。

现在很明显,解决的办法是更明智地选择拟合参数。如果用局部光学厚度代替局部物理厚度,则色散模型拟合步骤可以继续进行而不会影响干涉极值的位置。然后,局部厚度拟合步骤对光学厚度进行微小幅度的调整,并且整个过程可以快速收敛。最后,将光学厚度除以折射率得到物理薄膜厚度。

我们可以在全局色散模型拟合步骤中更新薄膜厚度,而不是实际更改模型参数。在这两种情况下,都必须定义色散存在时折射率的确切含义。简单的谱平均就足够了,即

$$\langle n \rangle = \frac{1}{K} \text{Re} \sum_{k=1}^{K} \hat{n}(\lambda_k) \tag{6.59}$$

平均折射率$\langle n \rangle$用于物理厚度和光学厚度之间的所有转换。在全局拟合步骤开始时,计算平均折射率并将其表示为$\langle n \rangle_0$。当光学常数改变时,重新计算平均折射率$\langle n \rangle$并使用

$$\tilde{h} = h \frac{\langle n \rangle_0}{\langle n \rangle} \tag{6.60}$$

代替h。重要的是,在用色散模型参数计算导数时,也必须这样做。

无论选择哪种方法,波长λ_k的反射率不再仅取决于该波长的折射率。式(6.59)使其依赖于所有$\hat{n}(\lambda_k)$,从而改变了导数的计算。链式规则(6.15)变成

$$\frac{\partial r}{\partial p_\alpha} = \frac{\partial r}{\partial \hat{n}_1} \frac{\partial \hat{n}_1}{\partial p_\alpha} + \frac{\partial r}{\partial \tilde{h}} \frac{\partial \tilde{h}}{\partial p_\alpha} \tag{6.61}$$

附加项由两个因素组成,其中$\partial r/\partial \tilde{h}$由式(6.14)和下式给出,即

$$\frac{\partial \tilde{h}}{\partial p_\alpha} = -h \frac{\langle n \rangle_0}{\langle n \rangle^2} \frac{\partial \langle n \rangle}{\partial p_\alpha} = -h \frac{\langle n \rangle_0}{\langle n \rangle^2} \frac{1}{K} \text{Re} \sum_{k=1}^{K} \frac{\partial n(\lambda_k)}{\partial p_\alpha} \tag{6.62}$$

在计算(6.61)中出现的导数$\partial r/\partial p_\alpha$和$\partial \langle n \rangle/\partial p_\alpha$时,平均值(式(6.59))不需要重复计算,在计算之前只需计算一次。即使所有的导数都是用数值计算出来的,但是通过色散模型参数分解和预计算$\tilde{h}$的导数也是高效实现的关键步骤。通过这种优化,可以在几分钟内拟合出全局光学常数和局部厚度[25]。

当薄膜在光谱区有一部分强吸收时,必须改进平均折射率公式(式(6.59))。只有在透明区中的光学常数与干涉的极小值和极大值有关。因此,我们将平均折射率的定义改为[11]

$$\langle n \rangle = \frac{1}{K} \text{Re} \sum_{k=1}^{K} \hat{n}(\lambda_k) \exp\left(-\frac{4\pi}{\lambda_k} h_{\text{mean}} \text{Im} \, \hat{n}(\lambda_k)\right) \tag{6.63}$$

式中:h_{mean}是分析区域的平均薄膜厚度(程序对其值不敏感)。这种方法在5.11节中也进行过说明。

6.4.2 稀疏 Levenberg-Marquardt 算法

ISR 最小二乘问题有一个特殊的代数结构,非常适合稀疏 LM 算法[17]。稀疏算法是对 LM 算法的一种改进,在 LM 算法中,拟合参数被分割成子集,但它与整个参数集的算法保持相同。特别是,参数更新步骤(式(6.8))不只是单个子集的独立更新,它正确地包括了交叉项。如果 J 和 H 是一般稠密矩阵,则分解只会使整个过程更加复杂。然而,顾名思义,如果矩阵具有特定的稀疏结构,则算法可以将计算有效地分解为具有合理大小的矩阵和向量的操作。

在这里我们专门给出了 ISR 的算法,其中自然产生的两组拟合参数(全局参数和局部参数)对应于有利于稀疏 LM 的分解。通过这种划分,参数和梯度向量具有块结构,即

$$\begin{cases} \boldsymbol{p} = \begin{pmatrix} \boldsymbol{u} \\ \boldsymbol{v} \end{pmatrix} \\ \boldsymbol{g} = \begin{pmatrix} \boldsymbol{a} \\ \boldsymbol{b} \end{pmatrix} \end{cases} \tag{6.64}$$

式中:$\boldsymbol{u}$ 为全局参数的向量,即

$$\boldsymbol{u}^{\mathrm{T}} = (u_1, u_2, \cdots, u_G) \tag{6.65}$$

$\boldsymbol{v}$ 则由与单个像素对应的 L 个局部参数块组成,即

$$\boldsymbol{v}^{\mathrm{T}} = (v_{1,1}, v_{1,2}, \cdots, v_{1,L}, v_{2,1}, v_{2,2}, \cdots, v_{2,L}, v_{M,1}, v_{M,2}, \cdots, v_{M,L}) \tag{6.66}$$

例如,如果薄膜厚度是唯一的局部参数,则 $L=1$,并且

$$\boldsymbol{v}^{\mathrm{T}} = (h_1, h_2, \cdots, h_M) \tag{6.67}$$

形成梯度向量 $\boldsymbol{g}$ 的块 $\boldsymbol{a}$ 和块 $\boldsymbol{b}$ 类似于 $\boldsymbol{u}$ 与 $\boldsymbol{v}$。Hessian 矩阵具有块结构,即

$$\boldsymbol{H} = \begin{pmatrix} \boldsymbol{U} & \boldsymbol{W} \\ \boldsymbol{W}^{\mathrm{T}} & \boldsymbol{V} \end{pmatrix} \tag{6.68}$$

式中:$\boldsymbol{U}$ 和 $\boldsymbol{W}$ 为稠密 $G{\times}G$ 和 $G{\times}ML$ 矩阵;$\boldsymbol{V}$ 为由 M 个 $L{\times}L$ 大小的块组成的块对角 $ML{\times}ML$ 矩阵(与式(6.9)相同的结构),即

$$\boldsymbol{V} = \begin{pmatrix} \boldsymbol{V}_1 & & & \\ & \boldsymbol{V}_2 & & \\ & & \ddots & \\ & & & \boldsymbol{V}_{\mathrm{M}} \end{pmatrix} \tag{6.69}$$

原因是,只有当局部参数与反射率值属于同一像素时,R 对局部参数导数才是非零的,即

$$\frac{\partial R_{m,k}}{\partial v_{m',\alpha}} = \frac{\partial R_{m,k}}{\partial v_{m,\alpha}} \delta_{m,m'} \tag{6.70}$$

式中:$\delta_{i,j}$是克罗内克δ函数,我们用$R_{m,k}$代替R_n区分像素点m和光谱点k,因为它在这里变得很重要。用显式表示矩阵元素,即

$$U_{\alpha,\beta} = \sum_{m=1}^{M} \sum_{k=1}^{K} \frac{1}{c_{m,k}^2} \frac{\partial R_{m,k}}{\partial u_\alpha} \frac{\partial R_{m,k}}{\partial u_\beta} \tag{6.71}$$

$$V_{\alpha,m,\beta,m'} = \delta_{m,m'} \sum_{k=1}^{K} \frac{1}{c_{m,k}^2} \frac{\partial R_{m,k}}{\partial v_{m,\alpha}} \frac{\partial R_{m,k}}{\partial v_{m,\beta}} \tag{6.72}$$

$$W_{\alpha,m,\beta} = \sum_{k=1}^{K} \frac{1}{c_{m,k}^2} \frac{\partial R_{m,k}}{\partial u_\alpha} \frac{\partial R_{m,k}}{\partial v_{m,\beta}} \tag{6.73}$$

$$a_\alpha = \sum_{m=1}^{M} \sum_{k=1}^{K} \frac{1}{c_{m,k}^2} \frac{\partial R_{m,k}}{\partial u_\alpha} (R_{m,k} - R_{m,k}^{\exp}) \tag{6.74}$$

$$b_{\alpha,m} = \sum_{k=1}^{K} \frac{1}{c_{m,k}^2} \frac{\partial R_{m,k}}{\partial v_{m,\alpha}} (R_{m,k} - R_{m,k}^{\exp}) \tag{6.75}$$

可以证明,H中独立非零元素的数目为$G^2/2+ML^2/2+GML \approx ML(G+L/2)$。表示所有矩阵和向量的总和大约由$N(G+L+1)^2/2$项组成。因此,它们可以在合理的时间内进行计算,所需的存储空间小于实验数据值(假设$L(G+L/2) \le K$,适用于敏感数据分析)。注意:这与雅可比矩阵不同,雅可比矩阵有$N(G+L)$个非零元素,并且可能需要比实验数据大一个数量级的存储空间。

为了执行 LM 参数更新步骤(式(6.8)),我们需要求解线性方程组(6.7)。Hessian 增广矩阵$\overline{H}$仅在对角线上与H不同,因此,可以通过完全相同的方法修改其对角元素来引入增广的$\overline{U}$和$\overline{V}$。块矩阵求逆公式提供了逆矩阵,即

$$\overline{H}^{-1} = \begin{pmatrix} X & -XY \\ -Y^{\mathrm{T}}X & \overline{V}^{-1} +Y^{\mathrm{T}}XY \end{pmatrix} \tag{6.76}$$

其中

$$\begin{aligned} Y &= W\overline{V}^{-1} \\ X &= (\overline{U}-YW^{\mathrm{T}})^{-1} \end{aligned} \tag{6.77}$$

式中:$\overline{H}^{-1}$矩阵巨大而稠密。然而,计算值$\overline{H}^{-1}g$可以分解为如表 6.3 所列的序列操作,这些操作不涉及巨大的稠密矩阵。总体来说,计算需要$O(MG(G+L)^2 + L^3)$次操作。

如果我们选择这种方法,代价是通用性、灵活性和效率,因此,必须使用上面概述的稀疏矩阵运算重新实现 LM 算法。尽管这不是一个不可逾越的障碍,但毕竟也是一个障碍。

表 6.3　稀疏 LM 算法中求解线性方程组(6.7)的矩阵运算序列

项	运 算 法 则	维　　度	运 算 结 果
$\overline{V}^{-1}$	M 取逆	$L \times L$	ML^3
Y	M 乘法	$G \times L$ 乘 $L \times L$	ML^2G
YW^{T}	乘法	$G \times ML$ 乘 $ML \times G$	MLG^2
X	反演	$G \times G$	G^3
Xa	乘法	$G \times G$ 乘 $G \times 1$	G^2
Yb	乘法	$G \times ML$ 乘 $ML \times 1$	MLG
$X(Yb)$	乘法	$G \times G$ 乘 $G \times 1$	G^2
Xa	乘法	$G \times G$ 乘 $G \times 1$	G^2
$Y^{\mathrm{T}}(Xa)$	乘法	$ML \times G$ 乘 $G \times 1$	MLG
$Y^{\mathrm{T}}(XYb)$	乘法	$ML \times G$ 乘 $ML \times 1$	MLG
$\overline{V}^{-1}b$	M 乘法	$L \times L$ 乘 $L \times 1$	ML^2

6.4.3　直接求解

近年来,求解大型稀疏线性方程组的研究进展,使得即使在全局数据处理的情况下,直接求解式(6.7)成为可能。如 SparseLM 软件库[55]所示,可以使用稀疏矩阵线性代数的软件库编写 LM 算法的一般实现。这里的术语有些混乱,因为这种方法也有资格称为"稀疏 LM",而且通常称为"稀疏 LM"。为了避免混淆,我们会用形容词"直接"称呼它,并悄悄地暗示它的稀疏性。

直接 LM 方法更具灵活性,因为它不仅限于我们知道如何分割参数集并分解问题以有效利用稀疏 LM 算法的情况。这主要适用于遇到大型稀疏最小二乘问题的其他领域,如计算机视觉,但它可以在 ISR 数据处理中实现新的有趣的参数设置。对于结构式(6.68)的最小二乘问题,稀疏 LM 中的参数集分割仍然是最有效的选择。然而,直接的大规模 LM 程序被证明是相对有竞争力的,对于类似类型的问题,只需要大约 2 倍于稀疏 LM 算法的时间[55],尽管这个倍数有点小。

6.5　结束语

本章的大部分内容都是关于模型和算法的重新设计,以提高速度实现快速数据处理。现在,终于到了审视我们在 6.1 节所述目标方面的立场的时候。

表6.4总结了为各种类型的问题拟合 ISR 数据集所需的时间。尽管我们没有完全成功——需要等待几分钟可能并不特别适合交互实验,而且最复杂模型的数据处理时间明显超过数据获取时间,但总体来说,结果是令人满意的。

表6.4　假设典型数据集大小和个人计算机速度,
本章讨论的各类问题的 ISR 数据处理时间(2016 年)

数据分析类型	典型计算时间
面积分数	几秒
厚度	几十秒
厚度+手动 $\hat{n}(\lambda)$ 拟合	1min
厚度+粗糙度	1min
厚度+局部 $\hat{n}_m(\lambda)$	10min
厚度+全局 $\hat{n}(\lambda)$ 拟合	数十分钟
厚度+粗糙度+全局 $\hat{n}(\lambda)$ 拟合	1h

最后,我们注意到 ISR 数据拟合得到的详细参数图,对于概览、插图和视觉检查都是非常宝贵的。然而,它们仍然包含了数十万个数据值。因此,定量分析通常需要另一个数据简化步骤,在该步骤中对图进行后处理并提取各种总体特征(如维度或统计特征)。

后处理方法和算法不同于光谱拟合的方法和算法,大多属于图像或高度场处理的范畴。虽然原则上可以使用任何图像处理软件,但大多数图像分析程序都是针对记录光强度的图像,而不是以绝对单位表示物理量。

然而,一组不同于物理量的相关"图像"正是原子力显微镜(AFM)标准的数据类型。AFM 的基本成像物理量是表面高度,也类似于 ISR 中的薄膜厚度。因此,为 AFM 数据分析开发的许多方法对于 ISR 数据后处理非常有用。用 AFM 软件(如 Gwyddion[56])可以处理的格式绘制 ISR 图。

(1)可视化和数据展示。

(2)几何变换。

(3)将多参数分布图合并在一起(图6.5(a))。

(4)去除缓慢变化的"背景"薄膜厚度以研究具体特征,如平面校正。

(5)尺寸测量。

(6)使用算术运算将不同物理量的图组合起来。

(7)总结和统计特征的描述(图6.5(b)[13])。

(8)异常值的检测和校正。

145

（9）或基于"颗粒"和其他特征检测的复杂测量（图6.5（c））。

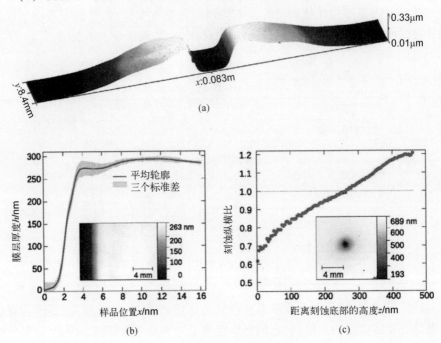

图 6.5　ISR 数据后处理的实例

（a）在介质阻挡放电中沉积的等离子体聚合物薄膜的大面积厚度图，由若干测量结果拼接而成；

（b）表征在其边缘附近类似的等离子体聚合物薄膜的均匀性，显示沿设置主轴和垂直方向的厚度依赖性；

（c）用 Ar+O$_2$+H$_2$O 等离子体射流在无定形碳薄膜中刻蚀的各向异性分析

（在（b）和（c）中的插图显示了相应的薄膜厚度图）。

参考文献

[1] M. Ohlídal, I. Ohlídal, D. Franta, T. Králík, M. Jákl, M. Eliáš, Surf. Interface Anal. **34**(1), 660 (2002)
[2] J. Spousta, M. Urbánek, R. Chmelík, J. Jiruše, J. Zlámal, K. Navrátil, A. Nebojsa, T. Šikola, Surf. Interface Anal. **33**, 664 (2002)
[3] M. Ohlídal, I. Ohlídal, P. Klapetek, M. Jákl, V. Čudek, M. Eliáš, Jap. J. Appl. Phys. **42**, 4760 (2003)
[4] M. Urbánek, J. Spousta, T. Běhounek, T. Šikola, Appl. Opt. **46**(25), 6309 (2007)
[5] M. Ohlídal, I. Ohlídal, P. Klapetek, D. Nečas, V. Buršíková, Diam. Relat. Mater. **18**, 384 (2009)
[6] M. Ohlídal, I. Ohlídal, P. Klapetek, D. Nečas, A. Majumdar, Meas. Sci. Technol. **22**, 085104 (2011)
[7] D. Nečas, I. Ohlídal, D. Franta, J. Opt. **13**, 085705 (2011)
[8] K. Kim, S. Kim, S. Kwon, H.J. Pahk, Int. J. Precis. Eng. Man. **15**(9), 1817 (2014)
[9] D. Nečas, V. Čudek, J. Vodák, M. Ohlídal, P. Klapetek, J. Benedikt, K. Rügner, L. Zajíčková, Meas. Sci. Technol. **25**(11), 115201 (2014)

[10] Z. Benzarti, M. Khelifi, I. Halidou, B.E. Jani, J. Electron. Mater. **44**(10), 3243 (2015)

[11] D. Nečas, I. Ohlídal, D. Franta, M. Ohlídal, J. Vodák, J. Opt. **18**, 015401 (2016)

[12] J. Vodák, D. Nečas, D. Pavliňák, J.M. Macák, T. Řičica, R. Jambor, M. Ohlídal, Appl. Surf. Sci. **396**, 284 (2017)

[13] L. Zajíčková, P. Jelínek, A. Obrusník, J. Vodák, D. Nečas, Plasma Phys. Contr. F. **59**(3), 034003 (2017)

[14] K. Levenberg, Quart. Appl. Math. **2**(2), 164 (1944)

[15] D.W. Marquardt, SIAM, J. Appl. Math. **11**(2), 431 (1963)

[16] J.J. More, in *Lecture Notes in Mathematics*, vol. 630, ed. by G.A. Watson (Springer, New York, 1978), pp. 106–116

[17] R. Hartley, A. Zisserman, *Multiple View Geometry in Computer Vision*, 2nd edn. (Cambridge University Press, Cambdridge, 2000)

[18] R.J. Hanson, F.T. Krogh, ACM T. Math. Softw. **18**(2), 115 (1992)

[19] N. Bornemann, E. Dörsam, Opt. Express **21**(19), 21897 (2013)

[20] H.B. Nielsen, Damping parameter in Marquardt's method. Technical Report IMM-REP-1999-05, IMM Department of Mathematical Modeling, Technical University of Denmark (1999)

[21] L. Asinovski, D. Beaglehole, M.T. Clarkson, Phys. Status Solidi A **205**(4), 764 (2008)

[22] B. Forster, D. van de Ville, J. Berent, D. Sage, M. Unser, Microsc. Res. Techniq. **65**(1–2), 33 (2004)

[23] T. Scheimpflug, Improved method and apparatus for the systematic alteration or distortion of plane pictures and images by means of lenses and mirrors for photography and for other purposes (1904). GB Patent No. 1196

[24] M. Galassi et al., Gnu scientific library reference manual (3rd ed.), http://www.gnu.org/software/gsl/

[25] D. Nečas, J. Vodák, I. Ohlídal, M. Ohlídal, A. Majumdard, L. Zajíčková, Appl. Surf. Sci. **350**, 149 (2015)

[26] J. Cao, K.A. Novstrup, A. Goyal, S.P. Midkiff, J.M. Caruthers, in *ICS'09 Proceedings of the 23rd international conference on Supercomputing* (2009), pp. 450–459

[27] D. Nečas, I. Ohlídal, D. Franta, V. Čudek, M. Ohlídal, J. Vodák, L. Sládková, L. Zajíčková, M. Eliáš, F. Vižď'a, Thin Solid Films **571**, 573 (2014)

[28] D. Franta, D. Nečas, L. Zajíčková, Opt. Express **15**, 16230 (2007)

[29] D. Franta, D. Nečas, I. Ohlídal, Appl. Opt. **54**, 9108 (2015)

[30] G.E. Jellison, F.A. Modine, Appl. Phys. Lett. **69**, 371 (1996)

[31] M. Ohlídal, I. Ohlídal, P. Klapetek, M. Jákl, V. Čudek, M. Eliáš, Jpn. J. Appl. Phys. **42**, 4760 (2003)

[32] D. Nečas, I. Ohlídal, D. Franta, J. Opt. A-Pure Appl. Opt. **11**, 045202 (2009)

[33] D. Zwilinger, *Handbook of Integration* (Jones and Bartlett Publishers, London, 1992)

[34] M. Abramowitz, I.A. Stegun, *Handbook of Mathematical Functions with Formulas, Graphs, and Mathematical Tables* (National Bureau of Standards, Washington, 1964)

[35] J. Szczyrbowski, J. Phys. D Appl. Phys. **11**, 583 (1978)

[36] E. Márquez, J.M. González-Leal, R. Jiménez-Garay, S.R. Lukic, D.M. Petrovic, J. Phys. D Appl. Phys. **30**, 690 (1997)

[37] R.A. Maronna, D.R. Martin, V.J. Yohai, *Robust Statistics: Theory and Methods*. Wiley Series in Probability and Statistics (Wiley, New York, 2006)

[38] J. Vodák, D. Nečas, M. Ohlídal, I. Ohlídal, Meas. Sci. Technol. **28**, 025205 (2017)

[39] V.A. Kotenev, D.N. Tyurin, A.Y. Tsivadze, Inorg. Mater+ **45**(14), 1622 (2009)

[40] R.N. Bracewell, *The Fourier Transform & Its Applications* (McGraw-Hill, Singapore, 1999)

[41] W.A. Pliskin, R.P. Esch, J. Appl. Phys. **39**, 3274 (1968)

[42] D.E. Aspnes, J.B. Theeten, F. Hottier, Phys. Rev. B **20**, 3292 (1979)

[43] H.E. Bennett, J. Opt. Soc. Am. **53**, 1389 (1963)

[44] I. Ohlídal, K. Navrátil, F. Lukeš, J. Opt. Soc. Am. **61**, 1630 (1971)

[45] C.K. Carniglia, Opt. Eng. **18**, 104 (1979)

[46] D. Nečas, I. Ohlídal, Opt. Express **22**, 4499 (2014)

[47] J.W.S. Rayleigh, *Theory of Sound*, vol. 2 (Macmillan and co., London, 1877)

[48] S.O. Rice, Commun. Pure Appl. Math. **4**, 351 (1951)

[49] D. Franta, I. Ohlídal, J. Mod. Opt. **45**, 903 (1998)

[50] D. Franta, I. Ohlídal, Opt. Commun. **248**, 459 (2005)

[51] D. Nečas, I. Ohlídal, D. Franta, M. Ohlídal, V. Čudek, J. Vodák, Appl. Opt. **53**, 5606 (2014)

[52] I. Ohlídal, K. Navrátil, F. Lukeš, Opt. Commun. **3**, 40 (1971)

[53] D. Franta, D. Nečas, newAD2, http://newad.physics.muni.cz/

[54] A. Kuzmenko, RefFIT, https://sites.google.com/site/reffitprogram/home

[55] M.I. Lourakis, in *European Conference on Computer Vision*, vol. 2 (2010), pp. 43–56

[56] D. Nečas, P. Klapetek, Cent. Eur. J. Phys. **10**(1), 181 (2012)

第 7 章　单层膜与多层膜的在线和离线分光光度法表征 I:基础

奥拉夫·斯滕泽尔, 斯特芬·维尔布兰特[①]

摘　要　光学分光光度法为现代薄膜的表征提供了有力的技术,无论所制备的薄膜是否用于光学或非光学领域。首先,分光光度法可以获得薄膜的光学常数、色散和薄膜厚度。其次,利用复杂的 Kramers-Kronig 一致性色散模型可进一步得到相关物理量,包括密度、孔隙率、载流子浓度、晶体结构、能带结构和薄膜中的杂质。本章将介绍和讨论单层膜与多层膜的在线及离线分光光度法的最新技术。特别是在光学薄膜领域,在线分光光度法可以重新设计和监测薄膜生长的沉积过程,从而达到出色的性能指标。

7.1　引言

本章涉及分光光度法在薄膜(固体)特性表征领域的应用。分光光度法表征的主要思想是使薄膜样品与电磁辐射的相互作用,结果是电磁辐射的某些参数将会被改变。在分光光度法中,重点在于光强度的变化,该强度会被测量并进一步用于判断特定的样品特性。示意图如图 7.1 所示。

光强度 I 定义为单位面积、单位时间间隔内穿透光的能量。透射率 T 和反射率 R 定义为定向透射光强(I_T)或者镜面反射光强(I_R)与入射光强(I_E)之比,即

————————————

①　奥拉夫·斯滕泽尔(⊠)

夫琅和费应用光学和精密工程研究所 IOF, 德国耶拿,阿尔伯特-爱因斯坦大街 7 号,邮编 07745

耶拿·弗里德里希·席勒大学阿贝光子学院,德国耶拿,阿尔伯特-爱因斯坦大街 6 号,邮编 07745

e-mail : olaf. stenzel@ iof. fraunhofer. de ;optikbuch@ optimon. de

斯特芬·维尔布兰特

夫琅和费应用光学和精密工程研究所 IOF, 德国耶拿,阿尔伯特-爱因斯坦大街 7 号,邮编 07745

e-mail : steffen. wilbrandt@ iof. fraunhofer. de

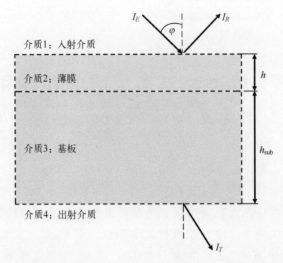

图 7.1　厚基板上的薄膜，光的入射角度为 φ（详细信息参阅文本）

$$T \equiv \frac{I_T}{I_E}$$

$$R \equiv \frac{I_R}{I_E}$$

　　　　　　　　　　　　　　　　　　　　　　　　　　　　　　　　（7.1）

在透明基板上制备薄膜（系统）后，测量 T 和 R 的可分辨光谱（在任意入射角 φ 以及入射光所需的任意偏振状态）作为一种广泛使用的直接表征技术。另外，光谱分辨的椭圆偏振测量在薄膜表征实践中越来越常用（比较第 9 章）。

　　在相同条件下测量的 T 和 R 可提供的光学损耗信息，包括总散射率 TS 和吸收率 A。根据能量守恒可以得到

$$1-T-R=L=TS+A \qquad\qquad (7.2)$$

7.2　理论

7.2.1　基础

　　如图 7.1 所示，一束光波穿过薄膜样品将会包含构成样品材料的信息（即薄膜和基板的材料常数）以及几何结构的信息（这里是薄膜厚度 h 和基板厚度 h_{sub}）。一般情况下，反射波也是如此，因为所有的界面都会影响反射光谱。因此，我们预测 T 和 R 都是这些所有参数的相当复杂的函数，测量 T 和 R 光谱可以用来获得材料特性与样品几何结构的信息。

在光学均匀、各向同性和非磁性介质的模型下，线性光学材料特性可以用标量频率 ω 相关的复介电函数 $\varepsilon(\omega)$ 表示[1,2]。ε 与光学常数 n 和 k 的关系为

$$n(\omega)+\mathrm{i}k(\omega)=\sqrt{\varepsilon(\omega)}\equiv\hat{n}(\omega) \tag{7.3}$$

式中：$\hat{n}$ 为复折射率，其频率依赖性称为色散。吸收系数 α 的定义为

$$\alpha(\omega)=2\frac{\omega}{c}k(\omega) \tag{7.4}$$

我们还要提到，介电函数的正虚部会导致介质内部的能量耗散。当介电函数是纯实数时，就不会有能量耗散[3]。

为了进行表征，薄膜通常沉积在具有光滑、平行表面的厚基板上。因此，首先讨论裸基板光学特性的最简单情况是有意义的。所以我们从一个简化的系统开始讨论，如图 7.2 所示。

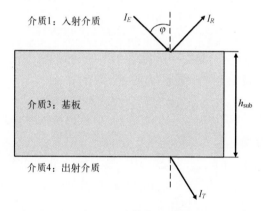

图 7.2　未镀膜的基板

很容易写出裸厚基板的 T 和 R 的公式。根据图 7.1 和图 7.2，将入射介质编号为介质 1，而基板定义为介质 3（$\hat{n}_3=\hat{n}_{\mathrm{sub}}$，如图 7.1 所示）。让我们进一步假设，入射介质（介质 1）和出射介质（介质 4）相同（$n_1=n_4$），从而可以推导出[2]

$$T_{\mathrm{calc}}=\frac{|t_{13}|^2\ |t_{31}|^2\mathrm{e}^{-4\pi vh_{\mathrm{sub}}Im\sqrt{\hat{n}_{\mathrm{sub}}^2-n_1^2\sin^2\varphi}}}{1-|r_{31}|^4\mathrm{e}^{-8\pi vh_{\mathrm{sub}}Im\sqrt{\hat{n}_{\mathrm{sub}}^2-n_1^2\sin^2\varphi}}}$$

$$R_{\mathrm{calc}}=|r_{13}|^2+\frac{|t_{13}|^2\ |r_{31}|^2\ |t_{31}|^2\mathrm{e}^{-8\pi vh_{\mathrm{sub}}Im\sqrt{\hat{n}_{\mathrm{sub}}^2-n_1^2\sin^2\varphi}}}{1-|r_{31}|^4\mathrm{e}^{-8\pi vh_{\mathrm{sub}}Im\sqrt{\hat{n}_{\mathrm{sub}}^2-n_1^2\sin^2\varphi}}}$$

$$v=\frac{\omega}{2\pi c}\lambda^{-1} \tag{7.5}$$

式中：t_{ij} 和 r_{ij} 的符号代表的仅仅是第 i 介质和第 j 介质界面处透射和反射电场强

度的菲涅耳系数[1,2];ω 为角频率。注意:在斜入射时,菲涅耳系数对入射光的偏振态敏感。

式(7.5)计算了裸基板(如图7.2所示的厚板)的透射率和反射率。同时考虑所有内部的多次反射,以及可能的吸收和斜入射产生的影响。注意:式(7.5)是在假设所有内部多个反射波列的非相干叠加时得到的。它不能应用于薄膜的分析,因为薄膜的厚度通常导致内部反射波列的相干叠加。

在正入射的情况下,式(7.5)可以写成

$$T_{\text{calc}}|_{\varphi=0} = \frac{(1-R_{13})^2 e^{-\alpha_{\text{sub}}h_{\text{sub}}}}{1-R_{13}^2 e^{-2\alpha_{\text{sub}}h_{\text{sub}}}}$$

$$R_{\text{calc}}|_{\varphi=0} = \frac{R_{13}[1-e^{-2\alpha_{\text{sub}}h_{\text{sub}}}(2R_{13}-1)]}{1-R_{13}^2 e^{-2\alpha_{\text{sub}}h_{\text{sub}}}} \tag{7.6}$$

式中:R_{13} 为基板单界面的正入射反射率,即

$$R_{13} = R_{31} = |r_{13}|^2 \tag{7.7}$$

在没有阻尼的情况下,甚至是在中等阻尼水平时,可以测量透射率和反射率,然后用于基板的光学表征。对于强阻尼,从式(7.5)得到

$$\alpha_{\text{sub}}h_{\text{sub}} \to \infty : T_{\text{calc}} \to 0; R_{\text{calc}} \to R_{13} \tag{7.8}$$

在这种情况下,基板透射率完全被抑制,但是仍然有来自基板第一个表面的反射信号。后者包含了有关基板光学常数的所有信息,因此,也可用于基板的光学表征。然而,在薄膜分光光度法表征中,最方便的是利用至少半透明的基板,以便同时获得透射和反射信号。常用的基板材料如表7.1所列。

表7.1 通常用于薄膜表征的基板材料概述

材　料	透明区近似波长范围/nm	折　射　率
晶体锗 Ge	>2000	$n_{\text{sub}} \approx 4.0$(红外)
晶体硅 Si	>1000	$n_{\text{sub}} \approx 3.45$(红外)
BK7，B270	350~4500	$n_{\text{sub}} \approx 1.52$(可见光)
熔融石英 SiO_2	200~4500	$n_{\text{sub}} \approx 1.45$(可见光)
氟化钙晶体 CaF_2	130~12000	$n_{\text{sub}} \approx 1.43$(可见光)
氟化镁晶体 MgF_2	115~7500	$n_{\text{sub}} \approx 1.38$(可见光)

7.2.2 从单层薄膜光谱中获得薄膜厚度和光学常数

7.2.2.1 在厚基板上单层膜透射率和反射率的基本公式

现在很容易写出在厚基板上单层薄膜的 T 和 R 公式。薄膜由介质 2 组成,

152

基板由介质 3 组成($\hat{n}_3 = \hat{n}_{\text{sub}}$，如表 7.1 所列)。假设 $n_4 = n_1$，类似于 7.2.1 节，可以写出[2]

$$T_{\text{calc}} = \frac{|t_{123}|^2 |t_{31}|^2 e^{-4\pi v h_{\text{sub}} I_m \sqrt{\hat{n}_{\text{sub}}^2 - n_1^2 \sin^2 \varphi}}}{1 - |r_{321}|^2 |r_{31}|^2 e^{-8\pi v h_{\text{sub}} I_m \sqrt{\hat{n}_{\text{sub}}^2 - n_1^2 \sin^2 \varphi}}}$$

$$R_{\text{calc}} = |r_{123}|^2 + \frac{|t_{123}|^2 |t_{31}|^2 |t_{321}|^2 e^{-8\pi v h_{\text{sub}} I_m \sqrt{\hat{n}_{\text{sub}}^2 - n_1^2 \sin^2 \varphi}}}{1 - |r_{321}|^2 |r_{31}|^2 e^{-8\pi v h_{\text{sub}} I_m \sqrt{\hat{n}_{\text{sub}}^2 - n_1^2 \sin^2 \varphi}}} \qquad (7.9)$$

此外，有[1,2]

$$t_{ijk} = \frac{t_{ij} t_{jk} e^{i\delta}}{1 + r_{ij} r_{jk} e^{2i\delta}}$$

$$r_{ijk} = \frac{r_{ij} + r_{jk} e^{2i\delta}}{1 + r_{ij} r_{jk} e^{2i\delta}} \qquad (7.10)$$

因此，假设薄膜内的部分内反射光的叠加是完全相干的。复数的相位 δ 是描述薄膜干涉图样的必要条件，它的表达式为[2]

$$\delta = \frac{\omega}{c} h \sqrt{\hat{n}_2^2 - n_1^2 \sin^2 \varphi} = 2\pi v h \sqrt{\hat{n}_2^2 - n_1^2 \sin^2 \varphi} \qquad (7.11)$$

注意：当 $h \to 0$ 时，T 和 R 接近裸基板的相应数值。因此，超薄膜($h \ll \lambda$)的分光光度表征比 $h \approx \lambda$ 的情况要复杂得多 (见第 8 章)。在这种情况下，椭圆偏振光谱法表征或两种方法的组合都可能会明显地有用。

7.2.2.2 从介质薄膜观察到的干涉图信息

对于介质薄膜或半导体薄膜，式(7.9)和式(7.11)描述了如图 7.3 所示的光谱类型。这张图显示了镀制在厚度 1mm 熔融石英基板上的单层二氧化锆薄膜(薄膜厚度为 211nm)的测量光谱。为了对比，在图中用虚线表示裸基板的相应光谱。这是一个很典型的薄膜光谱，值得一提的是，它的具体特征如下。

根据式(7.2)中定义的光学损耗 L 的值，通常可以将光谱细分为几个部分。

(1) $10000 \sim 35000 \text{cm}^{-1}$的波数区域，光谱几乎没有光学损耗，因为在分光光度测量精度上 T 和 R 之和为 1(与 8.1 节比较)。因此，薄膜和基板材料的介电函数实际上是实数。

(2) 在这样的光谱区中，适当厚度的介质薄膜或半导体薄膜通常表现出明显的干涉图，在这些干涉图中存在一系列 T 和 R 的极大值与极小值。在离散波数 v_j 下观测，某些极值与裸基板光谱呈切向关系，这些极值所对应的波数称为光谱的半波点(HW)，另外一些极值点对应的波数称为四分之一波长点(QW)。对于正入射，极值的波数定义如下：

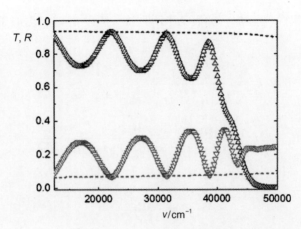

图 7.3 符号:厚熔融石英基板上的氧化锆薄膜的正入射 T 和 R 光谱
(在近红外/可见光/紫外区域);虚线:裸基板的 T 和 R 光谱

$$
\text{四分之一波长点:} \quad n_2 h = j\frac{\lambda_j}{4}; j = 1,3,5,\cdots
$$

$$
\text{二分之一波长点:} \quad n_2 h = j\frac{\lambda_j}{4}; j = 0,2,4,\cdots \tag{7.12}
$$

$$
v_j \equiv \frac{1}{\lambda_j}
$$

(3) 在 QW 波长点,透射率高于裸基板的情况下(四分之一波长时反射率是低于基板的),薄膜的折射率介于基板与环境之间。在实际情况下,环境介质为空气,基板折射率 $n_{sub} > 1$,薄膜的折射率肯定低于基板:$n_{sub} > n > 1$(低折射率薄膜)。

(4) 在相反的情况下(与图 7.3 所示的示例相关),薄膜的折射率超过基板和环境的折射率。在实际情况下,环境介质为空气,基板折射率 $n_{sub} > 1$,因此,薄膜的折射率肯定高于基板的折射率(高折射率薄膜)。

(5) 根据 QW 透射率/反射率对折射率 n 和 n_{sub} 的依赖性,在不知道薄膜厚度的情况下,可以通过反演式(7.9)~式(7.11)确定薄膜折射率的可能性。相反,当忽略色散时,可以随后根据式(7.13)计算薄膜的厚度,即

$$
h = \frac{1}{4n_2(v_{j+1} - v_j)} \tag{7.13}
$$

(6) 这种方法可以推广到弱吸收薄膜的分析,并且是在所谓的薄膜表征的包络方法的基础上进行的[4,5]。注意:这里关于 n_{sub} 的知识通常是假设的。

(7) 在斜入射情况下,根据式(7.11),干涉图向较高波数方向移动(短波

长)。这种所谓的角位移为估算薄膜折射率提供了另一种方法。让我们假设在入射角 φ_a 下、在波长 λ_a 处观察到任意级数 j 的干涉极值。在另一个角度 φ_b 下，同样的干涉极值将会移到 λ_b 波长处。忽略色散，从式(7.11)中发现

$$n_2 = n_1 \sqrt{\frac{\lambda_b^2 \sin^2\varphi_a - \lambda_a^2 \sin^2\varphi_b}{\lambda_b^2 - \lambda_a^2}} \qquad (7.14)$$

注意：这种方法没有假设有关 n_{sub} 的知识。

在忽略阻尼的光谱区内，上述光谱表征方法可用于对薄膜的折射率和厚度进行快速粗略的估算。当波数大于 35000cm^{-1}，根据图 7.3 所示，可以看出光谱的光学损耗似乎不再是忽略不计的。在这样的光谱区中，上述类型的讨论在强意义下不再适用。

因此，裸基板(图 7.2)和基板上的薄膜系统(图 7.1)在正入射下的 T 和 R 光谱都可用的特殊情况下，可以按照以下方法进行简单直接的光学介质薄膜表征。

(1) 首先在正入射下测量裸基板的 T 和 R 以及基板厚度 h_{sub}。然后，用式(7.6)反演计算基板的光学常数[6]。在基板不完全透明的情况下，基板的光学常数仍然可以从基板表面的反射率中扣除(见 8.2.2 节)。

(2) 测量薄膜-基板系统的 T 和 R，根据式(11.2)计算出光学损耗 L，确定 L 可以忽略的光谱区(透明区)。

(3) 在透明区内，由干涉图确定 HW 和 QW 波点。从 QW 波长点，明确要处理的是高折射率薄膜还是低折射率薄膜。

(4) 在 HW 点下，T/R 光谱与基板 T/R 光谱相切，可以将薄膜作为均匀薄膜处理。在这种情况下，用在数据点 v_j 确定的基板数据，根据 QW 点计算折射率(根据式(7.9)~式(7.11))。请注意，对于低折射率薄膜来说，这个过程是不确切的，因此，必须从其他方法获得的辅助信息中识别出有物理意义的解。最后，从式(7.13)估计薄膜厚度。

(5) 在 $L \approx 0$ 且 T/R 光谱与基板不相切的 HW 波长点的情况下，薄膜表现出折射率梯度(薄膜的非均质性)[7]，式(7.9)~式(7.11)不包含这些影响。在这种情况下，在 HW 波长点测得的 T 和 R 包含着所谓非均匀度(doi)的重要信息。在 QW 波长点的相应值对应着平均折射率 <n>，也就是在薄膜厚度上进行平均。因此，HW 波长点给出了非均匀性的信息，而 QW 波长点则给出了平均折射率。图 7.4 为非均匀氧化锆薄膜的光谱测量图。注意：在这种特殊情况下，与图 2.2 所示的 TEM 图像相比，折射率梯度的特征变得更加明显。它来自类似的样品，证实了真实氧化锆薄膜中的深度对孔隙率和结晶度的依赖性，这对光谱有

155

直接影响。

（6）在估算了透明区的薄膜厚度和折射率之后，可以从任何光谱区用式(7.9)~式(7.11)估算消光系数（在整个薄膜厚度上的平均值）。

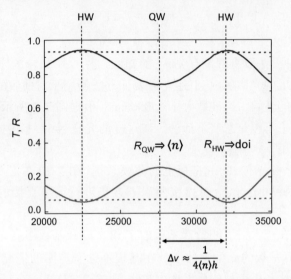

图7.4　梯度折射率薄膜的 T 和 R 光谱（实线显示的是负折射率梯度的氧化锆薄膜样品的测量光谱（n_2 随着薄膜-基板界面距离的增大而减小），虚线是裸基板的光谱）

7.2.2.3　曲线拟合程序

根据所谓的曲线拟合程序，可以更精确地获得薄膜厚度和光学常数[8]。在这种情况下，根据式(7.9)~式(7.11)计算的理论(calc)光谱拟合测量(exp)光谱曲线。光学常数的集合使得实验光谱具有足够好的拟合性，从而形成了表征问题的一组可能的数学解。这种尝试拟合的解通常是模糊的，通过光学常数和厚度方面的辅助知识（比较后面的7.3.1节），可以很有效地从数学拟合程序的一组解中识别出具有物理意义的解。

从数学上讲，拟合可以通过最小化公式（式(7.15)）中定义的差异函数 DF 实现，即

$$\mathrm{DF} = \sqrt{\frac{1}{N}\sum_{l=1}^{N}\left\{\left[T_{\mathrm{exp}}(v_l) - T_{\mathrm{calc}}(v_l;\hat{n}(v_l);h)\right]^2 + \left[R_{\mathrm{exp}}(v_l) - R_{\mathrm{calc}}(v_l;\hat{n}(v_l);h)\right]^2\right\}}$$

(7.15)

这里，选择 $\{v_j\}$ 定义了离散数据点的网格，这些离散数据点使差异函数（式(7.15)）最小化（比较后面的8.1.4节）。当然，在式(7.15)中可以包括两条以上的光谱曲线（甚至包括椭圆偏振数据）。先前从干涉图获得的数据（如果可

156

用），可以作为进一步最小化公式（式（7.15））可靠的初始近似值。8.2.3 节将介绍不同复杂程度曲线拟合的例子。

7.2.3 多层膜光谱评价

在多层膜表征的情况下，如图 7.5 所示，在基板上叠加了一系列薄膜。

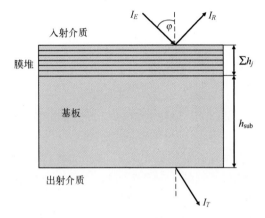

图 7.5 多层膜系统

式（7.9）虽然保留了它们的大体结构，但是 t_{123} 和 r_{123} 的值必须用更一般的表达式 t_{stack} 与 r_{stack} 代替。表征反向光传播方向的符号（t_{123} 和 r_{123}）必须被新的膜堆表达式 t'_{stack} 和 r'_{stack} 所取代。新的场透射系数和反射系数 t_{stack}、r_{stack}、t'_{stack} 与 r'_{stack} 可以用矩阵方程计算[1,2]。它们包含了关于组成图 7.5 所示膜堆的所有单独膜层的光学常数和厚度的信息。相应地，我们现在得到了表达式（7.16），而不是表达式（7.9），即

$$
T_{\text{calc}} = \frac{\left| t_{\text{stack}}(\{\hat{n}_j\},\{h_j\}) \right|^2 \left| t_{31} \right|^2 e^{-4\pi v h_{\text{sub}} I_m \sqrt{\hat{n}_{\text{sub}}^2 - n_1^2 \sin_{\varphi}^2}}}{1 - \left| r'_{\text{stack}}(\{\hat{n}_j\},\{h_j\}) \right|^2 \left| r_{31} \right|^2 e^{-8\pi v h_{\text{sub}} I_m \sqrt{\hat{n}_{\text{sub}}^2 - n_1^2 \sin_{\varphi}^2}}}
$$

$$
R_{\text{calc}} = \left| t_{\text{stack}}(\{\hat{n}_j\},\{h_j\}) \right|^2 +
$$

$$
\frac{\left| t_{\text{stack}}(\{\hat{n}_j\},\{h_j\}) \right|^2 \left| r_{31} \right|^2 \left| t'_{\text{stack}}(\{\hat{n}_j\},\{h_j\}) \right|^2 e^{-8\pi v h_{\text{sub}} I_m \sqrt{\hat{n}_{\text{sub}}^2 - n_1^2 \sin_{\varphi}^2}}}{1 - \left| r'_{\text{stack}}(\{\hat{n}_j\},\{h_j\}) \right|^2 \left| r_{31} \right|^2 e^{-8\pi v h_{\text{sub}} I_m \sqrt{\hat{n}_{\text{sub}}^2 - n_1^2 \sin_{\varphi}^2}}}
$$

(7.16)

在这里，组成膜堆的各个膜层用下标 j 来编号。

在已经完成 T 和 R 测量的情况下，这些实验数据的拟合可以通过最小化适当的差异函数实现。不再是式（7.15），现在必须最小化式（7.17）类型的差异函数，即

157

$$DF = \sqrt{\frac{1}{N} \sum_{l=1}^{N} \{ [T_{\mathrm{exp}}(v_l) - T_{\mathrm{calc}}(v_l; \{\hat{n}_j(v_l)\}; \{h_j\})]^2 + [R_{\mathrm{exp}}(v_l) - R_{\mathrm{calc}}(v_l; \{\hat{n}_j(v_l)\}; \{h_j\})]^2}$$

$$(7.17)$$

当需考虑到大量未知值 $\{\hat{n}_j(v_l)\}$ 和 $\{h_j\}$ 时,这似乎是一个相当无望的努力。有两种基本的方法可以改善这种状况。

(1) 减少待确定的参数数量。

(2) 增加输入数据的数量,即测量光谱。

在许多情况下,形成膜堆的材料的光学常数是足够准确的。在这种情况下,重新设计的任务就是每层薄膜厚度 $\{h_j\}$ 的确定。这可能仍然很困难,但如果利用单个薄膜厚度与/或光学常数之间的相关性,可以进一步减少未知值,该相关性由多层膜沉积期间应用的特定厚度监测策略固有的系统沉积误差定义[9]。

另一方面,可增加输入式(7.17)的实际测试的数据量。后面将与 3.1 节比较,T 和 R 的测量可以在不同的入射角下进行。此外,椭圆偏振光谱测试数据也可以包括在式(7.17)中[10]。

但由于需要额外的仪器,包括斜入射分光光度法和椭圆偏振光度法等更独立的离线测量数据,似乎既费时又费钱。另一种方法是采用在线分光光度法(或椭圆偏振光度法),在薄膜沉积过程中,直接采集在尚未完成的膜堆上测量的大量关于 T 和/或 R 的实验数据。

这种想法很简单(图 7.6)。我们假设薄膜沉积真空室配有分光光度计,可以在多层薄膜沉积过程中直接测量 T 和/或 R。例如,可以在每个单独膜层(用 j 编号)沉积后立即记录光谱。通常,在开始沉积前记录的是第 0 个光谱,它对应于裸基板的光谱($j=0$),可用于光谱的校准。然后,第一层膜沉积后记录第一个光谱($j=1$),它包含关于第一层膜的光学常数和厚度的信息。沉积第二层膜后再进行光谱记录。第二个光谱则包含了关于两层膜的光学常数和厚度的信息,依次进行光谱记录。最后,我们将得到膜堆中与膜层数相当的光谱数。这是一个巨大的信息量,它是从单一的光谱装置中获得并可以自动执行,而不需要任何额外的样品处理。此外,当使用快速分光光度计时,在薄膜沉积过程中进行光谱记录所需的额外时间无关紧要。

在拟合在线光谱时必须记住,当薄膜暴露在空气中并加热或冷却至其工作温度时,薄膜中的光学常数(甚至膜层厚度)可能会发生重要变化。因此,必须区分在线光学常数和离线光学常数。这对于在真空条件下使用 PVD 技术制备的多孔薄膜特别重要。我们不会在这里讨论所有相应的模型(一些简单的考虑将在 7.3.3 节中提出,同时比较 2.3 节)。相反,我们将假设在线测量相关的光

158

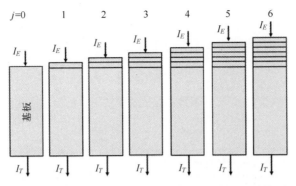

图 7.6 多层膜沉积过程中在线透射光谱的获取原理

学常数是众所周知的,而在线光谱的唯一任务就是可靠地确定每个膜层的厚度。这个任务可以通过所谓的全三角重构算法解决[11]。下面我们将对这个算法做一个简短的说明,基本原理如图 7.6 所示。上标"T"表示三角算法中使用的光谱。

假设第一层膜沉积后记录了第一层膜的透射光谱为 $T_{\mathrm{meas}}^{\mathrm{T}(1)}(v_l)$,这个光谱仅仅取决于第一层膜的厚度 h_1。第二层膜沉积完成后,记录第二层膜透射光谱为 $T_{\mathrm{meas}}^{\mathrm{T}(2)}(v_l)$,它自然取决于 h_1 和 h_2 的厚度值。重复这个过程直到整个多层膜沉积完成。全三角重构算法的实质是通过相应的理论光谱 $T_{\mathrm{calc}}^{\mathrm{T}(j)}(v_l)$ 拟合所有透射光谱,同时确定所有的膜层厚度值。因此,膜层厚度计算是通过最小化三角差异函数 DF^{T}[11]实现的,即

$$\mathrm{DF}^{\mathrm{T}}(h_1,\cdots,h_J) = \left[\frac{1}{JN}\sum_{j=1}^{J}\sum_{l=1}^{N}\left(\frac{T_{\mathrm{meas}}^{\mathrm{T}(j)}(v_l) - T_{\mathrm{calc}}^{\mathrm{T}(j)}(v_l,h_1,\cdots,h_j)}{\Delta T^{\mathrm{T}}(v_l)}\right)^2\right]^{1/2} \quad (7.18)$$

式中:J 为在沉积过程的相关状态下沉积的总膜层数;$\Delta T^{\mathrm{T}}(v_l)$ 为在线透射率测量误差。

目前,在线光谱与全三角重构算法相结合的方法被认为是测定复杂光学薄膜单层膜厚度的最可靠的技术。有关不同的应用示例请参阅文献[12-14]。

7.3 从光学常数获得的进一步信息

7.3.1 介质函数的基本经典色散模型和解析特性

如前所述,介电函数和光学常数似乎与频率有关,这种现象称为色散。对于选定的材料系统,这种频率依赖性可以用相当简洁的色散模型可靠地建模。洛伦兹振子模型和德鲁特模型可以作为描述介质和金属光学特性的基本经典色散

159

模型[1,2,15]。表7.2总结了它们的主要特点。

表7.2　洛伦兹和德鲁特色散模型的光学常数

束缚电荷载流子:单洛伦兹振子模型 应用:介电材料和金属中的束缚电子	自由电荷载流子:德鲁特模型 应用:金属中的自由电子
$$\frac{\varepsilon_{(\omega)}-1}{\varepsilon_{(\omega)}+2}=\frac{\hat{n}^2-1}{\hat{n}^2+2}$$ $$=\frac{N_{bound}}{3}\frac{q^2}{\varepsilon_0 m}\frac{1}{\omega_0-\omega^2-2i\omega\gamma}$$	$$\varepsilon(\omega)=1-\frac{\omega_p^2}{\omega^2+2i\gamma\omega};\omega_p=\sqrt{\frac{N_{free}q^2}{\varepsilon_0 m}}$$
N_{bound}:束缚电荷载流子浓度 m:束缚电荷载流子质量 q:电量 ω_0:共振频率 γ:阻尼常数	N_{free}:载流子浓度 m:自由电荷载流子质量 q:电量 γ:阻尼常数

从表7.2左列的图中可以看出,束缚电荷载流子系统最显著的光学响应是消光系数在 $\omega\rightarrow\omega_0$ 的共振行为,从而导致传播的波具有相当强的阻尼。注意:除了共振(透明区)外,折射率随着频率的增加而增加,这称为正常色散。接近共振(强阻尼)时,折射率随频率的增加而减小(反常色散)。

这种类型的色散与德鲁特模型(表7.2的右列)描述的色散形成强烈对比。在这里只要光的频率远低于等离子体频率,折射率可能明显小于消光系数。这种光学常数的行为导致了在空气-材料界面的高反射,它通常是在金属表面观察到的。当我们用德鲁特模型描述金属的光学行为时,电子的浓度和推导的参数如直流电导率 $\sigma_{stat}=\varepsilon_0\omega_p^2/(2\gamma)$ 和阻尼常数或者自由电子运动相对应的弛豫时间[2]一样容易获得。

根据表7.2的规则,在完全透明的介质中,我们观察到的条件是满足 $k\ll n$。良好的金属,即光响应主要由自由电子部分主导的金属表现出相反的行为,即 $k\gg n$。

如表7.2所列,n 和 k 之间明显相关的行为可以用介电函数的实部和虚部之间常用的Kramers-Kronig[16]关系表示,即

160

$$\mathrm{Re}\varepsilon(\omega) = 1 + \frac{2}{\pi}VP\int\limits_0^\infty \frac{\mathrm{Im}\varepsilon(\xi)\xi\mathrm{d}\xi}{\xi^2 - \omega^2}$$

$$\mathrm{Im}\varepsilon(\omega) = -\frac{2\omega}{\pi}VP\int\limits_0^\infty \frac{[\mathrm{Re}\varepsilon(\xi) - 1]}{\xi^2 - \omega^2}\mathrm{d}\xi + \frac{\sigma_{\mathrm{stat}}}{\varepsilon_0\omega} \tag{7.19}$$

式中:VP 为积分的柯西主值。式(7.19)符合以下关系,即

$$\mathrm{Re}\varepsilon(\omega) = \mathrm{Re}\varepsilon(-\omega)$$
$$-\mathrm{Im}\varepsilon(\omega) = \mathrm{Im}\varepsilon(-\omega) \tag{7.20}$$

表 7.2 中给出的色散关系与这些基本要求是一致的,这一点很容易验证。

光学常数[17]也可以用类似关系的公式表示。对于绝缘体和导体,有

$$n(\omega) = 1 + \frac{2}{\pi}VP\int\limits_0^\infty \frac{k(\xi)\xi\mathrm{d}\xi}{\xi^2 - \omega^2}$$

$$k(\omega) = -\frac{2\omega}{\pi}VP\int\limits_0^\infty \frac{[n(\xi) - 1]}{\xi^2 - \omega^2}\mathrm{d}\xi \tag{7.21}$$

Kramers-Kronig 关系一致性是薄膜表征或设计实践中任何色散规律物理相关性的强有力和有用的标准。

作为式(7.19)的直接结果,得到了以下有用的关系:

电介质的静态介电常数为

$$\varepsilon_{\mathrm{stat}} = \varepsilon(\omega = 0) = 1 + \frac{2}{\pi}\int\limits_0^\infty \frac{\mathrm{Im}\varepsilon(\omega)}{\omega}\mathrm{d}\omega \tag{7.22}$$

因此,介质的静介电常数通常大于 1。

相反,在高频极限下,我们发现(假设收敛):

$$\mathrm{Re}\varepsilon(\omega) = 1 + \frac{2}{\pi}VP\int\limits_0^\infty \frac{\mathrm{Im}\varepsilon(\xi)\xi\mathrm{d}\xi}{\xi^2 - \omega^2}\bigg|_{\omega\to 0} \to 1 - \frac{2}{\pi\omega^2}\int\limits_0^\infty \mathrm{Im}\varepsilon(\xi)\xi\mathrm{d}\xi < 1 \tag{7.23}$$

通常,在极紫外(EUV)或软 X 射线光谱区,介电函数和折射率都小于但接近于 1。

一个最重要的求和规则是将振子的全部浓度 N(即在重核背景下的振荡电子)与积分能量耗散相关联,即

$$N = \frac{2\varepsilon_0 m}{\pi q^2}\int\limits_0^\infty \mathrm{Im}\varepsilon(\omega)\omega\mathrm{d}\omega \tag{7.24}$$

根据光学常数式(7.3)和式(7.4)重写式(7.24),可以立即得到

$$N = \frac{2\varepsilon_0 mc}{\pi q^2}\int\limits_0^\infty n(\omega)\alpha(\omega)\mathrm{d}\omega \tag{7.25}$$

161

在这里,我们得到了所有定量分光光度法分析的基础。其中,任何类型的吸收中心(分子,杂质等)的浓度都是通过测量吸光度的积分得到的。当然,在实践中,式(7.25)中的积分只能在测量可用的有限频率间隔内进行。

7.3.2 常用的其他色散模型

显然,上面提到的基本模型对应于相当理想化的情况,在实际表征中必须应用更复杂的色散模型。在我们的处理中,将考虑从中红外到紫外光谱区的相关模型,主要包括与红外分析(原子核振动)相关的模型、用于干涉薄膜应用的透明材料,用于遮光、光电和太阳能转换的吸收材料的吸收边建模(选择性),以及用于遮光或反射光的金属等。图 7.7 给出了典型电介质、半导体和透明导电氧化物(TCO)材料从红外到紫外的光学常数和单层膜光学特性的示意图。

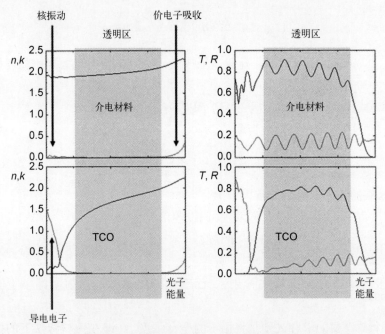

图 7.7 介质材料和未掺杂半导体(上图)或透明导体氧化物材料
(下图)的透明区(光子能量为 $\hbar\omega$)

如图 7.7 所示,许多介电材料或半导体材料具有较宽的透明区,通常从近红外到可见光甚至到紫外光谱区。在短波长侧(高光子能量),透明度受到价电子激发的限制,这意味着是基本吸收边的能量位置。在长波长侧(低光子能量),它受到原子核振动的光激发限制,原子核振动频率在中红外光谱区。然而,在

TCO 材料中,自由电子运动的光激发可能导致低光子能量处透明区进一步缩小。

表 7.3 总结了一些常用的色散模型,这些模型可用于描述从红外到紫外光谱区的电介质、金属和半导体的特性。

表 7.3　色散模型的选择。根据[15]的符号,f 代表振子强度

模　　型	方　　程　　式	应用/注释
洛伦兹多振子模型	$\varepsilon(\omega)=1+\sum\limits_{j}\dfrac{f_j}{\omega_{0j}^2-\omega^2-2i\omega\gamma_j}$	不同共振频率的洛伦兹振子的叠加;适用于具有复杂吸收形状的电介质和半导体光谱拟合
德鲁特–多振子结合模型	$\varepsilon(\omega)=1-\dfrac{\omega_p^2}{\omega^2+2i\gamma\omega}+\sum\limits_{j}\dfrac{f_j}{\omega_{0j}^2-\omega^2-2i\omega\gamma_j}$	自由电荷和束缚电荷载流子的叠加贡献,用于描述任何导电材料的光学特性,包括 TCO
Brendel 模型[18]	$\varepsilon(\omega)=1+\dfrac{1}{\sqrt{2\pi}\delta}\displaystyle\int_{-\infty}^{\infty}\exp\left[-\dfrac{(\xi-\overline{\omega}_0)^2}{2\delta^2}\right]\dfrac{f}{\xi^2-\omega^2-2i\gamma\omega}\mathrm{d}\xi$	多振子模型的特殊情况:描述非均匀展宽(相对于高斯函数)的吸收线;描述洛伦兹、高斯和 Voigt 线形
Tanc–Lorentz 模型[19]	$\mathrm{Im}\varepsilon(\omega)=\dfrac{\mathrm{const.}}{\omega}\dfrac{\gamma(\omega-\omega_{\mathrm{gap}})^2}{(\widetilde{\omega}_0^2-\omega^2)^2+4\gamma^2\omega^2}$, $\omega\geqslant\omega_{\mathrm{gap}}$ $\mathrm{Im}\varepsilon(\omega)=0$, $\omega<\omega_{\mathrm{gap}}$	将 Tauc 幂律[20]与洛伦兹吸收系数依赖性组合,常用于描述无定形半导体的基本吸收边附近区域。ε 的实部可以根据式(7.19)计算。Tauc 光学带隙由 $\hbar\omega_{\mathrm{gap}}$ 给出
Codey–Lorentz 模型[21]	$\mathrm{Im}\varepsilon(\omega)=\mathrm{const.}\dfrac{\omega}{(\omega-\omega_{\mathrm{gap}})^2+\omega_{t2}^2}\dfrac{\gamma(\omega-\omega_{\mathrm{gap}})^2}{(\widetilde{\omega}_0^2-\omega^2)^2+4\gamma^2\omega^2}$, $\omega\geqslant\omega_{t1}$ $\mathrm{Im}\varepsilon(\omega)=\dfrac{\omega_1}{\omega}\exp\left[\dfrac{\omega-\omega_{t1}}{\omega_u}\right]$, $0\leqslant\omega_{t1}$	将 Cody 幂律[21]与洛伦兹吸收系数和 Urbach 带尾[22]组合。常用于无定形半导体的基本吸收边附近区域。ε 的实部可以根据式(7.19)计算。Cody 光学带隙由 $\hbar\omega_{\mathrm{gap}}$ 给出

7.3.3　混合材料的光学特性

现在假设一种由几个组分组成的混合物,每个组分的编号为 j。进一步假设,我们知道,混合物中任意一种成分的光学常数(或介电函数 ε_j),我们的任务

就是确定混合物的光学常数。

我们将做出以下的假设：

让混合物占据整个体积 V。在混合物中，假设每个组分占据一定体积分数 V_j。混合物中第 j 种材料的相应体积填充系数 P_j 定义为

$$P_j \equiv \frac{V_j}{V} \tag{7.26}$$

显然，有

$$\sum_j P_j = 1 \tag{7.27}$$

习惯上，混合物被处理为编号为 j 的嵌入物（尺度与波长相比小）嵌入到介电函数 ε_h 的主体介质中[23]。这个假设导出了一般的混合公式，即

$$\frac{(\varepsilon_{eff} - \varepsilon_h)}{\varepsilon_h + (\varepsilon_{eff} - \varepsilon_h)L} = \sum_j P_j \frac{(\varepsilon_j - \varepsilon_h)}{\varepsilon_h + (\varepsilon_j - \varepsilon_h)L} \tag{7.28}$$

式中：L 为所谓的去极化因子；ε_{eff} 为混合物的有效介电函数。注意：式(7.28)在 $0 \leqslant L \leqslant 1$ 时成立。在球形嵌入物的情况下，设置 $L=1/3$。

表 7.4 提供了一些混合物模型，这些混合模型代表了通用式(7.28)的特殊情况。

表 7.4　混合物模型综述

模　　型	方　　程	应用/注释
平行纳米层压板	$\varepsilon_{eff} = \sum_j p_j \varepsilon_j$	纳米层压板取向与电场向量方向平行。当 $L=0$ 时，从式(7.28)得到
垂直纳米层压板	$\varepsilon_{eff}^{-1} = \sum_j p_j \varepsilon_j^{-1}$	纳米层压板取向与电场向量方向垂直。当 $L=1$ 时，从式(7.28)得到
Maxwell Garnett	$\frac{(\varepsilon_{eff} - \varepsilon_l)}{\varepsilon_l + (\varepsilon_{eff} - \varepsilon_l)L} = \sum_{j \neq l} P_j \frac{(\varepsilon_j - \varepsilon_l)}{\varepsilon_l + (\varepsilon_j - \varepsilon_l)L}$	以第 l 个物质作为主体的混合物系统。当 $\varepsilon_h = \varepsilon_l$ 时，从式(7.28)得到
Lorentz-Lorenz	$\frac{(\varepsilon_{eff} - 1)}{1 + (\varepsilon_{eff} - 1)L} = \sum_j p_j \frac{(\varepsilon_j - 1)}{1 + (\varepsilon_j - 1)L}$	以真空为主体的混合物系统。当 $\varepsilon_h = 1$ 时，从式(7.28)得到
Bruggeman	$0 = \sum_j P_j \frac{(\varepsilon_j - \varepsilon_{eff})}{\varepsilon_{eff} + (\varepsilon_j - \varepsilon_{eff})L}$	分子混合物，当 $\varepsilon_h = \varepsilon_{eff}$ 时，从式(7.28)得到，也称为有效介质近似(EMT 或 EMA)

关于混合物光学行为的知识具有极大的实用意义,因为没有任何实际的材料可以被认为是绝对纯的。相反,它可能由几种晶相和无定形相组成,也可能包含化学计量和非化学计量的组分以及几种杂质。甚至图 2.2 所示的氧化锆薄膜也不能视为纯的薄膜:很显然,它是结晶和无定形氧化锆组分以及孔隙组分的混合物。

从这个意义上说,混合模型甚至为理解 7.2.3 节中提到的在线光学常数和离线光学常数之间差异提供了方法。实际上,当在真空条件下制备薄膜时,孔隙是空的,因此孔隙的特征是"孔隙折射率"等于 1。然而,在大气中水可以渗入孔隙中,将孔隙的折射率改变为约 1.33。可以根据合适的混合模型来计算对薄膜光学性能的最终影响,这被称为真空-大气漂移法[15](比较 2.3 节)。

7.3.4 多振子模型的经验扩展:β 分布振子模型(β_do)

如图 7.7 所示,在有限的光谱区,德鲁特和洛伦兹多振子模型的组合,非常适合描述各种材料的介电函数。当光谱区包括基本吸收边时,准确模拟介质函数所需的洛伦兹振子数量增加,由此产生的大量参数往往导致拟合过程中的数值不稳定性。当使用合适的振子强度分布函数时,可以减少所需的参数数量。一个突出的例子是 Brendel 模型(表 7.3),它利用了共振频率的高斯分布。β 分布给出了另一种很有前途的方法,即

$$f_{beta}(\chi,\alpha,\beta) = \frac{\Gamma(\alpha+\beta)}{\Gamma(\alpha)\Gamma(\beta)}\chi^{\alpha-1}(1-\chi)^{\beta-1} = \frac{\chi^{\alpha-1}(1-\chi)^{\beta-1}}{B(\alpha,\beta)} \quad (0 \leq x \leq 1) \quad (7.29)$$
$$f_{beta}(\chi,\alpha,\beta) = 0 \quad (x<0 \text{ 或 } x>1)$$

式中:$\Gamma(z)$ 为伽马函数;$B(\alpha,\beta)$ 为 β 函数,定义为

$$B(\alpha,\beta) = \int_0^1 \chi^{\alpha-1}(1-\chi)^{\beta-1}d\chi \quad (7.30)$$

β 函数可以很容易地推广覆盖到任意区间 $[v_{min},v_{max}]$,即

$$f_{beta}(\xi,\alpha,\beta,\nu_{min},\nu_{max}) = \frac{(\xi-\nu_{min})^{\alpha-1}(\nu_{max}-\xi)^{\beta-1}}{B(\alpha,\beta)(\nu_{max}-\nu_{min})^{\alpha+\beta-1}} \quad (7.31)$$

当 $\alpha=\beta$ 时,分布是对称的(图 7.8(a))。当 $\alpha=\beta=1$ 时可产生在 $[0,1]$ 均匀分布,$\alpha=\beta\to\infty$ 时可以在中点生成 δ 分布函数。在 $\alpha \neq \beta$ 时分布函数将倾斜(图 7.8(b))。

β 分布的实际应用是模拟光学材料中振子强度的分布,进一步的特性似乎很有应用前景。即使是正态分布的振子强度(Brendel 模型),也可以通过 β 对称分布很好地逼近。在图 7.9 中显示了平均值为 0.5、标准偏差为 0.1 的(截断的)正态分布(圆圈)。形状非常接近 $\alpha=\beta=13$ 的 β 分布(实线)。

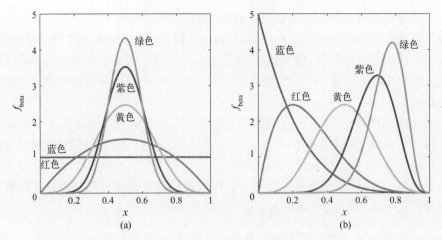

图 7.8 β 分布的概率密度函数(蓝色 α=1，红色 α=2,黄色 α=5,紫色 α=10,绿色 α=15)
(a) α=β；(b) β=5。

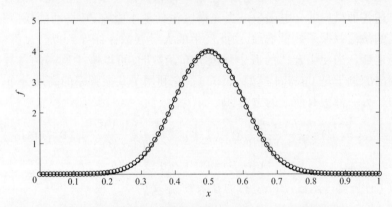

图 7.9 正态分布的概率密度函数(圆圈:平均值为 0.5,标准偏差为 0.1)和
β 分布(α=β=13)

为了将 β 分布应用到洛伦兹多振子模型中,可以使用在波数 v 的第 j 个单振子极化率 $\hat{\chi}_j(v)$ 的依赖性(对比表 7.3),即

$$\hat{\chi}_j(v) = \frac{f_j}{\tilde{v}_{0j}^2 - v^2 - 2iv\Gamma_j} \tag{7.32}$$

由于在当前 LCalc 软件中使用的振子模型的兼容性原因[24],将使用稍微不同的公式,即

$$\hat{\chi}_j(v) = \frac{J_j}{\pi}\left(\frac{1}{v_{0j} - v - i\Gamma_j} + \frac{1}{v_{0j} + v + i\Gamma_j}\right) \tag{7.33}$$

让我们引入复函数 $X(\xi,\nu)$，其定义为

$$X(\xi,\nu)=\frac{J_{\mathrm{beta},j}}{\pi}\left(\frac{1}{\xi-\nu-\mathrm{i}\Gamma_{\mathrm{beta},j}}+\frac{1}{\xi+\nu+\mathrm{i}\Gamma_{\mathrm{beta},j}}\right) \tag{7.34}$$

为了用位于区间 $[\nu_{\min,j},\nu_{\max,j}]$ 的一组 β 分布振子代替第 j 个单振子，我们写成

$$\hat{\chi}_{\mathrm{beta},j}(\nu)=\int_{\nu_{\min,j}}^{\nu_{\max,j}}f_{\mathrm{beta}}(\xi,\alpha_j,\beta_j,\nu_{\min,j},\nu_{\max,j})X(\xi,\nu)\,\mathrm{d}\xi \tag{7.35}$$

式(7.35)描述了一种非均匀展宽的吸收结构，而不是由式（7.32）虚部定义的单一洛伦兹线，这种结构可以用于模拟固体薄膜的吸收边形状。

接下来，用有限和代替积分函数。因此，可以使用 N 个波数的等距网格，即

$$v_{s,j}=v_{\min,j}+s\cdot\Delta\xi\left(s\in[1,N],\Delta\xi=\frac{v_{\max,j}-v_{\min,j}}{N+1}\right) \tag{7.36}$$

然后一组 β 分布振子的极化率(β_do)可以通过下式计算，即

$$\hat{\chi}_{\mathrm{beta},j}(v)=\sum_{s=1}^{N}f_{\mathrm{beta}}(v_{s,j},\alpha,\beta,v_{\min,j},v_{\max,j})X(v_{s,j},v)\Delta\xi$$

$$=\frac{1}{(N+1)B(\alpha,\beta)}\sum_{s=1}^{N}\frac{(v_{s,j}-v_{\min,j})^{\alpha-1}(v_{\max,j}-v_{s,j})^{\beta-1}}{(v_{\max,j}-v_{\min,j})^{\alpha+\beta-2}}X(v_{s,j},v) \tag{7.37}$$

此外，还可以方便地将 β 函数替换为和形式(对比式(7.30))，即

$$B(\alpha,\beta)=\frac{1}{N+1}\sum_{s=1}^{N}\frac{(v_{s,j}-v_{\min,j})^{\alpha-1}(v_{\max,j}-v_{s,j})^{\beta-1}}{(v_{\max,j}-v_{\min,j})^{\alpha+\beta-2}} \tag{7.38}$$

从式(7.31)、式(7.33)~式(7.35)可知，极化率可通过以下公式计算，即

$$\hat{\chi}_{\mathrm{beta},j}(v)=\frac{\sum_{s=1}^{N}w_{s,j}\dfrac{J_{\mathrm{beta},j}}{\pi}\left(\dfrac{1}{v_{s,j}-v-\mathrm{i}\Gamma_{\mathrm{beta},j}}+\dfrac{1}{v_{s,j}+v+\mathrm{i}\Gamma_{\mathrm{beta},j}}\right)}{\sum_{s=1}^{N}w_{s,j}} \tag{7.39}$$

带有权重因子为

$$w_{s,j}=\frac{(v_{s,j}-v_{\min,j})^{\alpha_j-1}(v_{\max,j}-v_{s,j})^{\beta_j-1}}{(v_{\max,j}-v_{\min,j})^{\alpha_j+\beta_j-2}}=\left(\frac{s}{N+1}\right)^{\alpha_j-1}\left(\frac{N+1-s}{N+1}\right)^{\beta_j-1} \tag{7.40}$$

式(7.39)和式(7.40)基本上定义了我们进一步称为 β 分布振子模型(β_do 模型)。在图 7.10 中，显示了 β 分布振子对极化率实部和虚部的独立贡献。

β 分布振子组的线宽对极化率实部和虚部的影响如图 7.11 所示。在趋势上，极化率虚部的宽度随单个振子的线宽而减小。当线宽与 β 分布的宽度相比

变小时,得到的形状就会由 β 分布所支配。

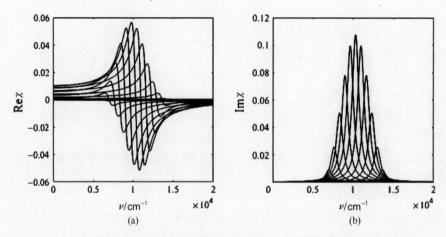

(a)   (b)

图 7.10   由 β_do 模型定义的单个等间距洛伦兹振子的极化率的实部(a)和虚部(b)

($N=15, v_{\min}=5000\mathrm{cm}^{-1}, v_{\max}=15000\mathrm{cm}^{-1}, J_{\mathrm{beta}}=1000\mathrm{cm}^{-1},\ \Gamma_{\mathrm{beta}}=500\mathrm{cm}^{-1},\ \alpha=\beta=5$)

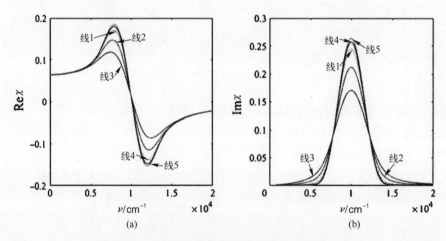

(a)   (b)

图 7.11 β_do 模型中极化率的实部(a)和虚部(b)

($N=1000, v_{\min}=5000\mathrm{cm}^{-1}, v_{\max}=15000\mathrm{cm}^{-1}, J_{\mathrm{beta}}=1000\mathrm{cm}^{-1}$;线 3: $\Gamma_{\mathrm{beta}}=1000\mathrm{cm}^{-1}$;

线 2: $\Gamma_{\mathrm{beta}}=500\mathrm{cm}^{-1}$;线 1: $\Gamma_{\mathrm{beta}}=200\mathrm{cm}^{-1}$;线 4: $\Gamma_{\mathrm{beta}}=100\mathrm{cm}^{-1}$;线 5: $\Gamma_{\mathrm{beta}}=50\mathrm{cm}^{-1}$)

7.4   结论

在本章中,介绍了薄膜和薄膜系统的光谱表征所必需的基本理论概念和方程。特别是 β_do 模型在薄膜表征实践中是非常有用的,这不仅包括典型的无机

介质薄膜,而且还包括金属薄膜、半导体薄膜,甚至有机分子薄膜。在第 8 章中,
将介绍和讨论相应的例子。

参考文献

[1] M. Born, E. Wolf, *Principles of Optics* (Pergamon Press, Oxford, 1968)

[2] O. Stenzel, *The Physics of Thin Film Optical Spectra: An Introduction*. Springer Series in Surface Sciences, vol. 44, 2nd edn. (Springer, Berlin, 2015)

[3] R. Gross, A. Marx, Festkörperphysik (Walter de Gruyter GmbH, Berlin, 2014)

[4] J.C. Manifacier, J. Gasiot, J.P. Fillard, A simple method for the determination of the optical constants n, k and the thickness of a weakly absorbing thin film. J. Phys. E: Sci. Instrum. **9**, 1002–1004 (1976)

[5] I. Ohlidal, K. Navrátil, Simple method of spectroscopic reflectometry for the complete optical analysis of weakly absorbing thin films: application to silicon films. Thin Solid Films **156**, 181–190 (1988)

[6] E. Nichelatti, Complex refractive index of a slab from reflectance and transmittance: analytical solution. J. Opt. A: Pure Appl. Opt. **4**, 400–403 (2002)

[7] A.V. Tikhonravov, M.K. Trubetskov, B.T. Sullivan, J.A. Dobrowolski, Influence of small inhomogeneities on the spectral characteristics of single thin films. Appl. Opt. **36**, 7188–7198 (1997)

[8] J.H. Dobrowolski, F.C. Ho, A. Waldorf, Determination of optical constants of thin film coating materials based on inverse synthesis. Appl. Opt. **22**, 3191–3200 (1983)

[9] T.V. Amotchkina, M.K. Trubetskov, V. Pervak, B. Romanov, A.V. Tikhonravov, On the reliability of reverse engineering results. Appl. Opt. **51**, 5543–5551 (2012)

[10] V. Janicki, J. Sancho-Parramon, O. Stenzel, M. Lappschies, B. Görtz, C. Rickers, C. Polenzky, U. Richter, Optical characterization of hybrid antireflective coatings using spectrophotometric and ellipsometric measurements. Appl. Opt. **46**, 6084–6091 (2007)

[11] A.V. Tikhonravov, M.K. Trubetskov, On-line characterization and reoptimization of optical coatings. Proc. SPIE **5250**, 406–413 (2004)

[12] T.V. Amotchkina, M.K. Trubetskov, V. Pervak, S. Schlichting, H. Ehlers, D. Ristau, A.V. Tikhonravov, Comparison of algorithms used for optical characterization of multilayer optical coatings. Appl. Opt. **50**, 3389–3395 (2011)

[13] S. Wilbrandt, O. Stenzel, N. Kaiser, Experimental determination of the refractive index profile of rugate filters based on in situ measurements of transmission spectra. J. Phys. D **40**, 1435–1441 (2007)

[14] S. Wilbrandt, O. Stenzel, M. Bischoff, N. Kaiser, Combined in situ and ex situ optical data analysis of magnesium fluoride coatings deposited by plasma ion assisted deposition. Appl. Opt. **50**, C5–C10 (2011)

[15] O. Stenzel, *Optical Coatings: "Material Apects in Theory and Practice"* (Springer, Berlin, 2014)

[16] L.D. Landau, E.M. Lifschitz, Lehrbuch der theoretischen Physik, Bd. VIII: Elektrodynamik der Kontinua [engl.: Textbook of Theoretical Physics, Vol. VIII: Electrodynamics of Continuous Media] (Akademie, Berlin, 1985)

[17] V. Lucarini, J.J. Saarinen, K.E. Peiponen, E.M. Vartiainen, *Kramers-Kronig relations in Optical Materials Research* (Springer, Berlin, 2005)

[18] R. Brendel, D. Bormann, An infrared dielectric function model for amorphous solids. J. Appl. Phys. **71**, 1–6 (1992)

[19] G.E. Jellison, Spectroscopic ellipsometry data analysis: measured versus calculated quantities. Thin Solid Films **313**(314), 33–39 (1998)

[20] J. Tauc, R. Grigorovic, A. Vancu, Optical properties and electronic structure of amorphous germanium. Phys. Stat. Sol. **15**, 627–637 (1966)

[21] A.S. Ferlauto, G.M. Ferreira, J.M. Pearce, C.R. Wronski, R.W. Collins, X. Deng, G. Ganguly, Analytical model for the optical functions of amorphous semiconductors from the near-infrared to ultraviolet: applications in thin film photovoltaics. J. Appl. Phys. **92**, 2424–2436 (2002)

[22] F. Urbach, The long-wavelength edge of photographic sensitivity and of the electronic absorption of solids. Phys. Rev. **92**, 1324 (1953)

[23] D.E. Aspnes, J.B. Theeten, F. Hottier, Investigation of effective-medium models of microscopic surface roughness by spectroscopic ellipsometry. Phys. Rev. B **20**, 3292–3302 (1979)

[24] O. Stenzel, S. Wilbrandt, K. Friedrich, N. Kaiser, Realistische Modellierung der NIR/VIS/UV-optischen Konstanten dünner optischer Schichten im Rahmen des Oszillatormodells. Vak. Forsch. Prax. **21**(5), 15–23 (2009)

第 8 章　单层和多层膜的在线和离线分光光度法表征 Ⅱ：实验技术和应用实例

斯特芬·维尔布兰特 奥拉夫·斯滕泽尔①

摘　要　前一章概述了单层膜和多层薄膜表征的理论背景。本章将重点介绍基本实验技术。此外，我们聚焦在 β_do 模型上，演示了不同色散模型在单层的介质薄膜、半导体薄膜、金属薄膜、有机薄膜和裸基板表征中的应用。最后，我们展示多层减反射膜(V-薄膜)的在线光谱和离线光谱的相互作用。

8.1　分光光度法实验技术

让我们回想一下图 1.1。想象一下最简单的情况，以光强 I_E 入射到样品上的单色平面光波，用复数表示法，光波的电场 E 取决于时间 t 和式(2.1)的坐标 r。

一旦我们把重点放在分光光度法上，就必须更详细地讨论由式(2.2)给出的光强度。在离线薄膜表征实践中，通常使用商用分光光度计对式(2.3)定义的 T_{exp} 和 R_{exp} 进行实验测定，商用的分光光度计大致可分为色散和傅里叶变换型[1]。在这种情况下，对于薄膜表征的目，我们要提到的是，强度测量的最高绝对精度对于通过最小化差异函数式(7.15)获得可靠的结果至关重要，而最高的光谱分辨率通常是无用的。因此，T_{calc} 和 R_{calc} 是在一定膜层模型上的理论计算光谱。

---

①　斯特芬·维尔布兰特(✉)

夫琅和费应用光学和精密工程研究所 IOF，德国耶拿，阿尔伯特-爱因斯坦大街 7 号，07745

e-mail：steffen. wilbrandt@ iof. fraunhofer. de

奥拉夫·斯滕泽尔

夫琅和费应用光学和精密工程研究所 IOF，德国耶拿，阿尔伯特-爱因斯坦大街 7 号，07745

耶拿·弗里德里希·席勒大学阿贝光子学院，德国耶拿，阿尔伯特-爱因斯坦大街 6 号，07745

e-mail：olaf. stenzel@ iof. fraunhofer. de；optikbuch@ optimon. de

8.1.1 光谱分辨率

在应用的膜层模型中,一个常见且方便的假设是薄膜足够薄,可以观察到由于薄膜内部多次反射而引起的干涉现象。另外,基板应该足够厚,以便使基板内的多次内部反射产生非相干的叠加,如没有可观察到的干涉现象。这就对相应测量中允许的光谱分辨率定义了一个约束条件:太高的分辨率容易产生基板的干涉效应,这与假设的厚基板内部反射光波列非相干叠加不再一致。作为一个粗略的估计,在近似正入射下,T 和 R 测量的光谱分辨率应该受到限制,以便满足式(8.1)的要求[2],即

$$\Delta v > \frac{1}{2\pi n_{sub} h_{sub}} \left(\text{或 } \Delta\lambda > \frac{\lambda^2}{2\pi n_{sub} h_{sub}} \right) \tag{8.1}$$

式中:Δv 或 $\Delta\lambda$ 为入射光的光谱带宽(在式(2.2)中假设的绝对单色波只是一个方便的模型,在现实中从来没有观察到)。式(8.1)的条件在表征实践中很容易满足,因为商业分光光度计通常可以将光谱带宽设置为足够大的值,或者必须选择适当厚度的基板。

另一方面,高精度的强度测量并不容易实现。幸运的是,当通过对式(7.15)的最小化进行曲线拟合时[3],T 或 R 中的随机测量误差并不那么重要,但是系统测量误差仍然存在[3]。

导致系统测量误差的常见原因是仪器的光谱分辨率有限,例如,由色散分光光度计中入口或出口单色仪狭缝的有限宽度引起的。这些狭缝相当于矩形光阑,光线从单色器进入并从单色器离开。在理想光谱仪中,狭缝有限宽度的影响可以用三角形的点扩散函数建模(图8.1)。明显的结果就是透射率和反射率的系统测量误差,尤其是在光谱的极值位置误差最大(图8.2)。分光光度计的有限光谱分辨率将降低极大值处的光谱测量值,并使极小值处的光谱测量值增加。

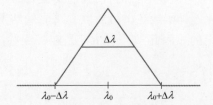

图8.1　理想光谱仪中狭缝的点扩散函数

在实际仪器中,点扩散函数将会更复杂。为了考虑到这一影响,在理论计算光谱时可以包含点扩散函数,或者在测量过程中必须选择足够高的光谱分辨率。为了估计所需的光谱分辨率,可以解析地研究点扩散函数对单层薄膜的影响。

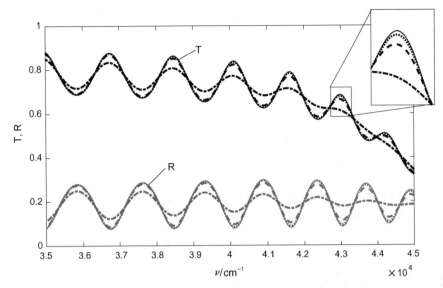

图 8.2　假设为单色波的理论透射率(黑色实线,T)和反射率(红色实线,R),
三角形点扩散函数对有限光谱带宽的影响
(狭缝宽度:点线表示 1nm,虚线表示 2nm,点虚线表示 5nm)

对于无阻尼的特殊情况,半无限大基板(折射率 n_{sub})上单层膜(折射率 n)的正入射透射率可由下式计算得到[2],即

$$T(n,n_{sub},\delta) = \frac{n_{sub}\left(\dfrac{2}{1+n}\right)^2\left(\dfrac{2n}{n+n_{sub}}\right)^2}{1+\left(\dfrac{1-n}{1+n}\right)^2\left(\dfrac{n-n_{sub}}{n+n_{sub}}\right)^2+2\left(\dfrac{1-n}{1+n}\right)\left(\dfrac{n-n_{sub}}{n+n_{sub}}\right)\cos2\delta}\qquad(8.2)$$

和

$$2\delta = 4\pi vnh \qquad(8.3)$$

很明显,透射率极值对应于 2δ 项的 π 的整数倍(假设弱色散):奇数倍为四分之一波长点(QW),偶数倍为半波长点(HW)。

当将三角点扩散函数应用于透射率时,可以通过实际光谱仪获得预期透射率 T,即

$$\widetilde{T} \approx \frac{1}{4}T(n,n_{sub},\delta-\Delta\delta)+\frac{1}{2}T(n,n_{sub},\delta)+\frac{1}{4}T(n,n_{sub},\delta+\Delta\delta) \qquad(8.4)$$

和

$$\Delta\delta = \frac{\pi nh}{\lambda_0^2}\Delta\lambda \qquad(8.5)$$

对于 QW 点和 HW 点的测量误差,可以扣除

$$\Delta T_{QW} = T - \widetilde{T} \approx -\frac{2n^2 n_{\text{sub}}(n^2 - n_{\text{sub}}^2)(n^2 - 1)}{(n^2 + n_{\text{sub}}^2)^4}(\Delta\delta)^2 \qquad (8.6)$$

$$\Delta T_{HW} = T - \widetilde{T} \approx -\frac{2n^2 n_{\text{sub}}(n^2 - n_{\text{sub}}^2)(n^2 - 1)}{n^4(1 + n_{\text{sub}}^2)^4}(\Delta\delta)^2 \qquad (8.7)$$

从这里可以看到,下面的关系是有效的,即

$$|\Delta T_{QW}| < |\Delta T_{HW}| \quad (n > n_{\text{sub}}) \qquad (8.8)$$

$$|\Delta T_{QW}| > |\Delta T_{HW}| \quad (n < n_{\text{sub}}) \qquad (8.9)$$

在这两种情况下,最大的影响将在透射率最大值。对于一个给定的可接受公差 ΔT,现在可以估计所需的光谱分辨率。对于 $n > n_{\text{sub}}$,可以得到

$$\Delta\lambda < \frac{\lambda_0^2(1 + n_{\text{sub}})^2}{\pi h}\sqrt{\frac{\Delta T}{2n_{\text{sub}}(n^2 - n_{\text{sub}}^2)(n^2 - 1)}} \qquad (8.10)$$

对于 $n < n_{\text{sub}}$ 的情况,有

$$\Delta\lambda < \frac{\lambda_0^2(n^2 + n_{\text{sub}})^2}{\pi n h}\sqrt{\frac{\Delta T}{2n^2 n_{\text{sub}}(n^2 - n_{\text{sub}}^2)(n^2 - 1)}} \qquad (8.11)$$

与式(8.1)一起,这将限制适用于测量基板-薄膜系统的分光光度法的光谱分辨率。

8.1.2　样品照明

基本上,根据入射光斑与探测器视场之间的关系,对可能的照明配置进行分类(图 8.3(a))。当两个区域在形状和大小上相同时,光的可逆性使得在基于光纤的方法中可以使用相同的光学配置进行照明和检测。这将降低开发成本,但使此方法对于对准误差非常敏感。照明和探测器之间即使很小的未对准也会改变光的通量,从而导致测量误差。为了克服这个问题,照明光和准直光的光斑大小应该不同。原则上,可选择小光斑的照射光和大光斑的准直光(图 8.3(b)),反之亦然(图 8.3(c))。在小光斑的情况下,不需要光源的空间均匀性,但对于探测器准直光学系统是必不可少的。此外,在这种配置下,任何来自其他光源的光可能都是有问题的(由电子束枪或等离子/离子源引起的环境光)。在相反的情况下,光源的空间均匀性是至关重要的,但不需要探测器前面的准直光学系统。通常,可以通过漫散射板、乌布利希球、光混合棒或微光学阵列优化空间均匀性。

漫散射板和乌布利希球使得系统的光通量显著降低,而微光学阵列具有很好的扩展性。考虑到光学元件上不必要的沉积会导致测量误差,使用乌布利希

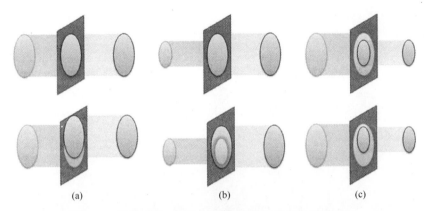

图 8.3　最佳对准(上图)和稍微失调(下图)的照明配置
(a) 在形状和尺寸上入射光斑和视场与探测器相同;(b) 小光斑照明和大光斑准直;
(c) 大光斑照明,小光斑准直。

球是有利的,因为相对于内表面的小开口尺寸使得它对不必要的沉积几乎不敏感。如果乌布里希球是由陶瓷制成的,它能承受高温并且可以通过喷砂去除任何污染物。当乌布里希球体用作光源的腔室外壳时,它还可以保护探测器不受环境光的影响。

8.1.3　透射和反射测量

许多商用分光光度计都是多用途仪器,主要用于在具有几何形状的气室或液室中进行吸光度测量。薄膜样品的测量通常需要使用可选的测量附件,这些附件必须安装在样品室中,通常用于在不同入射角度进行反射测量。对其系统测量误差的量化需要自身的努力,而手册中包括的相应信息(如果有)通常不是很有帮助。

这方面值得一提的是,在许多分光光度计中,不能像图 7.1 所示那样直接测量 I_E、I_T 或 I_R。相反,在与样品相互作用后,光必须通过一定顺序的光学元件才能到达探测器。因此,在测量实践中,T 和 R 可以从以下标准方法测量中获得。

(1) 测量强度 I_{100},对应于空的样品室,即在光路中没有样品(基线或自动归零测量)。

(2) 在光路中放入测量样品的 I_T 或 I_R(样品测量)。

(3) 光路被遮挡情况下 I_0 的测量 (暗信号测量)。

从这些强度数据中,T 和 R 可以利用式(8.12)[4]获得,即

$$T = \frac{I_T - I_0}{I_{100} - I_0}$$

$$R = \frac{I_R - I_0}{I_{100} - I_0}$$

(8.12)

在(近)正入射下的透射率测量中,测量操作是直接实现的(图8.4)。

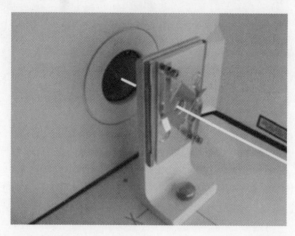

图 8.4　Perkin Elmer Frontier Optica FTIR 用于透射率测量的光路

如果反射光是相对于反射率为 R_{ref} 的参考镜测量,不能使用式(8.12),得到的结果为

$$T = \frac{I_T - I_0}{I_{100} - I_0}$$

$$R = R_{ref} \frac{I_R - I_0}{I_{100} - I_0}$$

(8.13)

由于几何的原因无法实现正入射反射率测量。无参考镜(或绝对的)的测量可以通过使用所谓的 VN 测量原理的特殊附件来完成。近正入射角对应的光路如图 8.5 所示。很显然,该基本原理很容易适应斜入射。在这种情况下,必须考虑光偏振以及光束分离和位移等影响[4]。

基本上,需要两个可移动的镜子引导透射(图8.5(a))和反射光(图8.5(b))。由于几何的限制,可能需要一个附加的反射镜将光线从样品引向探测器。

参考文献[4]及引用的参考文献提供了更详细的描述。我们在这里还提到,VW 和 IV 测量原理[4]可以直接测量 R^2 而不是 R。因此,它们不适合测量非常低的反射率值,但在测量高反射率上非常适用。

最近,安捷伦公司开发了一套测量系统,将典型的分光光度计结构与全自动

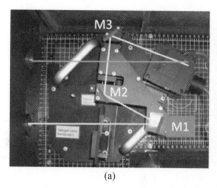
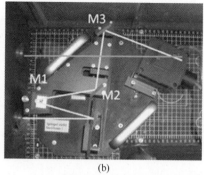

(a)　　　　　　　　　　　　　　(b)

图 8.5　VN 附件中的透射测量光路(a)和反射测量光路(b)(入射角 $\varphi = 6°$)

的微型测角装置相结合(与 Cary 7000UMS 对比如图 8.6 所示[5,6]),该测量系统适用于 I_E、I_T 或 I_R 的直接测量。它被安装在一个额外的样品室(安捷伦 UMA–通用测量附件)。可移动式探测器可以在几乎任何合理的入射角下直接(无参考)进行 I_T 或 I_R 的测量(图 8.6(a),与图 7.1 相比)。宽的探测器区域甚至可以收集在倾斜入射条件下使光束变宽的多重内反射光(图 8.6(b),与文献[4]对比)。最近发表用于光学薄膜表征的踪迹方法[7]就是基于这种创新的光谱仪构造原理提供的测量可能性。

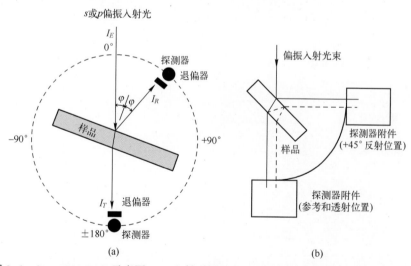

(a)　　　　　　　　　　　　　　(b)

图 8.6　Cary 7000 UMS 示意图(a)(入射到样品上的光可以是 s 偏振或 p 偏振[2],可以测量绝对镜面反射率或透射率。探测器模块可以在探测器前面安装可选的退偏器)和 Agilent UMA 的示意图(b)(这是一个绝对可变角度反射率和透射率附件,采用45°测量的几何结构。图片改编自文献[5,6],并经德国安捷伦科技有限公司许可印刷)

177

8.1.4 光谱的预处理

原则上,测量的光谱可以直接用于表征,不一定需要对其进行任何预处理。然而,从测量中消除多余的数据仍然是有用的。

一般情况下,实验光谱会包含一定程度的随机噪声。它可以通过对同一样品进行多次测量的平均来减少误差,也可以通过对测量数据使用滤光片来减少误差。很明显,第一种方法不需要任何关于光谱特性的先验知识。在正态分布噪声的情况下,每次单独测量的噪声水平 $\Delta y(1)$,可以通过以下方式估算 N 次重复测量的噪声水平 $\Delta y(N)$,即

$$\Delta y(N) = \frac{\Delta y(1)}{\sqrt{N}} \tag{8.14}$$

因此,通过平均大幅度降低噪声通常会导致测量持续时间的显著增加,而对测量数据应用滤光片可能是最有前景的。显然,必须仔细选择基础参数和算法,以最大程度地减少系统误差。因此,任何关于光谱特性的先验知识都是非常有用的。光谱学中常用的滤光片有 Fourier 滤光片和 Savitzky-Golay 滤光片[8]。这两种滤光片都能保留光谱中的主要特征而不影响测量数据的网格。

色散分光光度计中使用光栅的空间响应有利于等距波长网格的测量。对于基板上的单层薄膜,这种网格将破坏如图 8.7(a) 所示的干涉图样的准周期性。因此,使用等距波长网格似乎不是薄膜表征的有效选择。

这并不令人惊讶,因为式(8.3)将有利于轴的相互拉伸,这是可以实现的,将光谱绘制成等距波数网格。在这种情况下,干涉图样几乎是周期性的(图 8.7(b))。

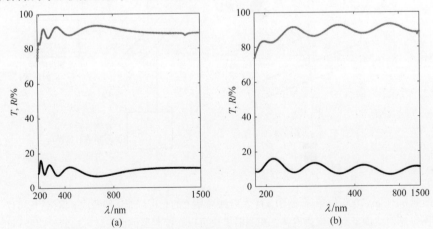

图 8.7 在熔融石英基板上的氧化铝单层膜的透射率和反射率
(a) 波长坐标;(b) 波数坐标。

178

因此,等距波数网格似乎是薄膜表征的更好选择。

此外,与测量网格不同的数据网格也可能有助于消除冗余数据并加速表征过程。因此,应考虑在滤波过程对数据网格进行可选的调整。

在图 8.8 中,显示了沉积在熔融石英基板上的氧化铝单层膜在深紫外(DUV)光谱区的测量和预处理的透射率数据。采用三次样条插值法对透射率数据进行预处理。与庞大数量的测量数据(交叉)不同,用于描述表征的数据(圆圈)要少得多。然而,用于光谱拟合的少数波数点(圆圈)包含了有关干涉图样的所有相关信息。

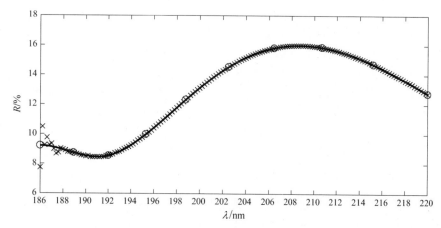

图 8.8　使用 VN 附件在 6° 入射角下熔融石英基板上氧化铝单层膜在 DUV 谱段的测量光谱(×符号)和预处理透射光谱(实线,圆圈表示网格)

8.1.5　在线分光光度法的特点

在过去的 20 世纪里,已经有关于沉积真空室光度法测量的报道[9-14]。光学监控技术的最新技术概述见文献[15]。在本节中,我们将仅讨论有关光学监控的某些特定方面。因此,IOF 开发的宽带监控系统(OptiMon)用作可能实现的例子。对于光学薄膜来说,将这些测量结果用于过程控制显然是一个优势。与仅控制非光学特性(如质量)的常规厚度监测技术(如石英晶体)不同,光度法可以测量膜层的光学特性,特别是它们的光学厚度。由于在探测器灵敏度、传感器电子电路小型化和集成度等方面取得重大进展,并且随着元器件成本的降低和计算机处理速度的提高,光度测量在工业沉积设备中广泛应用于沉积过程控制。目前,已知的监测系统种类繁多,可以从光谱区、测量对象、终止准则和误差补偿策略等方面进行分类。

8.1.5.1　根据光谱区对在线监控系统进行的分类

监控系统的可实现光谱区受光源和光谱仪的限制。通常,整个可见光谱区和部分紫外、近红外光谱区可被覆盖。具有更宽光谱区的在线监测系统不是很常见,而且成本要高得多。

通常,可用的解决方案可以细分为单波长和宽带监控系统。在单波长监控系统中,可以在固定波长或可变单波长下测量透射率和/或反射率(后者也称为单色监控)。单波长或单色监控系统对随机测量误差非常敏感[3,16,17]。为了提高信噪比,通常使用可记录的放大器。在固定单一波长的情况下,通常使用单色光源(如激光)进行照明,或者使用宽带光源和单色器。单色器可以位于光源与样品之间,也可以位于样品与探测器之间。实际上,单色器在探测器前的位置(作为探测器的一部分)是首选的,因为在这种情况下,来自其他光源(如等离子/离子源、电子束枪)的光被单色器衰减,使得信噪比更好。

在宽带监控系统中,使用宽带光源和多色器。根据所选的多色器类型,并行测量波长数可达几千。目前,用于摄影的高达 2.5 亿像素的图像传感器正在开发中[18]。在实际应用中,可用像素数受到光谱仪光学分辨率的限制,2048 像素的线性阵列足以满足大多数应用。宽带监控系统中随机噪声的影响与(独立)像素数的平方根成反比[16]。因此,与单波长或单色监控相比,宽带监控系统对随机噪声的灵敏度明显降低。此外,宽带监控还可以获得折射率的色散。这种宽带监控的优点使其成为新沉积设备的首选方法。

8.1.5.2　根据测量对象对在线监控系统进行的分类

根据所选择的测量对象,在线监控方法细分为直接、半直接和间接监控方法[19],如图 8.9 所示。在直接监控的情况下,直接对相关样品进行光度测量。这种方法通常适用于具有简单几何形状的样品(如平面基片)。实际上,光学元件可能具有更复杂的几何结构(如透镜、棱镜),并且不适合直接测量的方法。因此,通常使用一个平面基片(称为监控片)进行监控。在半直接监控的情况下,监控片在空间位置上离光学元件很近,因此,监控片和光学元件上薄膜的性能应该是相同的。直接和半直接监控方法通常要求样品移动和测量之间的精确同步。所需的信息可以从不同类型的传感器中扣除。通常,旋转编码器可以安装在沉积室外部的驱动轴上。另外,在工厂中也可以使用电感式、电容式、光学式或磁性传感器。此外,在直接宽带监控中,旋转样品架可作为一个"天然"的斩波轮。

在间接监控的情况下,监控片通常安装在沉积室的固定位置,如在旋转基板支架的中心。因此,不能期望在监控片和光学元件上的薄膜具有相同的性能,必须知道光学常数、薄膜厚度和进一步性能的差异。这将对间接监控造成严重的

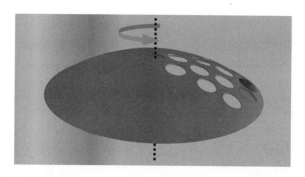

图 8.9　按照测量对象对在线监控系统进行分类(直接监控,直接对相关样品(红色)进行光度测量;半直接监控,在离样品空间较近的平面外基片(监控片,蓝色)上进行光度测量的间接监控,监控片和光学元件上的薄膜具有相同的性能;间接监控,光度测量是在通常安装在沉积室中固定位置(如旋转基板支架的中心)的监控片(蓝色)上进行的,不能假设监控片和光学元件上的薄膜性能相同)

不利影响,因为假设行为中的任何漂移都会导致系统沉积误差,并最终限制可达到的精度。另一方面,由于不再需要光学元件的测量和运动之间的同步,使用固定的监控片简化了测量系统的设计。这也将在选择积分时间和测量速率方面具有更大的灵活性。此外,在间接监控的情况下,当使用监控片更换器时,可以在一次沉积过程中使用不同的监控片。然而,目前的趋势仍是采用直接和半直接监控方法,这是由于这种方法具有优越的光学性能。

可以根据沉积终止标准和沉积误差补偿策略对监控系统进一步分类。然而,对这些主题的讨论将会引导我们进入沉积工艺优化的领域,从而超出了光学薄膜表征的领域,在这里不进行讨论。有兴趣的读者可以参阅文献[20]。

8.1.5.3　过程光度计 OptiMon

IOF 开发的过程光度计 OptiMon(图 8.10)是一种用于工业沉积工厂的宽带监测系统(如 Opto Tech OAC-90F, Bühler Syrus pro LCIII)。它可用于直接或半直接监控,通常用于终止均匀膜层的沉积。卤素光源放置于集成到蒸发停止装置中的 MACOR-乌布利希球内,用于在样品上产生较大的照明点,而准直光学系统仅从较小的样品区域收集光,对应于图 8.3 右侧所示的配置。这种方法提供了足够的容差来测量样品的透射率和相对反射率[21],但将光谱区限制在 360~2500nm。根据所使用的光谱仪的不同,可用的光谱区可能会进一步缩小。目前,Jeti GmbH 公司提供了两种光谱仪可供选择:

（1）PS2000,最大波长到 1000nm;

（2）PS2000 NIR,波长范围 900~1650nm。

这两种装置都有内置的硬件,用于在样品移动和测量之间同步,并从强度测

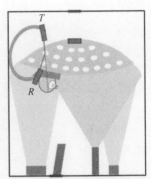

石英晶体监控

旋转基板支架

光学组件（乌布里希球面准直光学系统）

等离子源

电子束枪

图 8.10　在沉积设备中使用 OptiMon 光度计同时在线测量透射率和反射率

量计算光度值。为了从均匀多层系统的在线光谱中确定膜层厚度,亚历山大·吉洪拉沃夫和迈克尔·特鲁别茨科夫专门为 OptiMon 系统开发了重新设计软件包。因此,通过最小化式(7.17)确定沉积过程的膜层厚度,同时根据式(7.18)使用膜层沉积过程的中断来计算所有膜层的厚度。

在光学常数已知的情况下,使用在线光谱的鲁棒反演算法确定薄膜厚度。它们可能是从合适的单层膜样品进行离线测量中获得的。然而,在离线条件下,由于大气中的水已经渗透到薄膜的孔隙中,薄膜的光学常数可能与真空室中的情况不同。漂移测量提供了一种方便的方法判断在线光学常数和离线光学常数之间的差异。幸运的是,它们可以使用相同的在线分光光度计完成。

8.1.6　漂移测量

作为在线分光光度法的进一步应用,让我们讨论真实薄膜的真空-大气漂移测量。在第 2 章中,当表征 PIAD 氧化锆薄膜的孔隙率时,我们已经接触过这种测量。图 2.6 显示了氧化锆薄膜从空气进入真空时透射率的变化。多孔薄膜的有效折射率取决于孔隙是否充满水,如果孔隙足够大且能够在测量时与周围环境进行水交换,那么,漂移的测量就可以直接获得薄膜的孔隙率。

在 2.3.3 节中,我们已经建立了一个多孔膜层的简单模型,该模型可以区分较大的孔隙和较小的孔隙,并从唯象的角度研究了多孔膜中的水迁移动力学。用 y 表示薄膜中的全含水量,y_l 表示大孔隙的填充程度,y_s 表示小孔隙的填充程度。用简单的微分式(2.21)描述了孔隙的填充或排空动力学,即

$$\begin{cases} p_{\text{large pores}} \dfrac{\mathrm{d}y_l}{\mathrm{d}t} = p_{\text{small pores}} \kappa_{\perp}(y_0 - y_l) - p_{\text{small pores}} \dfrac{\mathrm{d}y_s}{\mathrm{d}t} \\ \dfrac{\mathrm{d}y_s}{\mathrm{d}t} = p_{\text{large pores}} \kappa_{\text{II}}(y_l - y_s) \end{cases} \tag{8.15}$$

所有符号的含义与 2.3.3 节所介绍的相同。根据初始条件和环境参数设置,用式(8.15)可以计算孔隙的排空动力学和填充动力学。

为了计算排空动力学,假设样品在大气中停留足够长的时间,这样所有的孔隙基本上都充满了水。然后,在 $t=0$ 时,假设它突然被带入真空(周围没有水)。在这种情况下,下列条件成立,即

$$y_0=0, \quad y_l(t=0)=1, \quad y_s(t=0)=1 \tag{8.16}$$

通过求解式(8.15)和式(8.16)得到薄膜的全部水含量 y,根据

$$
\begin{cases}
y(t)=\dfrac{p_{\text{large pores}}f_1+p_{\text{small pores}}f_4}{q}\mathrm{e}^{-f_3 t}-\dfrac{p_{\text{large pores}}f_2+p_{\text{small pores}}f_3}{q}\mathrm{e}^{-f_4 t} \\[2mm]
f_1=\dfrac{\kappa_\parallel p-\kappa_\perp+q}{2}, \quad f_2=\dfrac{\kappa_\parallel p-\kappa_\perp-q}{2}, \quad f_3=\dfrac{\kappa_\parallel p+\kappa_\perp-q}{2}, \quad f_4=\dfrac{\kappa_\parallel p+\kappa_\perp+q}{2} \\[2mm]
q=\sqrt{\kappa_\perp^2+2\kappa_\perp\kappa_\parallel(p_{\text{small pores}}-p_{\text{large pores}})+\kappa_\parallel^2 p^2} \\[2mm]
p\equiv p_{\text{small pores}}+p_{\text{large pores}}
\end{cases}
\tag{8.17}
$$

方程式(8.15)系统还可以计算真空条件下制备薄膜后水渗入孔隙的动力学。我们现在假设在 $t=0$ 时,孔隙开始是空的,在 $t=0$ 时孔隙突然暴露在(潮湿的)空气中,因此,环境参数 y_0 设为 1。那么,现在用下式取代条件式(8.16),即

$$y_0=1, \quad y_t(t=0)=0, \quad y_s(t=0)=0 \tag{8.18}$$

得到相应的解为

$$
\begin{cases}
y(t)=f_4(p_{\text{small pores}}\kappa_\parallel-f_5)\dfrac{(1-\mathrm{e}^{-f_3 t})}{q\kappa_\parallel}-f_3(p_{\text{small pores}}\kappa_\parallel-f_6)\dfrac{(1-\mathrm{e}^{-f_4 t})}{q\kappa_\parallel} \\[2mm]
f_5=\dfrac{\kappa_\parallel(p_{\text{small pores}}-p_{\text{large pores}})+\kappa_\perp-q}{2} \\[2mm]
f_6=\dfrac{\kappa_\parallel(p_{\text{small pores}}-p_{\text{large pores}})+\kappa_\perp+q}{2}
\end{cases}
\tag{8.19}
$$

该模型的计算得到了一些重要的实用结论。根据式(2.12)给出的漂移定义,排空或排气过程会导致光学薄膜厚度随时间的连续变化,这很容易通过在线光谱方法实现。因此,当它从式(8.17)和式(8.19)开始时,这个漂移可以被解析地描述为两个不同指数函数的和,其阻尼常数分别为 f_3 和 f_4。在实际应用中,它们的测定可能是一个简单的过程,但是它们的解是不同的:根据式(8.17),f_3 和 f_4 是有关孔隙率和交换率 κ 的函数。然而,在特殊情况下(表8.1),可以推导出含水量随时间变化的简化物理表达式。

因此,中度孔隙的膜层对应于图 2.12 所示的情况。大孔隙与周围环境直接对应,它的填充或排空动力学是由时间常数 $\kappa_\perp^{-1}$ 的值决定的。然而,小的孔隙被

认为只与大孔隙的一部分交换水。因此,它们的填充或排空动力学由时间常数 $(p_{\text{large pores}}\kappa_{\text{II}})^{-1}$ 所决定。这两个时间常数都可以通过测量光学薄膜厚度的时间演化而得到。

表 8.1　水迁移动力学:特殊情况

条　　件	实际应用	过程	在薄膜中水的含量
$\kappa_{\perp}\gg\kappa_{\text{II}}$	中度多孔膜	排空	$y(t)\approx p_{\text{small pores}}\left(1-\mathrm{e}^{-p_{\text{large pores}}\kappa_{\text{II}}t}\right)+p_{\text{large pores}}\left(1-\mathrm{e}^{-\kappa_{\perp}t}\right)$
		排气	$y(t)\approx p_{\text{small pores}}\mathrm{e}^{-p_{\text{large pores}}\kappa_{\text{II}}t}+p_{\text{large pores}}\mathrm{e}^{-\kappa_{\perp}t}$
$\kappa_{\perp}=\kappa_{\text{II}}\equiv\kappa$ $p\ll1$	几乎致密层	排空	$y(t)\approx p_{\text{small pores}}\left(1-\mathrm{e}^{-p_{\text{large pores}}\kappa t}\right)+p_{\text{large pores}}\left(1-\mathrm{e}^{-\kappa t}\right)$
		排气	$y(t)\approx p_{\text{small pores}}\mathrm{e}^{-p_{\text{large pores}}\kappa t}+p_{\text{large pores}}\mathrm{e}^{-\kappa t}$
$p_{\text{small pores}}\leqslant p$	强多孔层膜	排空	$y(t)\approx p_{\text{large pores}}\left(1-\mathrm{e}^{-\kappa_{\perp}t}\right)$
		排气	$y(t)\approx p_{\text{large pores}}\mathrm{e}^{-\kappa_{\perp}t}$

如图 8.11 所示,在强多孔隙膜层中,由于大孔隙的填充或排空所造成的影响将明显占主导地位。动力学实际上是由具有时间常数 $\kappa_{\perp}^{-1}$ 的简单指数函数定义的。

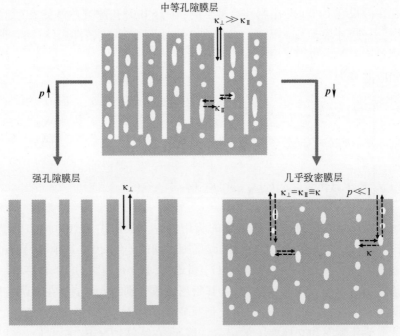

图 8.11　表 8.1 中介绍的孔隙结构的几何可视化(p 是全孔隙率)

然而,在几乎致密的膜层中,大的开放孔隙将不再是相关的(图 8.11)。引入的两种交换率 $\kappa_{\perp}$ 和 κ_{II} 不再有意义,并且大的和小的孔隙之间的区别缺乏先前明显的几何解释。根据式(8.15),"大孔隙"仅应解释为能够与其他孔隙和周围环境交换水的孔隙,而"封闭孔"只与其他孔隙相互作用。在这种解释中,表8.1中提供的方程式描述了光学厚度随时间微小而缓慢地变化。在典型的漂移测量中,这些膜层看起来是稳定的。在较长的时间尺度下,由于,它们是典型的存储或老化效应,因此,可能会记录光学行为的微小渐进的变化。

结果表明,漂移测量可以获得孔隙大小分布的定性特征,尽管孔隙直径在式(2.21)或式(8.15)等方程中没有明确给出。然而,孔隙直径对假设的交换率值以及小孔隙和大孔隙体积分数都有潜在的影响。我们坚信,基于分光光度法的漂移测量确实有潜力确定孔径分布,正如当今人们使用椭圆偏振法测量孔隙的方法一样[23,24]。关于另一种替代方法,请参阅15.2.3节(193nm薄膜中碳氢化合物吸收的影响)。

8.2 实例

8.2.1 基础

在7.3节总结了经典和常用的色散模型以及β_do模型[25]。为了表征我们将使用波数网格(比较8.1.4节)。通常,下面的例子将使用不同色散模型的组合,即

$$\varepsilon(\nu) = \varepsilon_\infty(\nu) + \chi_{Drude}(\nu) + \chi_{\beta\_do}(\nu) \tag{8.20}$$

因此,假设ε_∞是线宽可忽略的单洛伦兹振子的贡献。在这种情况下,式(7.33)简化为

$$\varepsilon_\infty(\nu) = 1 + \frac{2J\nu_0}{\pi(\nu_0^2 - \nu^2)} \tag{8.21}$$

德鲁特模型的χ_{Drude}贡献为

$$\chi_{Drude}(\nu) = -\frac{\nu_{Drude}^2}{\nu^2 + 2i\Gamma_{Drude}\nu} \tag{8.22}$$

对于β_do模型的贡献使用式(7.39)和式(7.40)计算χ_{β_do}。

8.2.2 基板的离线表征

让我们从裸基板的红外光学特性开始介绍示例。图8.12是用Perkin Elmer Frontier Optica FTIR型分光光度计测量的1mm厚氟化钙基板的透射率和反射率光谱。

首先,我们认识到测量的光谱区可以细分为两个部分:一个透明区,可以记

录显著的透射信号,该透明区范围大于 800cm⁻¹。在这个透明区,测量的透射和反射数据可用于表征。幸运的是,根据 Nichelatti 方程[26],在正入射条件下,对未镀膜基板的透射率和反射率可以通过解析的方式进行反演分析,因此计算 n_{sub} 和 k_{sub} 是一项相当简单的任务。

在较低的波数下透射被截止,因此,只有通过反射才能获得光学常数。在这里,我们可以使用洛伦兹多振子模型(式(7.33)),通过最小化差异函数(式(7.15))中的第二项拟合测量的反射率。由此得到的光学常数和文献[27]展示在图 8.12(b),两者良好的一致性证实了本文方法的一致性。

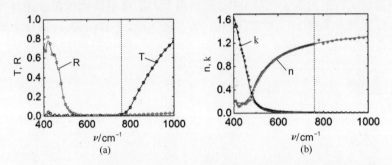

图 8.12　未镀膜 CaF_2 基板的透射率(黑色,T)和反射率(暗青色,R)的测量值(圆圈)与理论模拟值(实线)(a);折射率(红色,n)和消光系数(蓝色,k)的计算数据(方框)和文献数据(线)[27],虚线标记波数界线,用于区分显式解和拟合解(b)

8.2.3　单层薄膜的离线表征

8.2.3.1　介质薄膜

在这里,我们介绍了氧化铪和氧化锆单层薄膜的表征实例。在相应薄膜的透明区,使用洛伦兹多振子模型的效果很好[28]。当基本吸收边被包含到表征中时,这项任务就变得更具挑战性了。通常,洛伦兹振子的数量必须增加。对于氧化铪薄膜,至少需要 10 个洛伦兹振子,两个振子的线宽为零且只影响折射率。然而,已经有 28 个参数用于光学常数色散的建模。因此,β_do 模型的应用(7.3.4 节)似乎有希望。实际上,需要将 β_do 模型($\alpha=\beta$,$N=1000$ 的 5 个参数)合并以实现实际上相同的结果(图 8.13),这总共只需要 7 个拟合参数。因此,计算出的光学常数显示出类似的光谱依赖性,与通用色散模型表征的更高密度的氧化铪薄膜结果相近(第 3 章和文献[29]中星号)。与来自文献[30](圆形)的结果看起来也很相似,但似乎低估了紫外光谱区的折射率色散。

接下来,β_do 模型应用于沉积在熔融石英上的氧化锆单层薄膜。在这里,薄膜在 47000cm⁻¹ 以上的波数是不透明的(图 8.14)。然而,使用 β_do 模型和

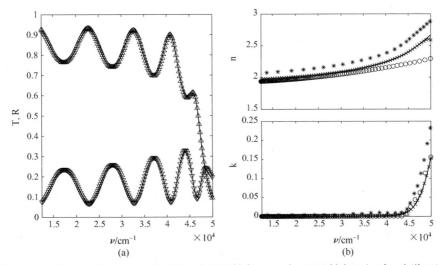

图 8.13　在熔融石英上氧化铪单层膜的实测透射率(上三角)和反射率(下三角)光谱,以及
相应的模拟计算光谱(实线)(a);顶部用 β_do 模型(实线)和多振子模型(交叉符号)
计算的氧化铪折射率与已经发表数据的对比(文献[29]星号,文献[30]圆圈);底部
用新模型(实线)和多振子模型计算的消光系数(交叉符号)(b)

式(8.21)的组合,可以再次拟合光谱,确定的光学常数与文献[30]提供的数据
基本一致(表 8.2)。

表 8.2　氧化铪和氧化锆光学常数的模型参数

	$\chi_{\beta\_do}(v)$					$\varepsilon_\infty(v)$	
	$v_{min,1}/cm^{-1}$	$v_{max,1}/cm^{-1}$	$J_{beta,1}/cm^{-1}$	$\Gamma_{beta,1}/cm^{-1}$	$\alpha=\beta$	v_0/cm^{-1}	J/cm^{-1}
氧化铪	19170	98695	60095	96.3	35.9	87857	300119
氧化锆	30253	74582	47423	97.2	13.7	74826	307380

8.2.3.2　半导体薄膜

将式(8.21)、式(8.22)和式(7.33)组合使用,在 UV/VIS/NIR/MIR 光谱区表
征无定形锗(a-Ge)似乎是一项相当具有挑战性的任务[31]。在这里,考虑到相同
的薄膜在不同入射角 φ、不同的基板和不同厚度的测量,以提取约 300 个参数的多
振子模型。显然,用 β_do 模型代替模型式(7.33),可以显著减少所需拟合参数的
个数和提高拟合过程的稳定性。在这里,差异函数中只包含来自 CaF_2 基板上约
100nm 的单层膜实验数据。使用 Perkin-Elmer Frontier Optica FTIR 在近正入射
下,以及 Perkin-Elmer Lambda 900 的 6° 和 60° VN 附件测量的透射率和反射率光
谱(图 8.15)进行表征。计算出的光学常数(基本模型参数如表 8.3 所列)非常光
滑,与先前从多振子模型计算出的数据一致[31]。计算得到的薄膜厚度为
102.1nm,接近预期薄膜厚度值,共使用了表 8.3 中总结的 9 个拟合参数。

187

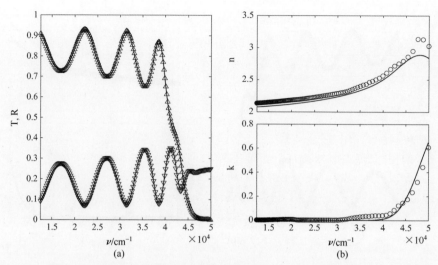

图 8.14　熔融石英基板上氧化锆单层膜的测量透射率（下三角）和反射率（上三角）光谱，
以及相应的模拟计算光谱（实线）（a）；模型计算的氧化锆折射率和消光系数（实线），
同时给出了文献［30］的数据（圆圈）（b）

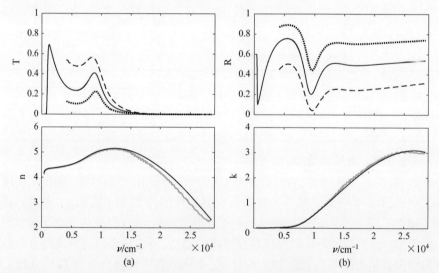

图 8.15　顶部：CaF$_2$基板上镀制的 100nm 厚的 a-Ge 膜的透射率（a）和反射率（b）测量
曲线（实线），测试仪器为带有 6°VN 附件的 Frontier Optica FTIR 和 Lambda 900，入射角为
正入射。使用 Lambda 900 的 6°VN 附件测试了入射角为 60°的 S 偏振（点划线）和 P
偏振（虚线）的透射率和反射率光谱。底部：通过组合使用单个零线宽的洛伦兹振子、德鲁特
模型、多振子模型（灰线）和 β_do 模型（黑线）计算的折射率（a）和消光系数（b）

188

表 8.3　(a–Ge)薄膜光学常数的模型参数

$\chi_{Drude}(v)$		$\chi_{\beta\_do}(v)$					$\varepsilon_{\infty}(v)$	
v_{Drude}/cm^{-1}	Γ_{Drude}/cm^{-1}	$v_{min,1}/cm^{-1}$	$v_{max,1}/cm^{-1}$	$J_{beta,1}/cm^{-1}$	$\Gamma_{beta,1}/cm^{-1}$	$\alpha=\beta$	v_0/cm^{-1}	J/cm^{-1}
511.5	5.15	6329.7	36176	38843	376.1	2.79	63703	532173

8.2.3.3　金属薄膜

金属薄膜光谱的拟合是另一项困难的任务,因为在较宽的光谱区内透射光谱被抑制,并且没有观察到任何干涉图样,根据 7.2.2.2 节中讨论的内容可知,干涉图样可以为我们提供有价值的先验信息。然而,正如文献[2,32]中证实,通过组合式(8.21)、式(8.22)和式(7.33),可靠的光谱拟合还是可能的。再次,我们用 β_do 模型代替多振子模型式(7.33)。表 8.4 总结了基础模型参数。在这里,模型参数 $\alpha=\beta$ 接近于 1,因此振子集合几乎是均匀分布的。

在图 8.16 中,我们可以看到熔融石英上约 120nm 厚的铜薄膜光谱拟合图(顶部)。对应的光学常数如表 7.2 所列,我们认识到在宽光谱区有预期的高消光系数($k\gg n$)。大约在 20000cm^{-1} 处(相当于 500nm 波长)的反射率下降是由于纯铜表面典型颜色的原因。

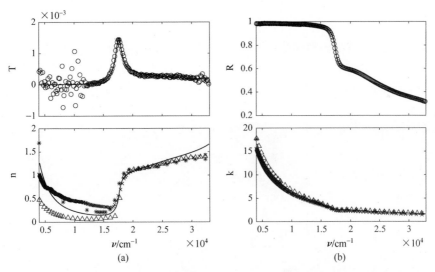

图 8.16　顶部:在熔融石英基板上制备的约 130nm 厚 Cu 膜的测量(圆)和模拟(实线)的
透射率和反射率曲线;底部:模型计算的折射率和消光系数(实线)和文献数据
(文献[33]星号,文献[34]三角形,文献[35]交叉号)

应指出,薄膜厚度只能从波数 20000cm^{-1} 附近的弱透射信号估计,计算的膜层厚度为 129nm,也非常接近于预期值。

表 8.4 总结了基础模型参数。根据在 7.3.1 节中讨论的理论,德鲁特函数的参数应当给出等离子体频率 ω_p 和阻尼常数的信息。为了提供一个直观印象,表 8.5 给出了与文献数据相比的相应拟合值。

表 8.4 Cu 单层膜光学常数的模型参数

$\chi_{Drude}(v)$		$\chi_{\beta\_do}(v)$					$\varepsilon_\infty(v)$	
v_{Drude}/cm^{-1}	Γ_{Drude}/cm^{-1}	$v_{min,1}/cm^{-1}$	$v_{max,1}/cm^{-1}$	$J_{beta,1}/cm^{-1}$	$\Gamma_{beta,1}/cm^{-1}$	$\alpha-1$	v_0/cm^{-1}	J/cm^{-1}
69368	307.6	17711	41413	127101	530.0	2.1e-07	38777	68360

表 8.5 由 Cu 膜光谱拟合得到的德鲁特函数参数

模型	计算的等离子体能量		计算的弛豫时间	
	我们的拟合结果(单层膜)	文献数据	我们的拟合结果(单层膜)	文献数据
β_do	8.6eV	9.3eV(块体)[36]	8.6fs	16~35fs(块体)[36]
洛伦兹	9.1eV		9.7fs	

值得注意的是,薄膜的弛豫时间通常低于同种块体材料的值,这在物理上是一致的结果。因为由相关沉积技术制备的实际薄膜含有大量的缺陷,这些缺陷导致了自由电子运动的弛豫时间较低。

8.2.3.4 有机染料薄膜

最后,我们想把这个新模型应用到在熔融石英基板上的大约 20nm 厚的自由基酞菁薄膜的 Q 吸收带(H_2Pc,图 8.17[37])。相应的透射和反射光谱如

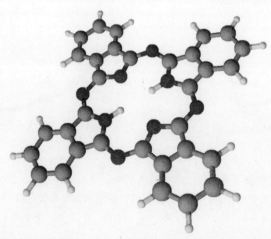

图 8.17 利用文献[37]计算的 H_2Pc 分子结构(氢原子是浅灰色的,碳原子是灰色的,
氮原子是黑色的。Advanced Chemistry Development, Inc 授权出版)

图 8.17 所示。对于这种材料,将多振子模型应用到该光谱区是有问题的,因为应考虑谱线的非均匀展宽[38],以便可以使用 Brendel 模型代替(表 7.3)[39-40]。

当使用 β_do 模型时,必须考虑 Q 带外吸收对光学常数的贡献。为此,使用了式(8.21)的拓展版本,即

$$\varepsilon_\infty(\nu) = 1 + \frac{J_3}{\pi}\left(\frac{1}{\nu_{03}-\nu-\mathrm{i}\Gamma_3}+\frac{1}{\nu_{03}+\nu+\mathrm{i}\Gamma_3}\right)+\frac{2J_4\nu_{04}}{\pi(\nu_{04}^2-\nu^2)} \tag{8.23}$$

计算得到的模型参数汇总在表 8.6(图 8.18)中。

表 8.6　H_2Pc 单层膜光学常数的模型参数

	β_do 模型				
j	$\nu_{\min,j}/\mathrm{cm}^{-1}$	$\nu_{\max,j}/\mathrm{cm}^{-1}$	$J_{\mathrm{beta},j}/\mathrm{cm}^{-1}$	$\Gamma_{\mathrm{beta},j}/\mathrm{cm}^{-1}$	$\alpha_j=\beta_j$
1	12907	15110	474.1	2.75	3.60
2	1003.9	30056	7189	369.3	85.5
	洛伦兹振子模型				
	$\nu_{0j}/\mathrm{cm}^{-1}$		J_j/cm^{-1}	$\Gamma_j/\mathrm{cm}^{-1}$	
3	24031		1245.8	1473.0	
4	42754		93302	0	

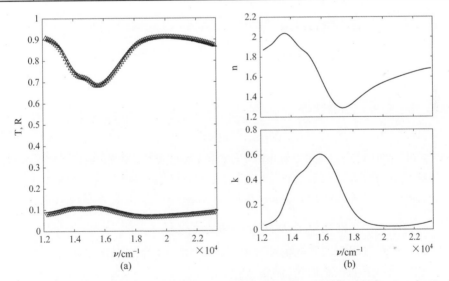

图 8.18　熔融石英基板上约 20nm 厚 H_2Pc 薄膜的模拟(线)、测量的透射率(上三角)和反射率(下三角)曲线(a);模型计算的折射率(顶部)和消光系数(底部)(b)

8.2.4 在线和离线光谱的相互作用：V 型薄膜的制备和表征

参数的增加和数学解的多样性使多层薄膜的表征成为一项非常具有挑战性的任务，可以通过在表征过程中加入额外的测量数据解决解的多样性问题。因此，包括在线记录的测量数据似乎是具有前瞻性的，但当光学常数取决于环境条件时，可能会导致进一步的复杂性（比较 8.1.6 节）。在这里，一些基本概念将应用于最简单的一种多层膜：入射角为 31°、工作波长为 1030nm 的两层减反射膜（V 型膜），且在飞秒范围内具有高激光诱导损伤阈值（LIDT）。在这种情况下，高带隙材料是很有前途的[41]，因此，氧化铝被选为高折射率材料，氟化铝被选为低折射率材料。众所周知，氟化物薄膜不适合在离子辅助条件下制备，因此，低折射率膜层采用了无辅助的电子束蒸发制备。由此产生的薄膜多孔结构导致了明显的真空-大气漂移（图 8.19），这一点必须考虑在内。利用式（8.21）建模的 AlF_3 薄膜折射率如图 8.20 所示。

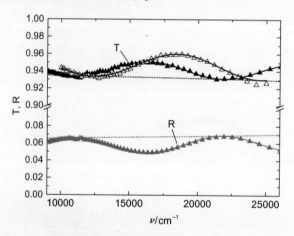

图 8.19　在熔融石英上沉积的氟化铝单层膜光谱曲线（模型计算光谱曲线（实线）、在线反射率和透射率光谱曲线（空心三角）、离线的反射率和透射率光谱曲线（实心三角）和裸基板反射率光谱曲线（虚线），其中 T 表示透射率光谱、R 表示反射率光谱）

在氧化铝沉积的情况下，考虑了两种不同的方法。

(1) 沉积过程中使用弱辅助和中等程度的加热（制备 AR1）。

(2) 既不辅助也不加热（制备 AR2）。

在这两种情况下，均测量了薄膜的在线光学常数和离线光学常数。AR1 和 AR2 两种 V 型薄膜的设计结果是相同的（图 8.21）。

对于这两种薄膜，在线测量的透射率与理论设计基本吻合。相比之下，AR2 的离线反射率与理论设计相比产生了显著的偏差（图 8.22(b)）。

192

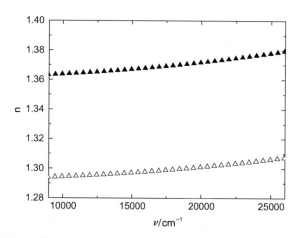

图 8.20　熔融石英上沉积的厚度约 334nm 的氟化铝薄膜折射率(模型计算的
在线折射率(空心三角)和离线折射率(实心三角))

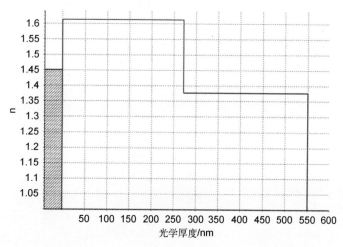

图 8.21　弱离子辅助(AR1:167.88nm Al_2O_3/201.66nm AlF_3)和无辅助的(AR2:167.55nm
Al_2O_3/201.70nm AlF_3)V 型减反射膜的折射率分布图

　　显然,当 AlF_3 层沉积在无离子辅助制备的氧化铝薄膜(AR2)上时,假设的
光学常数是不正确的。这可以用另一种解释:与在熔融石英基板上生长相比,在
多孔氧化铝上生长的氟化物的孔隙率似乎增加了,这导致在线折射率略微降低,
而当通过光学手段监控膜层生长时,这又导致几何厚度增加。因此,厚度的增加
解释了观测到的离线测量结果和理论计算结果在反射率最小位置出现的差异
(图 8.22(b))。

193

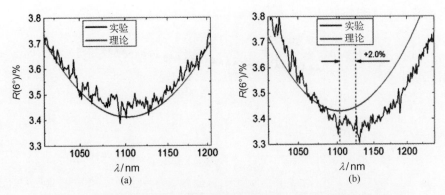

图 8.22　V 型减反膜 AR1 的实测和计算反射率(a)及 V 型减反膜 AR2 的
实测和计算反射率(b)

此外,两种薄膜在波长为 1030nm、脉冲宽度为 429fs 的飞秒激光脉冲作用后的 LIDT 值取决于沉积条件(图 8.23)。AR1 的 LIDT 为 $1.89J/cm^2$,AR2 为 $1.32J/cm^2$[42]。因此,在 AR1 制备中对氧化铝制备使用弱离子辅助很有效果,不仅使光谱性能的实验测试和理论计算更接近,而且提高了减反膜在亚皮秒激光下的 LIDT。

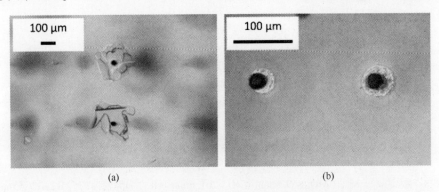

图 8.23　V 型薄膜经过 1030nm/429fs 一系列脉冲作用后的损伤形貌
(a) AR1 的损伤形貌;(b) AR2 的损伤形貌。

8.3　总结

在本章中,结合第 2 章和第 7 章,我们展示了分光光度法在单层膜和多层膜体系表征中的应用,从薄膜表征实践中选择了一些实验和大量实例。重点介绍了基于正入射透射和反射数据的单层膜的离线表征,这些数据在实践中得到了广泛的应用。为了完整性,更先进的例子是在多层薄膜的表征策略中加入在线透射光谱和离线数据。

下面将从几个方面总结我们的分析。

（1）分光光度法可以测定厚基板和薄膜的光学常数，并且已经证明可以应用于介质薄膜、金属薄膜、半导体薄膜以及有机染料薄膜。

（2）此外，分光光度法可以获得像薄膜厚度这样的几何结构参数。

（3）在多层膜的复杂样品中，沉积过程中获得的斜入射光谱和/或在线光谱可能有助于提高表征结果的可靠性。

（4）所得到的光学常数进一步提供了相关的物理量信息，包括密度、孔隙率、电荷载流子密度、能带结构和薄膜中可能存在的杂质。后者可能再次与非光学表征技术的结果相关，如电子显微镜、X射线反射、化学计量研究等，从而有助于获得关于所研究样品特性的物理图像。

参考文献

[1] H. Kuzmany, *Festkörperspektroskopie. Eine Einführung* (Springer, Berlin Heidelberg New York, 1989)

[2] O. Stenzel, *The Physics of Thin Film Optical Spectra: An Introduction.* Springer Series in Surface Sciences, vol. 44, 2nd edn. (Springer, Berlin Heidelberg, 2015)

[3] A.V. Tikhonravov, M.K. Trubetskov, M.A. Kokarev, T.V. Amotchkina, A. Duparre, E. Quesnel, D. Ristau, S. Günster, Effect of systematic errors in spectral photometric data on the accuracy of determination of optical parameters of dielectric thin films. Appl. Opt. **41**, 2555–2560 (2002)

[4] O. Stenzel, *Optical Coatings: "Material Aspects in Theory and Practice"* (Springer, Berlin Heidelberg, 2014)

[5] T. Burt, H. ChuanXu, A. Jiang, Performance of compact visual displays—measuring angular reflectance of optically active materials using the Agilent Cary 7000 Universal Measurement Spectrophotometer (UMS), Agilent Application Note 5991-2508EN, 2013

[6] R. Francis, T. Burt, Optical characterization of thin films using a new Universal Measurement Accessory for the Agilent Cary UV-Vis-NIR spectrophotometers, Agilent Application Note 5991-1356EN, 2013

[7] R. Vernhes, L. Martinu, TRACK—A new method for the evaluation of low-level extinction coefficient in optical films. Opt. Expr. **23**, 28501–28521 (2015)

[8] A. Savitzky, M.J.E. Golay, Smoothing and differentiation of data by simplified least squares procedures. Anal. Chem. **36**, 1627–1639 (1964)

[9] B. Vidal, A. Fornier, E. Pelletier, Optical monitoring of nonquarterwave multilayer filters. Appl. Opt. **17**, 1038–1047 (1978)

[10] B. Vidal, A. Fornier, E. Pelletier, Wideband optical monitoring of nonquarterwave multilayer filters. Appl. Opt. **18**, 3851–3856 (1979)

[11] P.J. Bruce, I.J. Hodgkinson, A stable optical photometer for vacuum coating. J. Vac. Sci. Technol., A **3**, 436–437 (1985)

[12] F.J. van Milligen, H.A. Macleod, Development of an automated scanning monochromator for monitoring thin films. Appl. Opt. **24**, 1799–1802 (1985)

[13] I. Powell, J.C.M. Zwinkels, Development of optical monitor for control of thin film deposition. Appl. Opt. **25**, 3645–3652 (1986)

[14] R.P. Netterfield, P.J. Martin, K.H. Müller, In-situ optical monitoring of thin film deposition. SPIE **1988**, 10–15 (1012)

[15] B.T. Sullivan, G. Carlow, An overview of optical monitoring techniques, in *Optical Interference Coatings, OSA Technical Digest* (Optical Society of America, 2010, paper TuC1)

[16] A.V. Tikhonravov, M.K. Trubetskov, T.V. Amotchkina, Investigation of the effect of accumulation of thickness errors in optical coating production by broadband optical monitoring. Appl. Opt. **45**, 7026–7034 (2006)

[17] A.V. Tikhonravov, M.K. Trubetskov, Elimination of cumulative effect of thickness errors in monochromatic monitoring of optical coating production: theory. Appl. Opt. **46**, 2084–2090 (2007)

[18] http://www.canon.com/news/2015/sep07e.html

[19] R.R. Willey, *Practical Design and Production of Optical Thin Films*, 2nd edn. (CRC Press, 2002). ISBN 9780824708498

[20] A.V. Tikhonravov, M.K. Trubetskov, T.V. Amotchkina, Optical monitoring strategies, in ed. by Piegari, Flory, *Optical Thin Films and Coatings* (Woodhead Publishing Limited, 2013)

[21] J. Gäbler, O. Stenzel, S. Wilbrandt, N. Kaiser, Optische in-situ Prozessverfolgung und -steuerung des Aufdampfens optischer Beschichtungen durch gleichzeitige Messungen des Transmissions- und Reflexionsvermögens der wachsenden Schicht. Vak. Forsch. Prax. **25**(6), 22–28 (2013)

[22] http://www.jeti.com

[23] M.R. Baklanov, K.P. Mogilnikov, V.G. Polovinkin, F.N. Dultsev, Determination of pore size distribution in thin films by ellipsometric porosimetry. J. Vac. Sci. Technol. B, 1385–1391 (2000)

[24] C. Murray, C. Flannery, I. Streiter, S.E. Schulz, M.R. Baklanov, K.P. Mogilnikov, C. Himcinschi, M. Friedrich, D.R.T. Zahn, T. Gessner, Comparison of techniques to characterise the density, porosity and elastic modulus of porous low-k SiO xerogel films

[25] S. Wilbrandt, O. Stenzel, Empirical extension to the multioscillator model: the beta-distributed oscillator model. Appl. Opt. **56**, 9892-9899 (2017)

[26] E. Nichelatti, Complex refractive index of a slab from reflectance and transmittance: analytical solution. J. Opt. A: Pure Appl. Opt. **4**, 400–403 (2002)

[27] E.D. Palik (ed.), *Handbook of Optical Constants of Solids,* vol. I, II (Academic Press, Orlando, 1998), pp. 753–763, 766–775, 830–835

[28] K. Friedrich, S. Wilbrandt, O. Stenzel, N. Kaiser, K.H. Hoffmann, Computational manufacturing of optical interference coatings: method, simulation results, and comparison with experiment. Appl. Opt. **49**, 3150–3162 (2010)

[29] D. Franta, D. Nečas, I. Ohlídal, Universal dispersion model for characterization of optical thin films over a wide spectral range: application to hafnia. Appl. Opt. **54**, 9108–9119 (2015)

[30] Center for Nanolithography Research, Rochester Institute of Technology, http://www.rit.edu/~w-lith/thinfilms/thinfilms/thinfilms.html

[31] S. Wilbrandt, C. Franke, V. Todorova, O. Stenzel, N. Kaiser, Infrared optical constants determination by advanced FTIR techniques, in *Optical Interference Coatings 2016, OSA Technical Digest* (online) (Optical Society of America, 2016), paper MC.10

[32] O. Stenzel, S. Wilbrandt, N. Kaiser, Spektralphotometrische Messungen zur Charakterisierung und Qualitätskontrolle von Oberflächen und Schichten, Colloquium optische Spektrometrie (COSP), 17./18.03.2014

[33] H.J. Hagemann, W. Gudat, C. Kunz, Optical constants from the far infrared to the x-ray region: Mg, Al, Cu, Ag, Au, Bi, C, and Al_2O_3. J. Opt. Soc. Am. **65**, 742–744 (1975)

[34] S. Babar, J.H. Weaver, Optical constants of Cu, Ag, and Au revisited. Appl. Opt. **54**, 477–481 (2015)

[35] M.R. Querry, Optical constants, Contractor Report CRDC-CR-85034 (1985)

[36] H. Ehrenreich, H.R. Philipp, Optical properties of Ag and Cu. Phys. Rev. **128**, 1622–1629 (1962)

[37] ACD/ChemSketch (Freeware), version 2016.2, Advanced Chemistry Development, Inc., Toronto, ON, Canada, www.acdlabs.com, 2016

[38] The linear optical constants of thin phthalocyanine and fullerite films from the near infrared up to the UV spectral regions: Estimation of electronic oscillator strength values

[39] R. Brendel, D. Bormann, An infrared dielectric function model for amorphous solids. J. Appl. Phys. **71**, 1–6 (1992)

[40] A. Franke, A. Stendal, O. Stenzel, C. von Borczyskowski, Gaussian quadrature approach to the calculation of the optical constants in the vicinity of inhomogeneously broadened absorption lines. Pure Appl. Opt. **5**, 845–853 (1996)

[41] M. Jupe et al., Mixed oxide coatings for advanced fs-laser applications. Proc. SPIE **6720**, 67200U (2007)

[42] Final report, Optische Komponenten und Baugruppen mit hohen Lebensdauern für Ultrakurzpuls-Laser und Systeme (Ultra-LIFE), FKZ: 13N11555, Technische Informations-bibliothek 32

第9章 分层系统的椭圆偏振测量

伊万·奥赫利达尔 吉里·沃达克娜 马丁·塞马克 丹尼尔·弗兰塔①

摘 要 本章介绍了椭圆偏振测量的理论及其在分层系统光学中的应用,介绍了椭圆偏振测量理论的基本公式。为此,使用琼斯矩阵和斯托克斯-穆勒矩阵方程。通过应用这些矩阵方程,简单地描述了椭圆偏振测量的各种类型和最常用的椭圆偏振测量技术。此外,我们使用矩阵方程推导出光学各向同性和光学各向异性分层系统的光学量的公式。通过3个实例说明了矩阵方程在实际中的应用。

9.1 引言

椭圆偏振测量是一种非常有用的实验技术,可以有效地对薄膜系统进行光学表征。因此,椭圆偏振测量的理论和实验研究一直是人们关注的焦点。在过去20年中,在这个领域已经获得了巨大的进展。在本章中,我们将讨论椭圆偏振测量的理论及其在薄膜光学中的应用。这些结果将借助于矩阵方程,从而使我们能够系统地推导出薄膜椭圆偏振量的公式。具体来说,我们将着重于琼斯矩阵方程和斯托克斯-穆勒矩阵方程,包括光学各向同性分层系统和光学各向异性分层系统的矩阵方程(Yeh 矩阵方程)。

琼斯和斯托克斯-穆勒公式用于描述常规的、广义的和穆勒矩阵椭圆偏振测量理论,以及用于实际测量的椭圆偏振测量技术。此外,我们给出了3个例子说明矩阵方程的应用。本文介绍了矩阵方程在各向同性非均匀层、单轴各向异性膜层的光反射以及在透明基板表面分层系统的光透射和反射中的应用。只给出了满足斯涅耳定律的镜面透射和反射的椭圆偏振公式,不考虑与散射光有关的椭圆偏振公式。

---

① 伊万·奥赫利达尔 (✉),马丁·塞马克,丹尼尔·弗兰塔
马萨里克大学理学院物理电子学系,捷克共和国布尔诺,库特拉斯卡 2 号,61137
e-mail:ohlidal@ physics. muni. cz

9.2 矩阵方程

9.2.1 琼斯矩阵

假设单色平面偏振光波入射到薄膜系统上，入射波与系统相互作用后，系统输出一个单色平面波。图9.1给出了这种情况的示意图。笛卡儿坐标系(x,y,z)和(x',y',z')分别与沿z坐标轴及z'坐标轴传播的入射平面波和输出平面波相关联。波向量$\boldsymbol{k}_i$和$\boldsymbol{k}_o$不一定是相互平行的。假设x和x'坐标轴或y和y'坐标轴平行和/或垂直于入射波的波向量和系统边界的法线所给出的入射平面。上面提到的两个平面波由琼斯向量$\hat{\boldsymbol{E}}_i$（入射）和$\hat{\boldsymbol{E}}_o$（输出）描述[1-4]。琼斯向量是复数二维向量，即

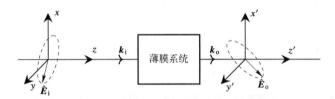

图9.1 系统入射波与出射波示意图

$$\hat{\boldsymbol{E}}_i = \begin{pmatrix} \hat{E}_{ix} \\ \hat{E}_{iy} \end{pmatrix} = \begin{pmatrix} \hat{E}_{ip} \\ \hat{E}_{is} \end{pmatrix}, \quad \hat{\boldsymbol{E}}_o = \begin{pmatrix} \hat{E}_{ox} \\ \hat{E}_{oy} \end{pmatrix} = \begin{pmatrix} \hat{E}_{op} \\ \hat{E}_{os} \end{pmatrix} \tag{9.1}$$

式中：$\hat{E}_{ix}$和$\hat{E}_{iy}$、$\hat{E}_{ox}$和$\hat{E}_{oy}$分别表示入射和/或出射单色平面波的p偏振和s偏振电场的复振幅。琼斯向量充分描述了单色平面偏振波的偏振态。此外，假设薄膜系统是线性的，即系统中不存在非线性和退偏效应。然后，可以写出下列的矩阵方程，即

$$\begin{pmatrix} \hat{E}_{op} \\ \hat{E}_{os} \end{pmatrix} = \begin{pmatrix} \hat{J}_{pp} & \hat{J}_{ps} \\ \hat{J}_{sp} & \hat{J}_{ss} \end{pmatrix} \begin{pmatrix} \hat{E}_{ip} \\ \hat{E}_{is} \end{pmatrix} \tag{9.2}$$

把这个2×2的矩阵叫作琼斯矩阵，记为$\hat{\boldsymbol{J}}$，那么，式（9.2）可以写成

$$\hat{\boldsymbol{E}}_o = \hat{\boldsymbol{J}}\hat{\boldsymbol{E}}_i \tag{9.3}$$

注意：一般来说，琼斯矩阵的元素$\hat{J}_{ij}$是复数，琼斯矩阵也可以写成

$$\hat{J} = \begin{pmatrix} \hat{j}_{pp} & \hat{j}_{ps} \\ \hat{j}_{sp} & \hat{j}_{ss} \end{pmatrix} = \begin{pmatrix} \hat{r}_{pp} & \hat{r}_{ps} \\ \hat{r}_{sp} & \hat{r}_{ss} \end{pmatrix} (\text{反射模式})$$

$$\hat{J} = \begin{pmatrix} \hat{j}_{pp} & \hat{j}_{ps} \\ \hat{j}_{sp} & \hat{j}_{ss} \end{pmatrix} = \begin{pmatrix} \hat{t}_{pp} & \hat{t}_{ps} \\ \hat{t}_{sp} & \hat{t}_{ss} \end{pmatrix} (\text{透射模式}) \tag{9.4}$$

式中：$\hat{r}_{pp}$、$\hat{r}_{ps}$、$\hat{r}_{sp}$、$\hat{r}_{ss}$ 是菲涅耳反射系数；$\hat{t}_{pp}$、$\hat{t}_{ps}$、$\hat{t}_{sp}$、$\hat{t}_{ss}$ 是菲涅耳透射系数。

在椭圆偏振测量中，将归一化琼斯矩阵引入，即

$$\hat{J}_n = \begin{pmatrix} \hat{\rho}_1 & \hat{\rho}_2 \\ \hat{\rho}_3 & 1 \end{pmatrix} = \begin{pmatrix} \hat{j}_{pp}/\hat{j}_{ss} & \hat{j}_{ps}/\hat{j}_{ss} \\ \hat{j}_{sp}/\hat{j}_{ss} & 1 \end{pmatrix} \tag{9.5}$$

当在反射光（反射模式）中进行椭圆偏振测量时，归一化琼斯矩阵元素表示为

$$\hat{\rho}_1 = \frac{\hat{r}_{pp}}{\hat{r}_{ss}}, \ \hat{\rho}_2 = \frac{\hat{r}_{ps}}{\hat{r}_{ss}}, \ \hat{\rho}_3 = \frac{\hat{r}_{sp}}{\hat{r}_{ss}} \tag{9.6}$$

在透射光（透射模式下）中进行椭圆偏振测量时，归一化琼斯矩阵元素的公式为

$$\hat{\rho}_1 = \frac{\hat{t}_{pp}}{\hat{t}_{ss}}, \ \hat{\rho}_2 = \frac{\hat{t}_{ps}}{\hat{t}_{ss}}, \ \hat{\rho}_3 = \frac{\hat{t}_{sp}}{\hat{t}_{ss}} \tag{9.7}$$

利用 p 偏振光和 s 偏振光的相对振幅与相位差描述光波的偏振态是可行的，也就是说，定义下面的复数是有用的，即

$$\hat{\chi}_i = \frac{\hat{E}_{ip}}{\hat{E}_{is}}, \ \hat{\chi}_o = \frac{\hat{E}_{op}}{\hat{E}_{os}} \tag{9.8}$$

$\hat{\chi}_o$ 对 $\hat{\chi}_i$ 的依赖关系称为极化传递函数，即

$$\hat{\chi}_o = \frac{\hat{\rho}_1 \hat{\chi}_i + \hat{\rho}_2}{\hat{\rho}_3 \hat{\chi}_i + 1} \tag{9.9}$$

9.2.2 斯托克斯–穆勒矩阵

琼斯向量可以用来描述全偏振的单色平面波。为了描述光的部分偏振态，有必要使用斯托克斯–穆勒矩阵方程。当然，斯托克斯–穆勒矩阵方程可以用于严格定义的偏振态，这使得它比琼斯矩阵有更广泛的适用性。斯托克斯向量定义为

$$S = \begin{pmatrix} S_0 \\ S_1 \\ S_2 \\ S_3 \end{pmatrix} = \begin{pmatrix} I_0 \\ I_\uparrow - I_\leftarrow \\ I - I_\leftarrow \\ I_\uparrow - I_\leftarrow \end{pmatrix} = \begin{pmatrix} I_0 \\ I_\uparrow - I_\leftarrow \\ I_\nearrow - I_\nwarrow \\ I_\circlearrowleft - I_\circlearrowright \end{pmatrix} \tag{9.10}$$

式中:I_0是光波的总强度;$I_↑$、$I_←$、$I_↗$、$I_↗$、$I_○$、$I_○$分别表示通过理想偏振器沿着相对于入射平面倾斜 0、$\pi/2$、$-\pi/4$ 和 $\pi/4$ 角度的线偏振光、左旋和右旋圆偏振的透射光强度。斯托克斯向量充分描述了光波的偏振态。琼斯矩阵适用于不能直接测量的电场振幅,但斯托克斯矩阵可以适用于通过实验测量的光强。

用琼斯向量 $\hat{E}$ 描述的全偏振单色波所对应的斯托克斯向量 $S(\hat{E})$ 可用下列公式计算,即

$$S(\hat{E}) = \begin{pmatrix} \hat{E}_p\hat{E}_p^* + \hat{E}_s\hat{E}_s^* \\ \hat{E}_p\hat{E}_p^* - \hat{E}_s\hat{E}_s^* \\ \hat{E}_p\hat{E}_s^* + \hat{E}_s\hat{E}_p^* \\ i\hat{E}_p\hat{E}_s^* - i\hat{E}_s\hat{E}_p^* \end{pmatrix} \qquad (9.11)$$

从式(9.11)可以明显看出,斯托克斯向量与琼斯向量的总相位无关。当然,在椭圆偏振和反射测量中,这个总相位是不可测量的。式(9.11)中斯托克斯向量的分量是以 $\hat{E}_j^*\hat{E}_k$ 形式的线性组合,索引数 j 和 k 分别表示 p 与 s。很容易证明斯托克斯向量的分量和这些项之间的关系是可反向运算的,即如果知道斯托克斯向量就可以确定 $\hat{E}_j^*\hat{E}_k$ 项。

在9.2.1节中,对于非偏振的样品,出射波的琼斯向量与入射波的琼斯向量的关系为式(9.3),因此,可以写出以下关系式,即

$$\hat{E}_{oj}^*\hat{E}_{ij} = \sum_{l=p,s}\sum_{m=p,s} \hat{J}_{jl}^*\hat{J}_{km}\hat{E}_{il}^*\hat{E}_{im} \qquad (9.12)$$

式中:$\hat{E}_{ij}$ 和 $\hat{E}_{oj}$ 分别对应于入射波和出射波的琼斯向量分量。由于二次项 $\hat{E}_j^*\hat{E}_k$ 决定了斯托克斯向量,上述方程也可以理解为入射波的斯托克斯向量 $S(\hat{E}_i)$ 与出射波的斯托克斯向量 $S(\hat{E}_o)$ 之间的线性关系,即

$$S(\hat{E}_o) = M(\hat{J})S(\hat{E}_i)$$

其中

$$M(\hat{J}) = \begin{pmatrix} M_{00} M_{01} M_{02} M_{03} \\ M_{10} M_{11} M_{12} M_{13} \\ M_{20} M_{21} M_{22} M_{23} \\ M_{30} M_{31} M_{32} M_{33} \end{pmatrix} \qquad (9.13)$$

这个 4×4 实矩阵 $M(\hat{J})$ 称为分层系统的穆勒矩阵[6-8]。穆勒矩阵的元素通过下面计算得出,即

$$M_{00} = \frac{1}{2}(\,|\,\hat{J}_{pp}\,|^2 + |\,\hat{J}_{ss}\,|^2 + |\,\hat{J}_{sp}\,|^2 + |\,\hat{J}_{ps}\,|^2)$$

$$M_{01} = \frac{1}{2}(\,|\,\hat{J}_{pp}\,|^2 - |\,\hat{J}_{ss}\,|^2 + |\,\hat{J}_{sp}\,|^2 - |\,\hat{J}_{ps}\,|^2)$$

$$M_{02} = \mathrm{Re}(\hat{J}_{ps}\hat{J}_{pp}^* + \hat{J}_{ss}\hat{J}_{sp}^*)\,,\quad M_{03} = -\mathrm{Im}(\hat{J}_{ps}\hat{J}_{pp}^* + \hat{J}_{ss}\hat{J}_{sp}^*)$$

$$M_{10} = \frac{1}{2}(\,|\,\hat{J}_{pp}\,|^2 - |\,\hat{J}_{ss}\,|^2 - |\,\hat{J}_{ss}\,|^2 + |\,\hat{J}_{ps}\,|^2)$$

$$M_{11} = \frac{1}{2}(\,|\,\hat{J}_{pp}\,|^2 + |\,\hat{J}_{ss}\,|^2 - |\,\hat{J}_{sp}\,|^2 - |\,\hat{J}_{ps}\,|^2) \tag{9.14}$$

$$M_{12} = \mathrm{Re}(\hat{J}_{ps}\hat{J}_{pp}^* - \hat{J}_{ss}\hat{J}_{sp}^*)\,,\quad M_{13} = \mathrm{Im}(\hat{J}_{ps}\hat{J}_{pp}^* + \hat{J}_{ss}\hat{J}_{sp}^*)$$

$$M_{20} = \mathrm{Re}(\hat{J}_{sp}\hat{J}_{pp}^* + \hat{J}_{ss}\hat{J}_{ps}^*)\,,\quad M_{21} = \mathrm{Re}(\hat{J}_{sp}\hat{J}_{pp}^* - \hat{J}_{ss}\hat{J}_{ps}^*)$$

$$M_{22} = \mathrm{Re}(\hat{J}_{ss}\hat{J}_{sp}^* + \hat{J}_{sp}\hat{J}_{ps}^*)\,,\quad M_{23} = \mathrm{Im}(-\hat{J}_{ss}\hat{J}_{pp}^* + \hat{J}_{sp}\hat{J}_{ps}^*)$$

$$M_{30} = \mathrm{Im}(\hat{J}_{sp}\hat{J}_{pp}^* + \hat{J}_{ss}\hat{J}_{ps}^*)\,,\quad M_{31} = \mathrm{Im}(\hat{J}_{sp}\hat{J}_{pp}^* - \hat{J}_{ss}\hat{J}_{ps}^*)$$

$$M_{32} = \mathrm{Im}(\hat{J}_{ss}\hat{J}_{pp}^* + \hat{J}_{sp}\hat{J}_{ps}^*)\,,\quad M_{33} = \mathrm{Re}(\hat{J}_{ss}\hat{J}_{pp}^* - \hat{J}_{sp}\hat{J}_{ps}^*)$$

到目前为止,我们只考虑了全偏振的单色波。为了描述部分偏振波,可以用不同偏振态的全偏振波(即不同琼斯向量)的非相干叠加表示。如果样品是非退偏振的,并且入射波是单色的但只有部分偏振,则式(9.13)可用于通过与频率 ω 的入射单色波相对应的统计系综表示出射波的斯托克斯向量。因此,出射波的斯托克斯向量 S_o 为

$$S_o = \langle S(\hat{E}_o) \rangle = \langle M(\hat{J})S(\hat{E}_i) \rangle = M(\hat{J})S_i \tag{9.15}$$

式中:$M(\hat{J})$ 是使用式(9.14)从琼斯矩阵 $\hat{J}$ 计算得到的,$S_i = <S(\hat{E}_i)>$ 是使用与全偏振波相对应的琼斯向量 $\hat{E}_i$ 组成的统计系综计算得出的入射波斯托克斯向量的平均值(见式(9.11))。

如果我们要考虑时间相干的影响,就必须考虑到这样一种波,它不仅包括不同偏振态,而且还包括不同频率,这就是由强度的光谱密度描述的多色光(参见文献[5])。在这种情况下,入射波和出射波分别由表示为 $G_i(\omega)$ 和 $G_o(\omega)$ 的斯托克斯向量光谱密度表征。这些向量的零分量是强度的谱密度,而其他分量对应于式(9.10)中定义的强度谱密度,可以写成

$$G_o(\omega) = M(\hat{J}(\omega))G_i(\omega) \tag{9.16}$$

式中:$M(\hat{J}(\omega))$ 是用式(9.14)计算得出;$\hat{J}(\omega)$ 是依赖于频率的琼斯矩阵。如果出射波偏振态的检测与频率无关,则可以写出以下公式,即

$$S'_o = \int G_o(\omega)\,d\omega = \int M(\hat{J}(\omega))G_i(\omega)\,d\omega \tag{9.17}$$

式中:S'_o是探测器测量的斯托克斯向量。如果入射波的偏振态与频率无关,即$G_i(\omega)$的方向不随频率变化,则谱密度可以表示为$G_i(\omega)=S'_i w_{\text{spectral}}(\omega)$,其中$w_{\text{spectral}}(\omega)$表示入射波强度的归一化谱分布,符号$S'_i$表示与频率无关的斯托克斯向量。斯托克斯向量$S'_i$和$S'_o$分别是多色光光谱间隔内入射波和出射波的平均值。在这些假设下,可以写出以下公式,即

$$S'_o = MS'_i \tag{9.18}$$

其中

$$M = \int M(\hat{J}(\omega))w_{\text{spectral}}(\omega)\,d\omega \tag{9.19}$$

如果样品是非偏振的,那么,即使入射波是单色且完全偏振,出射波也只能是部分偏振。如果样品不是用琼斯矩阵描述,而是用琼斯矩阵的统计系综表述,则可以考虑样品的退偏特性。如果假设琼斯矩阵的统计系综上的平均值可以用一个变量 ξ 的概率密度 $w_{\text{sample}}(\xi)$ 表示,则可以将出射波的斯托克斯向量表示为

$$S'_o = <M>S'_i \tag{9.20}$$

其中

$$\langle M \rangle = \iint M(\hat{J}(\omega,\xi))w_{\text{spectral}}(\omega)w_{\text{sample}}(\xi)\,d\omega\,d\xi \tag{9.21}$$

这个公式不仅考虑了样品引起的退偏,而且还考虑了时间相干性的影响。用式(9.19)和式(9.21)表示的结果从实际角度来看是很重要的,因为穆勒矩阵的元素可以通过实验确定。

对于给定的琼斯向量,偏振度 P 的定义为

$$P = \frac{1}{S_0}\sqrt{S_1^2 + S_2^2 + S_3^2} \tag{9.22}$$

该参数从全偏振态的 1 值到完全非偏振态的 0 值不等。不等式 $S_0 \geqslant 0$ 和 $0 \leqslant P \leqslant 1$ 必须理解为限制物理上可实现的偏振态条件。斯托克斯向量的分量必须满足上述不等式,这一事实与琼斯向量的情况形成了对比,在琼斯向量的情况下,任何二维复数向量都表示有效的偏振状态。很容易证明,与全偏振波对应的斯托克斯向量,即用式(9.11)计算的斯托克斯向量,总是给出 $P=1$。也可以证明,如果 $P=1$,则存在琼斯向量 $\hat{E}$(在总相位因子前是唯一的),使得关系式(9.11)是有效的。

在实践中经常会遇到以下特殊形式的穆勒矩阵,即

$$M = \begin{pmatrix} M_{00} & M_{01} & 0 & 0 \\ M_{10} & M_{00} & 0 & 0 \\ 0 & 0 & M_{22} & M_{23} \\ 0 & 0 & -M_{23} & M_{22} \end{pmatrix} \qquad (9.23)$$

例如,对于光学各向同性的层状系统,还有各向异性材料构成的分层系统,其各向异性材料的每个主轴要么位于入射平面上,要么垂直于入射平面(参见9.4.2节),就出现了这种穆勒矩阵。即使这些系统由于有限的光谱线宽、厚度非均匀性、光学常数的表面非均匀性或非吸收基板中背面的反射而导致退偏,也会用到同样形式的穆勒矩阵。在这种特殊情况下,定义为 $M = M_{00}M_n$ 的归一化穆勒矩阵的元素确定了相关的椭圆偏振参数 I_s、I_c、I_n,其中 $M_{n01} = -I_n$,$M_{n22} = I_c$,$M_{n23} = I_s$。这些参数的值可以用相位调制椭圆偏振仪测量(见9.3.4.3节)。对于反射模式下的椭圆偏振测量,如果设定 $\hat{J}_{pp} = \hat{r}_p$,$\hat{J}_{ss} = \hat{r}_s$,$\hat{J}_{ps} = \hat{J}_{sp} = 0$,则可以从式(9.14)中计算出穆勒矩阵式(9.23)中出现的参量。结果表达式为

$$M_{00} = R = \frac{\langle |\hat{r}_p|^2 + |\hat{r}_s|^2 \rangle}{2}, \quad M_{01} = \frac{\langle |\hat{r}_p|^2 - |\hat{r}_s|^2 \rangle}{2}$$

$$M_{22} = \frac{\langle \hat{r}_p \hat{r}_s^* \rangle + \langle \hat{r}_p^* \hat{r}_s \rangle}{2}, \quad M_{23} = -\mathrm{i}\, \frac{\langle \hat{r}_p \hat{r}_s^* \rangle - \langle \hat{r}_p^* \hat{r}_s \rangle}{2} \qquad (9.24)$$

式中:角括号表示式(9.21)中计算的平均值,即琼斯矩阵的统计系综和入射光谱分布的平均值。如果用菲涅耳透射系数 $\hat{t}_p$、$\hat{t}_s$ 代替反射系数 $\hat{r}_p$ 和 $\hat{r}_s$,则得到透射模式的相似表达式。一般来说,这些量满足不等式 $I_s^2 + I_c^2 + I_n^2 \leq 1$,在无退偏的情况下取等号[9]。

虽然在上面的讨论中只包含了时间相干的影响,但是也可以修改结果,使之也包含光束空间相干的影响。概率密度函数 $w_{\text{sample}}(\xi_1, \xi_2, \cdots)$ 中几个变量的使用是简单明了的。第10章详细介绍了样品表面非均匀性引起退偏的一个例子。这里提出的想法也可以用于量子力学的背景,其中光的状态用密度算符描述[10]。

9.2.3　各向同性分层系统的矩阵方程

由各向同性薄膜构成的 L 层分层系统的反射系数和透射系数可以用简单的矩阵方程计算(图9.2),这个系统通常称为各向同性分层系统。

在具有平行边界的各向同性分层系统中,可以分别研究 s 偏振光和 p 偏振光的传播。在这种形式中,s 偏振光和 p 偏振光用复向量描述,即

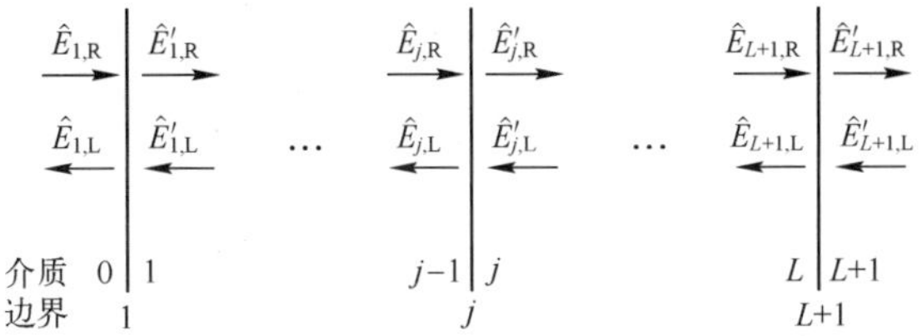

図 9.2　各向同性分层系统的示意图

$$\begin{pmatrix} \hat{E}_{j,\mathrm{R}} \\ \hat{E}_{j,\mathrm{L}} \end{pmatrix} \quad 和 \quad \begin{pmatrix} \hat{E}'_{j,\mathrm{R}} \\ \hat{E}'_{j,\mathrm{L}} \end{pmatrix} \tag{9.25}$$

式中确定了与边界相切的电场强度分量的振幅。带有上撇号的振幅对应于第 j 边界的右侧,而没有上撇号的振幅对应于第 j 边界的左侧,下标 L 和 R 区分左行波和右行波的振幅。边界条件意味着电场和磁场的切向分量必须保持在第 j 个边界上。振幅 $\hat{E}_{j,s}$ 和 $\hat{H}_{j,s}$ 表示在第 j 边界处的总电场与总磁场相对应的振幅。这些总的切向场表示为

$$\hat{E}_{j,\mathrm{S}} = \hat{E}_{j,\mathrm{R}} + \hat{E}_{j,\mathrm{L}} = \hat{E}'_{j,\mathrm{R}} + \hat{E}'_{j,\mathrm{L}} \tag{9.26}$$

$$\hat{H}_{j,\mathrm{S}} = \hat{Y}_{j-1}\hat{E}_{j,\mathrm{R}} - \hat{Y}_{j-1}\hat{E}_{j,\mathrm{L}} = \hat{Y}_j\hat{E}'_{j,\mathrm{R}} - \hat{Y}_j\hat{E}'_{j,\mathrm{L}} \tag{9.27}$$

式中:符号 $\hat{Y}_j$ 表示波传播介质的光学导纳。对于 s 和 p 偏振波,这些导纳是不同的,即

$$\hat{Y}_j = \hat{n}_j\cos\hat{\psi}_j(对于\ s\ 偏振波)$$

$$\hat{Y}_j = \frac{\hat{n}_j}{\cos\hat{\psi}_j}(对于\ p\ 偏振波) \tag{9.28}$$

式中:$\hat{n}_j$ 表示第 j 层介质的复折射率($\hat{n}_j = n_j + \mathrm{i}k_j$,$n_j$ 和 k_j 分别是实折射率和消光系数);$\hat{\psi}_j$ 表示传播波在第 j 层介质中的折射角(在环境中,这个角对应入射角 $\hat{\psi}_0 = \phi$)。

边界条件可以用所谓的导纳符号表示为[11]

$$\begin{pmatrix} \hat{E}_{j,s} \\ \hat{H}_{j,s} \end{pmatrix} = \hat{V}_{j-1}\begin{pmatrix} \hat{E}_{j,\mathrm{R}} \\ \hat{H}_{j,\mathrm{L}} \end{pmatrix} = \hat{V}_j\begin{pmatrix} \hat{E}'_{j,\mathrm{R}} \\ \hat{H}'_{j,\mathrm{L}} \end{pmatrix} \tag{9.29}$$

式中:导纳矩阵 $\hat{V}_j$ 及其逆矩阵 $\hat{V}_j^{-1}$ 定义为

$$\hat{V}_j = \begin{pmatrix} 1 & 1 \\ \hat{Y}_j & -\hat{Y}_j \end{pmatrix}, \quad \hat{V}_j^{-1} = \frac{1}{2}\begin{pmatrix} 1 & \hat{Y}_j^{-1} \\ 1 & -\hat{Y}_j^{-1} \end{pmatrix} \tag{9.30}$$

式(9.29)可以重写为

$$
\begin{pmatrix} \hat{E}_{j,\mathrm{R}} \\ \hat{E}_{j,\mathrm{L}} \end{pmatrix} = \hat{W}_j \begin{pmatrix} \hat{E}'_{j,\mathrm{R}} \\ \hat{E}'_{j,\mathrm{L}} \end{pmatrix}
$$

其中

$$
\hat{W}_j = \hat{V}_{j-1}^{-1} \hat{V}_j \tag{9.31}
$$

矩阵 $\hat{W}_j$ 称为折射矩阵，它可以表示为

$$
\hat{W}_j = \frac{1}{2} \begin{pmatrix} 1+\hat{Y}_j/\hat{Y}_{j-1} & 1-\hat{Y}_j/\hat{Y}_{j-1} \\ 1-\hat{Y}_j/\hat{Y}_{j-1} & 1+\hat{Y}_j/\hat{Y}_{j-1} \end{pmatrix} = \frac{\hat{c}_{j-1}}{\hat{c}_j} \frac{1}{\hat{t}_j} \begin{pmatrix} 1 & \hat{r}_j \\ \hat{r}_j & 1 \end{pmatrix} \tag{9.32}
$$

式中: $\hat{r}_j$ 和 $\hat{t}_j$ 分别为第 j 个边界的菲涅耳反射系数和透射系数, 给出参量 $\hat{c}_j$ 为

$$
\hat{c}_j = 1 \quad (s \text{ 偏振})
$$

$$
\hat{c}_j = \cos\hat{\psi} \quad (p \text{ 偏振}) \tag{9.33}
$$

为了证明式(9.32)中的第二个等式, 必须使用以下的菲涅耳系数表达式, 即

$$
\hat{r}_j = \frac{\hat{Y}_{j-1} - \hat{Y}_j}{\hat{Y}_{j-1} + \hat{Y}_j}
$$

$$
\hat{t}_j = \frac{\hat{c}_{j-1}}{\hat{c}_j} \frac{2\hat{Y}_{j-1}}{\hat{Y}_{j-1} + \hat{Y}_j} \tag{9.34}
$$

第 j 层左侧和右侧电场的切向分量由以下方程关联, 即

$$
\begin{pmatrix} \hat{E}'_{j,\mathrm{R}} \\ \hat{E}'_{j,\mathrm{L}} \end{pmatrix} = \hat{U}_j \begin{pmatrix} \hat{E}'_{j+1,\mathrm{R}} \\ \hat{E}'_{j+1,\mathrm{L}} \end{pmatrix}
$$

其中

$$
\hat{U}_j = \begin{pmatrix} \mathrm{e}^{-\mathrm{i}\hat{\phi}_j} & 0 \\ 0 & \mathrm{e}^{\mathrm{i}\hat{\phi}_j} \end{pmatrix} \tag{9.35}
$$

式中: $\hat{\phi}_j = (2\pi/\lambda) h_j \hat{n}_j \cos\hat{\psi}_j$, λ 表示光的波长, h_j 表示第 j 层的厚度。上述方程中引入的矩阵 $\hat{U}$ 称为相位矩阵。

对于含有 L 层的系统, 该系统的左右两侧的电场振幅之间的关系可以表达为

$$
\begin{pmatrix} \hat{E}_{1,\mathrm{R}} \\ \hat{E}_{1,\mathrm{L}} \end{pmatrix} = \hat{P} \begin{pmatrix} \hat{E}_{L+1,\mathrm{R}} \\ \hat{E}_{L+1,\mathrm{L}} \end{pmatrix}
$$

其中

$$\hat{P} = \hat{W}_1 \hat{U}_1 \hat{W}_2 \cdots \hat{U}_L \hat{W}_{L+1} \qquad (9.36)$$

矩阵 $\hat{P}$ 称为系统传输矩阵。利用系统传输矩阵元素 $\hat{P}_{ij}$，菲涅耳反射系数和透射系数可以表示为

$$\hat{r} = \left(\frac{\hat{E}_{1,L}}{\hat{E}_{1,R}}\right)_{\hat{E}_{L+1,L}=0} = \frac{\hat{P}_{21}}{\hat{P}_{11}}, \quad \hat{t} = \frac{\hat{c}_0}{\hat{c}_{L+1}}\left(\frac{\hat{E}'_{L+1,R}}{\hat{E}_{1,R}}\right)_{\hat{E}_{L+1,L}=0} = \frac{\hat{c}_0}{\hat{c}_{L+1}}\frac{1}{\hat{P}_{11}} \qquad (9.37)$$

$$\hat{r}' = \left(\frac{\hat{E}'_{L+1,R}}{\hat{E}_{L+1,L}}\right)_{\hat{E}_{1,R}=0} = -\frac{\hat{P}_{12}}{\hat{P}_{11}}, \quad \hat{t}' = \frac{\hat{c}_{L+1}}{\hat{c}_0}\left(\frac{\hat{E}_{1,L}}{\hat{E}_{L+1,L}}\right)_{\hat{E}_{1,R}=0} = \frac{\hat{c}_{L+1}}{\hat{c}_0}\frac{\det\hat{P}}{\hat{P}_{11}} \qquad (9.38)$$

式中：符号 $\hat{r}$ 和 $\hat{r}'$ 分别表示入射波从左侧和右侧入射到系统上的菲涅耳反射系数。对于菲涅耳透射系数 $\hat{t}$ 和 $\hat{t}'$ 也是如此。

在式(9.36)中，通过使用下面的关联规则，在矩阵 $\hat{W}_j$ 和 $\hat{U}_j$ 的序列引入新的矩阵 $\hat{I}_j$，即

$$\hat{I}_j = \hat{V}_j \hat{U}_j \hat{V}_j^{-1} = \begin{pmatrix} \cos\hat{\phi}_j & \mathrm{i}\hat{Y}_j^{-1}\sin\hat{\phi}_j \\ \mathrm{i}\hat{Y}_j\sin\hat{\phi}_j & \cos\hat{\phi}_j \end{pmatrix} \qquad (9.39)$$

这个矩阵 $\hat{I}_j$ 称为第 j 层膜的干涉矩阵(一些研究人员称它为特征矩阵)。从上述情况可以清楚地看出，系统传输矩阵可以写为

$$\hat{P} = \hat{V}_0^{-1}\hat{I}\hat{V}_{L+1}$$

其中

$$\hat{I} = \hat{I}_1\hat{I}_2\cdots\hat{I}_L \qquad (9.40)$$

该矩阵 $\hat{I}$ 称为整个分层系统的干涉矩阵。由下列矩阵方程给出了干涉矩阵 $\hat{I}$ 的意义，即

$$\begin{pmatrix} \hat{E}_{1,s} \\ \hat{H}_{1,s} \end{pmatrix} = \hat{V}_0\begin{pmatrix} \hat{E}_{1,R} \\ \hat{H}_{1,L} \end{pmatrix} = \hat{I}\hat{V}_{L+1}\begin{pmatrix} \hat{E}'_{L+1,R} \\ \hat{E}'_{L+1,L} \end{pmatrix} = \hat{I}\begin{pmatrix} \hat{E}_{L+1,s} \\ \hat{H}_{L+1,s} \end{pmatrix} \qquad (9.41)$$

从式(9.40)可以看出，传输矩阵 $\hat{P}$ 的元素可以用干涉矩阵 $\hat{I}$ 的元素表示。

因此，在式(9.37)和式(9.38)的基础上，借助于该系统干涉矩阵 $\hat{I}$ 的元素可以写出分层系统的菲涅耳系数。例如，对于左侧的入射光，系统的菲涅耳反射系数和透射系数为

$$\hat{r} = \frac{\hat{I}_{11} - \hat{Y}_0^{-1} \hat{Y}_{L+1} \hat{I}_{22} + \hat{Y}_{L+1} \hat{I}_{12} - \hat{Y}_0^{-1} \hat{I}_{21}}{\hat{I}_{11} + \hat{Y}_0^{-1} \hat{Y}_{L+1} \hat{I}_{22} + \hat{Y}_{L+1} \hat{I}_{12} + \hat{Y}_0^{-1} \hat{I}_{21}} \tag{9.42}$$

$$\hat{t} = \frac{\hat{c}_0}{\hat{c}_{L+1}} \frac{2}{\hat{I}_{11} + \hat{Y}_0^{-1} \hat{Y}_{L+1} \hat{I}_{22} + \hat{Y}_{L+1} \hat{I}_{12} + \hat{Y}_0^{-1} \hat{I}_{21}} \tag{9.43}$$

式中：$\hat{I}_{ij}$ 是矩阵 $\hat{I}$ 的元素；符号 $\hat{Y}_0$ 和 $\hat{Y}_{L+1}$ 分别表示环境和基板的导纳。

9.2.4 各向异性分层系统的矩阵方程

这类矩阵方程称为 Yeh 方程，它涉及单色平面波在由均匀各向异性介质构成的分层系统中的传播。由 L 个各向异性层组成的各向异性分层系统的示意图如图 9.3 所示。介质编号为 $0, \cdots, L+1$，其中介质 0 代表环境，介质 $L+1$ 代表基板。边界编号为 $1, \cdots, L+1$，其中第 j 个边界将第 $j-1$ 个介质与第 j 个介质分开。选择笛卡儿坐标系 (x, y, z)，使得 z 轴与分层系统的边界垂直。

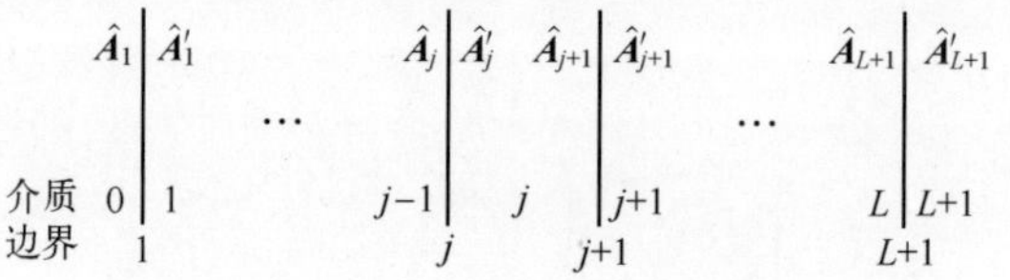

图 9.3　各向异性薄膜系统的示意图

在第 j 层介质中，对应于单色平面波传播的电场可以用复数波向量 $\hat{k}_j$ 和振幅 $\hat{e}_j$ 表示，即

$$E_j(r, t) = \mathrm{Re}(\hat{E}_j \mathrm{e}^{\mathrm{i}\hat{k}_j r - \mathrm{i}\omega t}) \tag{9.44}$$

在各向异性介质中，光的传播特性取决于传播方向。从麦克斯韦方程得到下列波动方程[2,5,12]，即

$$\hat{k}_j \times (\hat{k}_j \times \hat{E}_j) + k_0^2 \hat{\varepsilon}_j \hat{E}_j = 0 \tag{9.45}$$

式中：$k_0 = \omega/c = 2\pi/\lambda$；符号 $\hat{\varepsilon}_j$ 表示描述第 j 层介质光学响应的介电函数张量（矩阵）。一般来说，这个张量是复数的，不具有任何对称性。在没有光学活性的光学非吸收各向异性材料的情况下，介电函数张量是对称的[5,12]，因此，可以找到一个对角的坐标系，这一结果也适用于具有较高晶体对称性的各向异性吸收材料[5]。

边界上电场和磁场的连续性意味着在边界两侧波向量 $\hat{k}_j$ 的切线分量必须相同。因此，在垂直于 z 轴的相互平行边界的分层系统中，可以写出 $\hat{k}_j = (\hat{k}_x, \hat{k}_y, \hat{k}_{j,z})$。波动方程式 (9.45) 可重写为下列矩阵方程，即

$$\begin{pmatrix} k_0^2\hat{\varepsilon}_{j,xx}-\hat{k}_y^2-\hat{k}_{j,z}^2 & k_0^2\hat{\varepsilon}_{j,xy}+\hat{k}_x\hat{k}_y & k_0^2\hat{\varepsilon}_{j,xz}+\hat{k}_x\hat{k}_{j,z} \\ k_0^2\hat{\varepsilon}_{j,yx}+\hat{k}_y\hat{k}_x & k_0^2\hat{\varepsilon}_{j,yy}-\hat{k}_x^2-\hat{k}_{j,z}^2 & k_0^2\hat{\varepsilon}_{j,yz}+\hat{k}_y\hat{k}_{j,z} \\ k_0^2\hat{\varepsilon}_{j,zx}+\hat{k}_{j,z}\hat{k}_x & k_0^2\hat{\varepsilon}_{j,zy}+\hat{k}_{j,z}\hat{k}_y & k_0^2\hat{\varepsilon}_{j,zz}-\hat{k}_x^2-\hat{k}_y^2 \end{pmatrix}\begin{pmatrix}\hat{E}_{j,x}\\\hat{E}_{j,y}\\\hat{E}_{j,z}\end{pmatrix}=0 \qquad (9.46)$$

如果 $\hat{E}_j$ 前面的矩阵被认为是 $\hat{k}_{j,z}$ 的函数,可以用 $\hat{N}(\hat{k}_{j,z})$ 表示,则方程的形式为

$$\hat{N}(\hat{k}_{j,z})\hat{E}_j=0 \qquad (9.47)$$

当且仅当矩阵 $\hat{E}_j$ 前面的行列式的值 $\det\hat{N}(\hat{k}_{j,z})=0$ 时,矩阵 $\hat{E}_j$ 才有非平凡解。这导致了四次方程 $\hat{k}_{j,z}$ 有 4 个根 $\hat{k}_{j\alpha,z}$,其下标 $\alpha=1,2,3,4$。相应的波向量将用 $\hat{k}_{j\alpha}=(\hat{k}_x,\hat{k}_y,\hat{k}_{j\alpha,z})$ 表示,对应的偏振向量用 $\hat{p}_{j\alpha}$ 表示。偏振向量 $\hat{p}_{j\alpha}$ 是给定根 $\hat{k}_{j\alpha,z}$ 下方程式(9.47)的解,即 $\hat{N}(\hat{k}_{j\alpha,z})\hat{p}_{j\alpha}=0$。另外,我们假设它满足归一化条件 $\hat{p}_{j\alpha}\cdot\hat{p}_{j\alpha}=1$。第 j 层介质中的电场可以用偏振向量表示为

$$E_j(r,t)=\mathrm{Re}\Big(\sum_{\alpha=1}^4\hat{A}_{j\alpha}^0\hat{p}_{j\alpha}\mathrm{e}^{i\hat{k}_xx+i\hat{k}_yy+i\hat{k}_{j\alpha,z}z-i\omega t}\Big) \qquad (9.48)$$

式中:$\hat{A}_{j\alpha}^0$ 为对应于光的不同偏振的振幅。磁场也可以用类似的表达式表示为

$$H_j(r,t)=\mathrm{Re}\Big(\frac{1}{\mu_0\omega}\sum_{\alpha=1}^4\hat{A}_{j\alpha}^0\hat{q}_{j\alpha}\mathrm{e}^{i\hat{k}_xx+i\hat{k}_yy+i\hat{k}_{j\alpha,z}z-i\omega t}\Big) \qquad (9.49)$$

式中:磁场的偏振向量与偏振向量 $\hat{p}_{j\alpha}$ 的关系为

$$\hat{q}_{j\alpha}=\hat{k}_{j\alpha}\times\hat{p}_{j\alpha} \qquad (9.50)$$

为了写出 E 和 H 在边界处连续的条件,可以方便地引入与第 j 边界左右两侧的振幅相对应的振幅为 $\hat{A}_{j\alpha}$ 和 $\hat{A}_{j\alpha}'$,即

$$\hat{A}_{j\alpha}=\hat{A}_{j-1\alpha}^0\mathrm{e}^{i\hat{k}_{j-1\alpha,z}z_j},\ \hat{A}_{j\alpha}'=\hat{A}_{j\alpha}^0\mathrm{e}^{i\hat{k}_{j\alpha,z}z_j} \qquad (9.51)$$

式中:z_j 为第 j 个边界的 z 坐标。很明显,振幅 $\hat{A}_{j\alpha}'$ 和 $\hat{A}_{j+1\alpha}$ 是相关的,即

$$\hat{A}_{j\alpha}'=\hat{A}_{j+1\alpha}'\mathrm{e}^{i\hat{k}_{j\alpha,z}(z_j-z_{j+1})}=\hat{A}_{j+1\alpha}'\mathrm{e}^{i\hat{k}_{j\alpha,z}h_j} \qquad (9.52)$$

式中:符号 $h_j=z_{j+1}-z_j$ 表示第 j 层的厚度。如果将振幅 $\hat{A}_{j\alpha}$ 和 $\hat{A}_{j\alpha}'$ 排列成列向量 $\hat{A}_j$ 和 $\hat{A}_j'$,然后按照上述公式可以用矩阵方程写成

$$\hat{A}_j'=\hat{T}_j\hat{A}_{j+1} \qquad (9.53)$$

那么矩阵 $\hat{T}_j$ 就可以定义为

$$\hat{T}_j=\begin{pmatrix} \mathrm{e}^{-i\hat{k}_{j1,z}h_j} & 0 & 0 & 0 \\ 0 & \mathrm{e}^{-i\hat{k}_{j2,z}h_j} & 0 & 0 \\ 0 & 0 & \mathrm{e}^{-i\hat{k}_{j3,z}h_j} & 0 \\ 0 & 0 & 0 & \mathrm{e}^{-i\hat{k}_{j4,z}h_j} \end{pmatrix} \qquad (9.54)$$

在第 j 个边界上 E 和 H 连续的条件现在有一个非常简单的形式，即

$$\sum_{\alpha=1}^{4} e_x \hat{\boldsymbol{p}}_{j-1\alpha} \hat{A}_{j\alpha} = \sum_{\alpha=1}^{4} e_x \hat{\boldsymbol{p}}_{j\alpha} \hat{A}'_{j\alpha}, \quad \sum_{\alpha=1}^{4} e_y \hat{\boldsymbol{p}}_{j-1\alpha} \hat{A}_{j\alpha} = \sum_{\alpha=1}^{4} e_y \hat{\boldsymbol{p}}_{j\alpha} \hat{A}'_{j\alpha} \qquad (9.55)$$

$$\sum_{\alpha=1}^{4} e_x \hat{\boldsymbol{q}}_{j-1\alpha} \hat{A}_{j\alpha} = \sum_{\alpha=1}^{4} e_x \hat{\boldsymbol{q}}_{j\alpha} \hat{A}'_{j\alpha}, \quad \sum_{\alpha=1}^{4} e_y \hat{\boldsymbol{q}}_{j-1\alpha} \hat{A}_{j\alpha} = \sum_{\alpha=1}^{4} e_y \hat{\boldsymbol{q}}_{j\alpha} \hat{A}'_{j\alpha} \qquad (9.56)$$

用矩阵的形式表达这些方程，即

$$\hat{\boldsymbol{D}}_{j-1} \hat{\boldsymbol{A}}_j = \hat{\boldsymbol{D}}_j \hat{\boldsymbol{A}}'_j \qquad (9.57)$$

其中矩阵 $\hat{\boldsymbol{D}}_j$ 定义为

$$\hat{\boldsymbol{D}}_j = \begin{pmatrix} e_x \hat{\boldsymbol{p}}_{j1} & e_x \hat{\boldsymbol{p}}_{j2} & e_x \hat{\boldsymbol{p}}_{j3} & e_x \hat{\boldsymbol{p}}_{j4} \\ e_y \hat{\boldsymbol{q}}_{j1} & e_y \hat{\boldsymbol{q}}_{j2} & e_y \hat{\boldsymbol{q}}_{j3} & e_y \hat{\boldsymbol{q}}_{j4} \\ e_y \hat{\boldsymbol{p}}_{j1} & e_y \hat{\boldsymbol{p}}_{j2} & e_y \hat{\boldsymbol{p}}_{j3} & e_y \hat{\boldsymbol{p}}_{j4} \\ e_x \hat{\boldsymbol{q}}_{j1} & e_x \hat{\boldsymbol{q}}_{j2} & e_x \hat{\boldsymbol{q}}_{j3} & e_x \hat{\boldsymbol{q}}_{j4} \end{pmatrix} \qquad (9.58)$$

第 j 个边界的左右两侧振幅之间的关系可以表示为

$$\hat{\boldsymbol{A}}_j = \hat{\boldsymbol{B}}_j \hat{\boldsymbol{A}}'_j$$

其中

$$\hat{\boldsymbol{B}}_j = \hat{\boldsymbol{D}}_{j-1}^{-1} \hat{\boldsymbol{D}}_j \qquad (9.59)$$

第一边界左侧的振幅（即分层系统的左侧）和最后一边界右侧的振幅（即分层系统的右侧）是相互关联的，它们的关系为

$$\hat{\boldsymbol{A}}_1 = \hat{\boldsymbol{X}} \hat{\boldsymbol{A}}'_{L+1}$$

其中

$$\hat{\boldsymbol{X}} = \hat{\boldsymbol{B}}_1 \hat{\boldsymbol{T}}_1 \hat{\boldsymbol{B}}_2 \hat{\boldsymbol{T}}_2 \hat{\boldsymbol{B}}_3 \cdots \hat{\boldsymbol{T}}_L \hat{\boldsymbol{B}}_{L+1} \qquad (9.60)$$

假设各向异性分层系统位于两个各向同性介质之间，各向同性的介质分别为环境和基板。在各向同性介质中，可以选择偏振向量 $\hat{\boldsymbol{p}}_{j\alpha}$，其振幅向量的形式为

$$\hat{\boldsymbol{A}}_j = \begin{pmatrix} \hat{A}_{jp,R} \\ \hat{A}_{jp,L} \\ \hat{A}_{js,R} \\ \hat{A}_{js,L} \end{pmatrix}, \quad \hat{\boldsymbol{A}}'_j = \begin{pmatrix} \hat{A}'_{jp,R} \\ \hat{A}'_{jp,L} \\ \hat{A}'_{js,R} \\ \hat{A}'_{js,L} \end{pmatrix} \qquad (9.61)$$

式中：下标 p 和 s 分别表示 p 和 s 偏振，下标 L 和 R 表示左、右行波。当波是从左侧入射的，则可以为各向异性分层系统写出下列矩阵方程，即

$$\begin{pmatrix} \hat{A}_{1p,\mathrm{R}} \\ \hat{A}_{1p,\mathrm{L}} \\ \hat{A}_{1s,\mathrm{R}} \\ \hat{A}_{1s,\mathrm{L}} \end{pmatrix} = \begin{pmatrix} \hat{X}_{11} & \hat{X}_{12} & \hat{X}_{13} & \hat{X}_{14} \\ \hat{X}_{21} & \hat{X}_{22} & \hat{X}_{23} & \hat{X}_{24} \\ \hat{X}_{31} & \hat{X}_{32} & \hat{X}_{33} & \hat{X}_{34} \\ \hat{X}_{41} & \hat{X}_{42} & \hat{X}_{43} & \hat{X}_{44} \end{pmatrix} \begin{pmatrix} \hat{A}'_{L+1p,\mathrm{R}} \\ 0 \\ \hat{A}'_{L+1s,\mathrm{R}} \\ 0 \end{pmatrix} \qquad (9.62)$$

式中:$\hat{A}_{1p,\mathrm{R}}$和$\hat{A}_{1s,\mathrm{R}}$是入射到第一边界的入射波振幅;$\hat{A}_{1p,\mathrm{L}}$和$\hat{A}_{1s,\mathrm{L}}$是反射波的振幅;$\hat{A}'_{L+1p,\mathrm{R}}$和$\hat{A}'_{L+1s,\mathrm{R}}$是透射波的振幅。各向异性多层膜系统的菲涅耳反射系数和透射系数可以表示为

$$\hat{r}_{pp} = \left(\frac{\hat{A}_{1p,\mathrm{L}}}{\hat{A}_{1p,\mathrm{R}}} \right)_{\hat{A}_{1s,\mathrm{R}}=0}, \qquad \hat{r}_{ps} = \left(\frac{\hat{A}_{1p,\mathrm{L}}}{\hat{A}_{1s,\mathrm{R}}} \right)_{\hat{A}_{1p,\mathrm{R}}=0}$$

$$\hat{r}_{sp} = \left(\frac{\hat{A}_{1s,\mathrm{L}}}{\hat{A}_{1p,\mathrm{R}}} \right)_{\hat{A}_{1s,\mathrm{R}}=0}, \qquad \hat{r}_{ss} = \left(\frac{\hat{A}_{1s,\mathrm{L}}}{\hat{A}_{1s,\mathrm{R}}} \right)_{\hat{A}_{1p,\mathrm{R}}=0}$$

$$\hat{t}_{pp} = \left(\frac{\hat{A}'_{L+1p,\mathrm{R}}}{\hat{A}_{1p,\mathrm{R}}} \right)_{\hat{A}_{1s,\mathrm{R}}=0}, \qquad \hat{t}_{ps} = \left(\frac{\hat{A}'_{L+1p,\mathrm{R}}}{\hat{A}_{1s,\mathrm{R}}} \right)_{\hat{A}_{1p,\mathrm{R}}=0} \qquad (9.63)$$

$$\hat{t}_{sp} = \left(\frac{\hat{A}'_{L+1s,\mathrm{R}}}{\hat{A}_{1p,\mathrm{R}}} \right)_{\hat{A}_{1s,\mathrm{R}}=0}, \qquad \hat{t}_{ss} = \left(\frac{\hat{A}'_{L+1s,\mathrm{R}}}{\hat{A}_{1s,\mathrm{R}}} \right)_{\hat{A}_{1p,\mathrm{R}}=0}$$

从式(9.62)中得到了这些菲涅耳系数的下列公式,即

$$\hat{r}_{pp} = \frac{\hat{X}_{21}\hat{X}_{33} - \hat{X}_{23}\hat{X}_{31}}{\hat{X}_{11}\hat{X}_{33} - \hat{X}_{13}\hat{X}_{31}}, \qquad \hat{r}_{ps} = \frac{\hat{X}_{11}\hat{X}_{23} - \hat{X}_{21}\hat{X}_{13}}{\hat{X}_{11}\hat{X}_{33} - \hat{X}_{13}\hat{X}_{31}}$$

$$\hat{r}_{sp} = \frac{\hat{X}_{41}\hat{X}_{33} - \hat{X}_{43}\hat{X}_{31}}{\hat{X}_{11}\hat{X}_{33} - \hat{X}_{13}\hat{X}_{31}}, \qquad \hat{r}_{ss} = \frac{\hat{X}_{11}\hat{X}_{43} - \hat{X}_{41}\hat{X}_{13}}{\hat{X}_{11}\hat{X}_{33} - \hat{X}_{13}\hat{X}_{31}}$$

$$\hat{t}_{pp} = \frac{\hat{X}_{33}}{\hat{X}_{11}\hat{X}_{33} - \hat{X}_{13}\hat{X}_{31}}, \qquad \hat{t}_{ps} = \frac{-\hat{X}_{13}}{\hat{X}_{11}\hat{X}_{33} - \hat{X}_{13}\hat{X}_{31}} \qquad (9.64)$$

$$\hat{t}_{sp} = \frac{-\hat{X}_{31}}{\hat{X}_{11}\hat{X}_{33} - \hat{X}_{13}\hat{X}_{31}}, \qquad \hat{t}_{ss} = \frac{\hat{X}_{11}}{\hat{X}_{11}\hat{X}_{33} - \hat{X}_{13}\hat{X}_{31}}$$

注意:Yeh 矩阵方程描述了系统出射波的偏振态相对于系统入射波的变化。Yeh 矩阵方程与琼斯和斯托克斯-穆勒矩阵方程有很大不同。琼斯和斯托

克斯-穆勒公式非常适合描述入射波偏振态与样品反射或透射波偏振态之间的关系。另一方面,Yeh 矩阵方程并不是用来描述这种关系的,而是一种计算各向异性分层系统反射或透射引起的偏振态变化的有效方法。

如果第 j 层由光学各向同性材料组成,则可以根据式(9.61)的描述选择偏振向量。假设 x-z 平面是入射平面,波向量和偏振向量为

$$\hat{\boldsymbol{k}}_1 = (\hat{k}_x, 0, \hat{k}_{j,z}), \quad \hat{\boldsymbol{p}}_1 = (\hat{k}_{j,z}/\hat{k}_j, 0, -\hat{k}_x/\hat{k}_j), \quad \hat{\boldsymbol{q}}_1 = (0, \hat{k}_j, 0)$$

$$\hat{\boldsymbol{k}}_2 = (\hat{k}_x, 0, -\hat{k}_{j,z}), \quad \hat{\boldsymbol{p}}_2 = (\hat{k}_{j,z}/\hat{k}_j, 0, \hat{k}_x/\hat{k}_j), \quad \hat{\boldsymbol{q}}_2 = (0, -\hat{k}_j, 0)$$

$$\hat{\boldsymbol{k}}_3 = (\hat{k}_x, 0, \hat{k}_{j,z}), \quad \hat{\boldsymbol{p}}_3 = (0, 1, 0), \quad \hat{\boldsymbol{q}}_3 = (-\hat{k}_{j,z}, 0, \hat{k}_x)$$

$$\hat{\boldsymbol{k}}_4 = (\hat{k}_x, 0, -\hat{k}_{j,z}), \quad \hat{\boldsymbol{p}}_4 = (0, 1, 0), \quad \hat{\boldsymbol{q}}_4 = (\hat{k}_{j,z}, 0, \hat{k}_x)$$

$$(9.65)$$

其中 $\hat{k}_x = n_0 \sin\varphi$,并且

$$\hat{k}_j = k_0 \sqrt{\hat{\varepsilon}_j}, \qquad \hat{k}_{j,z} = k_0 \sqrt{k_0^2 \hat{\varepsilon}_j - \hat{k}_x^2} \qquad (9.66)$$

然后,式(9.58)中的矩阵 $\hat{\boldsymbol{D}}_j$ 和式(9.54)中的矩阵 $\hat{\boldsymbol{T}}_j$ 就是下面的形式,即

$$\hat{\boldsymbol{D}}_j = \begin{pmatrix} \hat{k}_{j,z}/\hat{k}_j & \hat{k}_{j,z}/\hat{k}_j & 0 & 0 \\ \hat{k}_j & -\hat{k}_j & 0 & 0 \\ 0 & 0 & 1 & 1 \\ 0 & 0 & -\hat{k}_{j,z} & \hat{k}_{j,z} \end{pmatrix}, \quad \hat{\boldsymbol{T}}_j = \begin{pmatrix} e^{-i\hat{\phi}_j} & 0 & 0 & 0 \\ 0 & e^{i\hat{\phi}_j} & 0 & 0 \\ 0 & 0 & e^{-i\hat{\phi}_j} & 0 \\ 0 & 0 & 0 & e^{i\hat{\phi}_j} \end{pmatrix} \quad (9.67)$$

其中

$$\hat{\phi}_j = \hat{k}_{j,z} h_j$$

我们还应该提到 Berreman 矩阵方程[13]。在这种形式中,单色平面波的传播是用 4 个常微分方程组(ODE)描述的,ODE 给出了对 z 坐标的依赖关系。微分方程由 4×4 矩阵和分量为 (E_x, E_y, H_x, H_y) 的四维向量组成,该向量指定了垂直于该轴的电场和磁场振幅的 z 坐标。这样,Berreman 矩阵方程与 Yeh 矩阵方程非常相似(见矩阵式(9.58)的定义)。在 Berreman 矩阵方程中,假设材料的光学性质可以以任意方式依赖于 z 坐标,因此,Berreman 矩阵方程是非常普遍的,因为它假设介电张量和极化率张量都具有各向异性,并且描述光学活性的旋光张量可以不用忽略。在 Berreman 矩阵方程中,所有这些张量都假设依赖于 z 坐标。

在 Schubert 的论文中介绍了 Berreman 矩阵方程在分层系统中的应用[14]。文中系统地推导了由均匀各向异性非磁性介质构成的无旋光性的分层系统可用于椭圆偏振测量的光学量,并研究了一种连续扭曲各向异性材料的模型。例如,

基于 Berreman 矩阵方程,研究了在广义椭圆偏振测量下的单轴 TiO_2 表面[15]。

9.3 椭圆偏振测量理论

椭圆偏振测量法可以测量与研究样品相互作用的光波偏振态的变化。因此,椭圆偏振测量法提供了对分层系统进行光学表征的可能性。椭圆偏振测量方法可分为三大类:常规椭圆偏振仪、广义椭圆偏振仪和穆勒矩阵椭圆偏振仪。

9.3.1 常规椭圆偏振仪

将常规的椭圆偏振仪应用于具有对角琼斯矩阵($\hat{\boldsymbol{J}}_{ps} = \hat{\boldsymbol{J}}_{sp} = 0$)的样品。然后给出式(9.5)的归一化琼斯矩阵为

$$\hat{\boldsymbol{J}}_n = \begin{pmatrix} \hat{\rho} & 0 \\ 0 & 1 \end{pmatrix}$$

其中

$$\hat{\rho} = \frac{\hat{r}_p}{\hat{r}_s} \left(\text{或者 } \hat{\rho} = \frac{\hat{t}_p}{\hat{t}_s} \right) \tag{9.68}$$

式中:符号 $\hat{r}_p = \hat{r}_{pp}$ 和 $\hat{r}_s = \hat{r}_{ss}$ 分别表示 p 与 s 偏振波的菲涅耳反射系数;符号 $\hat{t}_p = \hat{t}_{pp}$ 和 $\hat{t}_s = \hat{t}_{ss}$ 表示 p 与 s 偏振波的菲涅耳透射系数。从椭圆偏振测量的角度来看,样品可以用椭圆偏振比的复数 $\hat{\rho}$ 描述。这个比值 $\hat{\rho}$ 可以写成

$$\hat{\rho} = \tan\psi e^{i\Delta} \tag{9.69}$$

式中:角度 ψ 和 Δ 称为方位角与相移。这些角度代表了系统在反射或透射模式下的椭圆偏振参数。在常规椭圆偏振测量的情况下,偏振传递函数式(9.9)是一种非常简单的形式,即

$$\hat{\chi}_o = \hat{\rho}\hat{\chi}_i \tag{9.70}$$

9.3.2 广义椭圆偏振仪

利用广义椭圆偏振仪对非对角琼斯矩阵描述的样品进行了表征。在这种椭圆偏振测量方法中,样品用 3 个复变量 $\hat{\rho}_1$、$\hat{\rho}_2$、$\hat{\rho}_3$(见式(9.5)~式(9.7))清楚地描述。然后用 Möbius 变换得到式(9.9)中的偏振传递函数。利用广义椭圆偏振仪对由各向异性材料构成的薄膜和基板分层系统进行光学表征,这些材料的主轴相对于入射面为任一位置(广义椭圆偏振仪也可用于旋光系统)。

在广义椭圆偏振仪中,至少要知道分层系统对入射波 3 个独立偏振态的响

应。因此,有必要知道对应于 3 个入射波偏振态 $\hat{\chi}_{i1}$ $\hat{\chi}_{i2}$ $\hat{\chi}_{i3}$ 的 3 个输出波偏振态 $\hat{\chi}_{o1}$ $\hat{\chi}_{o2}$ $\hat{\chi}_{o3}$。在这种情况下,归一化琼斯矩阵式(9.5)的分量可以用下列方程式[2]计算,即

$$\hat{\rho}_1 = \frac{\hat{\chi}_{o1}\hat{\chi}_{o2}(\hat{\chi}_{i1}-\hat{\chi}_{i2})+\hat{\chi}_{o3}\hat{\chi}_{o1}(\hat{\chi}_{i3}-\hat{\chi}_{i1})+\hat{\chi}_{o2}\hat{\chi}_{o3}(\hat{\chi}_{i2}-\hat{\chi}_{i3})}{\hat{D}}$$

$$\hat{\rho}_2 = -\frac{\hat{\chi}_{o1}\hat{\chi}_{o2}(\hat{\chi}_{i1}-\hat{\chi}_{i2})\hat{\chi}_{i3}+\hat{\chi}_{o3}\hat{\chi}_{o1}(\hat{\chi}_{i3}-\hat{\chi}_{i1})\hat{\chi}_{i2}+\hat{\chi}_{o2}\hat{\chi}_{o3}(\hat{\chi}_{i2}-\hat{\chi}_{i3})\hat{\chi}_{i1}}{\hat{D}} \quad (9.71)$$

$$\hat{\rho}_3 = -\frac{\hat{\chi}_{o3}(\hat{\chi}_{i1}-\hat{\chi}_{i2})+\hat{\chi}_{o2}(\hat{\chi}_{i3}-\hat{\chi}_{i1})+\hat{\chi}_{o1}(\hat{\chi}_{i2}-\hat{\chi}_{i3})}{\hat{D}},$$

其中

$$\hat{D} = \hat{\chi}_{o3}\hat{\chi}_{i3}(\hat{\chi}_{i1}-\hat{\chi}_{i2})+\hat{\chi}_{o2}\hat{\chi}_{i2}(\hat{\chi}_{i3}-\hat{\chi}_{i1})+\hat{\chi}_{o1}\hat{\chi}_{i1}(\hat{\chi}_{i2}-\hat{\chi}_{i3}) \quad (9.72)$$

Yeh 矩阵方程与广义椭圆偏振测量密切相关,因为如果各向异性分层系统的 Yeh 矩阵方程 $\hat{\boldsymbol{X}}$ 已知,那么,就可以计算出反射光的偏振传递函数式(9.9)[12],即

$$\hat{\chi}_o = \frac{\hat{X}_{23}(\hat{X}_{11}-\hat{\chi}_i\hat{X}_{31})+\hat{X}_{21}(\hat{\chi}_i\hat{X}_{33}-\hat{X}_{13})}{\hat{X}_{43}(\hat{X}_{11}-\hat{\chi}_i\hat{X}_{31})+\hat{X}_{41}(\hat{\chi}_i\hat{X}_{33}-\hat{X}_{13})} \quad (9.73)$$

以文献[1,16]为例,详细介绍了广义椭圆偏振仪的测量及其实际应用。

9.3.3 穆勒矩阵椭圆偏振仪

使用穆勒矩阵椭圆偏振仪,可测量常规的穆勒矩阵式(9.13)的值。能够测量穆勒矩阵所有元素的最简单仪器是单通道穆勒矩阵椭圆偏振仪。该椭圆偏振仪由光源、偏振光学系统、样品、分析光学系统和探测器组成。探测器检测到的光强 I 可以表示为

$$\boldsymbol{I} = \boldsymbol{I}_0 \boldsymbol{AMS}_P \quad (9.74)$$

式中:$\boldsymbol{S}_P$ 是离开偏振光学系统并入射到样品上的斯托克斯光向量;$\boldsymbol{A}$ 是分析光学系统穆勒矩阵的第一行;$\boldsymbol{I}_0$ 表示探测器的响应度;$\boldsymbol{M}$ 是描述样品的穆勒矩阵。这个方程是在假设探测器仅测量离开分析光学系统的总光强前提下推导出来的(该强度对应于探测器接收的光的斯托克斯向量的第一个分量,该分量仅使用矩阵 $\boldsymbol{A}$ 的第一行计算)。从式(9.74)中可以明显看出,至少使用 16 个独立的偏振和分析光学系统的分离设置(即 16 个不同的 $\boldsymbol{S}_P$ 和 $\boldsymbol{A}$ 组合),则可以确定穆勒矩阵的 16 个元素的值。通过式(9.74),对由 16 组 $\boldsymbol{A}$ 和 $\boldsymbol{S}_P$ 构型生成的 16 个线

214

性代数方程组进行求解,从而得到所有的穆勒矩阵元素。如果使用的 A 和 S_p 的独立设置少于 16 个,则不能完全确定穆勒矩阵。可以确定的穆勒矩阵元素的数量取决于所使用的椭圆偏振仪的类型。

上述的讨论考虑了具有 16 个独立元素的一般穆勒矩阵的情况。在许多情况下,这些元素之间存在依赖关系,或者其中一些元素可能消失。例如,穆勒矩阵可以采用特殊形式(式(9.23))。如果考虑到穆勒矩阵的具体形式,则可以完全确定 A 和 S_p 的独立设置数较少的穆勒矩阵。如果适当地选择这些设置,那么,使用与独立的穆勒矩阵元素相同的设置数就足够了。

9.3.4 常规和广义椭圆偏振测量技术

9.3.4.1 消光椭圆偏振仪

在消光椭圆偏振仪中,大多数情况下都使用偏振器—补偿器—样品—分析器(PCSA)的椭圆偏振仪 (图 9.4)。与 PCSA 等效类型的椭圆偏振仪是 PSCA 类型。

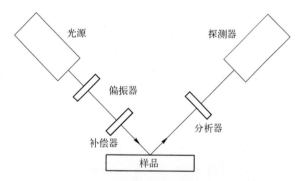

图 9.4　PCSA 反射式椭圆偏振仪的示意图

下面将推导出适用于常规椭圆偏振仪的数学公式。假设偏振器、分析器和补偿器是理想光学元件,则入射到探测器上光波的琼斯向量为

$$\hat{\boldsymbol{E}}_D \propto \hat{\boldsymbol{J}}_A \hat{\boldsymbol{R}}(\phi_A) \hat{\boldsymbol{J}}_n \hat{\boldsymbol{R}}(-\phi_C) \hat{\boldsymbol{J}}_C \hat{\boldsymbol{R}}(\phi_C - \phi_P) \hat{\boldsymbol{E}}_P \qquad (9.75)$$

其中归一化的琼斯矩阵 $\hat{\boldsymbol{J}}_n$ 在式(9.68)中已经给出,其他项表达式为

$$\hat{\boldsymbol{R}}(\alpha) = \begin{pmatrix} \cos\alpha & \sin\alpha \\ -\sin\alpha & \cos\alpha \end{pmatrix}, \ \hat{\boldsymbol{J}}_C = \begin{pmatrix} 1 & 0 \\ 0 & -i \end{pmatrix}, \ \hat{\boldsymbol{J}}_A = \begin{pmatrix} 1 & 0 \\ 0 & 0 \end{pmatrix}, \ \hat{\boldsymbol{E}}_P = \begin{pmatrix} 1 \\ 0 \end{pmatrix} \quad (9.76)$$

式中:矩阵 $\hat{\boldsymbol{R}}(\alpha)$、$\hat{\boldsymbol{J}}_C$ 和 $\hat{\boldsymbol{J}}_A$ 分别表示坐标旋转作用下的琼斯向量变换、1/4 波长补偿器的琼斯矩阵和透射 p 偏振波的分析器的琼斯矩阵;向量 $\hat{\boldsymbol{E}}_P$ 代表光源通过偏振器的 p 偏振波;符号 ϕ_P、ϕ_C 和 ϕ_A 分别表示偏振器、补偿器和分析器的方位

角;向量 $\hat{E}_D$ 的 s 分量始终为零,而 p 分量为

$$\hat{E}_{D,P}(t) \propto \rho\cos(\phi_C-\phi_P)\cos\phi_A\cos\phi_C - i\hat{\rho}\sin(\phi_C-\phi_P)\cos\phi_A\sin\phi_C \qquad (9.77)$$
$$+\cos(\phi_C-\phi_P)\sin\phi_A\sin\phi_C + i\sin(\phi_C-\phi_P)\sin\phi_A\cos\phi_C$$

消光椭圆偏振仪基于偏振器、补偿器和分析器的方位角配置,使探测器不记录光强。在实际应用中,补偿器的方位角是固定的,只改变偏振器和分析器的方位角。在探测器处光强消失的情况下,得出了椭圆偏振比的计算公式,即

$$\hat{\rho} = -\tan\phi_A \frac{\tan\phi_C + i\tan(\phi_C-\phi_P)}{1 - i\tan(\phi_C-\phi_P)\tan\phi_C} \qquad (9.78)$$

常规的椭圆偏振测量方法主要使用消光椭圆偏振测量技术。它特别适用于单色光的椭圆偏振测量,因为使用激光光源产生的实际平行光束时能够达到很高精度。原则上,这种椭圆偏振仪也可用于广义椭圆偏振仪,但由于测量时间过长却很少使用。

9.3.4.2 旋转分析器的椭圆偏振仪

旋转分析器的椭圆偏振仪[1,3]是主要使用偏振器—样品—分析器的椭圆偏振仪。偏振器固定在方位角 $\phi_P(\phi \neq 0,\pi/2,\pi,3\pi/2)$ 的某一位置,分析器是旋转的,即方位角 ϕ_A 是时间的函数。在常规的椭圆偏振仪中,入射到探测器上的光波琼斯向量用以下方程表示,即

$$\hat{E}_D \propto \hat{J}_A \hat{R}(\phi_A(t))\hat{J}_n\hat{R}(-\phi_P)\hat{E}_P \qquad (9.79)$$

探测器记录的光通量满足以下方程,即

$$I(t) = |\hat{E}_D(t)|^2 \propto 1 + \gamma_s\sin(2\phi_A(t)) + \gamma_c\cos(2\phi_A(t)) \qquad (9.80)$$

如果 $\phi_A(A)$ 是时间的线性函数,则系数 γ_s 和 γ_c 为强度 $I(t)$ 的谐波傅里叶分量。对于常规的椭圆偏振仪,可以推导出以下方程(参见文献[1,3]),即

$$\tan\psi = \tan\phi_P\sqrt{\frac{1+\gamma_c}{1-\gamma_c}}, \quad \cos\Delta = \frac{\gamma_s}{\sqrt{1-\gamma_c^2}} \qquad (9.81)$$

还有一种改进的旋转椭圆偏振仪,其中分析器是固定的、偏振器是旋转的。旋转分析器(旋转偏振器)的这些技术也可用于广义椭圆偏振仪的测量。对于广义椭圆偏振仪,γ_s 和 γ_c 的方程与常规的椭圆偏振仪不同,在文献[1,17,18]中给出了这些方程。

9.3.4.3 相位调制椭圆偏振仪

在相位调制椭圆偏振仪中,使用 PCSA 或 PSCA 椭圆偏振仪(参见文献[1,3,19]),偏振器、补偿器和分析器固定在选定的位置。补偿器的相位延迟是时间的函数 $\delta(t)$。在常规的椭圆偏振仪中,入射到 PCSA 椭圆偏振仪探测器上的

光波琼斯向量表示为

$$\hat{E}_D \propto \hat{J}_A \hat{R}(\phi_A) \hat{J}_n \hat{R}(-\phi_C) \hat{J}_C(t) \hat{R}(\phi_C - \phi_P) \hat{E}_P k$$

其中

$$\hat{J}_C(t) = \begin{pmatrix} 1 & 0 \\ 0 & e^{i\delta(t)} \end{pmatrix} \tag{9.82}$$

符号 $\hat{J}_C(t)$ 表示补偿器的琼斯矩阵。从式(9.82)可以看出

$$
\begin{aligned}
\hat{E}_{D,P}(t) \propto\ & (\sin\phi_A \sin\phi_C + \hat{\rho}\cos\phi_A \cos\phi_C)\cos(\phi_P - \phi_C) \\
& + e^{i\delta(t)}(\sin\phi_A \cos\phi_C - \hat{\rho}\cos\phi_A \sin\phi_C)\sin(\phi_P - \phi_C)
\end{aligned} \tag{9.83}
$$

如果假设 $\delta(t) = A\sin(\Omega t)$，$A$ 是幅度，Ω 是相位延迟调制周期信号的频率，通过傅里叶分析对探测器记录的周期信号进行处理。这样，就可以得到与方位角 Ψ 和相移 Δ 相关的椭圆偏振参数 I_s、I_c 和 I_n 的值(参见文献[2,3,19])，即

$$I_s = \sin2\psi\sin\Delta, \quad I_c = \sin2\psi\cos\Delta, \quad I_n = \cos2\psi \tag{9.84}$$

相位调制椭圆偏振技术也可用于广义椭圆偏振测量(参见文献[20])。

9.3.5　穆勒矩阵椭圆偏振仪

穆勒矩阵椭圆偏振仪的技术和椭圆偏振仪比常规椭圆偏振仪与广义椭圆偏振仪复杂。椭圆偏振技术的椭圆偏振仪比常规的和广义的椭圆偏振仪复杂。并非所有类型的穆勒矩阵椭圆偏振仪都能确定穆勒矩阵的所有元素。在图9.5和图9.6中给出了穆勒矩阵椭圆偏振技术的概述，并给出了可以确定的穆勒矩阵元素的示意图[21]。在双旋转偏振器结构中[6,21-23]（图9.5），光学元件以不同的角频率旋转，并且通过对探测器记录的单个信号的傅里叶分析确定穆勒矩阵元素。在图9.5(a)所示的旋转偏振器和分析器的最简单配置中，只能确定穆勒矩阵的9个元素。图9.5(b)和(c)的情况就是将一个旋转补偿器放置在样品的前面或后面，这些的结构可以确定12个穆勒矩阵元素。在图9.5(d)所示的最复杂情况下，偏振器和分析器是固定的，但是旋转补偿器放置在样品前面和样品后面。在这种结构中，可以确定穆勒矩阵的所有16个元素。图9.6所示的两种相位调制技术，使所有光学元件都处于固定位置，而所有补偿器用于相位延迟的调制[6,21,24-26]。为了确定穆勒矩阵元素的值，对探测器记录的周期信号进行傅里叶分析。从图9.6中可以明显看出，为了确定所有16个穆勒矩阵元素的值，必须使用样品两侧的双相位调制。穆勒矩阵椭圆偏振测量法通常用于测量散射光中的穆勒矩阵元素[21,27,28]，在这种情况下使用多通道椭圆偏振仪。

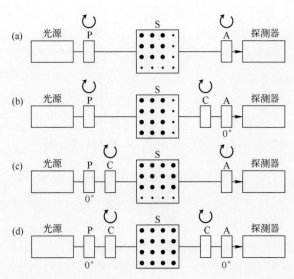

图 9.5　带旋转元件的穆勒矩阵椭圆偏振仪(P、C、S 和 A 分别表示偏振器、补偿器、样品和
　　　　分析器。箭头表示旋转的元件,角度表示相对于入射平面的元件固定位置)

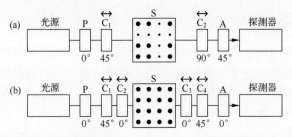

图 9.6　双相调制穆勒矩阵椭圆偏振仪(P、C、S、A 分别表示偏振器、补偿器、样品和
　　　　分析器。箭头表示已调制的补偿器,角度表示与入射平面有关元件的固定位置)

9.3.6　成像椭圆偏振仪

在实际应用中,许多薄膜在厚度、光学常数和其他参数(如边界粗糙度参数)上都表现出表面非均匀性。如果这种非均匀性足够大,则通过上述标准椭圆偏振测量方法获得的光学特性的结果不够精确(见第 10 章)。对于这些非均匀薄膜的光学特性,成像光谱椭圆偏振仪(ISE)是最合适的。在这类椭圆偏振仪中,CCD 摄像机用做探测器。样品上的小区域对应于所使用的 CCD 摄像机的单个像素,这意味着可以测量这些小区域的局部椭圆偏振参数。如果可以假设样品上的小区域在光学上是均匀的,则在处理由单个像素测量的局部实验数据时,可以应用均匀薄膜的有关公式。在对这些局部实验数据进行处理后,就会得到表征薄膜样品非均匀性物理量的分布图。可以通过上述所有的椭圆偏振技术

来实现 ISE 应用。当然,它也可以通过使用其他椭圆偏振技术,如基于旋转补偿器的技术。

在实际应用中,ISE 已应用于许多分层系统的光学表征。例如,基于带有旋转补偿器的 PCSA 结构的 ISE,已经用于可见光区的 SiO_2/Si 纳米薄膜阶梯图案的光学表征[29]。文献[30]表明,ISE 是研究 ITO 薄膜横向分辨率极高的均匀性和光谱色散函数的通用技术,在文献[31]中,甚至在在线模式下,使用了单色成像椭圆偏振仪。

在成像椭圆偏振仪中,有一种潜在的有前途的方法,该方法基于同时处理与单个像素相应的所有实验数据,这种方法称为多像素椭圆偏振法。它是对光谱椭圆偏振法和分光光度法的多样品方法的改进,用于同时处理在不同样品上测量的实验数据,这些样品的某些参数值不同(如薄膜厚度,参见文献[32-34])。由于减少或消除了所寻求参数之间的相关性,因此,多样品方法改善了光学表征的结果。由于由单像素测量的局部数据对应于所寻求的某些参数的不同值(如不同的局部厚度),因此,通过多像素椭圆偏振法可以实现相同的效果。然而,在多样品修正中,必须同时使用同一分层系统的多个样品,同时可以将多像素椭圆偏振法应用于单个非均匀样品,因为所有像素的局部实验数据是同时获得的,这是该方法相当大的优势。注意:在文献[35,36]中,基于成像光谱光度法的多像素方法成功地应用于非均匀 ZnSe 薄膜的光学特性表征(另见第 5 章)。

9.4 应用

本节给出了矩阵方程在薄膜光学中的应用实例。

9.4.1 非均匀膜层反射系数的近似

各向同性分层系统的矩阵方程应用之一是各向同性非均匀层反射系数近似公式的推导。假设非均匀膜层具有一个由连续函数 $\hat{n}(z)$ 表示的折射率分布,z 为垂直于平行边界的轴坐标,非均匀膜层被环境和基板所包围。这个非均匀膜层的近似,可以由足够多的薄均匀层组成的分层系统表示[37],分层系统的传输矩阵用式(9.36)表示。

由于分层系统中具有大量的薄膜,所以靠近内边界的介质的折射率非常接近,则在式(9.32)中的矩阵 $\hat{W}_j$ 可以表示为

$$\hat{W}_j = I + \hat{\delta}_j$$

其中

$$\hat{\boldsymbol{\delta}}_j = \begin{pmatrix} 0 & -\dfrac{\Delta\hat{Y}_j}{2\hat{Y}_j} \\[3mm] -\dfrac{\Delta\hat{Y}_j}{2\hat{Y}_j} & 0 \end{pmatrix} \tag{9.85}$$

符号 $\boldsymbol{I}$ 表示单位矩阵,其中 $\Delta\hat{Y}_j = \hat{Y}_j - \hat{Y}_{j-1}$。系统的传输矩阵可以写为

$$\hat{\boldsymbol{P}} = \hat{\boldsymbol{W}}_1 \hat{\boldsymbol{Z}} \boldsymbol{W}_{L+1}$$

其中

$$\hat{\boldsymbol{Z}} = \hat{\boldsymbol{U}}_1(\hat{\boldsymbol{I}} + \hat{\boldsymbol{\delta}}_2)\hat{\boldsymbol{U}}_2 \cdots (\hat{\boldsymbol{I}} + \hat{\boldsymbol{\delta}}_L)\hat{\boldsymbol{U}}_L \tag{9.86}$$

根据矩阵 $\hat{\boldsymbol{Z}}$ 的元素,使用式(9.37)计算菲涅耳反射系数,即

$$\hat{r} = \frac{\hat{r}_1\hat{Z}_{11} + \hat{r}_1\hat{r}_{L+1}\hat{Z}_{12} + \hat{Z}_{21} + \hat{r}_{L+1}\hat{Z}_{22}}{\hat{Z}_{11} + \hat{r}_{L+1}\hat{Z}_{12} + \hat{r}_1\hat{Z}_{21} + \hat{r}_1\hat{r}_{L+1}\hat{Z}_{22}} \tag{9.87}$$

式中:$\hat{Z}_{ij}$ 为矩阵 $\hat{\boldsymbol{Z}}$ 的元素;符号 $\hat{r}_1$ 和 $\hat{r}_{L+1}$ 表示边界的菲涅耳反射系数,该边界将非均匀膜层与环境和基板分离开来。如果矩阵 $\hat{\boldsymbol{\delta}}_j$ 的元素足够小,则将式(9.86)中的各项整合成一个微扰级数是合理的,即

$$\begin{aligned} \hat{\boldsymbol{Z}} &= \prod_{a=1}^{L}\hat{\boldsymbol{U}}_a + \sum_{j=2}^{L}\Big(\prod_{a=1}^{j-1}\hat{\boldsymbol{U}}_a\Big)\hat{\boldsymbol{\delta}}_j\Big(\prod_{b=j}^{L}\hat{\boldsymbol{U}}_b\Big) \\ &+ \sum_{k=3}^{L}\sum_{j=2}^{k-1}\Big(\prod_{a=1}^{j-1}\hat{\boldsymbol{U}}_a\Big)\hat{\boldsymbol{\delta}}_j\Big(\prod_{b=j}^{k-1}\hat{\boldsymbol{U}}_b\Big)\hat{\boldsymbol{\delta}}_k\Big(\prod_{c=k}^{L}\hat{\boldsymbol{U}}_c\Big) + \cdots \end{aligned} \tag{9.88}$$

式中:每项中 $\hat{\boldsymbol{\delta}}_j$ 矩阵的数量决定了微扰的阶数。最后的点表示由两个以上的 $\hat{\boldsymbol{\delta}}_j$ 矩阵乘积组成的项。用符号 $\hat{\boldsymbol{U}}_{jk}$ 表示出式(9.35)矩阵 $\hat{\boldsymbol{U}}_a$ 的乘积是方便的,$\hat{\boldsymbol{U}}_{jk}$ 定义为

$$\hat{\boldsymbol{U}}_{j,k} = \prod_{a=j}^{k-1}\hat{\boldsymbol{U}}_a = \begin{pmatrix} \mathrm{e}^{-\mathrm{i}(\hat{X}_k - \hat{X}_j)} & 0 \\ 0 & \mathrm{e}^{\mathrm{i}(\hat{X}_k - \hat{X}_j)} \end{pmatrix}$$

其中

$$\hat{X}_j = \sum_{a=1}^{j-1}\hat{\phi}_a \tag{9.89}$$

使用这种表示法,微扰级数式(9.88)可以写成

$$\hat{\boldsymbol{Z}} = \hat{\boldsymbol{U}}_{1,L+1} + \sum_{j=2}^{L}\hat{\boldsymbol{U}}_{1,j}\hat{\boldsymbol{\delta}}_j\hat{\boldsymbol{U}}_{j,L+1} + \sum_{k=3}^{L}\sum_{j=2}^{k-1}\hat{\boldsymbol{U}}_{1,j}\hat{\boldsymbol{\delta}}_j\hat{\boldsymbol{U}}_{j,k}\hat{\boldsymbol{\delta}}_k\hat{\boldsymbol{U}}_{k,L+1} + \cdots \tag{9.90}$$

在膜层 $L\to\infty$ 的极限下,式(9.90)和式(9.89)中的离散索引变量变为连续变量,并由积分代替求和。这个极限下的结果由下式给出,即

$$\hat{\boldsymbol{Z}} = \hat{\boldsymbol{U}}(0,h) + \int_0^h \hat{\boldsymbol{U}}(0,z)\hat{\boldsymbol{\delta}}(z)\hat{\boldsymbol{U}}(z,h)\mathrm{d}z$$

$$+ \int_0^h \int_0^{z_2} \hat{\boldsymbol{U}}(0,z_1)\hat{\boldsymbol{\delta}}(z_1)\hat{\boldsymbol{U}}(z_1,z_2)\hat{\boldsymbol{\delta}}(z_2)\hat{\boldsymbol{U}}(z_2,h)\mathrm{d}z_1\mathrm{d}z_2 + \cdots \tag{9.91}$$

h 是非均匀层的厚度。矩阵函数 $\hat{\boldsymbol{\delta}}(z)$ 和 $\hat{\boldsymbol{U}}(z_1,z_2)$ 为

$$\begin{cases} \hat{\boldsymbol{U}}(z_1,z_2) = \begin{pmatrix} \mathrm{e}^{-\mathrm{i}(\hat{X}(z_2)-\hat{X}(z_1))} & 0 \\ 0 & \mathrm{e}^{\mathrm{i}(\hat{X}(z_2)-\hat{X}(z_1))} \end{pmatrix} \\ \\ \hat{\boldsymbol{\delta}}(z) = \begin{pmatrix} 0 & -\dfrac{\hat{Y}'(z)}{2\hat{Y}(z)} \\ \\ -\dfrac{\hat{Y}'(z)}{2\hat{Y}(z)} & 0 \end{pmatrix} \end{cases} \tag{9.92}$$

式中:符号 $\hat{Y}'(z)$ 表示导纳 $\hat{Y}(z)$ 相对于坐标 z 的导数,函数 $\hat{X}(z)$ 定义为

$$\hat{X}(z) = \frac{2\pi}{\lambda}\int_0^z \hat{n}(z')\cos\hat{\psi}(z')\mathrm{d}z' = \frac{2\pi}{\lambda}\int_0^z \sqrt{\hat{n}^2(z') - n_0^2 \sin^2\varphi}\,\mathrm{d}z' \tag{9.93}$$

式中:$\hat{\psi}(z)$ 表示非均匀层中的折射角。对于 p 和 s 偏振,导纳 $\hat{Y}(z)$ 的表达式是不同的,即

$$\hat{Y}(z) = \frac{\hat{n}(z)}{\cos\hat{\psi}(z)} = \frac{\hat{n}^2(z)}{\sqrt{\hat{n}^2(z) - n_0^2 \sin^2\varphi}}(p\ \text{偏振}) \tag{9.94}$$

$$\hat{Y}(z) = \hat{n}(z)\cos\hat{\psi}(z) = \sqrt{\hat{n}^2(z) - n_0^2 \sin^2\varphi}\,(s\ \text{偏振}) \tag{9.95}$$

执行式(9.91)中的矩阵乘积,得到了二阶的结果为

$$\hat{\boldsymbol{Z}} = \begin{pmatrix} \mathrm{e}^{-\mathrm{i}\hat{X}(h)}(1+\hat{D}_1) & -\mathrm{e}^{\mathrm{i}\hat{X}(h)}\hat{I}_2 \\ -\mathrm{e}^{-\mathrm{i}\hat{X}(h)}\hat{I}_1 & \mathrm{e}^{\mathrm{i}\hat{X}(h)}(1+\hat{D}_2) \end{pmatrix} \tag{9.96}$$

其中一阶修正是由积分给出,即

$$\begin{cases} \hat{I}_1 = \int_0^h \dfrac{\hat{Y}'(z)}{2\hat{Y}(z)}\mathrm{e}^{2\mathrm{i}\hat{X}(z)}\mathrm{d}z \\ \\ \hat{I}_2 = \int_0^h \dfrac{\hat{Y}'(z)}{2\hat{Y}(z)}\mathrm{e}^{-2\mathrm{i}\hat{X}(z)}\mathrm{d}z \end{cases} \tag{9.97}$$

二阶修正用积分给出,即

$$\begin{cases} \hat{D}_1 = \int_0^h \int_0^{z_2} \dfrac{\hat{Y}'(z_1)}{2\hat{Y}(z_1)} \dfrac{\hat{Y}'(z_2)}{2\hat{Y}(z_2)} e^{-2i\hat{X}(z_1)+2i\hat{X}(z_2)} dz_1 dz_2 \\[3mm] \hat{D}_2 = \int_0^h \int_0^{z_2} \dfrac{\hat{Y}'(z_1)}{2\hat{Y}(z_1)} \dfrac{\hat{Y}'(z_2)}{2\hat{Y}(z_2)} e^{2i\hat{X}(z_1)-2i\hat{X}(z_2)} dz_1 dz_2 \end{cases} \tag{9.98}$$

菲涅耳反射系数由矩阵元素式(9.96)通过式(9.87)计算。

上述关于非均匀层反射系数的公式考虑了二阶的近似,在这些公式中出现了一阶和二阶的积分。对于高阶近似的类似公式,即高阶积分的类似公式,可以用同样的方法推导。注意:上述推导是基于文献[38]中的计算。

9.4.2 单轴各向异性膜层

在本节中,我们将使用9.2.4节中引入的 Yeh 矩阵方程计算由各向同性环境和各向同性基板包围的各向异性膜层系统的菲涅耳反射系数。在构成分层系统的介质中,只考虑光轴垂直于边界的单轴各向异性的最简单情况。

选择坐标系,使 x–z 平面为入射平面,边界与 x–y 平面平行。描述各向异性薄膜的介电张量为

$$\hat{\varepsilon} = \begin{pmatrix} \hat{\varepsilon}_o & 0 & 0 \\ 0 & \hat{\varepsilon}_o & 0 \\ 0 & 0 & \hat{\varepsilon}_e \end{pmatrix} \tag{9.99}$$

在各向异性介质中,用式(9.44)~式(9.46)求解波动方程。在单轴各向异性的情况下,式(9.46)简化为

$$\begin{pmatrix} k_0^2\hat{\varepsilon}_o - \hat{k}_z^2 & 0 & \hat{k}_x\hat{k}_z \\ 0 & k_0^2\hat{\varepsilon}_o - \hat{k}_x^2 - \hat{k}_z^2 & 0 \\ \hat{k}_z\hat{k}_x & 0 & k_0^2\hat{\varepsilon}_e - \hat{k}_x^2 \end{pmatrix} \begin{pmatrix} \hat{E}_x \\ \hat{E}_y \\ \hat{E}_z \end{pmatrix} = 0 \tag{9.100}$$

式中: $\hat{k}_x = k_0\sin\varphi$。在式(9.100)中,矩阵行列式为零的条件,保证了该方程具有非零解,从而得到了 $\hat{k}_z$ 的四次方程,即

$$k_0^2(k_0^2\hat{\varepsilon}_o - \hat{k}_x^2 - \hat{k}_z^2)(k_0^2\hat{\varepsilon}_o\hat{\varepsilon}_e - \hat{\varepsilon}_o\hat{k}_x^2 - \hat{\varepsilon}_e\hat{k}_z^2) = 0 \tag{9.101}$$

式(9.100)和式(9.101)的解给出了下列电场和磁场的波矢和偏振向量,即

$$\begin{cases} \hat{k}_1 = (\hat{k}_x, 0, \hat{k}_{e,z}), & \hat{p}_1 = \hat{\alpha}^{-1}(\hat{\varepsilon}_e\hat{k}_{e,z}, 0, -\hat{\varepsilon}_o\hat{k}_x), & \hat{q}_1 = \hat{\alpha}^{-1}(0, k_0^2\hat{\varepsilon}_o\hat{\varepsilon}_e, 0,) \\ \hat{k}_2 = (\hat{k}_x, 0, -\hat{k}_{e,z}), & \hat{p}_2 = \hat{\alpha}^{-1}(\hat{\varepsilon}_e\hat{k}_{e,z}, 0, \hat{\varepsilon}_o\hat{k}_x), & \hat{q}_2 = \hat{\alpha}^{-1}(0, -k_0^2\hat{\varepsilon}_o\hat{\varepsilon}_e, 0,) \\ \hat{k}_3 = (\hat{k}_x, 0, \hat{k}_{o,z}), & \hat{p}_3 = (0, 1, 0), & \hat{q}_3 = (-\hat{k}_{o,z}, 0, \hat{k}_x) \\ \hat{k}_4 = (\hat{k}_x, 0, -\hat{k}_{o,z}), & \hat{p}_4 = (0, 1, 0), & \hat{q}_4 = (\hat{k}_{o,z}, 0, \hat{k}_x) \end{cases} \tag{9.102}$$

其中

$$\begin{cases} \hat{k}_{e,z} = \sqrt{k_0^2 \hat{\varepsilon}_o - \hat{\varepsilon}_o / \hat{\varepsilon}_e \hat{k}_x^2} \\ \hat{k}_{o,z} = \sqrt{k_0^2 \hat{\varepsilon}_o - \hat{k}_x^2} \\ \hat{\alpha} = \sqrt{k_0^2 \hat{\varepsilon}_e \hat{\varepsilon}_o^2 + (\hat{\varepsilon}_o^2 - \hat{\varepsilon}_o \hat{\varepsilon}_e) \hat{k}_x^2} \end{cases} \tag{9.103}$$

在式(9.102)中,角标 1 和 2 分别对应于左右非寻常行波,角标 3 和 4 对应于左右寻常行波。在考虑单轴各向异性情况下,非寻常波和寻常波分别对应 p 偏振波和 s 偏振波,即电场平行和垂直于入射平面。注意:由于四次方程式(9.101)有 4 个不同的根,所以偏振向量之前的符号是唯一确定的直到 sign。如果一些根是退化的(双根),那么,对应于这些退化根的偏振向量就会有无限多的选择。例如,在各向同性介质中或在各向异性介质中,沿光轴传播的波都会遇到双根。在各向同性介质中总是有两个双根,通常选择偏振向量,使它们对应于 p 偏振波和 s 偏振波。

矩阵 $\hat{D}$(式(9.58))和 $\hat{T}$(式(9.54))为

$$\begin{cases} \hat{D} = \begin{pmatrix} \hat{\varepsilon}_e \hat{k}_{e,z} / \hat{\alpha} & \hat{\varepsilon}_e \hat{k}_{e,z} / \hat{\alpha} & 0 & 0 \\ k_0^2 \hat{\varepsilon}_o \hat{\varepsilon}_e / \hat{\alpha} & -k_0^2 \hat{\varepsilon}_o \hat{\varepsilon}_e / \hat{\alpha} & 0 & 0 \\ 0 & 0 & 1 & 1 \\ 0 & 0 & -\hat{k}_{o,z} & \hat{k}_{o,z} \end{pmatrix} \\ \\ \hat{T} = \begin{pmatrix} \mathrm{e}^{-\mathrm{i}\hat{\phi}_e} & 0 & 0 & 0 \\ 0 & \mathrm{e}^{\mathrm{i}\hat{\phi}_e} & 0 & 0 \\ 0 & 0 & \mathrm{e}^{-\mathrm{i}\hat{\phi}_o} & 0 \\ 0 & 0 & 0 & \mathrm{e}^{\mathrm{i}\hat{\phi}_o} \end{pmatrix} \end{cases} \tag{9.104}$$

式中: $\hat{\phi}_e = h\hat{k}_{e,z}$; $\hat{\phi}_o = h\hat{k}_{o,z}$,符号 h 表示薄膜的厚度。整个系统的 Yeh 矩阵(式(9.60))等于

$$\hat{X} = \hat{D}_0^{-1} \hat{D} \hat{T} \hat{D}^{-1} \hat{D}_s \tag{9.105}$$

式中:矩阵 $\hat{D}_0$ 和 $\hat{D}_s$ 由式(9.67)给出,分别对应于各向同性环境和基板。可以方便地分别计算式(9.105)中矩阵 $\hat{D}\hat{T}\hat{D}^{-1}$ 的乘积,即

$$\hat{D}\hat{T}\hat{D}^{-1} = \begin{pmatrix} \cos\hat{\phi}_e & -\mathrm{i}(k_0 \hat{Y}_e)^{-1}\sin\hat{\phi}_e & 0 & 0 \\ -\mathrm{i}k_0 \hat{Y}_e \sin\hat{\phi}_e & \cos\hat{\phi}_e & 0 & 0 \\ 0 & 0 & \cos\hat{\phi}_o & \mathrm{i}(k_0 \hat{Y}_o)^{-1}\sin\hat{\phi}_o \\ 0 & 0 & \mathrm{i}k_0 \hat{Y}_o \sin\hat{\phi}_o & \cos\hat{\phi}_o \end{pmatrix} \tag{9.106}$$

式中:$\hat{Y}_e$ 和 $\hat{Y}_o$ 是对应于非寻常波和寻常波的导纳,即

$$\begin{cases} \hat{Y}_e = \dfrac{k_0 \hat{\varepsilon}_o}{\hat{k}_{e,z}} \\[3mm] \hat{Y}_o = \dfrac{\hat{k}_{o,z}}{k_0} \end{cases} \tag{9.107}$$

注意:对角线上的 2×2 块与式(9.39)中引入的干涉矩阵非常相似。乘积式(9.105)中的所有矩阵式(9.106)、式(9.67)都具有块对角线结构,仅在对角线上的 2×2 块中具有非零元素。因此,整个系统的 Yeh 矩阵必须具有相同的块对角结构,并且 Yeh 矩阵式(9.105)的非零元素为

$$\begin{cases} \hat{X}_{11} = \dfrac{1}{2} \dfrac{\hat{k}_0}{\hat{k}_{0,z}} \dfrac{\hat{k}_{S,z}}{\hat{k}_S} \left[\cos\hat{\phi}_e \left(1 + \dfrac{\hat{Y}_{S,p}}{\hat{Y}_{0,p}} \right) - \mathrm{i}\sin\hat{\phi}_e \left(\dfrac{\hat{Y}_e}{\hat{Y}_{0,p}} + \dfrac{\hat{Y}_{S,p}}{\hat{Y}_e} \right) \right] \\[4mm] \hat{X}_{12} = \dfrac{1}{2} \dfrac{\hat{k}_0}{\hat{k}_{0,z}} \dfrac{\hat{k}_{S,z}}{\hat{k}_S} \left[\cos\hat{\phi}_e \left(1 - \dfrac{\hat{Y}_{S,p}}{\hat{Y}_{0,p}} \right) - \mathrm{i}\sin\hat{\phi}_e \left(\dfrac{\hat{Y}_e}{\hat{Y}_{0,p}} - \dfrac{\hat{Y}_{S,p}}{\hat{Y}_e} \right) \right] \\[4mm] \hat{X}_{21} = \dfrac{1}{2} \dfrac{\hat{k}_0}{\hat{k}_{0,z}} \dfrac{\hat{k}_{S,z}}{\hat{k}_S} \left[\cos\hat{\phi}_e \left(1 - \dfrac{\hat{Y}_{S,p}}{\hat{Y}_{0,p}} \right) + \mathrm{i}\sin\hat{\phi}_e \left(\dfrac{\hat{Y}_e}{\hat{Y}_{0,p}} - \dfrac{\hat{Y}_{S,p}}{\hat{Y}_e} \right) \right] \\[4mm] \hat{X}_{22} = \dfrac{1}{2} \dfrac{\hat{k}_0}{\hat{k}_{0,z}} \dfrac{\hat{k}_{S,z}}{\hat{k}_S} \left[\cos\hat{\phi}_e \left(1 + \dfrac{\hat{Y}_{S,p}}{\hat{Y}_{0,p}} \right) + \mathrm{i}\sin\hat{\phi}_e \left(\dfrac{\hat{Y}_e}{\hat{Y}_{0,p}} + \dfrac{\hat{Y}_{S,p}}{\hat{Y}_e} \right) \right] \\[4mm] \hat{X}_{33} = \dfrac{1}{2} \left[\cos\hat{\phi}_o \left(1 + \dfrac{\hat{Y}_{S,s}}{\hat{Y}_{0,s}} \right) - \mathrm{i}\sin\hat{\phi}_o \left(\dfrac{\hat{Y}_o}{\hat{Y}_{0,s}} + \dfrac{\hat{Y}_{S,s}}{\hat{Y}_o} \right) \right] \\[4mm] \hat{X}_{34} = \dfrac{1}{2} \left[\cos\hat{\phi}_o \left(1 - \dfrac{\hat{Y}_{S,s}}{\hat{Y}_{0,s}} \right) - \mathrm{i}\sin\hat{\phi}_o \left(\dfrac{\hat{Y}_o}{\hat{Y}_{0,s}} - \dfrac{\hat{Y}_{S,s}}{\hat{Y}_o} \right) \right] \\[4mm] \hat{X}_{43} = \dfrac{1}{2} \left[\cos\hat{\phi}_o \left(1 - \dfrac{\hat{Y}_{S,s}}{\hat{Y}_{0,s}} \right) + \mathrm{i}\sin\hat{\phi}_o \left(\dfrac{\hat{Y}_o}{\hat{Y}_{0,s}} - \dfrac{\hat{Y}_{S,s}}{\hat{Y}_o} \right) \right] \\[4mm] \hat{X}_{44} = \dfrac{1}{2} \left[\cos\hat{\phi}_o \left(1 + \dfrac{\hat{Y}_{S,s}}{\hat{Y}_{0,s}} \right) + \mathrm{i}\sin\hat{\phi}_o \left(\dfrac{\hat{Y}_o}{\hat{Y}_{0,s}} + \dfrac{\hat{Y}_{S,s}}{\hat{Y}_o} \right) \right] \end{cases} \tag{9.108}$$

式中:环境 $\hat{Y}_{0,s}$、$\hat{Y}_{0,p}$ 和衬底 $\hat{Y}_{S,s}$、$\hat{Y}_{S,p}$ 的导纳由式(9.28)定义。符号 $\hat{k}_0$、$\hat{k}_{0,z}$、$\hat{k}_s$、$\hat{k}_{S,z}$ 与式(9.67)中的意义相同,对应于环境和基板的下标分别为 0 与 S,菲涅耳反射

系数计算公式为

$$
\begin{cases}
\hat{r}_{pp} = \dfrac{\hat{r}_{1,p} + \hat{r}_{2,p}\,\mathrm{e}^{2\mathrm{i}\hat{\phi}_e}}{1 + \hat{r}_{1,p}\hat{r}_{2,p}\,\mathrm{e}^{2\mathrm{i}\hat{\phi}_e}} \\[3ex]
\hat{r}_{ss} = \dfrac{\hat{r}_{1,s} + \hat{r}_{2,s}\,\mathrm{e}^{2\mathrm{i}\hat{\phi}_o}}{1 + \hat{r}_{1,s}\hat{r}_{2,s}\,\mathrm{e}^{2\mathrm{i}\hat{\phi}_0}} \\[3ex]
\hat{r}_{ps} = \hat{r}_{sp} = 0
\end{cases}
\tag{9.109}
$$

式中:环境和各向异性薄膜边界的菲涅耳反射系数为 $\hat{r}_{1,p}$ 和 $\hat{r}_{1,s}$,以及各向异性薄膜与基板之间边界的菲涅耳反射系数 $\hat{r}_{2,p}$ 和 $\hat{r}_{2,s}$ 定义为

$$
\begin{cases}
\hat{r}_{1,p} = \dfrac{\hat{Y}_{0,p} - \hat{Y}_e}{\hat{Y}_{0,p} + \hat{Y}_e} \\[3ex]
\hat{r}_{2,p} = \dfrac{\hat{Y}_e - \hat{Y}_{S,p}}{\hat{Y}_e + \hat{Y}_{S,p}} \\[3ex]
\hat{r}_{1,s} = \dfrac{\hat{Y}_{0,s} - \hat{Y}_o}{\hat{Y}_{0,s} + \hat{Y}_o} \\[3ex]
\hat{r}_{2,s} = \dfrac{\hat{Y}_o - \hat{Y}_{S,s}}{\hat{Y}_o + \hat{Y}_{S,s}}
\end{cases}
\tag{9.110}
$$

菲涅耳反射系数的上述公式与专著[1]中提出的公式一致。

9.4.3 透明平板表面分层系统的光反射和透射

通常,需要对具有平行边界的透明基板上分层系统进行光学表征。一般情况下,可以假设在基板的上下边界都有分层系统。因为平板内部存在的反射,平板的透明性使分层系统的光学特性变得更加复杂(图 9.7)。如果平板足够厚(与光的相干长度相比),那么,平板的内部反射必须被描述为光强度的非相干叠加,可以用斯托克斯-穆勒矩阵方程实现。在这个方程中,用穆勒矩阵 **R** 和 **T** 描述了平板表面具有分层系统的反射和透射,这些矩阵包含了反射率和透射率的信息以及与椭圆偏振参数有关的信息。穆勒矩阵 **R** 和 **T** 可以表示为与各光束路径相对应的穆勒矩阵的总和,表达式为

$$
\boldsymbol{R} = \boldsymbol{R}_1 + \boldsymbol{T}_1'\boldsymbol{U}'\boldsymbol{R}_2\boldsymbol{U}\left[\sum_{n=0}^{\infty}\left(\boldsymbol{R}_1'\boldsymbol{U}'\boldsymbol{R}_2\boldsymbol{U}\right)^n\right]\boldsymbol{T}_1
\tag{9.111}
$$

$$
\boldsymbol{T} = \boldsymbol{T}_2\boldsymbol{U}\left[\sum_{n=0}^{\infty}\left(\boldsymbol{R}_1'\boldsymbol{U}'\boldsymbol{R}_2\boldsymbol{U}\right)^n\right]\boldsymbol{T}_1
\tag{9.112}
$$

225

式中：R_j、R'_j 和 T_j、T'_j 分别是描述板上边界 $(j=1)$ 与下边界 $(j=2)$ 处分层系统的反射和透射光的穆勒矩阵。没有上角撇的量对应于从顶部入射的光波，带有上角撇的量对应于从底部入射的光波（图 9.7）。矩阵 U 和 U' 描述了当光波从上到下和反向传播时平板的影响。在式（9.111）和式（9.112）中矩阵的无穷和可计算为

$$\sum_{n=0}^{\infty} S^n = I + S + SS + \cdots = (I - S)^{-1} \tag{9.113}$$

其中

$$S = R'_1 U' R_2 U$$

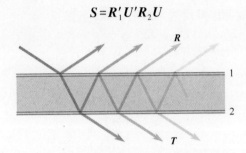

图 9.7　平板内多次反射的示意图

在最简单的情况下，平板是各向同性介质。因此，矩阵 U 和 U' 相同且与单位矩阵成比例，即

$$\begin{cases} U = U' = UI \\ U = \exp\left[-2k_0 \mathrm{Im}(\hat{n}_S \cos\hat{\psi}_S) h_S\right] \end{cases} \tag{9.114}$$

式中：$\hat{n}_S$ 是平板介质的复折射率；h_S 是平板的厚度；$\hat{\psi}_S$ 是平板内的复折射角。标量 U 描述了通过平板波的衰减。如果平板是各向异性的，则矩阵 U 和 U' 的表达式比较复杂，通常它们是不同的。

在实际应用中，各项同性平板上分层系统所产生的应力往往导致平板产生较弱的各向异性。假设这种弱各向异性对平板的菲涅耳反射系数和透射系数的影响可以忽略不计。然而，这种各向异性对波在平板内传播的相位有着不可忽视的影响。在各向异性的特殊情况下，每个主轴都位于入射平面或垂直于入射平面，这会导致 p 和 s 偏振波之间的相位延迟。这种相位延迟可以通过对应于特殊的穆勒矩阵（式（9.23））$C(\delta)$ 描述，该特殊穆勒矩阵用于 $\hat{t}_p = 1$ 和 $\hat{t}_s = \mathrm{e}^{\mathrm{i}\delta}$ 的透射光，其中 δ 是小的延迟角，然后给出矩阵 U 和 U'，即

$$U = U' = UC(\delta)$$

其中

$$C(\delta) = \begin{pmatrix} 1 & 0 & 0 & 0 \\ 0 & 1 & 0 & 0 \\ 0 & 0 & \cos\delta & -\sin\delta \\ 0 & 0 & \sin\delta & \cos\delta \end{pmatrix} \qquad (9.115)$$

当然,延迟角 δ 取决于描述各向异性的介电张量的元素、光的波长、入射角和平板的厚度。

式(9.111)和式(9.112)仅描述平板内多次反射引起的退偏。通常也有必要考虑到9.2.2节中讨论的其他影响所引起的退偏。在这种情况下,必须首先执行式(9.111)和式(9.112)中的和,然后将式(9.21)应用于合成矩阵 R 和 T。如果可以使用式(9.23)和式(9.24)描述的特殊形式穆勒矩阵(如对于光学各向同性系统),则情况相对简单。

从图9.7和图9.8中可以明显看出,平板内不同光路对应的出射光束产生位移。如果平板足够厚就不能忽略这些位移,则必须考虑探测器孔径的有限大小。由于式(9.111)和式(9.112)中的总和每一项对应于样品中特定的光路,因此,可以通过将每一项乘以一个因子来合并这一现象,该因子表示给定出射光束的探测器所记录的光强分数。

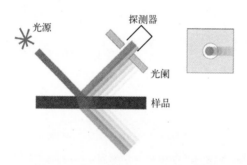

图9.8 探测器只记录部分反射光束的实验装置示意图

需要注意的是,在对这些平板表面的分层系统进行光学表征时,必须考虑退偏的影响,包括透明平板中的诱导各向异性和厚度非均匀性。当然,还必须考虑上面讨论的椭圆偏振仪中探测器孔径有限大小的影响。

9.5 结束语

本章简要描述了分层系统光学表征所需的椭圆偏振测量原理。

在本章的第一部分中,给出了用于分层系统椭圆偏振测量的矩阵方程。这些矩阵方程使我们能够以一种高效简洁的形式表述理论结果。用琼斯矩阵方程和斯托克斯-穆勒矩阵方程描述了椭圆偏振测量的理论原理。文中还提出了两种适用于分层系统光学量计算的矩阵方程：一种适用于各向同性层构成的分层系统；另一种方程称为 Yeh 矩阵方程，也适用于含有各向异性层构成的分层系统。

本章第二部分介绍了椭圆偏振仪的基本类型，即常规椭圆偏振仪、广义椭圆偏振仪和穆勒矩阵椭圆偏振仪，以及 3 种常用的椭圆偏振测量技术：消光椭圆偏振测量法、旋转分析器（偏振器）椭圆偏振测量法和相位调制椭圆偏振测量法。虽然其他的椭圆偏振测量技术经常用于分层系统的光学表征，如旋转补偿器椭圆偏振测量法、振荡分析器椭圆偏振测量法、回路椭圆偏振测量法等，但是在本章均未做说明。本章还对现代成像椭圆偏振技术进行了简要的讨论。值得注意的是，在这里没有提到在实践中使用的某些类型的椭圆偏振仪，如在单色光或光谱模式下使用的浸没式椭圆偏振仪（在浸没椭圆偏振仪中，通过将样品浸入各种非吸收液体（如丙酮、甲苯、氯萘等）中改变环境的折射率值），参见文献[39-41]。

本章最后介绍了第一部分提到的矩阵方程的 3 个应用，即推导各向同性非均匀膜层的反射系数的近似表达式、各向同性基板上的单轴各向异性膜层的反射系数计算公式，以及透明基板上分层系统的反射和透射的公式。这些例子说明了相应矩阵方程的实际应用。

感谢捷克共和国青年、体育和教育部资助的项目 LO1411(NPU I)对本章工作的支持。

参考文献

[1] R.M.A. Azzam, N.M. Bashara, *Ellipsometry and Polarized Light* (North-Holland, Amsterdam, 1977)
[2] I. Ohlídal, D. Franta, in *Progress in Optics*, vol. 41, ed. by E. Wolf (Elsevier, Amsterdam, 2000), pp. 181–282
[3] H. Fujiwara, *Spectroscopic Ellipsometry: Principles and Applications* (Wiley, Chichester, 2007)
[4] D. Goldstein, *Polarized Light, Revised and Expanded* (Dekker, New York, 2003)
[5] M. Born, E. Wolf, *Principles of Optics*, 3rd edn. (Pergamon Press, Oxford, 1965)
[6] E. Garcia-Caurel, R. Ossikovski, M. Foldyna, A. Pierangelo, B. Drévillon, A. De Martino, in *Ellipsometry at the Nanoscale*, ed. by M. Losurdo, K. Hingerl (Springer, Berlin, 2013), pp. 31–143. Chap. 2
[7] S. Huard, *Polarization of Light* (Wiley, New York, 1997)
[8] R.A. Chipman, in *Handbook of Optics*, vol. 2, ed. by M. Bass (McGraw Hill, New York, 1995), pp. 22.1–22.37. Chap. 22
[9] G.E. Jellison, in *Handbook of Ellipsometry*, ed. by H.G. Tompkins, E.A. Irene (William Andrew, New York, 2005), pp. 237–296. Chap. 3

[10] A. Aiello, J.P. Woerdman, Linear algebra for Mueller calculus (2004), arXiv:math-ph/0412061

[11] Z. Knittl, *Optics of Thin Films* (Wiley, London, 1976)

[12] P. Yeh, Surf. Sci. **96**, 41 (1980)

[13] D.W. Berreman, J. Opt. Soc. Am. **62**, 502 (1972)

[14] M. Schubert, Phys. Rev. B **53**, 4265 (1996)

[15] M. Schubert, B. Rheinländer, J.A. Woollam, B. Johs, C.M. Herzinger, J. Opt. Soc. Am. A **13**, 875 (1996)

[16] M. Schubert, in *Handbook of Ellipsometry*, ed. by H.G. Tompkins, E.A. Irene (William Andrew, New York, 2005), pp. 637–717. Chap. 9

[17] D.E. Aspnes, Opt. Commun. **8**, 222 (1973)

[18] J.M.M. de Nijs, A.H.M. Holtslag, A. Hoeksta, A. van Silfhout, J. Opt. Soc. Am. A **5**, 1466 (1988)

[19] O. Acher, E. Bigan, B. Drévillon, Rev. Sci. Instrum. **60**, 65 (1989)

[20] L. Halagačka, K. Postava, M. Foldyna, J. Pištora, Phys. Status Solidi A **205**, 752 (2008)

[21] R.M.A. Azzam, in *Polarization: Measurement, Analysis, and Remote Sensing*. Proceedings of SPIE, vol. 3121 (1997), pp. 396–405

[22] P.S. Hauge, J. Opt. Soc. Am. **68**, 1519 (1978)

[23] D.H. Goldstein, R.A. Chipman, J. Opt. Soc. Am. A **7**, 693 (1990)

[24] P.S. Hauge, Surf. Sci. **96**, 108 (1980)

[25] R.C. Thompson, J.R. Bottiger, E.S. Fry, Appl. Opt. **19**, 1323 (1980)

[26] A. Laskarakis, S. Logothetidis, E. Pavlopoulou, M. Gioti, Thin Solid Films **455–456**, 43 (2004)

[27] R.M.A. Azzam, Opt. Lett. **11**, 270 (1986)

[28] R. Azzam, Thin Solid Films **234**, 371 (1993)

[29] Y.H. Meng, Y.Y. Chen, C. Qi, L. Liu, G. Jin, Phys. Status Solidi C **5**, 1050 (2008)

[30] M. Vaupel, M. Vinnichenko, Phys. Status Solidi C **5**, 1137 (2008)

[31] L. Jin, Y. Wakako, K. Takizawa, E. Kondoh, Thin Solid Films **571**, 532 (2014)

[32] D. Franta, I. Ohlídal, Acta Phys. Slov. **50**, 411 (2000)

[33] D. Franta, L. Zajíčková, I. Ohlídal, J. Janča, K. Veltruská, Diam. Relat. Mater. **11**, 105 (2002)

[34] I. Ohlídal, D. Franta, E. Pinčík, M. Ohlídal, Surf. Interface Anal. **28**, 240 (1999)

[35] D. Nečas, I. Ohlídal, D. Franta, M. Ohlídal, V. Čudek, J. Vodák, Appl. Opt. **53**, 5606 (2014)

[36] D. Nečas, J. Vodák, I. Ohlídal, M. Ohlídal, A. Majumdar, L. Zajíčková, Appl. Surf. Sci. **350**, 149 (2015)

[37] R. Jacobsson, in *Progress in Optics*, vol. 5, ed. by E. Wolf (Elsevier, Amsterdam, 1966), pp. 247–286

[38] M. Kildemo, O. Hunderi, B. Drévillon, J. Opt. Soc. Am. A **14**, 931 (1997)

[39] K. Vedam, R. Rai, F. Lukeš, R. Srinivasan, J. Opt. Soc. Am. **58**, 526 (1968)

[40] I. Ohlídal, M. Líbezný, Surf. Interface Anal. **16**, 46 (1990)

[41] C. Zhao, P. Lefebvre, E. Irene, Thin Solid Films **313–314**, 286 (1998)

第三部分　缺陷和波纹的薄膜表征

第 10 章　缺陷薄膜的光学表征

伊万·奥赫利达尔　马丁·塞马克　吉里·沃达克娜①

摘　要　本章介绍了薄膜中主要缺陷对薄膜光学表征的影响,这些缺陷主要包括界面随机粗糙度、厚度的非均匀性、折射率分布对应的光学非均匀性、表面层和过渡层;给出了这些缺陷薄膜的理论方法和相应光学物理量的计算公式;重点研究了这些薄膜的椭圆偏振参数和反射率;介绍了所选择的数值算例并说明了缺陷的影响;文章还给出了几种含缺陷薄膜的光学表征实验例子,并对数值计算和实验结果进行了讨论。

10.1　前言

在实际生产中,薄膜系统会产生各种各样的缺陷,这些缺陷对系统的光学特性和光学表征的影响通常不可忽略。如果忽略这些缺陷,薄膜的光学表征结果可能出现误差。因此,有必要采用一些方法将这些缺陷纳入薄膜的光学表征中,包括将这些缺陷纳入相应薄膜系统的结构模型中,并使用适当的理论方法从数学上描述这些缺陷的影响。建立正确的膜层系统物理结构和色散模型是对系统进行可靠、精确光学表征的基本条件。在实际中最常见的 5 种缺陷主要是:随机界面(边界)粗糙度、表面非均匀性、用薄膜的纵向复折射率分布表示的光学非均匀性、过渡层和表面层。

本章将介绍上述缺陷薄膜光学表征的理论和实验特性,将具有缺陷或缺陷组合的薄膜例子用于实验说明。

---

①　伊万·奥赫利达尔(⊠),马丁·塞马克,吉里·沃达克娜
马萨里克大学理学院物理电子学系,捷克共和国布尔诺,库特拉尔斯卡 2 号,邮编 61137
e-mail:ohlidal@ physics. muni. cz

10.2 光学表征的物理量

对于薄膜的光学表征,椭圆偏振光谱法和分光光度法是最常用的方法。因此,采用椭圆偏振参数的光谱依赖性和这些薄膜的反射率或透射率的光谱依赖性。在镜面反射方向上,反射率定义为

$$R_q = \hat{r}_q \hat{r}_q^*, \quad q = p, s \qquad (10.1)$$

$$R = \hat{r}\hat{r}^*$$

式中:$\hat{r}_p$ 和 $\hat{r}_s$ 分别是斜入射下 p 和 s 偏振的复菲涅耳反射系数;符号 R 表示正入射时的反射率($r = \hat{r}_p = \hat{r}_s$)。在镜面反射中,椭圆偏振参数通过椭圆偏振比 $\hat{\rho} = \hat{r}_p/\hat{r}_s$ 定义为

$$\hat{\rho} = \tan\!\psi\, e^{i\Delta} \qquad (10.2)$$

式中:Ψ 和 Δ 分别是方位角和相移。Ψ 和 Δ 等椭圆偏振参数使用消光椭圆偏振仪测量,而 $\tan\Psi$ 和 $\cos\Delta$ 的测量则使用带有旋转检偏器的椭圆偏振仪和旋转起偏器的椭圆偏振仪。在相位调制椭圆偏振仪中,测量了相关的椭圆偏振参数 I_s、I_c 和 I_n,它们被定义为[1-3]

$$I_s = -\mathrm{i}\,\frac{\hat{r}_p \hat{r}_s^* - \hat{r}_p^* \hat{r}_s}{|\hat{r}_s|^2 + |\hat{r}_p|^2}, \quad I_c = \frac{\hat{r}_p \hat{r}_s^* - \hat{r}_p^* \hat{r}_s}{|\hat{r}_s|^2 + |\hat{r}_p|^2}, \quad I_n = \frac{|\hat{r}_s|^2 - |\hat{r}_p|^2}{|\hat{r}_s|^2 + |\hat{r}_p|^2} \qquad (10.3)$$

注意:其他椭圆偏振参数也可以用于薄膜的光学表征。在透射光中,椭圆偏振参数和透射率由相应的薄膜系统的菲涅耳透射系数定义(如文献[4,5])。

还应该注意的是,在本章中,我们将讨论由光学各向同性薄膜和基板组成的系统。还需要强调的是,只有当系统的光学响应(即入射波和出射波之间的关系)可以用菲涅耳反射系数和透射系数明确地描述时,上述方程才可用于薄膜系统的光学表征。在某些情况下,入射波和出射波之间的关系不能完全用菲涅耳反射系数和透射系数来描述。例如,如果样品的表面非均匀,则将在 10.4 节中讨论,还有样品的光退偏现象(见第 9 章)。

10.3 薄膜边界的随机粗糙度

边界的随机粗糙度是基础研究、应用研究和工业应用中经常遇到的一种缺陷。将这种粗糙度纳入表示这些薄膜的测量光学物理量的公式中,适用的理论方法的选择取决于粗糙度的线性尺寸与入射光波长之间的关系。

本节介绍将随机粗糙度纳入薄膜光学表征所使用的理论方法。这些方法涵盖了整个随机粗糙度的领域，在薄膜表征中具有实际意义。注意：本章假设的随机粗糙度为均匀且各向同性的。

10.3.1 有效介质近似

如果满足不等式 $\sigma \ll \lambda$ 且 $T \ll \lambda$，则有效介质理论（EMA）可以把这种精细的随机粗糙度包括在光学量的公式中（λ、σ 和 T 分别是波长、不规则高度的均方根值和粗糙度的自相关长度）。这种精细粗糙度通常称为随机微粗糙度。

在 EMA 中，表面或边界的随机微粗糙度被具有一定有效厚度和有效介电函数（或有效光学常数）的均匀虚拟层（HFL）代替。有效介电函数可以用 Lorentz-Lorentz（LL）、Maxwell Garnet（MG）和 Bruggeman（BR）公式计算[6]。这些公式具有相同的通用公式[6]，即

$$\frac{\hat{\bar{\varepsilon}} - \hat{\varepsilon}_h}{\hat{\bar{\varepsilon}} + 2\hat{\varepsilon}_h} = \sum_{j=1}^{N} p_j \frac{\hat{\varepsilon}_j - \hat{\varepsilon}_h}{\hat{\varepsilon}_j + 2\hat{\varepsilon}_h} \tag{10.4}$$

式中：$\hat{\bar{\varepsilon}}$、$\hat{\varepsilon}_h$、$\hat{\varepsilon}_j$（$j = 1, 2, \cdots, N$）分别是有效介质、主体介质和主体介质中的第 j 类嵌入物的介电函数；p_j 表示总体积中第 j 类嵌入物材料的体积分数（体积分数是主体介质体积中相应嵌入物的体积与总体积的比）；符号 N 表示这些嵌入物的总数。下面将有效介质的介电函数称为有效介电函数。

在仅考虑球形嵌入物和偶极相互作用的假设下，推导出块状固体混合物的通用公式（10.4）[6-8]。由于球形嵌入物的几何形状，在推导通用公式时，去极化因子为 1/3。这两个假设都不能严格满足随机粗糙度。这一事实是将 EMA 应用于随机微粗糙表面和薄膜边界时的弱点。尽管如此，该通用公式（10.4）所隐含的公式主要用于表示来自随机微粗糙表面和边界的光学响应（参见文献[6-8]）。将去极化因子从 1/3 开始变化，即从球形嵌入物对称性的变化，通常不太显著[6]。在 MG 模型中，选择一种介质作为式（10.4）中的主体介质，其他介质被认为是嵌入在该主体介质中的。因此，MG 模型近似对于包含两种介质的混合物在选择主体介质时表现出不确定性，这是由于主体介质和嵌入物的作用可以互换。在大量应用中，Bruggeman[9] 消除了这种不确定性，他建议将 $\hat{\varepsilon}_h$ 替换为 $\hat{\bar{\varepsilon}}$，即用有效介质本身充当主体介质来消除不确定性，这是式（10.4）中由上述替换推导出的 Bruggeman 公式主要用于表示体混合物、随机微粗糙表面和边界的光学量的主要原因。注意：假设真空作为主体介质的 LL 模型近似仅用于描述微粗糙度表面。光滑和粗糙表面的椭圆偏振测量大多在空气中进行，大多数情况下这些表面覆盖各种表面层。这些表面层通常非常薄，即它们具有纳米尺度的

厚度(参见文献[1,10-24])。然而,椭圆偏振测量对它们极其敏感(不仅需要在特殊条件下考虑表面层,如在超高真空下的椭圆偏振测量),因此在椭圆偏振测量研究中必须考虑它们。如果表面层非常薄,则用相同的薄膜(ITF)对它们进行模拟是合理的。从几何和统计角度来看,ITF 显示出上下随机粗糙边界是相同的(参见文献[1,12,13,25-27])。两个边界的微粗糙度与表面层的微粗糙度相同。此外,可以假设表面层是连续的,即不考虑岛状特征和体缺陷的表面层。还假设表面层及其基板在光学上是均匀的。当使用 Bruggeman 近似时,有效介电函数为(参见式(10.4))

$$p_0 \frac{\varepsilon_0 - \hat{\bar{\varepsilon}}}{\varepsilon_0 + 2\hat{\bar{\varepsilon}}} + p_O \frac{\varepsilon_O - \hat{\bar{\varepsilon}}}{\varepsilon_O + 2\hat{\bar{\varepsilon}}} + p_S \frac{\hat{\varepsilon}_S - \hat{\bar{\varepsilon}}}{\varepsilon_S + 2\hat{\bar{\varepsilon}}} = 0 \qquad (10.5)$$

式中:p_0、p_O 和 p_S 分别是环境、表面层和基板的体积分数;符号 ε_0、$\hat{\varepsilon}_O$ 和 $\hat{\varepsilon}_S$ 分别表示环境、表面层和基板的介电函数。

通过以下等式,可以定义环境、表面层和基板的体积分数相对应的虚拟厚度,即

$$p_0 = h_0^H / h_F^H, \quad P_O = h_O^H / h_F^H, \quad p_S = h_S^H / h_F^H \qquad (10.6)$$

式中:$h_F^H = h_0^H + h_O^H + h_S^H$ 是 HFL 的厚度。如果使用 ITF 模型,则通常令环境和基板的体积分数相同,即 $h_0^H = h_S^H$。

从式(10.5)推导出了关于未知有效介电函数 $\hat{\bar{\varepsilon}}_k$ 的 3 次方程。用已知的 Cardano 方法可以求出该 3 次方程的根 $\hat{\bar{\varepsilon}}_k (k = 0, 1, 2)$。此方法可以求出 3 次方程的 3 个根,但其中只有一个具有物理意义。求 3 次方程的解与选择有物理意义的解是一个复杂的过程。为了避免这个复杂性,一些研究人员使用由两层非常薄的表面层构成的随机微粗糙表面的系统模型。下层是描述微粗糙度的 HFL,其有效介电函数对应于孔隙和表面材料的混合物,上层由连续且均匀的表面层组成。例如,这种特殊的模型用于粗糙硅表面上非常薄的 SiO_2 表面层[28]。然而,这样的模型不完全正确,因为表面层的材料也必须包含在描述随机微粗糙度的虚拟层中。

基于 HFL 的 EMA 模型还有一个问题。具体来说,很明显,形成随机粗糙表面的材料所占的体积分布沿该表面的平均平面的法向变化。一些研究人员的结果表明了这一事实。例如,Aspnes 等人证明[6],非晶硅薄膜上边界随机微粗糙度的虚拟层并不是均匀一致的,表现出明显的密度梯度。因此,该硅样品的微粗糙度近似为两个厚度和有效介电函数互不相同的 HFL。Aspnes 等人还通过非均匀虚拟层(IFL)拟合了该粗糙硅样品的实验数据,并通过体积分数曲线计算

了相应的介电函数曲线,该周期性粗糙表面分别对应于三角形脊、半圆柱形、金字塔形、半圆柱锥形和半球形几何。他们采用了文献[29]中讨论的周期粗糙度模型的体积分数剖面的理论结果。对无定形硅样品的椭圆偏振实验数据进行处理后,发现半球形的几何结构最适合。

如果使用统计方法用 IFL 代替随机微粗糙度,则单种材料的体积分数分布由表面层边界粗糙度不规则高度 $w_1(z)$ 的一维概率密度分布确定[30],即

$$p_S(z) = \int_z^\infty w_1(z') \, \mathrm{d}z' \tag{10.7}$$

在高斯分布下 $w_1(z)$ 为

$$w_1(z) = \frac{1}{\sqrt{2\pi}\,\sigma^I} \exp\left(-\frac{z^2}{2(\sigma^I)^2}\right) \tag{10.8}$$

式中:符号 σ^I 和 $p_S(z)$ 分别表示粗糙度不规则高度的 RMS 值和描述基板(表面)材料的体积分数分布的函数;符号 $w_1(z)$ 表示表面层下边界的粗糙度不规则高度的高斯一维概率密度。描述表面层材料体积分数分布函数 $p_O(z)$ 为

$$p_O(z) = \int_z^\infty w_1(z' - h_O^I) \, \mathrm{d}z' - \int_z^\infty w_1(z') \, \mathrm{d}z' \tag{10.9}$$

式中:$w_1(z'-h_O^I)$ 是上边界的高斯一维概率密度分布;h_O^I 是表面层的平均厚度。描述环境体积分数分布的函数为

$$p_0(z) = \int_{-\infty}^z w_1(z' - h_O^I) \, \mathrm{d}z' = 1 - p_S(z) - p_O(z) \tag{10.10}$$

在 Bruggeman 公式中插入函数 $p_S(z)$、$p_O(z)$ 和 $p_0(z)$ 后,可以得到 IFL 有效介电函数的相应分布。

HFL 的菲涅耳反射系数是用众所周知的光滑基板–单层膜系统的公式计算(参见文献[2-5])。在 IFL 的情况下,可以使用几种程序计算其反射系数(见10.5 节)。

在评估了现有文献中的数值和实验结果后,EMA 方法的优点可以总结如下。

(1) EMA 方法的数学形式非常简单,在光学数据处理中易于使用。这就是 EMA 方法在实践中被频繁使用的原因。

(2) 尽管用虚拟层代替随机微粗糙度是不符合物理原理的,但 EMA 方法可以部分地排除这种随机微粗糙度的影响。

(3) 如果高度 RMS 值或随机微粗糙度斜率的 RMS 值非常小,就可以准确地确定表面层厚度。如果使用简单的色散模型,甚至可以确定表面层折射率的

光谱依赖性。

EMA 方法的局限性如下。

（1）EMA 方法不能正确描述粗糙度。在这些方法中，随机微粗糙度用有效参数描述，如高度的有效 RMS 值和有效厚度，这些参数不能描述微粗糙度的真实特性。

（2）在 EMA 方法中，不能考虑由随机微粗糙度引起的光散射。由于镜面方向上散射损耗的影响，椭圆偏振测量的物理量比反射率等强度量更不敏感，因此，EMA 方法更适用于椭圆偏振测量。

（3）EMA 方法中使用的有效介电函数的表达式是基于未完全满足随机微粗糙度假设的公式推导出的。

（4）估计 EMA 方法给出合理结果的条件是非常困难的。

10.3.2 瑞利–赖斯理论

瑞利–赖斯理论是一种二阶微扰理论，适用于描述光与随机粗糙表面和具有随机粗糙边界的薄膜相互作用[31-33]，可以用来推导描述镜面反射、透射和散射光的公式。根据我们的经验，如果满足下列关系：$\sigma \ll \lambda$ 且 $\tan \beta_0 \leqslant 0.1$，RRT 代表了随机粗糙表面和薄膜光学表征的一种非常有效的理论近似，与上述不等式对应的粗糙度称为轻微粗糙度。在这个微扰理论中，随机粗糙表面的菲涅耳反射系数 $\hat{r}_q(q=p,s)$ 可表示为[33-34]

$$\hat{r}_q = \hat{r}_q^{(0)} + \Delta\hat{r}_q \tag{10.11}$$

式中：$\hat{r}_q^{(0)}$ 是对应光滑表面的反射系数；$\Delta\hat{r}_q$ 是镜面反射光中的校正系数，可表示为

$$\Delta\hat{r}_q = \int_{-\infty}^{\infty}\int_{-\infty}^{\infty} \hat{f}_q(K_x, K_y) W(K_x', K_y)\,\mathrm{d}K_x\,\mathrm{d}K_y \tag{10.12}$$

符号 K_x、K_y 是粗糙度的空间频率，即

$$K_x' = K_x - (2\pi/\lambda)\,n_0\sin\varphi$$

式中：φ 是平均表面平面的入射角；$n_0 = \sqrt{\varepsilon_0}$ 是环境的折射率。函数 $\hat{f}_q(K_x, K_y)$ 是 K_x、K_y、λ、φ 和成系统介质的光学常数的复杂函数。功率谱密度函数（PSDF）$W(K_x', K_y)$ 可用高斯函数表示为

$$W(K_x', K_y) = \frac{\sigma^2 T^2}{4\pi}\mathrm{e}^{-(K_x'^2 + K_y^2)T^2/4} \tag{10.13}$$

注意：PSDF 可以用 K_x 和 K_y 的其他函数表示。具有微随机粗糙边界的多层膜系统的菲涅耳反射系数的修正为[33]

$$\Delta \hat{r}_q = \sum_{i=1}^{L+1} \sum_{j=1}^{L+1} \int_{-\infty}^{\infty} \int_{-\infty}^{\infty} \hat{f}_{ij,q}(K_x, K_y) W_{ij}(K_x', K_y) \, dK_x dK_y \qquad (10.14)$$

式中:$L+1$ 是边界数;符号 $W_{ij}(K_x', K_y)$ 表示第 i 个边界和第 j 个边界之间的相互 PSDF;$\hat{f}_{ij,q}$ 取决于 K_x、K_y、λ、φ 和构成系统介质的光学常数。

在实际应用中,基板表面具有一层粗糙边界的体系是最常见的。在文献 [33,34]中,详细介绍了该系统的 $\Delta \hat{r}_q$ 表达式。对于具有粗糙边界的单表面和系统,可以推导出类似的公式。RRT 还可以用来表示散射光强度的公式(参见文献[33])。

在文献[35-36]中,对文献[33]中提出的 RRT 公式进行了修正,使其适用于微随机粗糙度的小自相关长度。在该修正中,假设自相关长度远小于入射光的波长。对于随机微粗糙表面,利用这种小自相关长度修正与 EMA 进行比较。然而,由于 RRT 的使用是建立在粗糙度斜率相对较小的假设基础上的,所以必须谨慎使用这种修正。因此,关系式 $T \ll \lambda$ 限制了这种 RRT 修正只能用于非常小的 σ 值,从而确保关系 $\tan\beta_0 \leqslant 0.1$ 的有效性。换句话说,关系式 $T \ll \lambda$ 的有效性可能意味着满足该关系的微粗糙表面实际上是光滑的,因此,对 RRT 这种修正的使用与此类表面无关。例如,对于高斯形粗糙度,这种说法是显而易见的,因为 $\tan\beta_0 = \sqrt{2}\sigma/T^{[1,12-13,37]}$。

RRT 还可以用于其他表面,如自仿射表面和具有分形特征的粗糙表面[35,36,38]。

基于物理原理的方法,如 RRT,为随机微粗糙表面的光学表征提供了一种比 EMA 更合适的选择,文献中给出的结果也提示了这一说法(参见文献[30])。当然,对于具有微粗糙和微粗糙边界的分层系统,RRT 比 EMA 更适合。

在文献[36]中,指出用高斯 PDSF 描述随机粗糙表面的模型是不符合物理学原理的。这种说法通常是不正确的。在实践中,经常会遇到真实的随机粗糙表面或边界表现出这种高斯 PSDF[39-43]。

还有一些其他微扰理论可用于描述光与随机粗糙的表面和边界的相互作用(如格林函数微扰理论[44-45])。Ogilvy 的专著[45]和论文[25]对随机粗糙表面与多层系统的微扰理论进行了综述。

10.3.3 标量衍射理论

如果满足关系式 $\sigma \leqslant \lambda$ 且 $T \gg \lambda$,可以利用标量衍射理论(SDT)推导出相应的随机粗糙表面和薄膜的光学量的计算公式。虽然理论上的考虑需要不等式 $T \gg \lambda$,但 SDT 的实际适用性甚至可以延伸到较弱满足条件 $T \geqslant \lambda$ 的情况。满足

不等式 $T \gg \lambda$ 的随机粗糙表面和边界是局部光滑的表面和边界,因为在所有点上可以由相应的切线平面来近似(参见文献[12,22])。与上述不等式对应的粗糙度通常称为中等粗糙度。对于粗糙表面,这个理论的出发点是由 Helmholtz-Kirchhoff 积分(HK)[46-47]给出的,即

$$\hat{E}_q(\boldsymbol{r}_Q) = \frac{1}{4\pi} \iint_S \left[\hat{E}_q(\boldsymbol{r}_B) \frac{\partial \hat{G}(\boldsymbol{r}_Q - \boldsymbol{r}_B)}{\partial n} - \hat{G}(\boldsymbol{r}_Q - \boldsymbol{r}_B) \frac{\partial \hat{E}_q(\boldsymbol{r}_B)}{\partial n} \right] \mathrm{d}S$$

(10.15)

式中:$\hat{E}_q(\boldsymbol{r}_B)$ 和 $\hat{E}_q(\boldsymbol{r}_Q)$ 是粗糙表面上点 B 处的局部电场或远处 Q 点处的电场;符号 $\partial / \partial n$ 表示粗糙表面法线的方向导数(该表面的照明部分表示为 S)。函数 $\hat{G}$ 表示为

$$\hat{G}(\boldsymbol{r}_Q - \boldsymbol{r}_B) = \frac{1}{|\boldsymbol{r}_Q - \boldsymbol{r}_B|} \mathrm{e}^{-ik_0 |r_Q - r_B|}$$

(10.16)

式中:k_0 是光波在环境中传播的波向量的绝对值;$|\boldsymbol{r}_Q - \boldsymbol{r}_B|$ 表示点 Q 与粗糙表面上任意点 B 之间的距离($\boldsymbol{r}_Q$ 和 $\boldsymbol{r}_B$ 表示这些点的半径向量)。采用基尔霍夫近似表示局部电场[47],即

$$\hat{E}_q(\boldsymbol{r}_B) = (1 + \hat{r}_q^{(l)}) \hat{E}_{0q}(\boldsymbol{r}_B)$$

(10.17)

式中:$\hat{r}_q^{(l)}$ 是粗糙表面上的局部菲涅耳反射系数,$\hat{E}_{0q}(\boldsymbol{r}_B)$ 由下式给出,即

$$\hat{E}_{0q}(\boldsymbol{r}_B) = \hat{A}_{0q} \mathrm{e}^{-ik_0 r_B}$$

(10.18)

式中:$\hat{A}_{0q}$ 和 k_0 是对应于 p 与 s 偏振入射单色平面波的振幅及波矢。经过多次数学运算,得到下列的随机粗糙表面菲涅耳反射系数 $\hat{r}_q$ 的方程,该方程对应于镜面反射方向(见文献[12,22]),即

$$\hat{r}_q = \int_{-\infty}^{\infty} \int_{-\cot\varphi}^{\cot\varphi} \int_{-\infty}^{\infty} \hat{r}_q^{(l)}(z, z_x, z_y) \mathrm{e}^{iuz} w(z, z_x, z_y) \mathrm{d}z \mathrm{d}z_x \mathrm{d}z_y$$

(10.19)

式中:$u = -(4\pi/\lambda) n_0 \cos\varphi$;$z$ 表示描述粗糙表面的随机函数 $\eta(x,y)$ 的值;z_x 和 z_y 分别表示在平均平面内随机函数 $\eta(x,y)$ 相对于 x 和 y 坐标的导数值;符号 $w(z, z_x, z_y)$ 表示随机函数 $\eta(x,y)$、$\eta_x(x,y)$ 和 $\eta_y(x,y)$ 的三维分布。注意:式(10.19)考虑到粗糙度不规则性之间存在的阴影(参见文献[22,48])。在单表面的情况下,局部反射系数独立于 z,因此,在式(10.19)中只包括了 $\hat{r}_q^{(l)}(z_x, z_y)$ 依赖性。如果随机函数 $\eta(x,y)$ 在统计上独立于其导数,即粗糙度的高度在统计上独立于粗糙度的斜率,那么,式(10.19)可以写成

$$\hat{r}_q = \hat{A} \int_{-\infty}^{\infty} \int_{-\cot\varphi}^{\cot\varphi} \hat{r}_q^{(l)}(z_x, z_y) w_2(z_x, z_y) \mathrm{d}z_x \mathrm{d}z_y$$

(10.20)

其中:

$$\hat{A} = \int_{-\infty}^{\infty} e^{iuz} w_1(z) \, dz \tag{10.21}$$

式中:符号 $w_2(z_x, z_y)$ 表示 $\eta(x,y)$ 导数的二维概率密度。

对于单个 ITF,同样的公式也是成立的。当然,$\hat{r}_q^{(l)}(z_x, z_y)$ 的表达式不同于粗糙表面的表达式(参见文献[12,22])。对于由均匀 ITF 形成的多层系统,使用式(10.20) $\hat{r}_q^{(l)}(z_x, z_y)$ 的相应表达式显然是正确的。如果多层膜系统由均匀的不同薄膜组成,如具有相关边界或统计上独立边界的薄膜,则式(10.20)无效。对于这种复杂的粗糙多层膜系统,迄今为止只给出了边界处可忽略斜率的计算公式。在具有相关边界和可忽略边界斜率的多层膜系统中,反射系数可以写成

$$\hat{r}_q = \int_{-\infty}^{\infty} \cdots \int_{-\infty}^{\infty} \hat{r}_q^{(l)}(z_1, \cdots, z_{L+1}) e^{iuz_1} w(z_1, \cdots, z_{L+1}) \, dz_1 \cdots dz_{L+1} \tag{10.22}$$

式中:L 是系统中膜层数量;z_j 表示描述第 j 边界的随机函数值;符号 $w(z_1, \cdots, z_{L+1})$ 表示随机函数 $\eta_1(x,y) \cdots \eta_{L+1}(x,y)$ 的 $L+1$ 维分布函数。在文献[1,49-51]中给出了基于式(10.22)的反射系数和透射系数的近似递推公式。文献[52]导出了具有可忽略粗糙度斜率的随机粗糙边界系统的反射系数的精确公式。如果分布函数 $w(z_1, \cdots, z_{L+1})$ 是由 $(L+1)$ 维高斯分布给出的,则以下公式对于正入射是有效的[52],即

$$\hat{r}_q = \hat{r}_1 \exp\left(-\frac{u^2 \sigma_1^2}{2}\right) + \sum_{P=1}^{\infty} \sum_{b=1}^{\min(L,p)} \sum_{m} \exp\left(i \sum_{j=1}^{b} m_j \hat{X}_j\right) \hat{Q}_b(m) \, \hat{H}_b(m)$$

$$\tag{10.23}$$

式中:$\hat{X}_j = 4\pi \, \hat{n}_j \, \bar{h}_j / \lambda$,符号 $\bar{h}_j$ 表示第 j 层膜的平均厚度。其他参量用以下方式表示,即

$$\hat{Q}_b(m) = \hat{t}_1 \, \hat{t}_1' \, \hat{r}_1'^{m_1-1} \hat{r}_{b+1}^{m_b} \prod_{j=2}^{b} \sum_{\sigma_j=1}^{\min(m_j, m_{j-1})} \binom{m_{j-1}}{o_j} \binom{m_j - 1}{o_j - 1} \hat{r}_j^{m_{j-1} - o_j} \, (\hat{t}_j \, \hat{t}_j')^{o_j} \, \hat{r}_j'^{m_j - o_j}$$

$$\hat{H}_b(m) = \exp\left(-\frac{1}{2} \sum_{i=1}^{b+1} \sum_{j=1}^{b+1} \hat{D}_i \hat{D}_j S_{i,j}\right)$$

$$\hat{D}_j = \frac{4\pi}{\lambda}(m_j \hat{n}_j - m_{j-1} \hat{n}_{j-1})$$

$$S_{i,j} = \langle \eta_i \eta_j \rangle = \sigma_i \sigma_j C_{i,j}$$

式中:σ_j 是第 j 边界不规则高度的均方根值;$C_{i,j}$ 是第 i 和第 j 边界之间的互相关系数,其中 $C_{i,j} = 1$。向量 $m = (m_1, m_2, \cdots, m_L)$ 的元素 m_j 表示光向下穿过第 j 层膜的次数,这与它向上穿过第 j 层膜的次数相同。对所有集合的 m 求和,即

$$m_j \geq 1, 1 \leq j \leq b \text{ 时}$$
$$m_j = 0, b < j \text{ 时}$$
$$m_1 + m_2 + \cdots + m_L = p$$

符号 p 表示光通过多层膜系统的光路的总"长度"。数字 $b \leq L$ 表示路径深度,该路径深度等于通过介质路径的最高膜层标记数。$\boldsymbol{m}$ 的求和表示为

$$\sum_{\boldsymbol{m}} = \sum_{m_1=1}^{p-b+1-M_0} \sum_{m_2=1}^{p-b+2-M_1} \cdots \sum_{m_{b-1}}^{p-b-M_{b-2}}$$

式中:$M_j = \sum_{l=1}^{j} m_l$ 和 $M = 0$。此外,对于 $j > b$,定义了 $m_0 = 1$、$m_b = p - M_{b-1}$ 和 $m_j = 0$。第 j 边界的反射系数和透射系数分别表示为 $\hat{r}_j$、$\hat{r}'_j$、$\hat{t}_j$ 和 $\hat{t}'_j$。没有上角标的系数对应于从顶部入射的光,而有上角标的系数对应于从底部入射的光($\hat{r}'_j = -\hat{r}_j, \hat{t}_j \hat{t}'_j = 1 - \hat{r}_j^2$)。符号 o_j 表示光的次数:

(1)从介质 j 向下穿过子膜系;

(2)从介质 $j-1$ 侧穿过 $(j-1)/j$ 边界;

(3)从介质 j 侧穿过 $(j-1)/j$ 边界。

第一点应该理解为:整个路径可以分为从 0 到 $j-1$ 的介质内的路径和从 j 向下的介质内的路径,符号 o_j 是后面介质的路径数量。对于 $j > b$ 的所有路径和所有分层系统,它都认为是 $o_j = m_j = 0$,详情参见文献[52]。

在忽略边界斜率的情况下,还可以推导出随机粗糙多层膜系统菲涅耳透射系数的类似公式。

Eastman[53] 利用 SDT 推导出了具有随机粗糙边界的多层膜系统的反射系数和透射系数的公式,这些边界也具有可忽略的斜率。他的方法是基于矩阵方程,其中描述边界粗糙度的随机函数被合并到相位矩阵中。反射系数和透射系数将由相应的系统矩阵元的比值给出,并将其展开成二阶泰勒级数,然后使用该泰勒级数计算光学量的统计平均值。这意味着 Eastman 的方法也是一种近似方法。在 Carniglia[54] 的文章中,利用基于 SDT 的相似矩阵法计算了具有随机粗糙边界的多层系统的镜面反射率和透射率的变化。文中还给出了描述镜面光束附近漫散射的公式。在文献[55]中,SDT 用于预测具有随机粗糙边界的多层膜系统散射光的角分布。文献[54,55]表明,散射光可以用来描述具有粗糙边界的分层系统。在文献[25,45,47,56]中还给出了描述从随机粗糙表面和薄膜系统光散射的公式。

在文献中,提出了基于向量衍射理论(VDT)推导随机粗糙表面光学量表达式的方法。VDT 方法的出发点是 Stratton-Chu-Silver 积分[57]。文献[1,58]中

给出了随机粗糙表面反射系数的计算公式(研究了在本节给出的满足 λ、σ 和 T 之间关系的随机粗糙表面)。光与相当粗糙或非常粗糙表面的相互作用也可以用 VDT 描述,如文献[45,56,58-60]。

10.4 薄膜的表面非均匀性

在本章中,重点讨论薄膜表面横向的厚度非均匀性。必须指出的是,在薄膜光学中表面粗糙度和厚度非均匀性之间存在明显差异,这种差异主要是两类缺陷的横向尺度特征。随机粗糙度的横向特征尺度是从纳米到几十微米(这样的表面对应于 EMA、RRT、SDT 和 VDT 方法)。因此,必须采用相干形式描述这种粗糙度对光学量的影响。另一方面,厚度非均匀性的横向特征尺度要大几个数量级,即从毫米到几十厘米,这意味着厚度非均匀性必须用非相干形式描述。

通过以下具有厚度非均匀性的单层膜正入射反射率的分析[61],可以证明使用非相干形式的必要性。入射到厚度非均匀的均质薄膜上的光束具有有限的尺寸,因此,可以使用 SDT 表示来自该薄膜的反射光强度。在 SDT 中,探测器上 (x_0,y_0) 点处反射光的电场为[62]

$$\hat{E}(x_0,y_0) = \mathrm{i}C\int_s \exp[\,\mathrm{i}k_0(\bar{L}(x,y) - 2\xi(x,y)\,]\hat{r}(x,y)\,\mathrm{d}x\mathrm{d}y \qquad (10.24)$$

在 $C = A_0/(\lambda L_0)$ 中,A_0 是入射波的振幅,L_0 是薄膜上被照射点中心与探测器之间的距离,$k_0 = 2\pi/\lambda$ 是波数,$\hat{r}(x,y)$ 是非均匀薄膜的上边界局部菲涅耳反射系数,$\bar{L}(x,y)$ 是从照明光斑上的点到探测器平面上点之间的距离,$\xi(x,y)$ 是与平均厚度相比的局部厚度偏差,S 表示薄膜上边界上光斑的面积。

因此,在探测器上点的强度 $I(x_0,y_0)$ 可以表示为

$$I(x_0,y_0) = C^2 \iint_{S\,S} \exp[\,\mathrm{i}k_0(\bar{L} - \bar{L}' - 2\xi + 2\xi')\,]\hat{r}\hat{r}'^{\,*}\,\mathrm{d}x'\mathrm{d}y'\mathrm{d}x\mathrm{d}y \quad (10.25)$$

在上角标的坐标系中的参量用上角标的形式标记。总检测强度为

$$I = \int_{S_D} I(x_0,y_0)\,\mathrm{d}x_0\mathrm{d}y_0 \qquad (10.26)$$

式中:S_D 表示探测器的区域。根据菲涅耳衍射光强的空间分布[46]以及分光光度计探测器和薄膜上照射光斑的面积很大的事实分析,强度表达式写为

$$I = \int_{-\infty}^{\infty}\int_{-\infty}^{\infty} I(x_0,y_0)\,\mathrm{d}x_0\mathrm{d}y_0 \qquad (10.27)$$

将式(10.25)代入前面的公式,并调换薄膜和探测器平面上的积分次序,就可以得到

242

$$I = C^2 \iint\limits_{S\,S} \exp\left[-2ik_0(\xi - \xi')\right] \hat{r}\hat{r}'^* \left[\int\limits_{-\infty}^{\infty}\int\limits_{-\infty}^{\infty} \exp\left[ik_0(\overline{L} - \overline{L}')\right] dx_0 dy_0\right] dx'dy'dxdy$$

$$(10.28)$$

在 $\overline{L}-\overline{L}'$ 的展开式中,仅保留对应于菲涅耳近似的项[46],方括号中的积分可以写成

$$\exp\left[ik_0 \frac{x^2 - x'^2 + y^2 - y'^2}{2L_0}\right] \int\limits_{-\infty}^{\infty} \exp\left[\frac{ik_0}{L_0}(x' - x)x_0\right] dx_0 \int\limits_{-\infty}^{\infty} \exp\left[\frac{ik_0}{L_0}(y' - y)y_0\right] dy_0$$

$$(10.29)$$

通过考虑狄拉克 δ 函数的傅里叶逆变换的表达式,并进行最终的积分运算,获得了厚度非均匀的均质薄膜的正入射反射 R 的最终公式为

$$R = \frac{I}{SA_0^2} = \frac{1}{S}\int\limits_{S} R(x,y)\,dxdy \qquad (10.30)$$

式中:$R(x,y) = \hat{r}(x,y)\hat{r}^*(x,y)$ 是该非均匀薄膜的局部反射率。类似的公式对于光的斜入射和厚度非均匀薄膜的其他光学量的分析是有效的。

在采用各种工艺制备的许多薄膜中,基板表面上非均匀的薄膜是典型的缺陷。例如,不同的等离子体化学沉积技术制备的薄膜表现出表面非均匀性。众所周知,在处理实验数据时,忽略表面非均匀性会由于反射光谱和椭圆偏振光谱的变形而导致结果失真。厚度非均匀性是实践中最常见的表面非均匀性。然而,只有少数文献使用分光光度法[63-67]或椭圆偏振光谱法[68-71]对厚度非均匀的薄膜进行了光学表征。此外,这些文章还研究了楔形厚度非均匀的特殊情况和由于厚度梯度引起的矩形光斑的特殊位置。这种特殊情况对应于厚度的均匀分布,即厚度分布密度在一定间隔内是恒定的,而在其他部分为零。在一般厚度非均匀的情况下,使用与上述特殊情况相对应的特殊公式是不合理的。在文献[72]中简要地提到了在椭圆偏振测量中使用一般厚度分布的可能性,但没有给出任何具体的例子或应用。下面将给出具有一般厚度非均匀性薄膜的光学量公式。这种特殊情况对应于厚度的均匀分布,即厚度分布密度在一定间隔内是恒定的,在薄膜外部是零。在一般厚度非均匀的情况下,使用与上述特殊情况相对应的特殊公式是不合理的。在文献[72]中简要地提到了在椭圆偏振测量中使用一般厚度分布的可能性,但没有任何具体的例子或应用。下面将给出具有一般厚度非均匀性的薄膜的光学量公式。

假设非均匀薄膜和基板在光学上是均质的,环境是无吸收的,非均匀薄膜的边界是光滑的,并且这些薄膜的厚度沿着基板表面逐渐变化,即薄膜是局部均匀的。

正入射下的局部反射系数 $\hat{r}(x,y)$ 为

$$\hat{r}(x,y) = \frac{\hat{r}_1 + \hat{r}_2 \exp[\,i\hat{X}(x,y)\,]}{1 + \hat{r}_1 \hat{r}_2 \exp[\,i\hat{X}(x,y)\,]} \qquad (10.31)$$

式中: $\hat{r}_1$ 和 $\hat{r}_2$ 分别是薄膜上下边界的菲涅耳反射系数; $\hat{X}(x,y)$ 表示点 (x,y) 处的局部相移角。它们以如下形式表示,即

$$\hat{r}_1 = \frac{n_0 - \hat{n}_1}{n_0 + \hat{n}_1}, \hat{r}_2 = \frac{\hat{n}_1 - \hat{n}_S}{\hat{n}_1 + \hat{n}_S}, \hat{X}(x,y) = \frac{4\pi}{\lambda}\hat{n}_1 h(x,y) \qquad (10.32)$$

式中: $\hat{n}_1$ 和 $\hat{n}_S$ 分别是薄膜和基板的复折射率; $h(x,y)$ 是局部薄膜厚度。

由于局部反射率 $R(x,y)$ 仅是局部膜层厚度的函数,因此,式(10.30)可以写成在该局部膜层厚度上的积分形式,即

$$R = \int R(h)\rho(h)\,\mathrm{d}h \qquad (10.33)$$

式中: $\rho(h)$ 是局部厚度的分布,以如下形式所给出[73],即

$$\rho(h) = \frac{1}{S}\int_{C_h} \frac{\mathrm{d}l}{|\,\mathrm{grad}h\,|} \qquad (10.34)$$

式中:对等厚度 h(等高线)的 C_h 进行积分;符号 $\mathrm{d}l$ 和梯度 h 分别表示函数 $h(x,y)$ 在曲线的给定点的长度微元和梯度。

对于楔形薄膜厚度和椭圆形照明点,分布密度为[73]

$$\rho(h) = \begin{cases} \dfrac{2}{\pi a^2}[\,a^2 - (h-\bar{h})^2\,]^{1/2}, & |h-\bar{h}| \leqslant a \\ 0, & \text{其他} \end{cases} \qquad (10.35)$$

式中: $\bar{h}$ 是照明点的平均厚度; $\bar{h}-a$ 和 $\bar{h}+a$ 分别是最小厚度与最大厚度。

文献[73]给出了厚度非均匀的薄膜边界的其他简单几何形式的 $\rho(h)$ 表达式。如果薄膜的厚度非均匀性足够小,可以在平均厚度 $\bar{h}$ 附近进行 $R(h)$ 的泰勒展开,然后仅考虑展开级数开始的几项。泰勒展开式为

$$R(h) = \sum_{m=0}^{\infty} \frac{1}{m!}R^{(m)}(\bar{h})(h-\bar{h})^m \qquad (10.36)$$

式中: $R^{(m)}(\bar{h})$ 是用平均厚度 $\bar{h}$ 计算的 $R(h)$ 的 m 阶导数。

再将此展开式代入式(10.33)并交换积分和求和的顺序后,得到以下公式,即

$$R = R(\bar{h}) + \sum_{m=2}^{\infty} \frac{1}{m!}R^{(m)}(\bar{h})\mu_m \qquad (10.37)$$

式中: μ_m 表示第 m 个中心矩 ρ,即

$$\mu_m = \int_{-\infty}^{\infty} \rho(h)(h-\bar{h})^m \mathrm{d}h \tag{10.38}$$

如果只考虑泰勒展开式的前两个项,就可以写为

$$R = R(\bar{h}) + \frac{\sigma_t^2}{2} R''(\bar{h}) \tag{10.39}$$

式中:$\sigma_t = \sqrt{\mu_2}$ 是厚度分布的 RMS 值;$R''(\bar{h})$ 表示在 $h=\bar{h}$ 中计算的 $R(h)$ 的二阶导数。式(10.39)表明,在这种近似中,正入射反射率与非均匀性的形状无关。展开中的高阶项也可以考虑在内。然而,实际中出现的非均匀性往往表现为对称的或者近似对称的厚度分布。在这种情况下,第三阶项为零,必须考虑第四阶项。这意味着式(10.39)通常近似精确可以达到 σ_t^3。

光波的偏振态完全由它们的斯托克斯向量描述,其分量由光的总强度 I_0、$I_\uparrow$、$I_\leftarrow$、$I_\nwarrow$、$I_\nearrow$、$I_\circlearrowright$ 和 $I_\circlearrowleft$ 给出,分别表示由理想偏振器沿倾斜的轴透射线偏振光的强度,这些偏振光是沿轴线相对于入射平面分别倾斜 0、$\pi/2$、$-\pi/4$、$\pi/4$ 和左右旋的圆偏振光[2,69](另见第 9 章)。利用非归一化穆勒矩阵给出了样品对入射波偏振态的影响。对于非退偏的情况,该矩阵可以表示为[74-75]

$$\boldsymbol{M} = \begin{pmatrix} (|\hat{r}_p|^2 + |\hat{r}_s|^2)/2 & (|\hat{r}_p|^2 - |\hat{r}_s|^2)/2 & 0 & 0 \\ (|\hat{r}_p|^2 - |\hat{r}_s|^2)/2 & (|\hat{r}_p|^2 + |\hat{r}_s|^2)/2 & 0 & 0 \\ 0 & 0 & \mathrm{Re}(\hat{r}_p \hat{r}_s^*) & \mathrm{Im}(\hat{r}_p \hat{r}_s^*) \\ 0 & 0 & -\mathrm{Im}(\hat{r}_p \hat{r}_s^*) & \mathrm{Re}(\hat{r}_p \hat{r}_s^*) \end{pmatrix} \tag{10.40}$$

式中:$\hat{r}_p$ 和 $\hat{r}_s$ 分别是 p 和 s 偏振的样品的复菲涅耳反射系数($|\hat{r}_p|$ 和 $|\hat{r}_s|$ 是这些反射系数的模)。

如果薄膜样品是非均匀的,则矩阵 $\boldsymbol{M}$ 取决于薄膜内的局部位置,其中 x 和 y 是上边界平均平面上的笛卡儿坐标。在这种情况下,必须考虑探测器探测到的强度对应于探测器面积上的积分值(见式(10.30))。然后,将非均匀膜的非归一化穆勒矩阵 $\boldsymbol{M}$ 的元素表示为

$$\overline{\boldsymbol{M}} = \frac{1}{S} \int_S \boldsymbol{M}(x,y) \, \mathrm{d}x \mathrm{d}y \tag{10.41}$$

如果薄膜厚度非均匀,则可以写成 $\boldsymbol{M}(x,y) = \boldsymbol{M}(h(x,y))$。因此,式(10.41)可以重写为

$$\overline{\boldsymbol{M}} = \int \rho(h) \boldsymbol{M}(h) \, \mathrm{d}h \tag{10.42}$$

对于楔形非均匀性和椭圆照射光斑,密度 $\rho(h)$ 可以表示为[76]

$$\rho(h) = \frac{1}{2\pi\sigma_t^2(\varphi)} \left[4\sigma_t^2(\varphi) - (h-\bar{h})^2 \right]^{1/2} \tag{10.43}$$

照明点内厚度差的均方根值 σ_t 取决于入射角 φ，即

$$\sigma_t^2(\varphi) = \sigma_0^2 \left(\frac{\cos^2\alpha}{\cos^2\varphi} + \sin^2\alpha \right) \tag{10.44}$$

式中：σ_t 是正入射方向的 RMS 值；α 是厚度梯度方向与入射平面之间的角度。可以对式（10.43）中的密度使用第二类切比雪夫–高斯求积有效地计算式（10.42）中的积分（详见文献[76]）。如果非均匀形状偏离理想楔形，这种积分方法是不够的。在这种情况下，假设厚度 $h(x,y)$ 具有更一般的形式（如高阶多项式），可以对其进行参数化。但这种方法有两个缺点：第一个缺点，必须引入大量的非均匀性参数；第二个缺点，因为厚度密度依赖于非均匀性参数和入射角 φ，从而失去了直接使用高斯求积的可能性。在我们的文章中[76]提出了一种不同的方法。由于 $\rho(h)$ 形式的微小变化对测量的光学量只有微弱的影响（参见文献[73,76]），因此保留了式（10.43）的密度公式。仅用一个 $1/\cos^2\varphi$ 的通用多项式表示 $\sigma_t^2(\varphi)$。对于平均厚度 $\bar{h}(\varphi)$，也假设了相同类型的关系式。文献[76]中描述了执行上述步骤的数学过程，作为这些过程的结果，得到以下两个方程，即

$$\bar{h}(\varphi) = \bar{h}_{00} + \frac{\bar{h}_{10}}{\cos^2\varphi} + \frac{\bar{h}_{20}}{\cos^4\varphi} + \cdots \tag{10.45}$$

且

$$\sigma_t^2(\varphi) = s_0 + \frac{s_1}{\cos^2\varphi} + \frac{s_2}{\cos^4\varphi} + \cdots \tag{10.46}$$

式中：$\bar{h}_{00}, \bar{h}_{10}, \bar{h}_{20}, \cdots, s_0, s_1, s_2, \cdots$ 作为非均匀性的几何参数。然后将上述方程式代入式（10.43）。

通过在相位调制椭圆偏振测量中相关的椭圆偏振参数 I_s、I_c、I_n 出现在归一化穆勒矩 M_n 中[77]：

$$M_n = \frac{1}{M_{00}} M \begin{pmatrix} 1 & -I_n & 0 & 0 \\ -I_n & 1 & 0 & 0 \\ 0 & 0 & I_c & I_s \\ 0 & 0 & -I_s & I_c \end{pmatrix} \tag{10.47}$$

式中：M_{00} 是样品在给定入射角下的反射率。

从以上可以看出，对于厚度非均匀的单层薄膜，相关的椭圆偏振参数 $\bar{I}_s$、$\bar{I}_c$ 和 $\bar{I}_n$ 可以用如下形式给出，即

$$\bar{I}_s = -\mathrm{i}\frac{\langle \hat{r}_p\,\hat{r}_s^* \rangle - \langle \hat{r}_p^*\,\hat{r}_s \rangle}{\langle |\hat{r}_s|^2 \rangle + \langle |\hat{r}_p|^2 \rangle},\ \bar{I}_c = \frac{\langle \hat{r}_p\,\hat{r}_s^* \rangle + \langle \hat{r}_p^*\,\hat{r}_s \rangle}{\langle |\hat{r}_s|^2 \rangle + \langle |\hat{r}_p|^2 \rangle},\ \bar{I}_n = \frac{\langle |\hat{r}_s|^2 \rangle - \langle |\hat{r}_p|^2 \rangle}{\langle |\hat{r}_s|^2 \rangle + \langle |\hat{r}_p|^2 \rangle} \quad (10.48)$$

角括号表示使用密度分布计算的相应量的平均值(参见式(10.42))。然后在厚度非均匀的薄膜光学表征实验数据处理过程中,寻找 $\bar{h}_{00}, \bar{h}_{10}, \bar{h}_{20}, \cdots, s_0, s_1, s_2, \cdots$ 等参数的具体值。

到目前为止,还没有研究薄膜的非均匀性对光学常数的影响。原则上,这种典型的表面非均匀性的分析可以使用与厚度非均匀性分析的类似方式。对于光学常数呈现非均匀性的薄膜,可以使用带有微光斑区的椭圆偏振光谱法来计算 $SiO_xC_yH_z$ 单层薄膜的光学常数非均匀性(参见文献[78])。

迄今为止,还没有人研究表面非均匀性对多层光学薄膜系统光学特性的定量影响。

10.5　折射率分布表征的薄膜非均匀性

在大多数薄膜技术中,重点是实现均匀薄膜。然而,在薄膜光学的具体应用中需要制造非均匀薄膜模型,这些薄膜折射率按设计沿着垂直于平行边界的方向连续变化[79]。在这种情况下,薄膜的折射率是沿该轴坐标的连续函数,即表示为 z 坐标的函数分布。这种非均匀性不能被认为是缺陷。然而,如果目标是获得均匀薄膜,这种纵向的折射率分布将被视为薄膜的缺陷。

10.5.1　精确解

下面将假设的非均匀薄膜沿着基板表面是均匀分布的,并且边界是光滑和平坦的,没有任何过渡层(基板是光学均匀的)。这意味着,描述折射率分布的 z 的函数不依赖于上边界平面上相应的笛卡儿坐标 x 和 y。在文献[4-5,80-83]中介绍了描述光与这种非均匀薄膜相互作用的理论方法。不幸的是,只有在几种特定分布下,薄膜的非均匀折射率 $n(z)$ 才有精确的解析解。对于光的正入射,这些精确解所对应的分布在文献[79]中介绍,即

$$n^2(z) = n_U^2 - \frac{z}{h}(n_U^2 - n_L^2) \quad (10.49)$$

$$n^2(z) = \left[\frac{1}{n_U^4} - \frac{z}{h}\left(\frac{1}{n_U^4} - \frac{1}{n_L^4}\right)\right]^{-1/2} \quad (10.50)$$

$$n(z) = \frac{n_U n_L}{n_L - \dfrac{z}{h}(n_L - n_U)} \quad (10.51)$$

在上述方程中,符号 n_U、n_L 和 h 分别表示上边界处的折射率、下边界处的折射率和厚度。在文献[79]中给出了对应于这些精确解的反射系数和透射系数的公式。对于斜入射,具有指数分布的精确解,即

$$n(z) = n_U \left(\frac{n_L}{n_U} \right)^{z/h} \tag{10.52}$$

在式(10.52)中表示的折射率分布也可以写成

$$n(z) = n_U \exp(az)$$

$$a = \frac{1}{h} \ln \frac{n_L}{n_U} \tag{10.53}$$

在文献[4,79,84,85]中给出了与此精确解对应的反射系数的公式,在文献[4,79]中给出了透射系数的公式。对于斜入射已知的 Rayleigh 分布的精确解具有以下形式,即

$$\frac{1}{n(z)} = \frac{1}{2} \left(\frac{1}{n_U} + \frac{1}{n_L} \right) + \left(\frac{z}{h} - \frac{1}{2} \right) \left(\frac{1}{n_L} - \frac{1}{n_U} \right) \tag{10.54}$$

在文献[86]中给出了对应于该精确解的反射系数公式。

在实际应用中,精确解的使用相当有限,因为大多数实际非均匀薄膜的折射率分布与这些精确解相对应的折射率分布有很大不同。此外,由式(10.49)~式(10.51)给出的折射率分布在斜入射下没有精确解。因此,需要用近似方法推导出非均匀薄膜光学量的近似公式,使它们中的大多数适用于任意折射率分布。下面将介绍最重要的近似方法。其中一些近似方法已在文献[87-93]中使用。

10.5.2 WKBJ 近似

如果分布的梯度非常小,则可以应用 Wentzel-Kramers-Brillouin-Jeffreys (WKBJ)近似(参见文献[1,4,81,94])。WKBJ 近似的反射系数为

$$\hat{r}_q = \frac{\hat{r}_{1q} + \hat{r}_{2q} \exp\left[i\hat{\bar{X}}(h) \right]}{1 + \hat{r}_{1q} \hat{r}_{2q} \exp\left[i\hat{\bar{X}}(h) \right]} \tag{10.55}$$

其中

$$\hat{r}_{1s} = \frac{n_0 \cos\varphi - \hat{n}_U \cos\hat{\psi}_1}{n_0 \cos\varphi + \hat{n}_U \cos\hat{\psi}_1}, \quad \hat{r}_{2s} = \frac{\hat{n}_L \cos\hat{\psi}_2 - \hat{n}_S \cos\hat{\psi}_S}{\hat{n}_L \cos\hat{\psi}_2 + \hat{n}_S \cos\hat{\psi}_S}$$

$$\hat{r}_{1p} = \frac{n_0 \cos\hat{\psi}_1 - \hat{n}_U \cos\varphi}{n_0 \cos\hat{\psi}_1 + \hat{n}_U \cos\varphi}, \quad \hat{r}_{2p} = \frac{\hat{n}_L \cos\hat{\psi}_S - \hat{n}_S \cos\hat{\psi}_2}{\hat{n}_L \cos\hat{\psi}_S + \hat{n}_S \cos\hat{\psi}_2}$$

$$\overset{\approx}{X}(h) = \frac{4\pi}{\lambda} \int_0^h \sqrt{\hat{n}^2(z) - n_0^2 \sin^2\varphi}\, \mathrm{d}z$$

符号 $\hat{r}_{1q}$、$\hat{r}_{2q}(q=s,p)$ 和 $\overset{\approx}{X}(h)$ 分别表示非均匀薄膜的上边界、下边界的菲涅耳反射系数和相移角。此外,从斯涅耳定律可知,$n_0\sin\varphi = \hat{n}_U\sin\hat{\psi}_1 = \hat{n}(z)\sin\hat{\psi}(z) = \hat{n}_L\sin\hat{\psi}_2 = \hat{n}_S\sin\hat{\psi}_S$,其中符号 $\hat{\psi}_1$、$\hat{\psi}_2$、$\hat{\psi}_S$ 和 $\hat{\psi}(z)$ 分别表示上边界、下边界、基板的折射角和非均匀膜内的可变折射角。如果意识到可以通过包含大量子层的多层系统近似非均匀薄膜,并且相邻子层在折射率方面具有非常小的差异,那么,可以比较容易地推导出式(10.55)。式(10.55)忽略子层的内部边界上的所有内反射,以及将子层划分数量趋于无穷多的限制。对于这种薄膜的透射系数,可以推导出类似的公式。

10.5.3　多层膜系统近似

如果非均匀薄膜的折射率分布的梯度太大而不能使用 WKBJ 近似,则可以使用上文提到的基于用包含足够数量子层的多层膜系统代替该薄膜进行近似。因此,在这种近似下,非均匀薄膜的反射系数 $\hat{r}_q$ 由多层系统的公式表示,可以使用矩阵方程或递归方程计算[4-5]。通过在该系统中使用足够数量的子层,可以精确计算任何非均匀薄膜的反射系数。因此,通过采用这种近似,即使对于具有大梯度折射率分布的非均匀薄膜,也可以计算反射系数的值。对于非均匀薄膜的透射系数,同样的方法也是成立的。

10.5.4　基于递推公式的近似

Kildemo 等人在论文中提出了基于递推公式的近似方法[95]。它是通过多层膜系统代替非均匀薄膜,以递推的方法获得反射系数的公式。通过将非均匀薄膜细分为越来越多的子层,并应用递归过程,可以使反射系数用一阶、二阶、三阶和高阶的和式表示。在无穷多个子层中,用积分代替递归公式中的和,然后得到了非均匀薄膜的下列公式[95],即

$$\hat{r}_q = \frac{\hat{r}_{1q} + \hat{I}_{1q} + \hat{r}_{1q}\hat{I}_{2q}\hat{E}_q + \hat{r}_{1q}\hat{D}_{1q} + \hat{D}_{2q}\hat{E}_q + \hat{T}_{1q} + \hat{r}_{1q}\hat{T}_{2q}\hat{E}_q + \cdots + \hat{E}_q}{1 + \hat{r}_{1q}\hat{I}_{1q} + \hat{I}_{2q}\hat{E}_q + \hat{D}_{1q} + \hat{r}_{1q}\hat{D}_{2q}\hat{E}_q + \hat{r}_{1q}\hat{T}_{1q} + \hat{T}_{2q}\hat{E}_q + \cdots + \hat{r}_{1q}\hat{E}_q} \tag{10.56}$$

其中

$$\hat{I}_{1q} = \int_0^h \hat{f}_q(z)\exp\left[\mathrm{i}\overset{\approx}{X}(z)\right]\mathrm{d}z, \quad \hat{I}_{2q} = \int_0^h \hat{f}_q(z)\exp\left[-\mathrm{i}\overset{\approx}{X}(z)\right]\mathrm{d}z$$

$$\hat{E}_q = \hat{r}_{2q}\exp(i\overline{\hat{X}}(h)), \quad \hat{D}_{1q} = \int_0^h\int_0^y \hat{f}_q(z)\,\hat{f}_q(y)\exp\left[i\overline{\hat{X}}(y) - i\overline{\hat{X}}(z)\right]\mathrm{d}z\mathrm{d}y$$

$$\hat{D}_{2q} = \int_0^h\int_0^y \hat{f}_q(z)\,\hat{f}_q(y)\exp\left[i\overline{\hat{X}}(z) - i\overline{\hat{X}}(y)\right]\mathrm{d}z\mathrm{d}y$$

$$\hat{f}_q(z) = \frac{1}{2\hat{Y}_q(z)}\frac{\mathrm{d}\hat{Y}_q(z)}{\mathrm{d}z}, \quad \overline{\hat{X}}(z) = \frac{4\pi}{\lambda}\int_0^z \sqrt{\hat{n}^2(z') - n_0^2\sin^2\varphi}\,\mathrm{d}z'$$

光学导纳$\hat{Y}_q(z)$表示为

$$\hat{Y}_q(z) = \begin{cases} \hat{n}(z)\cos\hat{\psi}(z), & \text{s 偏振} \\ \hat{n}(z)/\cos\hat{\psi}(z), & \text{p 偏振} \end{cases}$$

符号$\hat{T}_{1q}$和$\hat{T}_{2q}$表示为三重积分,可以使用文献[95]中给出的递推公式求二重积分$\hat{D}_{1q}$和$\hat{D}_{2q}$的方法表示。在上述文献中还指出,对于许多折射率分布来说,仅仅包括式(10.56)中的单个积分就足够了,即

$$\hat{r}_q = \frac{\hat{r}_{1q} + \hat{I}_{1q} + \hat{r}_{1q}\hat{I}_{2q}\hat{E}_q + \hat{E}_q}{1 + \hat{r}_{1q}\hat{I}_{1q} + \hat{I}_{2q}\hat{E}_q + \hat{r}_{1q}\hat{E}_q} \tag{10.57}$$

在文献[95]中,还证明了含有单个、二重和三重积分的式(10.56)对于含有大梯度复杂分布的非均匀薄膜是足够的。注意:如果包含积分的项可以被忽略,则得到了 WKBJ 近似。

应当指出,非均匀薄膜反射系数的近似公式也可以用矩阵方程推导出(详情见第9章)。

10.5.5　龙格-库塔法

这个数值方法适用于求解一般常微分方程[96]。因此,它们也可以用于求解描述在非均匀介质中沿轴向传播的单色平面波的常微分方程组。为了比较由非均匀薄膜光学量的近似方法获得的结果(参见文献[95]),这些方法通常用做参照方法。

10.6　表面层和过渡层

在各种多层薄膜系统中,表面层和过渡层不一定是均匀的或非均匀的薄膜,它们的厚度大多是纳米量级。这些层可以具有光滑或粗糙的边界(具有由 ITF

建模的随机微粗糙边界的表面层在 10.3.1 节中已经提及）。

可以认为表面层和过渡层是薄膜系统的缺陷。它们是薄膜技术或其他各种工艺不需要的产物。由于环境介质对这些物质的影响，表面层通常是固体表面或薄膜系统上边界的天然氧化物层或吸附层（参见 10.3.1 节）。在多层膜系统中，过渡层通常出现在基板与薄膜之间的边界处或相邻薄膜之间的边界处，它们起源的一个例子是靠近边界的薄膜材料之间的相互扩散。由于表面层和过渡层的厚度相对较小，因此很难对其进行光学表征，这一说法是正确的。尤其在表面层和过渡层的光学特性必须与所研究的多层系统其他特性一起进行描述的情况下，这种说法是正确的。如果表面层和过渡层可由均匀薄膜建模，那么，可以使用众所周知的矩阵或递推公式（参见文献[4-5]）。如果这些膜层是由非均匀薄膜建模的，10.5 节中的公式是可以使用的，除了通常不能使用的 WKBJ 近似外（表面层和过渡层通常表现出较大的分布梯度）。如果表面层和过渡层的厚度远远小于入射光波长（$h \ll \lambda$），则可以采用德鲁特近似计算这些非均匀层的菲涅耳反射系数。在应用了文献[5,97]中所述的程序之后，得到了沉积在基板上表面层的以下公式，即

$$
\left\{
\begin{aligned}
\hat{r}_s &= \frac{n_0\cos\varphi - \hat{n}_s\cos\hat{\psi}_s + \mathrm{i}k_0\left(hn_0\,\hat{n}_s\cos\varphi\cos\hat{\psi}_s - \int_0^h \hat{n}^2(z)\,\cos^2\hat{\psi}(z)\,\mathrm{d}z\right)}{n_0\cos\varphi + \hat{n}_s\cos\hat{\psi}_s + \mathrm{i}k_0\left(hn_0\,\hat{n}_s\cos\varphi\cos\hat{\psi}_s + \int_0^h \hat{n}^2(z)\,\cos^2\hat{\psi}(z)\,\mathrm{d}z\right)} \\[2ex]
\hat{r}_p &= \frac{n_0\cos\hat{\psi}_s - \hat{n}_s\cos\varphi + \mathrm{i}k_0\left(n_0\,\hat{n}_s\int_0^h \cos^2\hat{\psi}(z)\,\mathrm{d}z - \cos\varphi\cos\hat{\psi}_s\int_0^h \hat{n}^2(z)\,\mathrm{d}z\right)}{n_0\cos\hat{\psi}_s + \hat{n}_s\cos\varphi + \mathrm{i}k_0\left(n_0\,\hat{n}_s\int_0^h \cos^2\hat{\psi}(z)\,\mathrm{d}z + \cos\varphi\cos\hat{\psi}_s\int_0^h \hat{n}^2(z)\,\mathrm{d}z\right)}
\end{aligned}
\right.
$$

$$(10.58)$$

在上述方程中，符号 $\hat{n}(z)$ 表示表面层内的可变折射率。对于出现在最上面边界的表面层和薄膜系统内部过渡层的反射系数，相同的方程是有效的。但是，式（10.58）中的折射率和折射角必须相应地改变。德鲁特近似主要用于表面层的光学特性描述（如参见文献[5,98]）。

在德鲁特近似下，可以推导出表面层和过渡层的菲涅耳透射系数的类似方程。

如果表面层和过渡层覆盖随机粗糙表面或边界，则可以使用与 IFL 和 HFL 相应的近似值（参见 10.3.1 节）。

尽管在表面层和过渡层的光学表征方面存在困难，但仍发表了许多致力于此问题的著作（如文献[1,10-24,41,99-107]）。

251

10.7 数值实例

在图 10.1 中,通过对于具有粗糙边界的 3 层膜系统(见式(10.23),$L=3$)的 SDT 方法计算了正入射反射率的光谱特性(见 10.3.3 节)。这种 3 层膜系统是由硅单晶基板上的 3 层 $Si_3N_4/SiO_2/Si_3N_4$ 组成的。这些膜层的厚度分别为 150nm(顶部 Si_3N_4 层)、130nm(中间 SiO_2 层)和 100nm(底部 Si_3N_4 层)。所有材料的光学常数均取自标准值[108-110]。这个 3 层系统的边界粗糙度用 10 个参数描述,即用 10 个独立的矩阵 S 的元素描述,或者等效地用 4 个 σ_j 和 6 个 C_{jk} 描述。因此,不规则的高度可以表示为

$$\eta_k(x,y)=\eta_{k+1}(x,y)+\gamma_k(x,y)\,(1\leqslant k\leqslant L) \tag{10.59}$$

其中

$$\langle \eta_{L+1}(x,y)\eta_{L+1}(x,y)\rangle=\sigma_{L+1}^2 \tag{10.60}$$

$$\langle \gamma_k(x,y)\gamma_j(x,y)\rangle=\delta_{jk}\sigma^2 \tag{10.61}$$

$$\langle \gamma_k(x,y)\eta_{L+1}(x,y)\rangle=0 \tag{10.62}$$

符号 σ_{L+1} 表示最下层边界的高度 RMS;符号 δ_{jk} 是 δ 函数。这将导致矩阵 S 的元素值为

$$S_{j,k}=\sigma_{L+1}^2+(L+1-\max(j,k))\sigma^2 \tag{10.63}$$

在计算中 $\sigma_{L+1}=10$nm 且 $\sigma=5$nm。

为了比较,还利用数值积分和射线追踪方法计算了所研究系统的光谱反射率。从图 10.1 可以看出,对于所采用的所有 3 种方法,即基于级数式(10.23)的方法、数值求积方法和射线跟踪方法,计算出的反射率光谱实际上都是相同的。此外,在文献[1,49-51]中给出的近似公式和光滑三层膜系的公式用来计算反射率的光谱特性。从图 10.1 中可以看出,近似公式提供的反射率值与由级数公式、数值求积和射线跟踪方法获得的值很接近。然而,值得注意的是,在短波长区偏差高达百分之几。同样明显的是,对于具有光滑边界的相应系统,近似公式在整个感兴趣的光谱区提供的结果是不充分的(图 10.1)。

在图 10.2 中,介绍了几种选择 σ_t 值的楔形非均匀二氧化硅薄膜的计算光谱反射率。从这个图中可以看出,随着 σ_t 值的增加,反射率极值(即极大值和极小值)的对比度减小。

在图 10.3 中,对非均匀薄膜和具有随机粗糙边界薄膜的正入射反射率光谱依赖性进行了比较。很显然,厚度非均匀性与边界粗糙度的影响是截然不同的。

为了便于说明,图 10.4 中还介绍了两个具有线性介电函数分布的非均匀薄膜的正入射反射率的光谱依赖性。可以观察到,对于非均匀薄膜,由于其光学厚

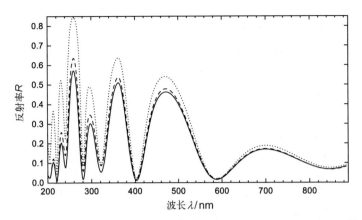

图 10.1　当计算到足够精度时,实线对应于通过级数、积分或射线跟踪等方法获得的结果
（虚线表示近似方法计算的反射率[1,49-51],点线对应于为计算光滑边界的反射率）

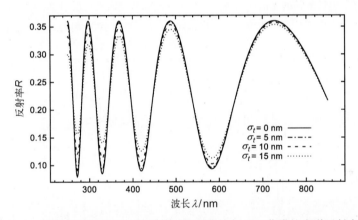

图 10.2　对于几个选定的 σ_t 值计算了楔形非均匀 SiO_2 薄膜的光谱反射率 R
（SiO_2 薄膜折射率的光谱依赖性为 $n_{SiO2}=A_1+A_2/\lambda^2$,其中 $A_1=1.4478$ 和 $A_2=3621nm^2$。为了
简单起见,假设所有膜的平均厚度为 500nm,在整个光谱区基板的折射率值为 4）

度的改变,极大值和极小值的位置与均匀薄膜相比发生了变化。两种非均匀膜
的极大和极小反射率值相对于均匀膜都发生了变化。上边界折射率较高的非均
匀薄膜的极大值高于均匀薄膜的极大值。如果非均匀薄膜的折射率在下边界处
较高,则极大值低于均匀薄膜的极大值。这两种非均匀薄膜的极小值实际上是
相同的,并且都高于均匀薄膜的极小值。由于这两种薄膜的非均匀性的梯度都
很小,因此,也可以通过对 WKBJ 近似下的非均匀薄膜反射率公式的数学分析获
得前面的结论(参见 10.5.2 节)。可以看出,非均匀性对薄膜正入射反射率光
谱依赖性的影响明显不同于边界粗糙度和厚度非均匀性的影响。

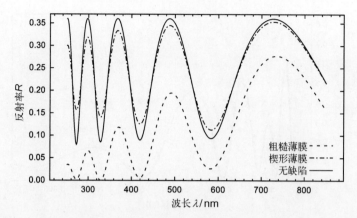

图 10.3 粗糙薄膜和楔形非均匀膜的正入射反射率 R 的光谱计算结果(在假设 $C_{12} = 0$、$\sigma_1 = 20\text{nm}$、$\sigma_2 = 25\text{nm}$ 平均厚度 $\overline{h}_1 = 500\text{nm}$ 的条件下,用 $L = 1$ 的式(10.23) 计算了粗糙薄膜的光谱反射率。计算了非均匀薄膜的光谱反射率($\sigma_t = 15\text{nm}$)。

与没有缺陷的薄膜相应的曲线进行比较,使用与图 10.2 相同的光学常数)

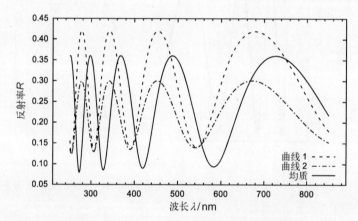

图 10.4 计算了介电函数 $n(z)^3 = n\text{U}^2 - (z/d)(n_U^2 - n_L^2)$ 线性分布的两个非均匀薄膜的正入 射反射率 R 光谱依赖性(曲线 1 对应于 $n_U = 1.4478 + 3621\text{nm}^2/\lambda^2$、$n_L = 1.24 + 2600\text{nm}^2/\lambda^2$ 的薄膜,曲线 2 对应于 $n_U = 1.24 + 3621\text{nm}^2/\lambda^2$、$n_L = 1.4478 + 3621\text{nm}^2/\lambda^2$ 的薄膜。基板的折射 率和薄膜的厚度分别为 $n = 4$ 和 $H = 500\text{nm}$。对于均匀薄膜,$n_U = n_L = 1.4478 + 3621\text{nm}^2/\lambda^2$)

10.8　实验实例

本节介绍了上面讨论的具有缺陷的薄膜系统光学表征的 4 个例子。

10.8.1 具有非常薄表面层的微随机粗糙表面

首先,我们展示了一个样品光学表征的例子:在硅单晶基板表面上具有轻微随机粗糙度的原生氧化层(NOL),使用 EMA 和 RRT 方法近似表征了原生氧化层(NOL 是均质表面层)。在恒定电压下通过阳极氧化然后溶解生长的氧化物层来制备粗糙硅表面。NOL 是由空气和粗糙表面的相互作用产生的。实验数据包括了变角度椭圆偏振光谱法和近正入射反射光谱法测试的数据。同时,还测量了覆盖有 NOL 的光滑硅单晶表面的样品,并处理了两个样品的实验数据,即采用多样品法[111-114]。如果利用 EMA 进行光学表征,则仅使用椭圆偏振测量数据。在 RRT 中同时使用椭圆偏振测量数据和反射率测量数据。基于 RRT 和 EMA 方法光学表征的结果列于表 10.1 中。在表中,符号 σ 和 T 分别表示由 RRT 得出的高度 RMS 值和自相关长度(见 .10.3.2 节)。符号 h_0 表示表面层的厚度。符号 σ' 和 h_0 表示使用高斯分布和 Bruggeman 公式时,对应基于 IFL 的 EMA 方法的高度和有效 NOL 厚度(参见 10.3.1 节)。用 Cauchy 公式 $n_{NOL} = B_1 + B_2/\lambda^2$ 模型计算了 NOL 的折射率,两个样品的参数 B_1 和 B_2 是相同的。硅单晶的光学常数取自文献[115]。还给出了椭圆偏振数据拟合质量的参量 χ_{ell}。结果表明,RRT 相比 EMA 方法可以更好地拟合粗糙样品的椭圆偏振数据。应该注意的是,使用 EMA 方法确定的高度 RMS 值显然是一个有效量。表 10.1 中的结果支持了在 10.3.2 节中引入的理论描述。

表 10.1 使用 RRT 和 EMA 确定的参数值,与 AFM 测量的粗糙度参数值进行比较

	RRT	AFM		EMA IFL
光滑边界的样品				
h_0/nm	3.31±0.05		h_0/nm	3.5±0.1
χ_{ell}	5.04		χ_{ell}	4.96
粗糙样品				
h_0/nm	3.68±0.05		h_0^1/nm	3.50±0.08
σ/nm	5.48±0.01	4.83±0.02	σ^1/nm	0.85±0.03
T/nm	52.06±0.09	47.8±0.5	T/nm	
χ_{ell}	3.93		χ_{ell}	12.88
色散参数				
B_1	1.41±0.01		B_1	1.37±0.02
B_2/nm^2	3032±160		B_2/nm^2	2199±212

在图 10.5 中,展示了测量的相关椭圆偏振参数光谱依赖性,以及利用 RRT 和 EMA 方法计算的理论值与椭圆偏振参数之间的差异。显然,相比 EMA 方法, RRT 法计算的结果差异更小。在图 10.6(a) 中,给出了微粗糙样品的相对反射率测量光谱以及由 RRT 计算的拟合光谱。用光滑样品作为参考样品测量相对反射率。此外,还介绍了由 RRT 和 EMA 方法确定的 NOL 折射率的光谱依赖性,两种方法确定的折射率依赖性的一致性较好。从前面的结果中,可以推断出在描述覆盖 NOL 的微小随机粗糙表面,RRT 比 EMA 方法要好得多。

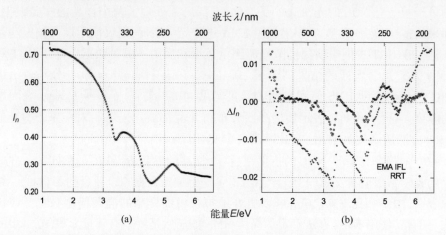

图 10.5　在 60° 入射角下测得椭圆偏振光谱参数 I_n(a) 及基于非均匀虚拟层(IFL)的瑞利·莱斯理论(RRT)和有效介质近似(EMA)的理论值和实验值之间的差异 $\Delta I_n = I_n^{\text{theoretical}} - I_n^{\text{experimental}}$(b)

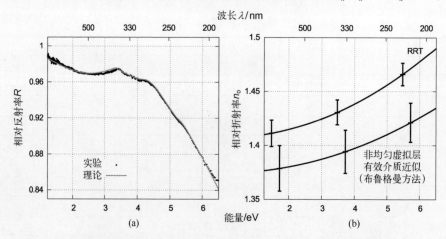

图 10.6　由 RRT 计算出的粗糙样品正入射相对反射率 R 与测试的光谱曲线(a) 及基于 IFL 的 RRT 和 EMA 方法确定的 NOL 折射率 n_0 的光谱依赖性(b)

10.8.2 厚度非均匀、边界粗糙和有表面层的薄膜

下面将介绍硒化锌(ZnSe)薄膜的光学表征方法。它是用分子束外延方法在砷化镓(GaAs)单晶基板上沉积的薄膜。该薄膜具有厚度非均匀性、上边界粗糙和均匀表面层3个缺陷。该方法基于单角度和变角度光谱椭圆偏振光度计[①]和近正入射反射分光光度计的测试分析。为了描述 ZnSe 薄膜和表面层的光学特性,使用了通用色散模型[116](参见第 3 章),用通用色散模型计算了 GaAs 基板的光学常数,并将其应用于 GaAs 基板的实验数据。该模型适用于本身具有表面层的 GaAs 晶片的实验数据分析。

对于这种结构模型,假设 ZnSe 薄膜的厚度非均匀性为楔形。基于原子力显微镜(AFM)的研究,发现上边界的随机粗糙度具有很宽的空间频率间隔。因此,这种粗糙度是通过 RRT 和 SDT 组合建模的。在这种组合中,SDT 描述了对应于局部光滑粗糙度(低空间频率)的粗糙度分量,而 RRT 描述了高、中等空间频率的粗糙度分量,表面层由 ITF 表示。然后,ZnSe 薄膜的反射系数 $\hat{r}_q$ 用式(10.19)表示,其中分布函数 $w(z,z_x,z_y)$ 对应于描述低空间频率粗糙度的随机函数 $\eta(x,y)$ [39]。局部反射系数 $\hat{r}_q^{(l)}(z,z_x,z_y)$ 对应于楔形薄膜,表示局部有薄表面层的 ZnSe 膜。这种局部楔形薄膜的斜率由导数 z_x 和 z_y 给出,薄膜的厚度为 h_f+z,其中 h_f 是 ZnSe 薄膜的平均厚度[39]。基于 AFM 结果,假设这些斜率非常小,即 $\tan\beta_0 \leqslant 0.01$。该表面层的反射系数和透射系数使用 RRT 计算,其中 PSDF 对应于高和中等空间频率范围内的粗糙度分量。在 SDT 中,利用上边界的高度和斜率的高斯分布。在 RRT 中使用高斯函数式(10.13)给出了 PSDF。在这个近似中,式(10.19)中关于 z 的积分可以独立地在 z_x、z_y 上进行,其结果可表示为有限级数。所得到的 $\hat{r}_q$ 表达式包含四重积分(RRT 的二重积分和 z_x、z_y 上的二重积分)。用高斯求积计算 z_x、z_y 上二重积分是有效的方法。对应 RRT 的二重积分也可以通过专门设计的数值积分方法得到。

随后,分别用式(10.33)和式(10.48)计算测量的光学量,即反射率 R 和相关的椭圆偏振光谱测量参数 $\overline{I}_s$、$\overline{I}_c$ 和 $\overline{I}_n$。因此,这些光学量是通过对样品上照射光斑内的楔形厚度非均匀性的局部厚度分布的平均计算的(详情见文献[39])。

在对实验数据的处理过程中,发现低空间频率对应的自相关长度 T_1 值不能以足够的准确度确定,这是由于椭圆偏振参量对该自相关长度灵敏度较低的结果

---

① 测量了单入射角(70°)的极紫外椭偏数据,在可变角度模式下(55°~75°),测量了红外、可见光和紫外波段的椭圆偏振光谱。

257

(垂直入射时的反射率对这个量根本不敏感)。这就是 T_L 的值由 AFM 值确定的原因。由于 AFM 仪器的粗糙度和针尖之间的卷积,可以预期由 AFM 确定的自相关长度值与 T_L 相对应,而不是与表征高、中等空间频率的自相关长度 T_H 相对应[117]。

在表 10.2 中,给出了与厚度非均匀性相关的结构参数值。由于每个仪器的辐照光斑不同,这些值必须分别针对各个光谱区和仪器确定,不可能确保对于每个仪器样品上的光斑点位置都相同。表中同时还给出了粗糙度和表面层结构的参数值。这些结构参数对于所有仪器和光谱区都是通用的。符号 σ_L 和 σ_H 分别表示对应于低空间频率和中、高空间频率的高度的 RMS 值,给出了 AFM 确定的粗糙度参数值用于对比。表面层厚度明显大于预期值和在文献[40]中给出的值。对于 ZnSe 薄膜,表面层的厚度大约为 4nm。因此,我们可以预测,表面层厚度中剩余的大约 6nm 对应于表现出该表面层厚度增加的微粗糙度,这种微粗糙度可以通过 EMA 方法结合到 ZnSe 薄膜的结构模型中。这种微粗糙度不包含在总 RMS 值 $\sigma_T = (\sigma_L^2 + \sigma_H^2)^{1/2}$ 中,这一事实也解释了为什么由 AFM 确定的值比由光学表征确定的值 σ_T 大(由于上述的卷积,由 AFM 确定的高度的 RMS 值通常小于光学测定的数值,参见文献[41,117])。

表 10.2　与厚度非均匀性(左)和粗糙度及表面层(右)有关的结构参数值
(光谱区表示为 MIR(中红外)、NIR(近红外)、VIS(可见)、UV(紫外)和 VUV(极紫外)。符号 h_0 表示表面层厚度,符号 σ_T 表示由 $\sigma_T = (\sigma_L^2 + \sigma_H^2)^{1/2}$ 计算的高度总 RMS 值。这些都是四舍五入的,误差为小数点后一位)

	h_f/nm	σ_0/nm
近红外椭圆偏振	1199.5	32.8
紫外-近红外椭圆偏振	1204.7	6.8
极紫外-可见椭圆偏振	1211.7	16.8
中红外反射	1196.6	32.9
近红外反射	1196.8	16.9
紫外-可见反射	1200.9	14.8

		AFM
h_0/nm	10.59	
σ_T/nm	7.29	7.45
σ_H/nm	4.79	
T_H/nm	56.77	
σ_L/nm	5.5	7.45
T_L/nm	608(固定)	608
$\tan\beta_{0,L}$	0.013	0.017

在图 10.7 中,给出了所选择 ZnSe 薄膜的光学常数所确定的光谱特性。同时给出了 Adachi[118] 获得的 ZnSe 单晶的光学常数作为比较。从图 10.8 可以看出,所选实验数据与 Adachi 拟合结果之间具有极好的一致性。这个光学表征的例子表明,如果将多种理论和多种在宽光谱区测量实验数据的组合,就有可能成功地对具有多种缺陷的薄膜进行光学表征。

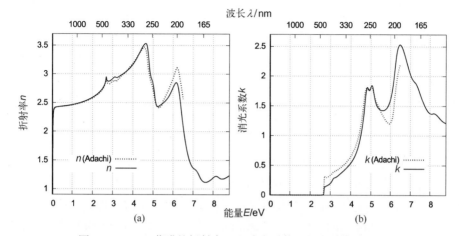

图 10.7　ZnSe 薄膜的折射率 n 和消光系数 k 的光谱依赖特性

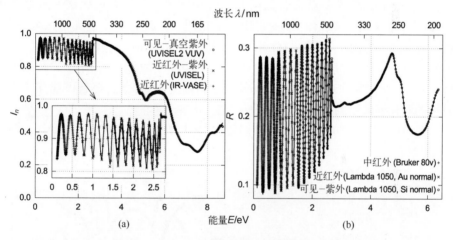

图 10.8　在 70° 入射角下测量的椭圆偏振参数 I_n(a) 和近正入射
反射率 R 的实验数据(b)与其拟合之间的一致性

10.8.3　非均匀薄膜

选择等离子体增强化学气相沉积在单晶硅片上制备的非化学计量比氮化硅非均匀薄膜,用来说明具有折射率分布薄膜的光学表征。采用相位调制变角度椭圆偏振光谱法对氮化硅薄膜进行了光学表征。复折射率的分布用式(10.49)介电函数的线性依赖性模拟。氮化硅薄膜介电函数虚部 ε_i 的色散模型为[89]

$$\varepsilon_i(E) = \frac{32Q^2(E-E_g)^2(E_h-E)^2}{(E_h-E_g)^5 E^2}\Pi(E_g,E_h;E) \qquad (10.64)$$

式中:E_g、E_h和Q分别为带隙能量、跃迁的最大能量和与电子密度成正比的参数。函数Π定义为

$$\Pi(a,b;x)=\begin{cases}1, & a\leqslant x\leqslant b \\ 0, & 其他\end{cases} \tag{10.65}$$

使用 Krammers-Kronig 变换确定介电函数的实部[119]。需要求解描述上边界和下边界介电函数光谱依赖性的 6 个色散参数,厚度值必须与这些色散参数一起计算。

采用氮化硅薄膜的两种结构模型:第一种模型假设薄膜具有一定的折射率分布,且薄膜的上边界具有精细随机粗糙度(RPF 模型)。第二种模型假设薄膜具有一定的折射率分布,且薄膜的上边界有表面层(OPF 模型)。利用 RRT 方法将上边界的粗糙度纳入相关椭圆偏振参数的计算公式中,使用矩阵算法将均匀薄膜表面层的影响计入。

使用两种结构模型对实验数据的拟合均达到最佳。人们无法区分这些模型,因为它们对实验数据的影响实际上是相同的,使用 AFM 也无法区分它们。粗糙度高度的 RMS 值为 1.6nm,自相关长度为 6nm。表面层的厚度值为1.9nm。使用 RPF 和 OPF 拟合计算的氮化硅薄膜的厚度分别为 114.8nm 和113.9nm。所研究的这两种缺陷,即精细的粗糙度和表面层,都有可能存在于所研究的氮化硅薄膜的上边界。

图 10.9 中绘制了所研究氮化硅薄膜上下边界的光学常数光谱依赖性。这些

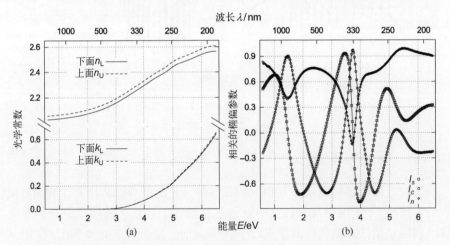

图 10.9　氮化硅薄膜的上边界光学常数 n_U、k_U 和下边界的光学常数 n_L、k_L(a)。
在入射角 65°时,测量的相关椭圆偏振参数 I_s、I_c、I_n 及其拟合结果(b)

光谱依赖性对于 RPF 和 OPF 模型是不可区分的。从图中可以看出,上边界和下边界的折射率 n_U 和 n_L 之间的差异大于消光系数 k_U 和 k_L 之间的差异。在图 10.9 中,给出了相关椭圆偏振参数的实验值和它们拟合的结果。可以看出,实验数据与拟合结果之间具有极好的一致性。这意味着,使用的氮化硅薄膜结构模型和色散模型是正确的。

10.8.4 过渡层

在 10.8.1 节和 10.8.2 节中给出了两个关于具有表面层分层系统光学表征的例子。因此,在这里集中讨论具有过渡层的分层系统的光学表征例子。

硅单晶表面与其表面层或热生长氧化膜之间的过渡层是文献中研究最多的。这是由于它们的技术重要性以及这是最简单的半导体-氧化物分层系统。这就是为什么将给出关于上述系统过渡层光学表征的两个例子。

文献[120]用单色椭圆偏振法研究了硅单晶基板与热生长 SiO_2 薄膜之间的过渡层。首先,假设系统是 Si- SiO_2 的理想模型,即没有任何缺陷。在相对宽的间隔内,测量了二氧化硅薄膜的折射率值与其厚度的关系,对于这种依赖性观察到一些异常现象。如果考虑 SiO_2 薄膜中的弱应力诱导双折射,以及在硅基板和 SiO_2 薄膜之间的非常薄的非吸收均匀过渡层,将理想模型改进则可以去除这些异常。用改进的模型对实验数据进行处理,得到表征所选样品的过渡层参数值:在 $\lambda = 546.1$nm 波长处折射率为 2.8,过渡层厚度为 0.6nm。研究还发现,在较低温度下生长的 SiO_2 薄膜比在较高温度下生长的 SiO_2 薄膜具有更厚的过渡层。过渡层的折射率值与 SiO_2 薄膜的生长温度无关(详见文献[120])。

在文献[105,106]中,利用椭圆偏振光谱法对硅单晶表面与其热氧化物薄膜之间的过渡层进行了在线研究,并用均匀薄膜模拟了过渡层。3 个系统结构模型处理椭圆偏振数据。对于硅基板、过渡层、二氧化硅薄膜和环境 4 种介质组成的模型得到了最好的结果。假设 SiO_2 膜含有一定体积分数的孔隙。用 Bruggeman 公式描述了孔隙和 SiO_2 的混合比例。因此,如文献[120]所述,同样考虑了 SiO_2 薄膜的弱应力引起的双折射。对于 Si 和 SiO_2 的物理和化学混合物,计算了过渡层的介电函数。物理混合物对应于光学上可识别的无定形 Si 和 SiO_2 的分离区域(即微粗糙度),该混合用 Bruggeman 公式描述。这种化学混合物对应于原子尺度上硅和氧的结合。利用文献[121]中建立的模型计算了与化学混合物相对应的复介电函数。在 4 个介质模型中,过渡层的化学混合模型比物理混合模型对椭圆偏振数据的拟合更好。当过渡层厚度为 0.7±0.2nm、平均化学计量比为 $Si_{0.8\pm0.1}(SiO_2)_{0.2\pm0.1}$ 时,实验数据可以达到最佳拟合。本文确定的过渡层厚度值与文献[120]中得出的过渡层厚度值一致。但是,有必要指出的是,在一些论文中,没有发现在硅单晶基板和热氧化 SiO_2 薄膜之间界面处的过渡层(参见文献[122])。

文献[88]在硅单晶基板上真空蒸发制备的氧化锆(ZrO_2)薄膜的光学表征中,发现了可以用非均匀薄膜建模的过渡层。本文发现这些 ZrO_2 薄膜表现出一定的折射率分布。在其光学表征中,该分布通过以下函数建模,即

$$n(z,\lambda) = n_L(\lambda)p(z) + n_U(\lambda)[1-p(z)] \tag{10.66}$$

函数 $p(z)$ 表示为

$$p(z) = -\frac{c+(1-c)e^{-b}}{1-e^{-a-b}}e^{-az/h} + \frac{1-c+ce^{-a}}{1-e^{-a-b}}e^{-b(1-z/h)} + c \tag{10.67}$$

式中:a、b、c 是分布参数;h 是非均匀 ZrO_2 薄膜的厚度。函数 $p(z)$ 从 $z=0$ 时 $p(z)=0$ 连续变化到 $z=h$ 时 $p(z)=1$。折射率 $n_U(\lambda)$ 和 $n_L(\lambda)$ 的光谱依赖性由柯西公式给出

$$\begin{cases} n_U(\lambda) = A_U + \dfrac{B_U}{\lambda^2} \\ \\ n_L(\lambda) = A_L + \dfrac{B_L}{\lambda^2} \end{cases} \tag{10.68}$$

模型的所有参数,即 a、b、c、h、A_U、B_U、A_L 和 B_L,在光学表征中获得。为了确定这些参数,采用了变角度椭圆偏振光谱法和近正入射反射光谱法相结合的方法,利用矩阵方程计算椭圆偏振参数和反射率的光谱依赖性。对选定的样品通过测试得到如下参数值:$a = 60 \pm 14$,$b = 5.82 \pm 0.30$,$c = 0.560 \pm 0.066$,$h = 321.96 \pm 0.26nm$,$A_U = 1.610 \pm 0.078$,$B_U = (2.91 \pm 0.28) \times 10^4 nm^2$,$A_L = 2.21225 \pm 0.0061$,$B_L = (6.16 \pm 0.98) \times 10^3 nm^2$。$ZrO_2$ 薄膜的折射率分布和边界折射率的光谱特性如图 10.10 所示,同时给出了 150nm 深度相对应的折射率 n_{150}。为了比较,同时给出了 Chindaudom 和 Vedam[123] 测定的 ZrO_2 薄膜折射率光谱依赖性。从图 10.10 可以看出,ZrO_2 薄膜的大部分厚度下具有几乎恒定的折射率,这与均匀的薄膜相对应。靠近硅基板和 ZrO_2 薄膜之间的边界区域可以看作具有折射率分布的过渡层(该层的深度约为 70nm)。与周围环境相邻的 ZrO_2 薄膜的区域也显示了具有折射率分布的表面层(该层的深度约为 10nm)。ZrO_2 薄膜的柱状结构可能是表面层和过渡层存在的原因(关于薄膜的柱状结构,参见文献[124-127])。靠近基板的较大填充密度的柱状薄膜对应于过渡层,而表面层主要对应于由柱顶部形成的微粗糙度(柱状薄膜的聚集密度定义为柱状体所占的体积与薄膜总体积的比值)。

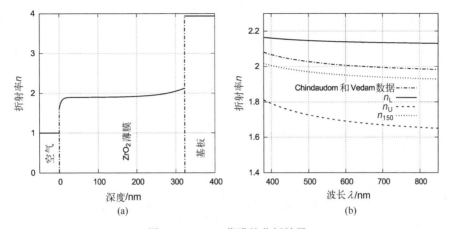

图 10.10 ZrO₂薄膜的分析结果

（a）在 λ = 600nm 的折射率分布；（b）折射率的光谱依赖性。

10.9 结束语

在实际应用中,可能会遇到其他种类的薄膜缺陷,这些缺陷也会影响光学表征的结果。这些缺陷之一是具有孔隙率的薄膜柱状结构,这种缺陷是由于多孔介质中的毛细聚集而导致薄膜的光学特性依赖于温度和环境介质,这将实质性地改变光学工业中用于许多科学和商业仪器的多层膜系统的性能。因此,关于这种缺陷对柱状薄膜光学性能影响的研究已经发表了很多。例如,在文献[124－126,128－131]中,给出了关于柱状薄膜光学表征的研究结果。

薄膜内的机械应力可以引起不可忽略的人工光学各向异性。这种人为的各向异性影响了被表征薄膜反射或透射光波的偏振态,因此,这种缺陷影响了此类薄膜的椭圆偏振参数测量,而且反射率和透射率等光学量也受这种缺陷的影响。为了成功地对具有各向异性的薄膜进行光学表征,选择这种各向异性的模型是重要的(参见文献[132])。在透明平面基板表面的薄膜系统的光学表征中,常常必须考虑人为导致的由内应力引起的透明平面基板的各向异性的影响。

一个重要的缺陷是由于局部体积的非均匀性引起的,如不同于所研究薄膜的基质材料的孔隙和掺杂物。如果这些体积非均匀性的线性尺寸远小于光的波长,则可以使用 EMA 公式描述它们对这些薄膜光学特性和光学表征的影响(参见文献[105－106,133])。

边界粗糙度和体积非均匀性等缺陷会导致光的散射。散射光通量对各种参数(如描述散射光方向的角度)的依赖性也可用于具有这些缺陷的薄膜的光学表征(参见文献[134–136])。

10.10　结论

本章描述了最重要的几类薄膜缺陷,即随机边界粗糙度、厚度非均匀性、折射率非均匀性的分布、表面层和过渡层对薄膜光学表征的影响。本章给出了能够推导出具有上述缺陷的薄膜系统光学量公式的理论方法。我们重点研究了与这些系统镜面反射相关的光学量。在假设基板是透明的情况下,可以给出与透射光相关的光学量的类似公式和讨论。在本章的理论部分中,通过几个数值实例说明了缺陷对所选薄膜系统光谱反射率的影响。这些数值例子使我们更容易从实际的角度理解缺陷对光度测量的影响。

在本章的后半部分,我们将展示一些薄膜光学表征的实验实例,选择的例子包括了理论部分讨论的所有缺陷。实例表明,即使是表现出多种复合缺陷的薄膜也可以成功地表征。

从本章的两部分中可以看出,忽略上述缺陷会导致具有这些缺陷的薄膜系统的光学表征结果出现实质性的误差。因此,在实际应用中,尽管这个过程很复杂,但是仍有必要将这些缺陷纳入到此类薄膜系统的结构模型中。本章还指出了许多复杂的方法可用于具有缺陷的薄膜光学表征。

致谢:捷克共和国教育、青年和体育部资助的项目 LO1411(NPU I)为本章工作提供了支持。

参考文献

[1] I. Ohlídal, D. Franta, in *Progress in Optics*, vol. 41, ed. by E. Wolf (Elsevier, Amsterdam, 2000), pp. 181–282
[2] R.M.A. Azzam, N.M. Bashara, *Ellipsometry and Polarized Light* (North-Holland, Amsterdam, 1977)
[3] H. Fujiwara, *Spectroscopic Ellipsometry: Principles and Applications* (Wiley, England, 2007)
[4] Z. Knittl, *Optics of Thin Films* (Wiley, London, 1976)
[5] A. Vašíček, *Optics of Thin Films* (North-Holland, Amsterdam, 1960)
[6] D.E. Aspnes, J.B. Theeten, F. Hottier, Phys. Rev. B **20**, 3292 (1979)
[7] D. Stroud, Phys. Rev. B **12**, 3368 (1975)
[8] R. Landauer, AIP Conf. Proc. **40**, 2 (1978)
[9] D.A.G. Bruggeman, Ann. Phys. **416**(636) (1935)
[10] G.H. Bu-Abbud, D.L. Mathine, P. Snyder, J.A. Woollam, D. Poker, J. Bennett, D. Ingram, P.P. Pronko, J. Appl. Phys. **59**, 257 (1986)
[11] G. Yu, T. Soga, J. Watanabe, T. Jimbo, M. Umeno, Jpn. J. Appl. Phys. **36**, 2829 (1997)
[12] I. Ohlídal, F. Lukeš, Opt. Acta **19**, 817 (1972)
[13] I. Ohlídal, F. Lukeš, K. Navrátil, Surf. Sci. **45**, 91 (1974)

[14] S. Logothetidis, J. Appl. Phys. **65**, 2416 (1989)

[15] F. Lukeš, Optik **31**, 83 (1970)

[16] Y. Gaillyová, Thin Solid Films **155**, 217 (1987)

[17] J.R. Blanco, P.J. McMarr, Appl. Opt. **30**, 3210 (1991)

[18] D. Franta, I. Ohlídal, P. Klapetek, A. Montaigne Ramil, A. Bonanni, D. Stifter, H. Sitter, Thin Solid Films **468**, 193 (2004)

[19] D. Franta, I. Ohlídal, P. Klapetek, A. Montaigne Ramil, A. Bonanni, D. Stifter, H. Sitter, J. Appl. Phys. **92**, 1873 (2002)

[20] D. Franta, I. Ohlídal, P. Klapetek, A. Montaigne-Ramil, A. Bonanni, D. Stifter, H. Sitter, Acta Phys. Slov. **53**, 95 (2003)

[21] R. Dahmani, L. Salamanca-Riba, N.V. Nguyen, D. Chandler-Horowitz, B.T. Jonker, J. Appl. Phys. **76**, 514 (1994)

[22] I. Ohlídal, D. Nečas, J. Mod. Opt. **55**, 1077 (2008)

[23] M. Šiler, I. Ohlídal, D. Franta, A.M. Ramil, A. Bonanni, D. Stifter, H. Sitter, J. Mod. Opt. **52**, 583 (2005)

[24] K. Navrátil, I. Ohlídal, F. Lukeš, Thin Solid Films **56**, 163 (1979)

[25] I. Ohlídal, K. Navrátil, M. Ohlídal, in *Progress in Optics*, vol. 34, ed. by E. Wolf (Elsevier, Amsterdam, 1995), pp. 249–331

[26] I. Ohlídal, K. Navrátil, F. Lukeš, J. Opt. Soc. Am. **61**, 1630 (1971)

[27] J. Bauer, L. Biste, D. Bolze, Phys. Status Solidi A **39**, 173 (1977)

[28] L. Spanos, Q. Liu, E.A. Irene, T. Zettler, B. Hornung, J.J. Wortman, J. Vac. Sci. Technol. A **12**, 2653 (1994)

[29] C.A. Fenstermaker, F.L. McCrackin, Surf. Sci. **16**, 85 (1969)

[30] I. Ohlídal, J. Vohánka, M. Čermák, D. Franta, Appl. Surf. Sci. **419**, 942 (2017)

[31] J.W.S.B. Rayleigh, *The Theory of Sound* (Macmillan and Company, New York, 1878)

[32] S.O. Rice, Commun. Pure Appl. Math. **4**, 351 (1951)

[33] D. Franta, I. Ohlídal, J. Mod. Opt. **45**, 903 (1998)

[34] D. Franta, I. Ohlídal, Opt. Commun. **248**, 459 (2005)

[35] A. Yanguas-Gil, H. Wormeester, Relationship Between Surface Morphology and Effective Medium Roughness (Springer, Berlin, 2013), pp. 179–202

[36] A. Yanguas-Gil, B.A. Sperling, J.R. Abelson, Phys. Rev. B **84**, 085402 (2011)

[37] B. Levin, *Theoretical Principles of Statistical Radio Engineering* (Sovyetskoe Radio, Moscow, 1974). In Russian

[38] A.L. Barabási, H.E. Stanley, *Fractal Concepts in Surface Growth* (Cambridge University Press, Cambridge, 1995)

[39] I. Ohlídal, D. Franta, D. Nečas, Appl. Surf. Sci. **360**, 28 (2016)

[40] D. Nečas, I. Ohlídal, D. Franta, M. Ohlídal, V. Čudek, J. Vodák, Appl. Opt. **53**, 5606 (2014)

[41] D. Franta, I. Ohlídal, P. Klapetek, Mikrochim. Acta **132**, 443 (2000)

[42] P.J. Chandley, Opt. Quantum Electron. **8**, 329 (1976)

[43] I. Ohlídal, K. Navrátil, Appl. Opt. **24**, 2690 (1985)

[44] A.A. Maradudin, D.L. Mills, Phys. Rev. B **11**, 1392 (1975)

[45] J.A. Ogilvy, *Theory Of Wave Scattering From Random Rough Surfaces* (A. Hilger, Philadelphia, 1991)

[46] M. Born, E. Wolf, *Principles of Optics*, 3rd edn. (Pergamon Press, Oxford, 1965)

[47] P. Beckmann, A. Spizzichino, *The Scattering of Electromagnetic Waves from Rough Surfaces* (Pergamon, London, 1963)

[48] I. Ohlídal, D. Franta, D. Nečas, Thin Solid Films **571**, 695 (2014)

[49] I. Ohlídal, J. Opt. Soc. Am. A **10**, 158 (1993)

[50] I. Ohlídal, F. Vižď'a, M. Ohlídal, Opt. Eng. **34**, 1761 (1995)

[51] I. Ohlídal, F. Vižd'a, J. Mod. Opt. **46**, 2043 (1999)

[52] D. Nečas, I. Ohlídal, Opt. Express **22**, 4499 (2014)

[53] J.M. Eastman, in *Physics of Thin Films*, ed. by G. Hass, M.H. Francombe (Academic Press, New York, 1978), pp. 167–226

[54] C.K. Carniglia, Opt. Eng. **18**, 104 (1979)

[55] J.M. Zavislan, Appl. Opt. **30**, 2224 (1991)

[56] A.G. Voronovich, *Wave Scattering from Rough Surfaces* (Springer, Berlin, 1994)

[57] S. Silver, *Microwave Antenna Theory and Design* (McGraw-Hill, New York, 1949)

[58] I. Ohlídal, F. Lukeš, Opt. Commun. **7**, 76 (1973)

[59] M. Sancer, I.E.E.E. Trans, Antennas Propag. **17**, 577 (1969)

[60] Y.Q. Jin, J. Appl. Phys. **63**, 1286 (1988)

[61] D. Nečas, Optical characterisation of non-uniform thin films. Ph.D. thesis, Masaryk University, Brno (2013)

[62] I. Ohlídal, Appl. Opt. **19**, 1804 (1980)

[63] T. Pisarkiewicz, T. Stapinski, H. Czternastek, P. Rava, J. Non-Cryst, Solids **137**, 619 (1991)

[64] T. Pisarkiewicz, J. Phys. D Appl. Phys. **27**, 690 (1994)

[65] E. Márquez, J.M. González-Leal, R. Jiménez-Garay, S.R. Lukic, D.M. Petrovic, J. Phys. D Appl. Phys. **30**, 690 (1997)

[66] E. Márquez, P. Nagels, J. González-Leal, A. Bernal-Oliva, E. Sleeckx, R. Callaerts, Vacuum **52**, 55 (1999)

[67] M. Török, Opt. Acta **32**, 479 (1985)

[68] U. Richter, Thin Solid Films **313–314**, 102 (1998)

[69] G.E.J. Jr., J.W. McCamy, Appl. Phys. Lett. **61**, 512 (1992)

[70] S. Pittal, P.G. Snyder, N. Ianno, Thin Solid Films **233**, 286 (1993)

[71] K. Roodenko, M. Gensch, H. Heise, U. Schade, N. Esser, K. Hinrichs, Infrared Phys. Technol. **49**, 39 (2006)

[72] U. Rossow, Thin Solid Films **313–314**, 97 (1998)

[73] D. Nečas, I. Ohlídal, D. Franta, J. Opt. A: Pure Appl. Opt. **11**, 045202 (2009)

[74] K. Forcht, A. Gombert, R. Joerger, M. Köhl, Thin Solid Films **302**, 43 (1997)

[75] R. Ossikovski, M. Kildemo, M. Stchakovsky, M. Mooney, Appl. Opt. **39**, 2071 (2000)

[76] D. Nečas, I. Ohlídal, D. Franta, J. Opt. **13**, 085705 (2011)

[77] G.E. Jellison, in *Handbook of Ellipsometry*, ed. by H.G. Tompkins, E.A. Irene (William Andrew, New York, 2005), pp. 237–296. chap. 3

[78] D. Nečas, I. Ohlídal, D. Franta, V. Čudek, M. Ohlídal, J. Vodák, L. Sládková, L. Zajíčková, M. Eliáš, F. Vižd'a, Thin Solid Films **571**, 573 (2014)

[79] R. Jacobsson, in *Physics of Thin Films*, vol. 8, ed. by G. Hass (Academic Press, New York, 1975), pp. 51–98

[80] F. Abelès, in *Progress in Optics*, ed. by E. Wolf (Elsevier, Amsterdam, 1963), pp. 249–288

[81] R. Jacobsson, in *Progress in Optics*, ed. by E. Wolf (Elsevier, Amsterdam, 1966), pp. 247–286

[82] L. Brekhovskikh, *Waves in Layered Media*, Applied mathematics and mechanics (Academic Press, New York, 1980)

[83] J. Wait, *Electromagnetic Waves in Stratified Media*, International series of monographs on electromagnetic waves (Pergamon Press, Oxford, 1962)

[84] S.F. Monaco, J. Opt. Soc. Am. **51**, 280 (1961)

[85] M.J. Minot, J. Opt. Soc. Am. **66**, 515 (1976)

[86] J. Lekner, Physica A **116**, 235 (1982)

[87] B. Sheldon, J.S. Haggerty, A.G. Emslie, J. Opt. Soc. Am. **72**, 1049 (1982)

[88] D. Franta, I. Ohlídal, P. Klapetek, P. Pokorný, M. Ohlídal, Surf. Interface Anal. **32**, 91 (2001)

[89] D. Nečas, D. Franta, I. Ohlídal, A. Poruba, P. Wostrý, Surf. Interface Anal. **45**, 1188 (2013)

[90] T. Lohner, K.J. Kumar, P. Petrik, A. Subrahmanyam, I. Bársony, J. Mater. Res. **29**, 1528 (2014)

[91] D. Li, A. Goullet, M. Carette, A. Granier, J. Landesman, Mater. Chem. Phys. **182**, 409 (2016)

[92] M.J. Minot, J. Opt. Soc. Am. **67**, 1046 (1977)

[93] D. Franta, I. Ohlídal, Surf. Interface Anal. **30**, 574 (2000)

[94] C.K. Carniglia, J. Opt. Soc. Am. A **7**, 848 (1990)

[95] M. Kildemo, O. Hunderi, B. Drévillon, J. Opt. Soc. Am. A **14**, 931 (1997)

[96] W. Press, S. Teukolsky, W. Vetterling, B. Flannery, *Numerical Recipes in C: The Art of Scientific Computing* (Cambridge University Press, Cambridge, 1992)

[97] P. Drude, Wied. Ann. **43**, 126 (1891)

[98] L. Tronstad, Trans. Faraday Soc. **31**, 1151 (1935)

[99] F. Lukeš, Surf. Sci. **30**, 91 (1972)

[100] T. Saitoh, K. Mori, in *Proceedings of 1994 IEEE 1st World Conference on Photovoltaic Energy Conversion - WCPEC (A Joint Conference of PVSC, PVSEC and PSEC)*, vol. 2 (1994), pp. 1648–1651

[101] H. Ono, T. Ikarashi, K. Ando, T. Kitano, J. Appl. Phys. **84**, 6064 (1998)

[102] Y.J. Cho, Y.W. Lee, H.M. Cho, I.W. Lee, S.Y. Kim, J. Appl. Phys. **85**, 1114 (1999)

[103] T. Easwarakhanthan, P. Alnot, Surf. Interface Anal. **26**, 1008 (1998)

[104] G. Jungk, C. Jungk, T. Grabolla, Phys. Status Solidi B **215**, 731 (1999)

[105] D.E. Aspnes, J.B. Theeten, J. Electrochem. Soc. **127**, 1359 (1980)

[106] D.E. Aspnes, J.B. Theeten, Phys. Rev. Lett. **43**, 1046 (1979)

[107] X. Chen, J.M. Gibson, J. Vac. Sci. Technol. A **17**, 1269 (1999)

[108] H.R. Philipp, in *Handbook of Optical Constants of Solids*, ed. by E.D. Palik, vol. 1 (Academic Press, New York, 1985), pp. 749–763

[109] H. Philipp, in *Handbook of Optical Constants of Solids*, ed. by E.D. Palik (Academic Press, Burlington, 1997), pp. 771–774

[110] C.M. Herzinger, B.D. Johs, W.A. McGahan, J.A. Woollam, W. Paulson, J. Appl. Phys. **83**, 3323 (1998)

[111] D. Franta, I. Ohlídal, Acta Phys. Slov. **50**, 411 (2000)

[112] D. Franta, L. Zajíčková, I. Ohlídal, J. Janča, K. Veltruská, Diam. Relat. Mater. **11**, 105 (2002)

[113] I. Ohlídal, M. Líbezný, Surf. Interface Anal. **16**, 46 (1990)

[114] I. Ohlídal, M. Líbezný, Surf. Interface Anal. **17**, 171 (1991)

[115] D. Franta, A. Dubroka, C. Wang, A. Giglia, J. Vohánka, P. Franta, I. Ohlídal, Appl. Surf. Sci. **421**, 405 (2017)

[116] D. Franta, D. Nečas, I. Ohlídal, Appl. Opt. **54**, 9108 (2015)

[117] P. Klapetek, I. Ohlídal, Ultramicroscopy **94**, 19 (2003)

[118] S. Adachi, *Optical Properties of Crystalline and Amorphous Semiconductors: Materials and Fundamental Principles* (Kluwer, Boston, 1999)

[119] D. Franta, D. Nečas, L. Zajíčková, Opt. Express **15**, 16230 (2007)

[120] E. Taft, L. Cordes, J. Electrochem. Soc. **126**, 131 (1979)

[121] D.E. Aspnes, J.B. Theeten, J. Appl. Phys. **50**, 4928 (1979)

[122] I. Ohlídal, D. Franta, E. Pinčík, M. Ohlídal, Surf. Interface Anal. **28**, 240 (1999)

[123] P. Chindaudom, K. Vedam, in *Physics of Thin Films*, ed. by K. Vedam, vol. 19 (Elsevier, Amsterdam, 1994), pp. 191–247

[124] E. Ritter, Appl. Opt. **15**, 2318 (1976)

[125] H. Pulker, E. Jung, Thin Solid Films **9**, 57 (1972)

[126] M. Harris, H. Macleod, S. Ogura, E. Pelletier, B. Vidal, Thin Solid Films **57**, 173 (1979)

[127] P.J. Martin, H.A. Macleod, R.P. Netterfield, C.G. Pacey, W.G. Sainty, Appl. Opt. **22**, 178 (1983)

[128] I. Ohlídal, K. Navrátil, Thin Solid Films **74**, 51 (1980)

[129] K. Kinosita, M. Nishibori, J. Vac. Sci. Technol. **6**, 730 (1969)

[130] O. Stenzel, S. Wilbrandt, N. Kaiser, M. Vinnichenko, F. Munnik, A. Kolitsch, A. Chuvilin, U. Kaiser, J. Ebert, S. Jakobs, A. Kaless, S. Wüthrich, O. Treichel, B. Wunderlich, M. Bitzer, M. Grössl, Thin Solid Films **517**, 6058 (2009)

[131] O. Stenzel, *The Physics of Thin Film Optical Spectra*, Surface sciences (Springer, Berlin, 2005)

[132] D. Franta, D. Nečas, I. Ohlídal, Thin Solid Films **519**, 2637 (2011)

[133] I. Ohlídal, D. Franta, Acta Phys. Slov. **50**, 489 (2000)

[134] C. Amra, J.H. Apfel, E. Pelletier, Appl. Opt. **31**, 3134 (1992)

[135] C. Amra, C. Grèzes-Besset, L. Bruel, Appl. Opt. **32**, 5492 (1993)

[136] A. Duparré, J. Ferre-Borrull, S. Gliech, G. Notni, J. Steinert, J.M. Bennett, Appl. Opt. **41**, 154 (2002)

第 11 章　光学薄膜的扫描探针显微技术表征

彼得·克拉佩特克①

摘　要　扫描探针显微术是一种在薄膜制备和/或表征的不同阶段经常用于薄膜表面测量的技术。它提供了关于表面形貌的信息,也可以用来测量各种局部物理量。在本章中,我们讨论了在薄膜领域中测量和计算的典型量,这些量主要包括粗糙度和薄膜厚度测定。文中还讨论了在大面积上进行测量以获得足够的样品特性统计信息的仪器、相关计量和技术的基础。

11.1　引言

使用扫描探针显微镜(SPM)测量技术表征固体表面,通常使用非常尖锐的探针作为基础,该探针在与研究样品非常接近的地方进行扫描。各种相互作用可用来保持探针和样品之间的小间隙,如保持原子间力或恒定隧穿电流。在局部探针位置的顶部,可以存储各种其他通道的信息。因此,任何 SPM 测量的典型结果都是表面形貌图,最终可以将其他物理量耦合的图谱。空间分辨率可以达到亚原子范围,在特殊情况下(特别是在超高压应用中)可以对原子晶格成像。经过 20 多年的发展,扫描探针显微镜已经发展成为一种广泛用于表面表征的仪器,它在许多科学和技术领域得到了广泛应用。

光学薄膜仅是众多使用 SPM 技术进行常规测量的一类样品。关于 SPM 技术本身有许多资料,因此,在本章中,我们根据多年来从事光学领域工作的各个小组在 SPM 测量方面的经验,重点讨论该技术在薄膜测量上的实际应用[1-3]。对于任何类型的样品,还有一些典型的任务、用户意愿和仪器的局限性,这些都将在这里讨论,并且几乎完全与测量的尺寸有关。注意:这种选择代表了薄膜分

---

①　彼得·克拉佩特克(✉)
捷克计量研究所,捷克共和国布尔诺,奥克茹兹尼 31 号,邮编 63800
e-mail: pklapetek@cmi.cz

析中简单和典型的任务,而不是使用 SPM 获得全部特性——我们可以使用各种先进的技术,如测量薄膜的热、电、机械甚至光学特性。然而,这些先进的测量与"常规分析"还相去甚远,我们参照有关 SPM 的具体文献以了解更多细节[4-5]。

在薄膜领域中最常见的常规测量与表面粗糙度有关。制备薄膜的任何工艺操作几乎都会产生薄膜的粗糙度。在光学表征中,有关于它的理论和知识对于去除其对光学表征的影响是重要的(其中表面和界面粗糙度是重要的不确定性来源之一)。由于所有 SPM 技术都提供表面形貌数据(参见图 11.1(a)中粗糙表面的示例),因此相对容易计算出粗糙度的统计参数。唯一的限制是扫描面积和测量点的密度,这就限制了 SPM 测量所能达到的空间频率范围;这些问题可以通过大面积测量和/或先进的采样技术部分解决。

除了统计特性之外,还可以直接从样品数据中获得尺寸量,如样品边缘暴露的薄膜厚度(如由于某些掩膜过程或薄膜的分层)。这些参数也经常被要求测量,因为它可以提供与任何光学现象无关的样品厚度信息,因此不受薄膜折射率分布的影响。在图 11.1(b)中给出了与该任务相关的 SPM 实验数据示例。

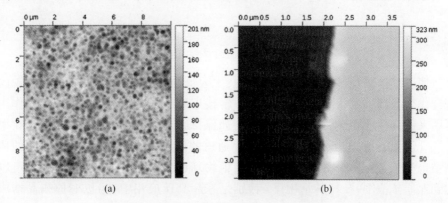

图 11.1 应用于薄膜测量的典型 SPM 数据示例
(a) 计算粗糙表面的粗糙度;(b) 计算薄膜边缘的厚度。

在介绍上述使用 SPM 技术进行表面测量的方面,我们首先总结了 SPM 的技术原理。由于光学薄膜领域中的绝大多数要求是给出关于样品尺寸特性的一些定量信息,重点介绍了 SPM 仪器的计量学原理及其尺寸测量能力。然后,我们回顾了从测量数据中提取相关信息的典型数据处理过程。

11.2 仪器

扫描探针显微镜是基于使用非常尖锐的针尖(通常称为"探针")运行的,该探针在样品表面进行扫描,利用一些探针和样品的相互作用,并通过反馈回路使探针和样品之间的距离保持恒定。最常用的相互作用是使用光杠杆技术进行监控的力,可行的 SPM 设计示意图如图 11.2 所示。

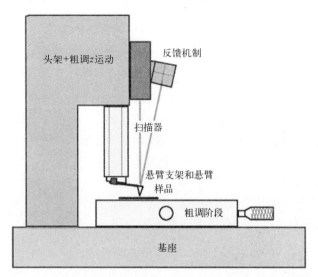

图 11.2　典型的利用激光偏转进行反馈的扫描探针显微镜示意图

　　根据观察到的相互作用、探针选择和扫描方案,我们可以区分一些基本类型的 SPM 测量方案。

　　(1) 原子力显微镜(AFM)。基于吸引力或排斥力测量形貌,如果样品足够软,则往往与机械性能分析相结合。

　　(2) 扫描隧道显微镜和光谱学的测量方法(STM,STS)。基于隧道电流测量样品的形貌和电子特性。

　　(3) 导电原子力显微镜(cAFM)。除了 AFM 之外,还利用导电探针施加电压测量探针–样品电流。

　　(4) 磁力显微镜(MFM)。在扫描形貌的同时,利用磁探针确定关于杂散磁场的信息。

　　(5) 扫描热显微镜(SThM)。使用局部加热器和温度传感器测量样品的热特性或温度。

　　(6) 扫描近场光学显微镜(SNOM)。使用基于孔径或散射金属探针的纳米级光源对样品进行照明,以克服经典光学显微镜的衍射极限。

　　(7) 尖端增强拉曼光谱(TERS)。在尖锐的金属尖端顶部使用等离子体共振和相关场放大,以纳米级分辨率记录局部拉曼光谱。

271

正如在引言中提到的，即使先进的技术已经成熟到较高的可靠性，获得局部的电、热、磁或光学特性的定量结果仍然不是一件小事。在没有特别不同的注意事项和没有深入了解单探针–样品的相互作用及其传感机制的情况下，SPM 技术不能被认为适用于所有可能样品的标准测量。这是由于 SPM 技术中观察到的所有相互作用的复杂性造成的，还有就是缺乏良好的参考样品，在许多学术实验室和仪器制造商都进行了深入的研究以改善这种状态。然而，到目前为止，对于具有计量可追溯性的测量（结果可通过记录的完整校准链与参考相关），绝大多数测量与样品表面上某些物体的尺寸有关，这也是显微镜原理（通过扫描获取数据）最有利于获得可追溯性的地方。幸运的是，从事薄膜光学的工作者通常要求测量尺寸，因此，我们可以在这里集中讨论最基本的技术，即原子力显微镜。

原子力显微镜的示意图如图 11.2 所示，它是由一些基本模块构成的，这些基本模块在接下来的几个段落中单独讨论。即使每个制造商的细节可能有所不同，但模块的基本功能在所有情况下都几乎相同。

11.2.1　探针与反馈机制

正如大家在这里讨论的原子力显微镜，我们感兴趣的是适用于在 pN–μN 范围内监测探针–样品之间作用力的检测系统。即使有其他的替代方案，绝大多数的商业仪器仍然使用光学杠杆技术。该技术的基础是通过感应从该支架反射的激光束位移监测非常软的探针支架（称为悬臂梁）的偏转（弯曲）。悬臂梁的弹性系数在 0.01～100N/m 范围内（适合于不同扫描方式），悬臂梁的尺寸在几百微米的范围内。图 11.3 给出了两种典型的悬臂梁几何形状。探针集成在悬臂梁中（与它一起制造），形成从悬臂梁伸出的金字塔或锥体，其长度为几微米，顶点半径约 10nm。

使用低功率二极管激光监测悬臂梁弯曲的光束，该光束从悬臂梁顶点附近的区域反射到距离悬臂梁较远的位置敏感探测器上，从而保证了弯曲度信号的放大。位置敏感探测器可以采用四象限光电二极管，提供来自 4 个单独传感器的 4 个信号。然后，通过硬件或软件计算反馈回路的信号，即

$$I_{TB} = \frac{(I_{TL} + I_{TR} - I_{BL} - I_{BR})}{(I_{TL} + I_{TR} + I_{BL} + I_{BR})} \tag{11.1}$$

式中：I_{TL}、I_{TR}、I_{BL}、I_{BR} 是左上、右上、左下和右下光电二极管的电流。

如果该信号在扫描期间保持不变，则使用比例–积分–微分（PID）反馈回路，可以得到一幅恒定力图像，从而可以直接将扫描系统的位置数据直接作为被测样品的形貌图处理。如果只是监控信号，并且样本不沿 z 方向移动（高度方向），

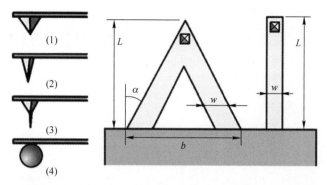

图 11.3　SPM 探针几何形状(a)((1)为接触式氮化硅探针,(2)为轻敲式硅探针,
(3)为聚焦离子束切割超锐探针,(4)为用于精确力测量的胶体探针)
及 SPM 悬臂的 V 形和 I 形几何结构(b)

则可以利用悬臂梁挠度灵敏度信息将等高图像转换成形貌,但这种方法在商用仪器中并不常用。

即使我们只关注于恒定力的模式,仍然有几种可能的检测和扫描模式。

(1)在接触模式下,显微镜在排斥力状态下工作,所以实际上它就像留声机针一样在样品上滑动。作用力仍然在 nN 范围内,因此,如果不处理非常软的样品,我们可以把它当作无损测量。

(2)在轻敲模式下,通过共振频率激励悬臂梁的振幅或相位变化动态监测相互作用,显微镜在排斥力和吸引力(如范德瓦耳斯力)的临界处工作。除非发生反馈回路故障,否则,测量实际上是非接触的。

(3)一些先进的方法会将上述两者结合使用,如单独测量和力-距离曲线的评估,这既能保持力的恒定,又能检测样品的力学性能,并优化接触力和反馈回路参数。这也是目前大多数制造商在新型仪器上发展的方向。

11.2.2　扫描器

为了实现探针和样品表面的相对运动,必须使用某种定位机构,这就是所谓的"扫描器",它可以用来移动探针或样品,具体取决于显微镜的结构。绝大多数的仪器是使用压电元件作为扫描器,主要是产生很小的位移,如在某些材料(锆钛酸铅(PZT))上施加电压时就会产生很小的位移。扫描器制成两种方式:一种是仅沿一个方向移动的堆叠元件(杆);另一种是沿着所有方向弯曲的管。如果只将施加在扫描器上的电压用作位置信息,将面临许多压电陶瓷扫描器的主要问题(蠕变、滞后、老化等),因此,现在几乎所有的仪器都配备反馈回路,将扫描器电压关联到一些独立测量的位移信号。从计量学的角度来看,这是一个理想的干涉仪,将最经常使用的应变仪连同它的驱动电路一起构成一个简单的应变电压传感器。使用任何传感器和扫描器都是"闭环"的,与没有位置信息反馈的旧式"开环"系统相比,"闭环"可以显著提高精度。图 11.4(a)给出了压电陶瓷扫描器在不同阶段工作的示意图。

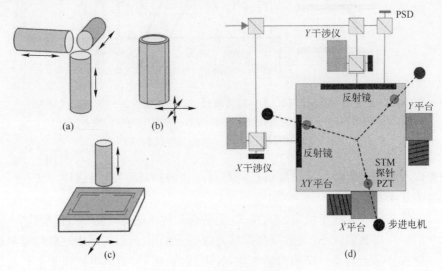

图 11.4　扫描器示意图

(a)~(c)用于 *XYZ* 方向运动的不同配置的压电陶瓷扫描器;(d)基于音圈的 *XY* 移动系统。

当我们处理光学薄膜时,经常需要在更大的面积上进行测量,这将更类似于光学仪器覆盖的面积。大面积扫描探针显微术是一个相对较小的研究领域,但在薄膜和光学表面的测量方面具有非常广阔的前景。当我们需要解决 SPM 体系结构的各种限制时,将 SPM 的范围增加到 $100\times100\mu m^2$ 以上仍然是非常复杂和罕见的。压电陶瓷扫描器每单位长度的位移是有限的,如果不引入显著的系统误差,就无法无限缩放。即使使用杠杆技术,所有的问题仍然不能完全解决。为了在厘米范围内使用电压-位移传感器进行扫描时达到纳米级的空间分辨率,需要一个 24 位的数字-模拟转换器,并在从数字部分到传感器(扫描器)的电子设备的其他部分(如高压放大器)中提供适当信噪比的压电驱动器。在更大的扫描范围中,不仅扫描器存在问题,而且传感器也存在问题,因为最频繁使用的传感器(应变仪)仅限于在较小位移情况下应用。一种可能的解决方案是将音圈(作为驱动器)与干涉仪(作为传感器)结合使用。图 11.4(d)所示给出了这种系统的示意图,能够对面积为平方厘米的区域进行测量。迄今为止,这种驱动原理只用于非常特殊的仪器,但是从薄膜计量学的角度来看,它提供了许多新颖的可能性。例如,在图 11.5 中,我们给出了使用大面积 SPM 对多层膜样品的测量结果[6]。

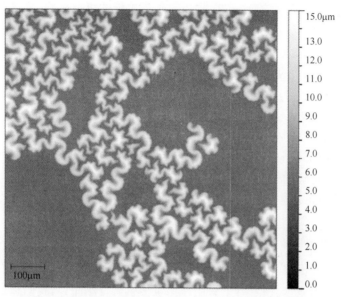

图 11.5　使用基于音圈扫描器对多层膜样品的大面积测量

11.3　计量溯源性

在薄膜分析中,许多 SPM 测量是为了确定薄膜厚度、厚度变化或表面粗糙度。因此,对系统进行正确的校准是非常重要的。从计量学的角度来看,这意味着系统具有溯源性——所有由其他一些标准具表征的部件,这些标准具构成了一系列测量,直至各自物理单位的基本定义为止。然后,可以使用校准过程的不确定性以及与特定测量有关的所有其他不确定性,为仪器提供的每个数据建立不确定性预算(此过程的一个很好示例,参见文献[7])。但是,这种情况很少见。学术机构中使用的大多数仪器没有经过适当的校准,也没有特别努力进行不确定度分析。因此,从 SPM 测量获得的数据不能认为是无限正确或绝对不可靠的。重要的是,至少要按照各种 SPM 部件校准的基本步骤,并了解基本不确定性来源和基本系统误差。

11.3.1　扫描系统校准

将计量学引入 SPM 测量的关键步骤是定期校准扫描系统。关于可追溯性有两类仪器。

（1）计量 SPM 通常由计量机构建立,并作为标准具为其他显微镜提供可追溯性。它们配备有稳定的激光器,提供对长度单位的可追溯性,并且被设计成以最大可能的精度运行,通常以低速或有限的测量范围为代价。这些仪器的溯源性建立在激光的校准和所有不确定源估计的基础上。

（2）商用 SPM 的设计和制造是为了提供尽可能最佳的用户体验,包括大量的扫描模式、速度、自动悬臂梁调整等,但是它们没有配备可以独立校准的传感器。如果仪器真的是具有溯源性,那么,溯源性需要通过校准样品获得,用户通常需要单独购买校准样品。作为校准样品,光栅用于校准横向测距,而对于 z 轴方向,可以根据 ISO 5436-1 评估台阶高度标准。

为了获得正确的校准样品或样品本身的溯源性,SPM 探针制造商提供各种解决方案,或者可以咨询你所在的国家计量研究所。

11.3.2 悬臂梁刚度校准

如果我们测量尺寸量,乍一看不需要校准悬臂梁刚度。至少如果我们假设在恒定力范围内测量,而悬臂梁只用作零位传感器。然而,当我们想要知道测量的力是多少,或者我们想要将这个力设置为某个值,或者当我们使用一些高级的自动测量系统(如 Bruker 的自动扫描)执行测量时,或者当我们想要与尺寸测量并行地评估其他一些特性时,必须要对悬臂梁进行校准。

首先,人们无法相信由 SPM 探针制造商提供的刚度值,因为这些值只是非常粗略的,最多也只是对整个批次悬臂梁进行评估;通常,这些值只是一些期望值,它们可能与实际刚度存在几十个百分点甚至数量级的差异。悬臂梁刚度校准有以下几种方法。

（1）基于悬臂梁形状的尺寸测量,我们只能得到粗略的估算值,可能与制造商提供的标称值相似。假设悬臂梁的厚度为 t_c,其他几何常数如图 11.3 所示,那么,我们可以使用下面的方程[8]确定"I"形悬臂梁的悬臂刚度,即

$$k_c = \frac{E w_c t_c^3}{4 L_c^3} \tag{11.2}$$

类似地,使用

$$k_c = \frac{E w_c t_c^3}{2 L_c^3} \tag{11.3}$$

确定"V"形悬臂梁的悬臂刚度(假设它被视为两个平行梁作为最简单近似)。由于我们用于评估悬臂梁刚度的块体材料特性与形成悬臂梁的薄膜特性有很大的不同,因此,无法获得优于 1/10 的精度[9-10]。

（2）如果有一个已知刚度的悬臂梁作为参考，我们可以用它来表征未知悬臂梁的特性。如果我们能够将未知悬臂梁安装到参考悬臂梁上（反之亦然），则可以从参考悬臂梁的挠度和刚度估计待测悬臂梁的刚度，这可能导致 10%～30%的不确定性[9,11]。

（3）我们可以测量悬臂梁的自由共振频率及其尺寸。据报道，当用 SEM 测量尺寸时，该方法给出的精度低于7%，这是通过比较多种不同仪器的方法性能进行测试的结果[12]。在标准条件下，假设该方法的典型不确定度为 15%～20%[9-10]。

（4）在许多软件包中，基于对悬臂梁热波动的测量，使用了功率谱方法，该方法被视为谐波振荡器。对于这种方法，根据悬臂梁的类型和测量条件，文献[10,13]报道了该方法的不确定度为 5%～25%。

（5）使用特殊的设备（如纳米压头）或为这些目的而制造的特殊样品（如MEMS），我们可以获得 1%的最佳可能结果[14-16]，但是这种方法相当复杂和昂贵。

一些国家计量研究机构也提供悬臂梁刚度校准服务，主要是采用特殊的装置，但与尺寸参考标准的校准相比并不那么频繁。

11.3.3　顶点半径校准

与 SPM 探针和所有 SPM 技术有关的最常见问题是针尖—样品卷积的伪像。当我们使用坏的（钝的）探针时，这种效应通常出现在数据中，它的特征信号是在图像上看到的重复图案。当我们测量到一个非常尖锐的峰时，可以观察到这一点。如图 11.6 所示，尖峰实际上是对针尖的成像，要么是有意在设计上用于探针成像的样品上获得，要么就是无意在复杂样品上获得。图 11.7 给出了针尖—样品卷积效应如何影响 SPM 结果的说明。我们可以看到，在某些点上，表面结构只是扭曲的，而在另一些点上，结构完全隐藏在针尖之外。可以用数学描述这些形态学过程的操作[17]，如膨胀、侵蚀和表面重构，并且在许多 SPM 数据处理软件包中以不同的名称提供这些操作。

在存在针尖—样品卷积伪影的情况下完全恢复真实表面是困难的，因为可能会丢失部分信息。这对于测量具有陡峭的斜坡或孔隙的样品来说是正确的[18]。由于有许多算法可以模拟该过程，并且至少在部分样品中可以实现表面重构，因此，尽可能好地了解探针形状非常重要。但是这是不容易的，因为从盒子中取出探针时，原则上尚不知道探针的形状（制造商仅声称最大半径），并且在扫描过程中探针的形状可能会不确定地演化。

检查探针形状有以下几种可能的方法。

（1）使用扫描电子显微镜和图像探针从不同侧面对图像的主要几何特性进

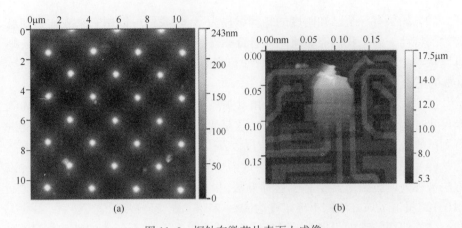

图 11.6　探针在微芯片表面上成像

（a）故意的多重针尖成像；（b）非故意的针尖成像，甚至露出了悬臂梁端部。

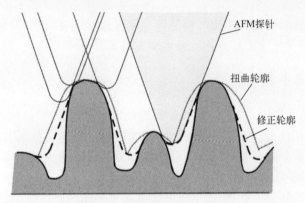

图 11.7　针尖卷积和表面重构示意图（扭曲的轮廓对应于扩张形态学操作，
修正轮廓对应于表面重构算法）

行评价。

（2）已知结构成像，如一些探针制造商为本目的提供的非常尖锐的针尖，如果这些结构是理想的（delta 函数），则针尖在每个尖峰处成像。

（3）假设样品上有足够多的粗糙部分，使用盲尖估计算法搜索在粗糙样品中测量数据的局部斜率。

图 11.8 显示了对不同类型针尖使用盲尖估计算法的示例，其表面上的小镓点用做针尖成像的良好对象，并用于针尖连续估计算法。表面上的重复图案通常是针尖卷积伪影的迹象（如图 11.8 中大部分表面所示）。

当我们知道针尖形状时，也可以尝试恢复受针尖卷积影响的部分样品。为了达到这些目的,可以采用一种称为"表面重构"的算法,只能在信息没有丢失的位置执行,例如,在针尖的任何部分都可以接触的表面但没有多次接触的位置。最后,设计了一个"确定性映射"算法检测哪些位置可以重构—针尖在一个点上接触到样本的位置,以及多次接触的位置和由此造成信息丢失的位置。

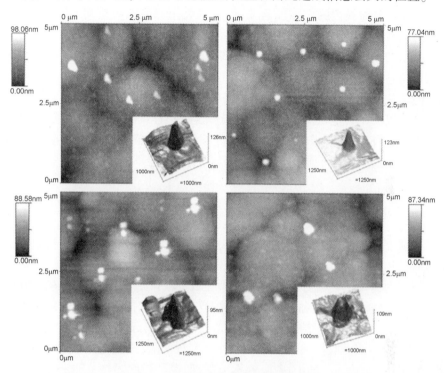

图 11.8　盲尖估计过程与源数据的结果

11.4　数据处理

11.4.1　基本任务

测量后,用户需要对数据执行的最基本操作是平均平面或某些多项式扣除背景,随后通常还包括一些其他数据处理步骤,如去除测量中的缺陷(尖峰,反馈回路故障,噪声线)。除了平均平面扣除数据处理工作是很繁重的外,数据处理也会影响已知的不确定度,这将取决于用户的经验和难以估计的类似因素[19]。

通常,根据在某些数据处理软件(如 Gwyddion[20])中从提取的高度轮廓计

279

算直接尺寸量(宽度、高度、深度、面积等)。这通常包括测量平面基板上各种结构的高度和横向尺寸,如半导体掩模。在某些的情况下,重要的是提取轮廓,然后用于快速扫描方向的计算,因为这些轮廓受漂移和类似误差源的影响最小,旋转样品对于达到这种状态总是有益的。当从中提取轮廓并计算结果时,我们需要记住在测量时获得的实际像素大小(物理大小和像素数之间的比)。像素大小会影响结果的最终不确定性,如果测量数据太稀疏,则无法用插值还原丢失的信息。我们出于计量目的进行测量,如果漂移不是大问题,那么,拥有尽可能多的像素总是好的。

除了从轮廓中直接测量一些高度或横向尺寸之外,我们在 SPM 数据处理软件中还可以使用其他仪器进行尺寸测量。这包括连续区域测量、晶粒或颗粒测量,有时随后检测所要求的特征和一些统计分析。我们参考读者最喜欢的 SPM 数据处理软件的用户手册,因为这些方法的实现可能不同,所以没有在此处列出"标准"方法。

11.4.2 粗糙度分析

粗糙度是通过 SPM 技术进行薄膜分析时最常见的测量,因为它与制造工艺性能直接相关,并且直接影响薄膜的光学质量。

原子力显微镜数据通常表示成大小为 $N \times M$ 个数据点的二维数组,其中 N 和 M 表示数据字段内行和列的数量。通常,数据是等间隔的,本章稍后将讨论并不常见的非等距数据的特殊情况。这个数组的实际大小在这里表示为 $L_x \times L_y$,其中 L_x 和 L_y 分别是 x 轴和 y 轴的大小。采样间隔(扫描范围内两个相邻点之间的距离)表示为 Δ。如上所述,在本节中,假设采样间隔在 x 和 y 方向上都相同。当讨论随机粗糙度时,假设给定点 x、y 的表面高度可以用具有统计特性的随机函数 $\zeta(x,y)$ 描述。

11.4.2.1 高度和角度的概率分布

描述统计特性最常用的参数就是"粗糙度",通常用表面不规则高度的均方根值(RMS)表示,即 R_q 或 σ_{rms}(在新的标准化文件中,它称为 S_q,以将其与单个轮廓的粗糙度值区分开)。

由上文给出的表面模型开始,粗糙度可以定义为

$$\sigma_{rms}^2 = \int_{-\infty}^{\infty} z^2 w(z)\,\mathrm{d}z = \lim_{S \to \infty} \frac{1}{S} \iint_S \zeta^2(x,y)\,\mathrm{d}x\mathrm{d}y \qquad (11.4)$$

式中:$w(z)$ 是随机函数 $\zeta(x,y)$ 概率密度的一维分布;z 表示 AFM 数据的不规则高度值;$S = L_x \times L_y$ 表示 (x,y) 平面中 AFM 扫描的表面积。

类似地,我们定义不规则斜率的均方根值 $\tan^2\alpha_0$,可以写成

$$\tan^2\alpha_0 = \int_{-\infty}^{\infty} z'^2 w(z')\,\mathrm{d}z' = \lim_{S\to\infty}\frac{1}{S}\iint_S \zeta'^2(x,y)\,\mathrm{d}x\mathrm{d}y \qquad (11.5)$$

其中

$$\zeta'(x,y) = \frac{\partial\zeta(x,y)}{\partial x}\left(\text{或}\frac{\partial\zeta(x,y)}{\partial y}\right) \qquad (11.6)$$

式中：$w(z')$ 表示随机函数 $\zeta'(x,y)$ 概率密度的一维分布；z 表示函数 $\zeta'(x,y)$ 的值。

上述函数 $w(z)$ 和 $w(z')$ 实际上是使用以下公式计算的，即

$$w(z) = \frac{\mathcal{N}(z,\delta z)}{NM\delta z} \qquad (11.7)$$

和

$$w(z') = \frac{\mathcal{N}(z',\delta z')}{(N-1)M\delta z'} \qquad (11.8)$$

式中：函数 $\mathcal{N}(z,\delta z)$ 和 $\mathcal{N}'(z',\delta z')$ 分别在区间 $<z-\delta z/2, z+\delta z/2>$ 和 $<z'-\delta z'/2, z'+\delta z'/2>$ 中给出 z_{ij} 和 z'_{ij} 值的数。

这里定义的高度概率密度 $w(z)$ 也是常用的统计方法，可以直接使用(与"直方图"相同的形状)，有时也可以积分形式使用。

11.4.2.2 自相关函数

上面讨论的高度和斜率属于一阶统计量，描述的仅是各个点在高度上的统计特性，因为它们二者在表面内不会以某种方式互相关联。然而，为了完整地描述表面统计特性，有必要使用高阶函数，其中包括一些有关横向粗糙度特性的信息。实际上，这就是自相关函数(ACF)、功率谱密度函数(PSDF)和高度–高度相关函数(HHCF)。

自相关函数由下式给出，即

$$G(\tau_x,\tau_y) = \iint_{-\infty}^{\infty} z_1 z_2 w(z_1,z_2,\tau_x,\tau_y)\,\mathrm{d}z_1\mathrm{d}z_2 =$$

$$\lim_{S\to\infty}\frac{1}{S}\iint_S \xi(x_1,y_1)\xi(x_1+\tau_x,y_1+\tau_y)\,\mathrm{d}x_1\mathrm{d}y_1 \qquad (11.9)$$

式中：z_1 和 z_2 是点 $[x_1,y_1]$ 和点 $[x_2,y_2]$ 的高度值；$\tau_x = x_1-x_2$ 和 $\tau_y = y_1-y_2$；函数 $w(z_1,z_2,\tau_x,\tau_y)$ 表示对应于点 $[x_1,y_1]$ 和 $[x_2,y_2]$ 的随机函数 $\xi(x,y)$ 以及这些点之间的距离 $\tau = \sqrt{(\tau_x^2+\tau_y^2)}$ 的二维概率密度。

在 AFM 测量中，通常仅从快速扫描轴中的轮廓(其受热漂移和机械漂移的影响较小)确定一维自相关函数，由离散的 AFM 数据值表示，即

$$G_x(\tau_x) = \frac{1}{N(M-m)}\sum_{l=1}^{N}\sum_{n=1}^{M-m} z_{n+m,l}z_{n,l} \qquad (11.10)$$

式中:$m = \tau_x / \Delta$。根据测量数据的特性,在由采样间隔 Δ 分隔的 τ 值的离散集合中表示函数。

为了获得描述粗糙度的一些参数,而不是整个函数,就需要以一定方式对这些函数进行参数化,以便将它们与某些参数模型相匹配。例如,一维自相关函数常被假设为高斯函数,即

$$G_x(\tau_x) = \sigma_{rms}^2 \exp(-\tau_x^2 / T^2) \tag{11.11}$$

式中:σ_{rms} 和 T 分别是高度的均方根偏差与自相关长度。

另一种常用的模型是指数形式的自相关函数,即

$$G_x(\tau_x) = \sigma_{rms}^2 \exp(-\tau_x / T) \tag{11.12}$$

注意:在光学测量(如光谱反射法、椭圆偏振法)中,高斯自相关函数与表面特性相一致。然而,一些与表面生长[21]和氧化[22]相关的文章常认为指数形式更接近实际情况。

在图 11.9 中,绘制了用高斯模型模拟计算样品的自相关函数。用于计算的数据集是使用 Gwyddion 软件光谱合成模块生成的,选取 $\sigma_{rms} = 20\text{nm}$,$T = 100\text{nm}$。该函数由式(11.11)给出的高斯函数拟合,结果为 $\sigma_{rms} = (20.17 \pm 0.08)\,\text{nm}$,$T = (102 \pm 1)\,\text{nm}$。

注意:所有参数 τ_x 函数值的不确定性并不相同。对于较大的 τ_x 值,式(11.10)中的平均分量数量急剧减少。因此,我们必须在函数计算中限制在 τ_x 的小值上。

在实际中,自相关函数的使用并不十分广泛(关于它的使用参见文献[23]),反而功率谱密度函数主要是从 AFM 的数据中计算出来的。

11.4.2.3　高度-高度相关函数

二维高度-高度相关函数可写为

$$
\begin{aligned}
H(\tau_x, \tau_y) &= \int\!\!\int_{-\infty}^{\infty} (z_1 - z_2)^2 w(z_1, z_2, \tau_x, \tau_y) \mathrm{d}z_1 \mathrm{d}z_2 \\
&= \lim_{S \to \infty} \frac{1}{S} \int\!\!\int_S (\xi(x_1, y_1) - \xi(x_1 + \tau_x, y_1 + \tau_y))^2 \mathrm{d}x_1 \mathrm{d}y_1
\end{aligned}
\tag{11.13}
$$

式中:z_1 和 z_2 是在点 $[x_1, y_1]$ 和点 $[x_2, y_2]$ 的高度值;$\tau_x = x_1 - x_2$ 和 $\tau_y = y_1 - y_2$;函数 $w(z_1, z_2, \tau_x, \tau_y)$ 表示对应于点 $[x_1, y_1]$ 和 $[x_2, y_2]$ 的随机函数 $\xi(x, y)$ 以及这些点之间的距离 $\tau = \sqrt{(\tau_x^2 + \tau_y^2)}$ 的二维概率密度。

与 ACF 类似,在实际中使用一维变量,这可以用离散的 AFM 数据值计算,即

$$H_x(\tau_x) = \frac{1}{N(M-m)} \sum_{l=1}^{N} \sum_{n=1}^{M-m} (z_{n+m,l} - z_{n,l})^2 \tag{11.14}$$

其中

$$m = \tau_x / \Delta$$

对应于具有高斯自相关函数的随机粗糙表面,高度-高度相关函数由下式给出,即

$$H(\tau_x) = 2\sigma_{\mathrm{rms}}^2 \left[1 - \exp\left(\frac{\tau_x^2}{T^2} \right) \right] \tag{11.15}$$

式中:σ_{rms} 和 T 分别表示高度的均方根偏差与自相关长度。类似地,对应于具有指数自相关函数表面的高度-高度相关函数为

$$H(\tau_x) = 2\sigma_{\mathrm{rms}}^2 \left[1 - \exp\left(-\frac{\tau_x}{T} \right) \right] \tag{11.16}$$

对于上一段所讨论的相同样品,根据式(11.15)计算的相应 σ_{rms} 和 T 分别为 $\sigma_{\mathrm{rms}} = (20.28 \pm 0.03) \mathrm{nm}$ 和 $T = (103.3 \pm 0.82) \mathrm{nm}$,因此,可以看到这是自相关函数的另一种使用方式。

高度-高度相关函数在实际中用于相关长度和分形维数的计算,类似于功率谱密度函数。有关详细信息请参见文献[23,24]。

11.4.2.4 功率谱密度函数

可以根据自相关函数的傅里叶变换表示二维功率谱密度函数,即

$$W_j(K_x, K_y) = \frac{1}{4\pi} \int_{-\infty}^{\infty} G(\tau_x, \tau_y) \mathrm{e}^{-\mathrm{i}(K_x \tau_x + K_y \tau_y)} \mathrm{d}\tau_x \mathrm{d}\tau_y \tag{11.17}$$

与自相关函数类似,这里我们通常也计算一维功率谱密度函数,由以下方程给出,即

$$W_1(K_x) = \int_{-\infty}^{\infty} W(K_x, K_y) \mathrm{d}K_y \tag{11.18}$$

可以使用快速傅里叶变换表述此函数,即

$$W_1(K_x) = \frac{2\pi}{NMh} \sum_{j=0}^{M-1} |\hat{P}_j(K_x)|^2 \tag{11.19}$$

式中:$\hat{P}_j(K_x)$ 是第 j 行的傅里叶系数,即

$$\hat{P}_j(K_x) = \frac{h}{2\pi} \sum_{k=0}^{N-1} z_{kj} \exp(-\mathrm{i}K_x kh) \tag{11.20}$$

如果选择高斯自相关函数模型是样本统计特性的正确描述,则相应的 PSDF 为

$$W_1(K_x) = \frac{\sigma_{\mathrm{rms}}^2 T}{2\sqrt{\pi}} \exp(-K_x^2 T^2 / 4) \tag{11.21}$$

对于具有指数 ACF 的表面,有

283

$$W_1(K_x) = \frac{\sigma_{\text{rms}}^2 T}{\pi} \frac{1}{1+K_x^2 T^2} \qquad (11.22)$$

因此,这些函数可用于拟合实验数据。为了说明这一点,在图11.9中,绘制了高斯模型样品的功率谱密度函数(与11.3节中相同)。该函数由式(11.21)给出的高斯PSDF拟合。结果为$\sigma_{\text{rms}} = (20.1\pm0.2)\,\text{nm}$, $T = (100\pm2)\,\text{nm}$。

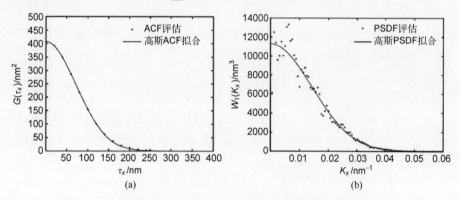

图11.9 在粗糙样品上获得自相关函数(a)和功率谱密度函数(b),
基于粗糙度的高斯ACF假设,通过分析相关性进行拟合

这是获得相同统计结果的第三种方法。在实际应用中,PSDF被广泛用于相关长度的确定和分形分析,参见文献[25]。从这3个部分可以看出,使用任何表面统计特性函数,如果我们想获得一些可以输入到光学模型的简单参数,仍然需要通过一些分析模型对其进行拟合。在薄膜光学中,最常用的是高斯模型,尽管有时根据薄膜生长理论可能还有其他适用的模型。拟合函数的选择应被视为不确定性来源之一,通过几种不同的模型对实验数据进行拟合,至少可以得到对其大小的一些猜测。

11.4.3 台阶高度分析

有时也可以根据薄膜上测量的数据评估台阶高度,即表征薄膜厚度。即使存在非常先进的光学方法,它们中的大多数都是测量光学厚度。不同于"真实"物理厚度,因为光学厚度还包含折射率,这是不可能准确知道的。用于AFM测量厚度的样品并不容易制备,因为需要在样品表面做出陡峭边缘。这可以通过在沉积时遮掩样品的一些部分获得,然而,沉积条件仍然不利于形成尖锐边缘。

理想情况下,需要有两个台阶形成一个所谓的"台阶高度样品",可以使用规范文件(ISO 5436-1)进行评估,如图11.10所示。在一些样品上,如果基板足够耐刮擦且薄膜可以比较容易部分剥离,则可以通过刮擦法实现薄膜厚度的表征。一般样品只能有一个台阶,因此,类似的方法(但不包括在任何标准中)仅可以用于拟合单个台阶,而忽略接近台阶本身的轮廓部分。如果数据经过水平校准,我们也可以使用直方图或类似的高度统计评估所有数据的台阶高度,而不仅仅是轮廓。

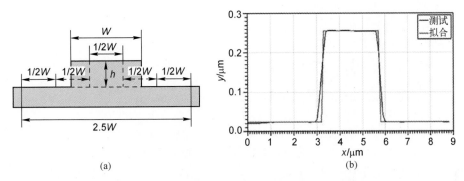

图 11.10　台阶高度分析示意图(a)和实际数据示例(b)

11.5　针尖样品卷积对统计特性的影响

如前所述,针尖样品卷积是 SPM 测量中最大的误差源之一。如果我们表征光学薄膜,通常会希望测量非常小的粗糙度。但是由于这些薄膜的质量很高,主要用于低光散射的情况,因此,测量小于探针半径的特征问题是光学薄膜表征中的常见问题。在示例中,我们展示了粗糙硅样品(通过阳极氧化和氧化物溶解制备[26])上相同区域的测量结果。我们使用了一种新的探针设计用于敏感样品的 AFM 测量(Bruker 的 ScanasystAir)和一种相对较大的探针用于扫描热显微镜测量(Bruker 的 VITA-DM-GLA)。在图 11.11 中,给出了相同区域的比较。

可以预见,针尖卷积效应不仅仅会影响尺寸测量,而且还会影响统计数据处理的结果,如粗糙度或自相关长度等。对于直接测量而言,可以直观地估计针尖卷积对数据的影响(如我们看到在表面上的多个针尖成像)。但是对于统计算法,数据是否受到影响并没有简单的规律可循。最佳的解决方案是模拟测量的每种类型实体表面的效果。对于柱状薄膜[18]和类似分形的粗糙表面[27],这项工作展开的较早,并且发现针尖卷积效应大幅度抑制了较高空间频率,从而导致粗糙度降低和自相关长度增加。例如,根据图 11.11 所示的数据,尖锐 AFM 探针测量的粗糙度值为 $\sigma_{rms} = 6.96nm$,较大的 SThM 探针的粗糙度值为 $\sigma_{rms} = 5.68nm$。在高斯 ACF 假设下,获得的对应尖锐的 AFM 探针的自相关长度为 67nm,而对应较大的 SThM 探针的自相关长度为 65nm。

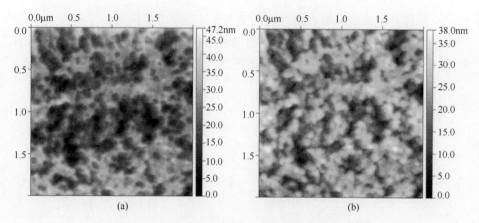

图 11.11　不同探针对同一表面区域的测试结果

（a）尖锐的 AFM 探针；（b）大半径的热显微镜探针。

11.6　展望

扫描探针显微镜非常适用于光学薄膜的测量,除了更低的噪声、更快的扫描速度和改进的快捷使用方式外,如果仅仅是讨论尺寸测量,近年来在商业仪器中并没有实质性的改进。标准 SPM 的基本限制仍然是相同的——测量时间和测量面积。当分析粗糙度时,总是会遇到这两种麻烦,因为需要覆盖大范围的空间频率,而且通常不确定增大或减小扫描区域是否影响结果。在此,在这里讨论另外一些测量方案,这些方案尚未商业化,但是可以解决薄膜粗糙度和缺陷分析中的一些问题。

在扫描过程中,通常以规则采样矩阵的形式采集数据,从可视化和进一步数据处理的角度来看,这是一种非常简便的方法。如果在大面积上进行测量,则采用常规扫描并不总是理想的方法。例如,如果要确定宽空间频率范围内的功率谱密度函数(参见 11.4 节),需要密集采样(覆盖高频)和大区域采样(覆盖低频)。这些要求导致测量时间非常长并且大大提高了探针丢失信息的风险。在大面积测量数据存储中也出现了某些扫描算法的问题。如果需要系统移动超过毫米或厘米范围,必须比现有系统快很多(通常最高速度为数百 μm/s)。此外,以 nm 分辨率测量超过 1mm 或 1cm 范围将会提供 10^{14} 个数据点,这在数据采集和数据处理方面都是不可行的。一种可行的解决方案是使用非等距(自适应)采样技术,仅测量数据分析阶段真正需要的数据点。如果抛开等间距点的概念,可以安排多条扫描路径。例如,我们可以在最短的时间内对空间频率分析的最大统计信息进行优化测量,或者减少 SPM 测量中的一些典型误差,诸如由扫描轴快慢引起的数据各向异性的误差。

　　在最近的工作[28]中,我们创建了一个用于处理非等距扫描路径的数据库,这里提出了 4 种不同的扫描路径,这些路径与粗糙度的统计分析有关,因此,在光学薄膜分析中具有很高的潜力。图 11.12 展示了 4 条不同的路径。

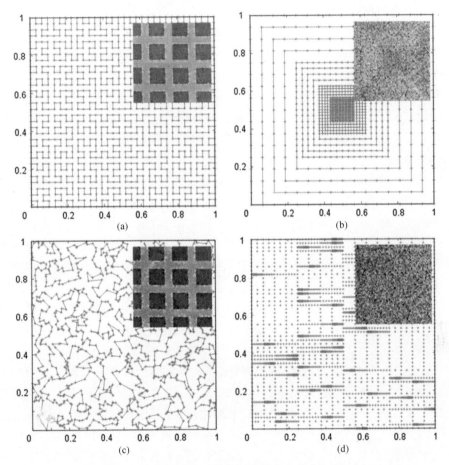

图 11.12　样品粗糙度测量的扫描路径(改编自文献[28])

(a) 空间填充扫描路径;(b) 随机扫描路径;(c) 二维倍频程扫描路径;(d) 一维倍频程扫描路径。

　　(1) 空间填充扫描路径。它基于希尔伯特空间填充曲线的有限阶近似[29-31](图 11.12(a)),这是另一种如何对两个笛卡儿坐标轴进行各向同性扫描的方法,适合于如上所述的粗糙度分析。应该强调的是,与常规的光栅扫描相比,该方法没有优选轴(快速扫描轴)。路径由 x 和 y 方向的短单元组成,非常频繁地改变方向并以类似分形的方式穿过样品。

（2）随机扫描路径。该路径具有更明显的各向同性（图11.12(b)），因为扫描方向完全是任意的，即使 x 和 y 方向都不是优选的。该路径在位置和扫描方向之间没有相关性，并且均匀地覆盖整个区域。产生该路径所需的随机位置在所测量的区域中均匀生成，然后，(部分地)近似求解旅行商问题[32]以构建对于针尖运动有效的扫描路径。

（3）二维倍频程扫描路径。以粗糙度测量为目的开发的扫描路径的变形（图11.12(c)），跨越空间频率的最大范围。它由一系列嵌套的规则网格组成，每个网格的粗糙度是内部较小网格的2倍，以螺旋方式扫描。因此，虽然它的位置和扫描方向之间存在相关性，但它也是各向同性的。创建该路径的目的是在给定数量的测量点下，获得尽可能多的粗糙度统计信息（高度和横向）。该方法所得到的功率谱密度函数中，既有高空间频率的密集信息也有低空间频率的大面积信息。

（4）一维倍频程扫描路径。该路径是上面提到的二维倍频程扫描路径的一个更简单的变换，仅关注于沿快速扫描轴的轮廓分析，因此，从典型的显微镜操作的角度来看，这是更常规的测量方法。特别是当表面纹理可以假设为各向同性时，它通常用于粗糙度分析。该路径由沿快轴的直线组成，每条直线由嵌套的规则一维网格构成。同样，该扫描路径可以在单次测量中覆盖更宽范围的空间频率。然而，数据是沿一个方向测量的，需要假设粗糙度是各向同性的。

为了显示使用其中一个扫描路径的优势，在图11.13中列出了用于粗糙样品测量的一维倍频程扫描路径的示例（使用 Simetrics 公司制造的用于分析的粗糙表面）。

在基于一维倍频程扫描路径的测量之后，将数据分成具有不同点间距的单条轮廓线，并计算功率谱密度函数（PSDF）。可以看到，使用这种方法可以跨越一个大尺度的空间频率。与一个接一个地使用不同分辨率的单独扫描相比，该方法的主要优点是：所有数据都是一次性收集的，所有数据后处理（如漂移校正或水平校准）都是一次完成的（因此，对于高分辨率和小范围的图像不需要添加人工倾斜）。这种方法还具有更好的表面统计特性，因为细节轮廓是在扫描区域的不同位置采集的。可以看出，由于高空间频率的信息来自于在倍频程扫描中具有较小采样步长的部分，因此它不仅覆盖更宽范围的频率，而且与常规扫描相比受噪声的影响要小得多。为了获得相同的空间频率覆盖范围，常规扫描线需要16倍的数据点。有关自适应测量以及此类数据中漂移处理的更多信息，请参见文献[28]。

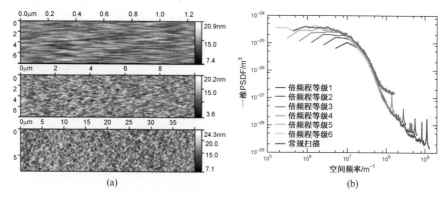

图 11.13 使用一维倍频程扫描的粗糙度样本测量(选自文献[28])

(a) 在 3 个选定的比例级别提取单个轮廓;(b) 从不同级别获得的 PSDF 与

从具有相同数量的点的常规扫描计算的 PSDF 相比较。

11.7 总结

扫描探针显微技术可用做薄膜光学表征的补充技术。该方法的大多数测量与表面粗糙度有关,也是出现在许多光学模型中的重要参数。如果要获取样品的准确参数,需要花费一些精力使仪器具有溯源性,即校准并对已知不确定性的预算。与 SPM 技术提供的各种可能性相比,在这一科学领域中使用 SPM 解决的任务通常是非常基础的,然而,即使这样,也仍然存在悬而未决的问题和新颖的研究方向,如本章简要讨论的大面积测量或更好涵盖表面统计特性的测量。

参考文献

[1] D. Franta, I. Ohlídal, P. Klapetek, P. Pokorný, Surf. Interface Anal. **34**, 759 (2002)

[2] P. Klapetek, I. Ohlídal, D. Franta, P. Pokorný, Surf. Interface Anal. **34**, 559 (2002)

[3] P. Klapetek, I. Ohlídal, D. Franta, A. Montaigne-Ramil, A. Bonanni, D. Stifter, H. Sitter, Acta Phys. Slovaca **22**, 223 (2003)

[4] P. Eaton, P. West, *Atomic Force Microscopy* (Oxford University Press, Oxford, 2010)

[5] P. Klapetek, *Quantitative Data Processing in Scanning Probe Microscopy* (Elsevier, Amsterdam, 2012)

[6] P. Klapetek, M. Valtr, M. Matula, Meas. Sci. Technol. **22**(9), 094011 (2011)

[7] V. Korpelainen, J. Seppä, A. Lassila, Precis. Eng. **34**(4), 735 (2010)

[8] H.J. Butt, B. Capella, M. Kappl, Surf. Sci. Rep. **59**, 1 (2005)

[9] C. Clifford, M. Seah, Nanotechnology **16**(9), 1666 (2005)

[10] M.S. Kim, J.H. Choi, J.H. Kim, Y.K. Park, Measurement **43**, 520 (2010)

[11] N. Burnham, X. Chen, C. Hodges, G. Matei, E. Thoreson, C. Roberts, M. Davies, S. Tendler, Nanotechnology **14**(1), 1 (2003)

[12] J. te Riet, A.J. Katan, C. Rankl, S.W. Stahl, A.M. van Buul, I.Y. Phang, A. Gomez-Casado, P. Schön, J.W. Gerritsen, A. Cambi, A.E. Rowan, G.J. Vancso, P. Jonkheijm, J. Huskens, T.H. Oosterkamp, H. Gaub, P. Hinterdorfer, C.G. Figdor, S. Speller, Ultramicroscopy **111**(12), 1659 (2011)

[13] G. Matei, E. Thoreson, J. Pratt, D. Newell, N. Burnham, Rev. Sci. Instrum. **77**(8), 083703 (2006)

[14] M. Kim, J. Choi, J. Kim, Y. Park, Meas. Sci. Technol. **18**, 3351 (2007)

[15] P.J. Cumpson, C.A. Clifford, J. Hedley, Meas. Sci. Technol. **15**, 1337 (2004)

[16] A. Campbellová, M. Valtr, J. Zůda, P. Klapetek, Meas. Sci. Technol. **22**, 094007 (2011)

[17] J.S. Villarrubia, J. Res. Natl. Inst. Stand. Technol. **102**, 425 (1997)

[18] P. Klapetek, I. Ohlídal, Ultramicroscopy **94**, 19 (2003)

[19] D. Nečas, P. Klapetek, Meas. Sci. Technol. **28**(3), 034014

[20] D. Nečas, P. Klapetek, Cent. Eur. J. Phys. **10**(1), 181 (2012)

[21] S.M. Jordan, R. Schad, J.F. Lawler, D.J.L. Hermann, H. van Kempen, J. Phys, Condens. Matter **10**, L355 (1998)

[22] T. Yoshinobu, A. Iwamoto, K. Sudoh, H. Iwasaki, J. Vac. Sci. Technol. B **13**(4), 1630 (1995)

[23] H.N. Yang, Y.P. Zhao, A. Chan, T.M. Lu, G.C. Wang, Phys. Rev. B **56**, 4224 (1997)

[24] R. Buzio, C. Boragno, F. Biscarini, F.B. de Mongeot, U. Valbusa, Nat. Mater. **2**, 233 (2003)

[25] A. Mannelquist, N. Almqvist, S. Fredriksson, Appl. Phys. A **66**, 891 (1998)

[26] J. Zemek, K. Olejnik, P. Klapetek, Surf. Sci. **602**(7), 1440 (2008)

[27] P. Klapetek, I. Ohlídal, J. Bílek, Ultramicroscopy **102**, 5159 (2004)

[28] P. Klapetek, A. Yacoot, P. Grolich, M. Valtr, D. Nečas, Meas. Sci. Technol. **28**(3), 034015 (2017)

[29] D. Hilbert, Math. Ann. **38**, 459 (1891)

[30] D.J. Abel, D.M. Mark, Int. J. Geogr. Inf. Syst. **4**(1), 21 (1990)

[31] M. Bader, *Space-Filling Curves* (Springer, Berlin, 2012)

[32] M.M. Flood, Op. Res. **4**(1), 61 (1956)

第12章 共振波导光栅结构

斯蒂芬妮·克罗克尔 托马斯·西夫肯①

摘 要 共振波导光栅是一种具有波长、入射角和偏振态选择性反射或透射光的亚波长结构,在各类光学传感器和光电器件中激发了人们的研究兴趣。共振波导光栅已应用于高精度计量仪器的低噪声光学元件中,如用于实现光钟或引力波探测器中的稳频激光系统。在这些应用中,光学薄膜的布朗热噪声严重限制了系统的灵敏度。在本章中,我们将讨论光学薄膜的布朗热噪声与机械损耗的关联性,并介绍单片共振波导光栅,以避免使用无定形薄膜来降低热噪声。首先,我们将介绍一种光学薄膜机械损耗的表征方法,并讨论其对高精度计量的影响。之后,我们将解释共振波导光栅的工作原理。最后,讨论了几种用于尺寸和光学特性的表征技术,并给出了具有一维和二维周期结构的单片波导光栅的实验结果。

12.1 引言

1985 年,Mashev 和 Popov 首次观察到介质薄膜光栅零级衍射效率的异常现象[1],这些反射光谱中的尖峰被认定为导波的共振激发。从那时起,这种共振波导光栅在许多光学应用中激发了人们的兴趣。它们被用于带阻滤光片[2-5]和带通的滤光片[6-7]、激光器中的反射镜[8]、生物传感器的场增强元件[9-10]、光

① 斯蒂芬妮·克罗克尔(✉)

不伦瑞克工业大学新兴纳米计量实验室(LENA),德国不伦瑞克,波克尔斯特拉斯 14 号,邮编38106

德国联邦物理技术研究院,德国不伦瑞克,联邦大道 100 号,邮编38116

e-mail: s. kroker@ tu-braunschweig. de

托马斯·西夫肯

耶拿·弗里德里希·席勒大学,应用物理研究所,德国耶拿,阿尔伯特-爱因斯坦大街 15 号,邮编07745

德国联邦物理技术研究院,德国不伦瑞克,联邦大道 100 号,38116

e-mail: thomas. siefke@ uni-jena. de

源[11]、非线性频率转换器[12-13]以及粒子势阱[14]。利用高折射率材料、具有二维周期性的光栅结构和复杂的光栅几何结构,可以在较大范围内形成共振波导光栅的光谱和角度特性[15-22]。

在过去的 10 年里,共振波导光栅作为低噪声光学元件出现在高精度精密计量领域,诸如用于光钟和引力波探测器中的稳频激光系统[23-25]。在这些应用中,光学元件的布朗热噪声严重限制了系统的灵敏度[26-30]。例如,引力波探测器需要检测到相对长度变化的量级大约在 10^{-21} m 甚至更小[31]。因此,该系统中需要用到高灵敏度激光干涉仪[32,33]。图 12.1 是安装在 LIGO(LIGO 激光干涉仪引力波观测站)探测器中的迈克尔逊干涉仪原理图。2015 年 9 月,第一次探测引力波[31],不仅是对爱因斯坦广义相对论理论的另一个证明[34],更是新天文学的开端,这就是引力波天文学。

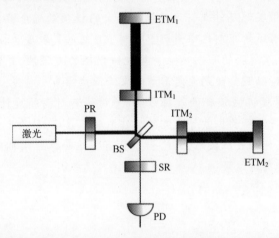

图 12.1　典型的迈克尔逊引力波干涉仪示意图(带有腔臂、能量回收和信号回收)
(臂长一般为几千米,BS 为分光镜,ETM 为输出质量测试,ITM 为输入测试质量,
PR 为功率回收反射镜,SR 为信号回收反射镜。激光束的宽度表示功率的大小)

对于 GW 天文学而言,科学家们计划将当前第二代引力波探测器的灵敏度在下一代探测器中再提高一个数量级。这种 GW 天文台的一种可能的设计,称为爱因斯坦望远镜[35-36],是在欧洲的一次合作中开发出来的[37]。"爱因斯坦望远镜"将开启一扇探索天体和宇宙本身新物理特性的窗户。由于热噪声的存在,光学薄膜是达到所需灵敏度的关键元件[38]。在先进 LIGO 探测器中,光学薄膜元件由多层二氧化硅和五氧化二钽薄膜多层膜构成[39]。在未来低温工作的 GW 探测器中,端反射镜(输出测试质量)和腔耦合器(输入测试质量)的无定形薄膜将成为限制灵敏度的因素。

下一章我们将讨论光学薄膜的机械损耗(内耗的测量)与布朗热噪声的相关性。我们将引入单片共振波导光栅,避免使用无定形薄膜来降低热噪声。首先,我们将介绍一种光学薄膜机械损耗的表征方法,并讨论它对于高精度计量的意义。然后,我们将解释共振波导光栅的工作原理。最后,讨论了几种尺寸和光学特性的表征技术,并给出了具有一维和二维周期性的单片波导光栅的实验结果。

12.2 光学薄膜材料机械损耗的表征和波导光栅在精密计量中的意义

高精密光学实验中的反射元件通常是基于多光束干涉原理,在光学基板表面交替沉积高、低折射率膜层来实现。如上所述,对于引力波探测器,薄膜材料通常选择二氧化硅(SiO_2)和五氧化二钽(Ta_2O_5),基板材料通常选择为熔融石英[39]。这些材料在低吸收损耗和散射损耗方面具有优良的光学特性。

光学元件中的布朗热噪声来源于样品表面的波动[40]。能量均分定理指出,每个具有特定温度 T 的粒子在每个自由度下的能量均为 $k_B T/2$,其中 k_B 是玻耳兹曼常数。因此,具有随机相位的光线与光学元件中的固体原子相互作用,固体原子将产生持续的热运动。涨落耗散定理表明,热噪声与材料机械损耗有关[41]①。对于表面镀有总厚度为 h 的高反膜反射镜,布朗噪声能量谱密度 $S_z(f, T)$ 为[30]

$$S_z(f,T) = \frac{2k_B T}{\pi^{3/2} f} \frac{1}{Yw} \left[\Phi_s(T) + \frac{h}{\sqrt{\pi} R} \left(\frac{Y_s}{Y_C} + \frac{Y_C}{Y_s} \right) \Phi_C(T) \right] \tag{12.1}$$

式中:Y 和 Y' 分别表示基板的杨氏模量和薄膜的平均杨氏模量;Φ_s 和 Φ_C 与机械损耗有关(温度相关量);T 为温度;f 为频率;R 为激光光束的半径。式(12.1)说明可从以下4个方面降低布朗热噪声。

(1)低温。

(2)低损耗材料。

(3)低薄膜厚度。

(4)大光束半径(需要较大基板)。

在高反射薄膜光学元件中,由于光学薄膜具有较大的机械损耗,其布朗热噪声占主导地位。因此,对相关薄膜材料的损耗分量研究具有重要意义。可以通

---

① 读者可能从电阻的约翰逊-尼奎斯特噪声中熟悉这种关系。这里热噪声也与电阻成正比,即损耗[42,43]。

过环形腔衰荡技术测量机械损耗。因此,激发薄膜基板的机械共振后,对衰荡时间(初始振幅的 $1/e$ 倍衰减)进行测量。机械损耗的计算公式为

$$\Phi = \frac{1}{\pi f_0 \tau} \qquad (12.2)$$

式中:f_0 为机械共振的本征频率。通常,测量的机械损耗包含系统中的所有机械耗散过程,如热弹性阻尼[43]或缺陷诱导阻尼[44]等。为了表征光学薄膜的机械损耗,将基板材料的影响和潜在悬挂损耗最小化是必要的,这是通过在微弱弯曲表面沉积相关薄膜材料实现的。由镀膜前(Φ_S)和镀膜后(Φ_{total})样品的损耗测量得到薄膜的机械损耗 Φ_C[45] 为

$$\Phi_{\text{total}} = \frac{1}{D} \left[(D-1)\Phi_S + \Phi_C \right] \qquad (12.3)$$

D 是稀释因子,则

$$D = \frac{E_C + E_S}{E_C} \qquad (12.4)$$

式中:E_C 为薄膜弹性能;E_S 为基板弹性能,稀释因子代表耗散的体积权重。它解释了这样一个事实:只有储存在薄膜(基板)中的弹性变形能量部分可以通过薄膜(基板)中的损耗机制耗散。因此,弹性能和 D 取决于力学模型的情况,可以使用 ANSYS 或 COMSOL 等有限元软件计算[46-47]。

　　图 12.2(a)显示了具有相同挠度的纯硅和硅上镀制氧化钽薄膜的机械损耗温度依赖性。在低温下,无定形薄膜使基板的损耗增加了几个数量级[43,48-49]。为了降低无定形薄膜材料的机械损耗,研究了离子掺杂和后续热处理等工艺[45,49-50]。图 12.2(b)说明了这些后处理技术可以降低大约 20% 的损耗。除了无定形材料的优化之外,硅、蓝宝石或砷化镓等晶体材料的机械损耗比无定形材料的机械损耗高出几个数量级[51]。这一事实引起了人们对基于 $Al_x Ga_{1-x} As$ 作为无定形多层膜替代晶体膜堆的兴趣。已经证明,这些外延生长的膜堆可以大幅度降低热噪声[52]。

　　第三种降低无定形薄膜有害影响的方法是减小薄膜厚度。在多层介质膜反射镜中,减小膜层厚度不利于提高反射率。相反,共振波导光栅提供了高反射率结构层,其厚度是典型的多层介质膜反射镜厚度的约 1/10。如下一节所述,共振波导光栅甚至可以完全单片实现,而无需添加任何有损耗的无定形材料。薄膜与光栅一体化能够在低温下运行,不会产生薄膜应力引起的变形。此外,对于硅基板,通过高度发达的硅基刻蚀技术,可以获得最大直径达到 45cm 的大尺寸样品。因此,单片共振波导光栅既具备了光学元件所需的全部要求,同时又具有较低的布朗热噪声。

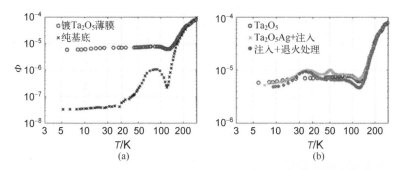

图 12.2 在挠性单晶硅基板上镀制 500nm 氧化钽薄膜前后机械损耗的温度依赖性(a),
以及在离子注入和热处理后,在挠性硅基板镀有氧化钽薄膜的机械损耗(b)[46]

12.3 波导光栅作为高反射率反射镜

20 世纪 80 年代,Mashev、Popov 以及 Golubenko[1-2]首次发现并证明了介质结构中共振光耦合引起的高反射效应,其结构如图 12.3 所示。光栅结构引起波导的微扰,这种微扰使沿 z 方向传播的入射光波耦合到波导中并沿水平 x 方向传播。入射光波的耦合通常受第一衍射级次的影响[53]。为此,对于光栅周期 p,需要满足

$$\frac{\lambda}{n_h + \sin\varphi} < p < \frac{\lambda}{n_1 + \sin\varphi} \qquad (12.5)$$

式中:φ 是入射角。光栅周期满足右边公式的条件,可使结构的波导层中产生第一级衍射,用于实现入射波与波导模式之间的耦合。满足左边公式条件确保了第一级衍射不会在包层中传播。满足式(12.5),还可以确保在自由空间中只允许零级衍射的传播。因此,在理想结构中,在较高的衍射级次中不会损失光。

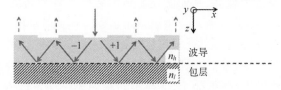

图 12.3 高反射共振波导光栅工作原理示意图

由于波导管的微扰,光不会被完美地引导而会产生泄漏。通过调整结构参数(周期、脊宽、高度),可以实现部分光波向上方耦合的结构干涉。共振光的耦合效应不仅局限于图 12.3 所示的结构类型,还可以扩展到其他几种结构类型,

如双波纹波导[54],甚至是独立光栅或集成 T 形光栅。图 12.4 给出了典型类型的概述。图 12.4(c)~(d)中的结构没有显示完整的波导结构,但其高折射率光栅层仍然能够限制光线。Magnusson 和他的同事描述了这种强微扰波导结构的理论[19-21]。Lalanne 和 Karagodsky 等人提出了微扰波导和漏模模型的一种替代方法[56-57],他们使用布洛赫模式描述强调制波导光栅的行为。

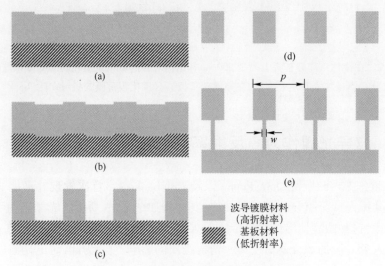

图 12.4　共振波导光栅的几种结构类型
(a) 具有结构波导层;(b) 具有结构的基板;(c) 二元结构波导光栅;
(d) 独立波导光栅结构;(e) 单片波导光栅结构。

　　独立结构光栅和 T 形光栅的整体性避免了膜层应力,还能够将这些元件的热噪声降低到最低,这将在下一节详细讨论。与独立结构相比,T 形光栅并不受限于小尺寸样品,而是可扩展到几乎所有的区域。在这些结构中,低折射率包层被有效的低折射率层所代替,从而防止光从波导层耦合到高折射率硅基板。支撑结构的有效脊宽 w 越小,解耦程度就越大(图 12.4(e))。图 12.5 展示了 T 形光栅反射镜中经过严格计算的能量密度分布,采用了 RCWA(严格耦合波分析)方法进行仿真[58]。电磁场被限制在波导层中,只能穿透到支撑结构中。在 x 方向(波导模式传播的方向,如图 12.3 所示),能量密度明显被限制在材料中,并且不像人们期望的那样均匀地分布在波导模中。具体解释如下:由于脊(硅,折射率为 3.48)和槽(自由空间,折射率为 1.0)的折射率具有较大差距,波导的微扰很强。强微扰导致波导模式的传播长度非常短,大约只有一个周期。短传播长度将使光线被约束在 T 形结构的上部脊内。

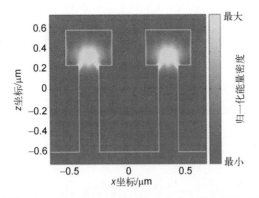

图 12.5　高反射率纳米结构反射镜中的能量密度分布(模拟参数:光栅周期为 688nm,
波导层深度为 350nm,波导层占空比为 0.56,支撑结构深度为 800nm,
支撑结构占空比为 0.25,波长为 1550nm,入射角为 0°,偏振态为 TM 模)

单片纳米结构反射镜的优化设计要求高反射率、较大的制造公差以及良好的机械稳定性,发现支撑结构与上层之间的脊宽比约为 1:2 的结构满足这两个要求。

12.4　单片波导光栅的制造

纳米结构单晶硅反射镜的实现是基于半导体工业中已经成熟的技术。第一步,在硅基板上沉积铬薄膜和电子束敏感光刻胶(图 12.6(a))。前者采用离子束沉积工艺,后者采用旋涂工艺。然后,利用电子束光刻技术在光刻胶表面绘制亚波长光栅图形。该过程可以形成一维和二维周期性结构,如图 12.6(b)所示。在此步骤之后,通过图 12.6(c)所示的各向异性(即二元)刻蚀加工将图像结构转移到铬薄膜上。然后,将该层用做硬掩模以最终构造硅基板。在这里,首先对上层(二元)使用各向异性加工(图 12.6(d)),通过调整蚀刻时间以达到设计的凹槽深度。

为了实现最终的 T 形结构,可以使用以下两种方法。一种方法是在倾斜角度的条件下,在侧壁上沉积一层铬薄膜[24]。当凹槽底部仍需要横向刻蚀时,此过程可防止脊侧壁进一步腐蚀。然后,采用各向同性(即多向)刻蚀工艺使上部结构的根切产生薄支撑结构,最终得到如图 12.6(e)、(f)所示的结构;另一种方法是实现根切结构的方法,采用气体切割工艺[19]。因此,反应蚀刻气体中的氟和碳的比率可以在脊面的(各向同性)蚀刻和钝化之间交替切换。该工艺制成 T 形结构的典型特征是具有波纹状的支撑结构,如图 12.7 中的扫描电镜图像所

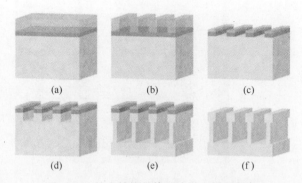

图 12.6　纳米结构晶体硅波导光栅的制备

（a）表面顶部带有铬膜和光刻胶的基板；（b）电子束光刻和显影后的光刻胶图案；
（c）通过各向异性干法蚀刻将图案转移到铬层中；（d）各向异性蚀刻后的二元结构；
（e）用各向同性刻蚀工艺和去除铬\光刻胶层后的 T 形结构反射镜。

示。应该提到的是，如果在结构设计中适当考虑这些特性，则这些特性不会限制其光学功能的形成。

图 12.7　由晶体硅制成的集成波导光栅的扫描电子图像（具有 720nm 的二维周期）

12.5　波导光栅的尺寸表征

　　功能性微纳光学表面的性能在很大程度上取决于结构的几何尺寸。因此，结构几何尺寸测量是优化相关制造工艺和了解结构光学特性（它可能与设计值不同）的关键技术。用于尺寸表征的标准仪器是扫描电子显微镜（SEM）。因此，需要制备样品的横截面如图 12.7 所示。或者可以利用聚焦离子束（FIB）SEM 拍摄结构的图像。另外，一些用于尺寸表征的仪器还包括原子力显微镜（AFM）、氦离子显微镜（HIM）以及散射仪和椭圆偏振仪等光学技术[59-61]。通常,必须将这些仪器中的几种相互配合使用,获取有关尺寸波导光栅特性的可靠信息。

12.6 波导光栅的光学表征

在后面的章节中,我们将讨论依赖于波长、入射角、偏振的透射率和反射率表征技术。在高精度光学测量中,低温有利于共振波导光栅的测量。因此,还讨论了温度变化对单片集成波导光栅光谱特性的影响。

12.6.1 在谐振腔中的反射率测量

高反射波导光栅的反射率可以通过第 16 章中提到的环形腔衰荡技术精确测量,也可以使用如图 12.8(a) 所示的谐振腔装置[24]。将常规的多层膜反射镜用做透射率为 t_1^2 的耦合器。通过测量腔体精细度 F,耦合器端部波导薄膜反射镜的振幅反射率 $r_{12} = r_1 r_2$ 可由下式定义为

$$r_{12} = r_1 r_2 = 2 - \cos \frac{\pi}{F} - \sqrt{\left(\cos \frac{\pi}{F} - 2 \right)^2 - 1}$$ (12.6)

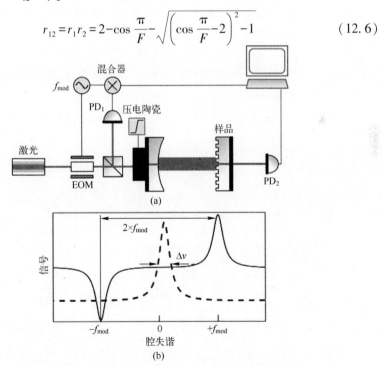

图 12.8 使用谐振腔的反射率测量装置示意图(a) 及信号依赖于谐振腔失谐
(b)(在 $\pm f_{mod}$ 处频率标记用于校准频率范围)

299

精细度 F 是自由光谱区(FSR)f_{FSR} 与腔线宽 Δf(半高全宽度)之比。FSR 由腔长 L 得出,即

$$f_{FSR}=\frac{c}{2L} \tag{12.7}$$

通过连接在输入镜上的压电驱动器改变长度 L。谐振腔的失谐导致由光电二极管 2(PD2)测量的透射信号中出现典型的爱里峰(图 12.8(b))。为了确定 f 需要进行频率校准,因此,这里将使用 Pound-Drever-Hall(PDH)技术。利用电光调制器(EOM)在谐振腔的谐振频率附近处产生 $\pm f_{mod}$ 的边带,这些边带用于频率标记。然后,通过本地振荡器解调在光电二极管 1(PD1)中检测到的腔反射。根据图 12.8(b)所示的信号曲线,可以计算出波导光栅的反射率。Brückner 等人在原理实验中证明:在 1550nm 波长下波导光栅的反射率为 $(99.79\pm0.01)\%^{[24]}$。

12.6.2　光谱和角度相关的反射率和透射率测量

单片谐振波导光栅的反射率对入射光的波长和角度表现出较大的容差。图 12.9 展示了图 12.7 中 SEM 图像所示的二维周期结构的表征结果。用商用的 Perkin Elmer 公司的 Lambda 950 分光光度计测试得到图 12.9(a)中的光谱[62],在较宽波长范围内反射率达到接近 100%。这种光谱宽带性能是由结构内较大的折射率对比度引起的[15,57]。在此,最大 500nm 的全带宽与常规多层膜反射镜的带宽相比没有竞争力,适当设计的一维周期结构可以得到类似的光谱结果[24]。

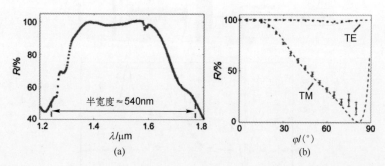

图 12.9　图 12.8 所示结构的表征结果(虚线表示使用 RCWA 进行模拟的结果)
(a) 在入射角为 8°时测量的横向磁偏振的反射率(TM);(b) 波长为 1550nm 的角反射光谱。

二维结构具有非常大的角度容差,这个独特的特征是其一维对应结构无法实现的[24]。图 12.9(b)比较了横向磁偏振(TM)和横向电偏振(TE)的角反射

率谱。使用 1550nm 波长的光纤耦合激光器和安装样品旋转台进行相关测量，实验装置如图 12.10 所示。由于结构对称性，在正入射（即 0°）时，两个偏振的反射率在一定精度范围内是相同的。随着入射角的增加，TM 反射率降低，而 TE 反射率在整个角度谱内保持接近一致（≥98.2%）。在受微扰波导的简化图中，可以通过以下方式理解这种现象：在 TE 偏振中，电场中唯一的非消失分量垂直于入射平面，改变该平面内的入射角基本上不影响该电场分量与波导的耦合条件。在垂直于入射平面的方向上，该偏振态的光线仍作用到与正入射相同的周期。对于 TM 偏振，必须考虑入射平面中的场分量。在这种情况下，角度的改变导致有效光栅周期增加，这使得高反射率结构失谐。在光线接近正入射时，菲涅耳反射决定了结构的反射特性，从而导致反射率的增加。总之，单片纳米结构反射镜可以获得很大的角度和光谱容差，这使其他相关元件对于调整误差具有鲁棒性。

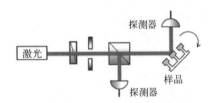

图 12.10　波导光栅的角度相关反射率表征的示意图（分束器使相对测量不受激光光源功率波动的影响）

12.6.3　温度相关的透射率测量

单片硅波导薄膜应用于低温环境下。与基于常规多层膜解决方案不同，由于它们的集成特性使其在冷却时不会产生由不同热膨胀系数的材料而引起的附加应力。将集成硅反射镜置于低温下会产生两种效应。第一，热膨胀改变了结构的周期、深度和脊宽。室温下硅的热膨胀系数为 $2.5\times10^{-6}/K$，随着温度降低至 10K 时，热膨胀系数降低到约 $5\times10^{-10}/K$[63]。另外，结构参数的相对变化小于 $2\times10^{-4}/K$，可以忽略不计。第二，硅的带隙从 300K 时的 1.12eV 变化到 10K 时的 1.17eV[63-64]。带隙的温度依赖性导致低温下折射率降低。因此，折射率变化值由热光系数 $\beta(T)$ 确定，即

$$\Delta n(T_1) = \int_{T_0=300K}^{T_1} \beta(T)\mathrm{d}T \qquad (12.8)$$

基于 Komma 等人提供的 $\beta(T)$ 实验数据[65]，$\Delta n(T_1=10K)$ 可以确定为 −0.03。折射率降低导致反射率最大值的光谱蓝移。由于晶体硅的材料色散 $\mathrm{d}n/\mathrm{d}\lambda$ 仅

为 $10^{-4[66]}$，因此，其影响远小于与温度相关的折射率变化 dn/dT。图 12.11(a)显示了在室温和 10K 下，图 12.7 中给出结构的透射光谱。使用具有光学窗口的低温恒温器表征，用卤素灯和单色仪测量了光谱，每个光谱显示出两个透射率极小值。对于所研究的结构，较宽的支撑结构会降低两个极小值之间的透射率，从而导致较宽波长范围的低透射率，相当于反射率接近 100%。在光谱中，1380nm 波长附近的透射率极小值比 1540nm 波长附近的极小值更明显。该现象可能由于在短波长下具有较高水平的散射光，以及上光栅区域中的场与支撑结构发生不同的相互作用。光谱最小值位于小于 1550nm 波长处的现象是由于上光栅区域的深度小于设计值。如图 12.11(a)所示，短波长透射率极小值(左边透射率极小值)的偏移小于长波长透射率极小值的偏移。然而，较大温度容差的代价是对光栅上层厚度提出更高的精度要求。因此，不建议通过调整结构参数将该透射率最小值移动到 1550nm 的波长。

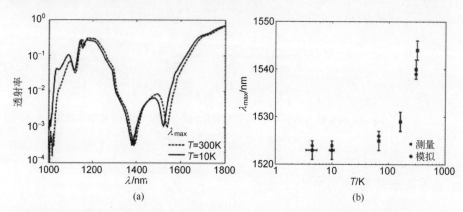

图 12.11　图 12.7 所示结构的实测透射光谱。室温光谱的蓝移是折射率降低 0.03 的
　　　　结果(a)。在图(a)最右侧波长的最大反射率(最小透射率)随温度的变化(b)

从 $\Delta n(T_1 = 10\text{K})$ 可以通过求解麦克斯韦方程的严格方法计算最小透射率的波长，如 RCWA[58]。图 12.11(b)对比了这些模拟结果与实验数据。数据表明，纳米结构晶体反射镜需要针对特定目标温度进行设计。由于低温下 $\beta(T)$ 减小，在低于 100K 的温度下只有很小的光谱偏移。这种偏移意味着，在室温下反射镜的设计制造和预表征必须涵盖 $\lambda_{max} + \Delta\lambda$，以解决低温下的光谱偏移问题。$\Delta\lambda$ 的值取决于工作温度以及结构参数。在接近室温的应用中，温度相关的折射率可以使最大反射率(或最小透射率)的波长精确调整到目标波长。

12.7　展望

为了克服未来引力波探测器中布朗热噪声的限制,所有低噪声概念的主要挑战是改善所涉及元件的力学、热和/或光学特性。不断改进的性能需要不断改进的表征方法。对于波导光栅来说,主要挑战是确定散射光的来源,并通过优化制造技术系统地降低散射损耗。具体散射光的表征可见第 14 章中所述的相关技术。由于电磁场的强调制,波导光栅中的缺陷和表面粗糙度在高场强的区域中尤为重要。减少散射光是提高反射率的关键,也是波导光栅能够优于无定形和晶体多层膜反射镜的关键。一旦解决了这一难题,高精度光学实验的灵敏度可以提高 10 倍[67]。

致谢:用于高精度计量的光波导薄膜样品在应用物理研究所制备完成(耶拿,弗里德里希·席勒大学),感谢 T. Käsebier、M. Banasch、H. Schmidt、W. Gräf 和 W. Rockstroh 在样品制备方面的支持。

参考文献

[1] L. Mashev, E. Popov, Zero order anomaly of dielectric coated gratings. Opt. Commun. **55**, 377–380 (1985)

[2] A. Sharon, D. Rosenblatt, A.A. Friesem, Narrow spectral bandwidths with grating waveguide structures. Appl. Phys. Lett. **69**, 4154 (1997)

[3] D.L. Brundrett, E.N. Glytsis, T.K. Gaylord, Normal-incidence guided-mode resonant grating filters: design and experimental demonstration. Opt. Lett. **23**, 700–702 (1998)

[4] Y. Wang, Y. Kanamori, J. Ye, H. Sameshima, K. Hane, Fabrication and characterization of nanoscale resonant gratings on thin silicon membrane. Opt. Express **17**, 4938–4943 (2009)

[5] F. Brückner, S. Kroker, D. Friedrich, E.-B. Kley, A. Tünnermann, Widely tunable monolithic narrowband grating filter for near-infrared radiation. Opt. Lett. **36**, 436–438 (2011)

[6] Y. Ding, R. Magnusson, Doubly resonant single-layer bandpass optical filters. Opt. Lett. **29** 1135–1137 (2004)

[7] S. Steiner, S. Kroker, T. Käsebier, E.-B. Kley, A. Tünnermann, Angular bandpass filters based on dielectric resonant waveguide gratings. Opt. Express **20**, 22555–22562 (2012)

[8] M.C.Y. Huang, Y. Zhou, J. Chang-Hasnain, A surface-emitting laser incorporating a high-index-contrast subwavelength grating. Nat. Photonics **1**, 119–122 (2007)

[9] Y. Fang, A.M. Ferrie, N.H. Fontaine, J. Mauro, J. Balakrishnan, Resonant Waveguide Grating Biosensor for Living Cell Sensing. Biophys. J. **91**, 1925–1940 (2006)

[10] H.N. Daghestani, B.W. Day, Theory and applications of surface plasmon resonance, resonant mirror, in *Resonant Waveguide Grating, and Dual Polarization Interferometry Biosensors*. Sensors, vol. 10, pp. 9630–9646 (2010)

[11] I.-S. Chunga, Jesper Mørk, Silicon-photonics light source realized by III–V/Si-grating-mirror laser. Appl. Phys. Lett. **97**, 151113 (2010)

[12] M. Siltanena, S. Leivo, P. Voima, M. Kauranen, Strong enhancement of second-harmonic generation in all-dielectric resonant waveguide grating. Appl. Phys. Lett. **91**, 111109 (2007)

[13] A. Saari, G. Genty, M. Siltanen, P. Karvinen, P. Vahimaa, M. Kuittinen, M. Kauranen, Giant enhancement of second-harmonic generation in multiple diffraction orders from sub-wavelength resonant waveguide grating. Opt. Lett. **18**, 12298–12303 (2010)

[14] R. Magnusson, Y. Ding, K. J. Lee, D. Shin, P.S. Priambodo, P.P. Young, A. Maldonado, Photonic devices enabled by waveguide-mode resonance effects in periodically modulated films, in Nano- and Micro-Optics for Information Systems. Proceedings of SPIE, vol. 5225, pp. 20–34 (2003)

[15] C.F.R. Mateus, M.C.Y. Huang, Y. Deng, A.R. Neureuther, C.J. Chang-Hasnain, Ultrabroadband mirror using low-index cladded subwavelength grating. IEEE Photonics Technol. Lett. **16**, 518–520 (2004)

[16] K.J. Lee, J. Curzan, M. Shokooh-Saremi, R. Magnusson, *Resonant wideband polarizer with single silicon layer*. Appl. Phys. Lett. **98**, 211112 (2011)

[17] S. Kroker, T. Käsebier, E.-B. Kley, A. Tünnermann, Coupled grating reflectors with highly angular tolerant reflectance. Opt. Lett. **38**, 3336–3339 (2013)

[18] S. Peng, G.M. Morris, Experimental demonstration of resonant anomalies in diffraction from twodimensional gratings. Opt. Lett. **21**, 549–551 (1996)

[19] S. Kroker, T. Käsebier, S. Steiner, E.-B. Kley, A. Tünnermann, High efficiency two-dimensional grating reflectors with angularly tunable polarization efficiency. Appl. Phys. Lett. **102**, 161111 (2013)

[20] Y. Ding, R. Magnusson, Resonant leaky-mode spectral-band engineering and device applications. Opt. Express **12**, 5661–5674 (2004)

[21] R. Magnusson, M. Shokooh-Saremi, Physical basis for wideband resonant reflectors. Opt. Express **16**, 3456–3462 (2008)

[22] Y. Ding, R. Magnusson, Use of nondegenerate resonant leaky modes to fashion diverse optical spectra. Opt. Express **12**, 1885–1891 (2004)

[23] A. Bunkowski, O. Burmeister, D.Friedrich, K. Danzmann, R. Schnabel, High reflectivity grating waveguide coatings for 1064 nm. Class. Quant. Gravity **23**, 7279–7303 (2006)

[24] F. Brückner, D. Friedrich, T. Clausnitzer, M. Britzger, O. Burmeister, K. Danzmann, E.-B. Kley, A. Tünnermann, R. Schnabel, Realization of a monolithic high-reflectivity cavity mirror from a single silicon crystal. Phys. Rev. Lett. **104**, 163903 (2010)

[25] D. Friedrich, et al., Waveguide grating mirror in a fully suspended 10 meter Fabry-Perot cavity. Class. Quant. Gravity **19**, 14955–14963 (2011)

[26] Y. Levin, Internal thermal noise in the LIGO test masses: a direct approach. Phys. Rev. D **57**, 659 (1998)

[27] K. Numata, A. Kemery, J. Camp, Thermal-noise limit in the frequency stabilization of lasers with rigid cavities. Phys. Rev. Lett. **93**, 250602 (2004)

[28] T. Kessler, C. Hagemann, C. Grebing, T. Legero, U. Sterr, F. Riehle, M.J. Martin, L. Che, J. Ye, A sub-40-mHz-linewidth laser based on a silicon single-crystal optical cavity. Nat. Photonics **6**, 687–692 (2012)

[29] K. Jacobs, I. Tittonen, H.M. Wiseman, S. Schiller, Quantum noise in the position measurement of a cavity mirror undergoing Brownian motion. Phys. Rev. A **60**, 538 (1999)

[30] G.M. Harry, et al., Thermal noise from optical coatings in gravitational wave detectors. Appl. Opt. **45**, 1569–1574 (2006)

[31] B.P. Abbott et al. (LIGO Scientific Collaboration and Virgo Collaboration), Observation of gravitational waves from a binary black hole merger. Phys. Rev. Lett. **116**, 061102 (2016)

[32] W.A. Edelstein, J. Hough, J.R. Pugh, W. Martin, Limits to the measurement of displacement in an interferometric gravitational radiation detector. J. Phys. E: Sci. Instrum. **11**, 710 (1978)

[33] G.M. Harry. (for the LIGO Scientific Collaboration), Advanced LIGO: the next generation of gravitational wave detectors. Class. Quant Gravity **27**, 084006 (2010)

[34] A. Einstein, Die Grundlage der allgemeinen Relativitätstheorie. Annalen der Physik. **7**, 769–822 (1916)

[35] B. Sathyaprakash, et al., Scientific objectives of Einstein telescope. Class. Quant. Gravity **29**, 124013 (2012)

[36] M. Punturo, et al., The Einstein Telescope: a third-generation gravitational wave observatory. Class. Quant. Gravity **27**, 194002 (2010)

[37] The Einstein Telescope Science Team, Einstein gravitational wave Telescope conceptual design study, ET-0106C-10, http://www.et-gw.eu/etdsdocument, 2011

[38] R. Nawrodt, S. Rowan, J. Hough, M. Punturo, F. Ricci, J.-Y. Vinet, Challenges in thermal noise for 3rd generation of gravitational wave detectors. Gen. Relat. Gravity **43**, 593–622 (2011)

[39] L. Pinard, C. Michel, B. Sassolas, L. Balzarini, J. Degallaix, V. Dolique, R. Flaminio, D. Forest, M. Granata, B. Lagrange, N. Straniero, J. Teillon, G. Cagnoli, Mirrors used in the LIGO interferometers for first detection of gravitational waves. Appl. Opt. **56**, C11–C15 (2016)

[40] G.E. Uhlenbeck, L.S. Ornstein, On the theory of the Brownian Motion. Phys. Rev. **36**, 823 (1930)

[41] H.B. Callen, T.A. Welton, Irreversibility and generalized noise. Phys. Rev. **83**,34 (1951)

[42] J.B. Johnson, Thermal agitation of electricity in conductors. Phys. Rev. **32**, 97 (1928)

[43] H. Nyquist, Thermal agitation of electric charge in conductors. Phys. Rev. **32**, 100 (1928)

[44] C. Zener, Internal friction in solids II. General theory of thermoelastic internal friction. Phys. Rev. **53**, 90 (1938)

[45] D. Heinert, A. Grib, K. Haughian, J. Hough, S. Kroker, P. Murray, R. Nawrodt, S. Rowan, C. Schwarz, P. Seidel, A. Tünnermann, Potential mechanical loss mechanisms in bulk materials for future gravitational wave detectors. J. Phys: Conf. Ser. **228**, 012032 (2010)

[46] C. Schwarz, *Private Communication*

[47] M. Granata, E. Saracco, N. Morgado, A. Cajgfinger, G. Cagnoli, J. Degallaix, V. Dolique, D. Forest, J. Franc, C. Michel, L. Pinard, R. Flaminio, Mechanical loss in state-of-the-art amorphous optical coatings. Phys. Rev. D **93**, 012007 (2017)

[48] M. Principe, I.M. Pinto, V. Pierro, R. DeSalvo, I. Taurasi, A.E. Villar, E.D. Black, K.G. Libbrecht, C. Michel, N. Morgado, L. Pinard, Material loss angles from direct measurements of broadband thermal noise. Phys. Rev. D **91**, 022005 (2015)

[49] S. Gras, H. Yu, W. Yam, D. Martynov, M. Evans, Audio-band coating thermal noise measurement for advanced LIGO with a multi-mode optical resonator. Phys. Rev. D **95**, 022001 (2017)

[50] I.W. Martin et al., Comparison of the temperature dependence of the mechanical dissipation in thin films of Ta2O5 and Ta2O5 doped with TiO2. Class. Quant. Gravity **26**, 155012 (2009)

[51] R. Flaminio, J. Franc, C. Michel, N. Morgado, L. Pinard, B. Sassolas, A study of coating mechanical and optical losses in view of reducing mirror thermal noise in gravitational wave detectors. Class. Quant. Gravity **27**, 084030 (2010)

[52] G.D. Cole, W. Zhang, M.J. Martin, J. Ye, M. Aspelmeyer, Tenfold reduction of Brownian noise in high-reflectivity optical coatings. Nat. Photonics **7**, 644–650 (2013)

[53] A. Sharon, D. Rosenblatt, A.A. Friesem, Resonant grating-waveguide structures for visible and near-infrared radiation. J. Opt. Soc. Am. A **14**, 2985–2993 (1997)

[54] O. Stenzel, S. Wilbrandt, X. Chen, R. Schlegel, L. Coriand, A. Duparré, U. Zeitner, T. Benkenstein, C. Wächter, Observation of the waveguide resonance in a periodically patterned high refractive index broadband antireflection coating. Appl. Opt. **53**, 3147–3156 (2014)

[55] F. Brückner, T. Clausnitzer, O. Burmeister, D.Friedrich, E.-B. Kley, K. Danzmann, A. Tünnermann, R. Schnabel, Monolithic dielectric surfaces as new low-loss light–matter interfaces. Opt. Lett. **33** 264–266 (2008)

[56] P. Lalanne, J.P. Hugonin, P. Chavel, Optical properties of deep lamellar gratings: a Bloch mode insight. J. Lightwave Technol. **24**, 2442–2449 (2006)

[57] V. Karagodsky, C.J. Chang-Hasnain, Physics of near-wavelength high contrast gratings. Opt. Express **20**, 10888–10895 (2012)

[58] M.G. Moharam, T.K. Gaylord, Rigorous coupled-wave analysis of planar grating diffraction. J. Opt. Soc. Am. A **71**, 811–818 (1981)

[59] S. Schröder, T. Herffurth, H. Blaschke, A. Duparré, Angle-resolved scattering: an effective method for characterizing thin-film coatings. Appl. Opt. **50**, C164–C171 (2011)

[60] H. Gross, R. Model, M. Bär, M. Wurm, B. Bodermann, A. Rathsfeld, Mathematical modelling of indirect measurements in scatterometry. Measurement **39**, 782–794 (2006)

[61] R.M.A. Azzam, N.M. Bashara, Generalized ellipsometry for surfaces with directional preference: application to diffraction gratings. J. Opt. Soc. Am. **46**, 1521–1523 (1972)

[62] www.perkinelmer.com

[63] http://www.ioffe.rssi.ru. Accessed 16 Jan 2017

[64] J. Komma, C. Schwarz, G. Hofmann, D. Heinert, R. Nawrodt, Thermo-optic coefficient of silicon at 1550 nm and cryogenic temperatures. Appl. Phys. Lett. **101**, 041905 (2012)

[65] http://refractiveindex.info/. Accessed 16 Jan 2017

[66] H.Y. Fan, Temperature dependence of the energy gap in semiconductors. Phys. Rev. **82**, 900 (1951)

[67] D. Heinert, S. Kroker, D. Friedrich, S. Hild, E.-B. Kley, S. Leavey, I. W. Martin, R. Nawrodt, A. Tünnermann, S. P Vyatchanin, K. Yamamoto, Calculation of thermal noise in grating reflectors, Phy. Rev. D **88**, 042001 (2013)

第 13 章 深紫外线栅偏振片的偏振控制

托马斯·西夫肯,斯蒂芬妮·克罗克尔①

摘 要 偏振是横向电磁波的固有特性。因此,对偏振态的控制是许多光学应用中的基本要求。目前,光学测量和制造技术都在努力向短波长紫外线发展,以获得更高的分辨率和用于分析材料特定的电子跃迁。随着纳米技术的发展,制造这种波长范围的诸如线栅偏振片等亚波长器件已经成为可能。这类元件具有大接收角度、大面积,并且可与其他光学元件集成,如光掩模或图像传感器。但是,亚波长器件不仅要满足一定的几何特性,而且还必须提供特定的材料特性。本章简要介绍了基于双折射、反射和二向色偏振片的基本概念,并讨论了它们的局限性。概述了目前市场上广泛使用的线栅偏振片并论述了偏振片元件的表征。详细讨论了线栅偏振片的工作原理、结构和材料要求,并介绍了其设计和制作过程。制备的元件透射光谱在近紫外光谱区呈现共振特征。讨论了如何利用它们来重建几何结构,并推导了在较短、较难接近的远紫外线波长下偏振片的性能。最后,给出了紫外波长区不同材料线栅偏振片的对比结果。

13.1 引言

光是一种横向电磁波,其固有的偏振特性决定了电场振荡的模式和方向。因此,偏振光的产生和分析是当今光学技术中的一项非常重要的任务,如光

① 托马斯·西夫肯(⊠)

德国联邦物理技术研究院,德国不伦瑞克,联邦大道 100 号,邮编 38116

耶拿·弗里德里希·席勒大学,应用物理研究所,德国耶拿,阿尔伯特–爱因斯坦大街 15 号,邮编 07745

e–mail: thomas. siefke@ uni–jena. de

斯蒂芬妮·克罗克尔

不伦瑞克工业大学新兴纳米计量实验室(LENA),德国不伦瑞克,波克尔斯特拉斯 14 号,邮编 38106

e–mail: thomas. siefke@ uni–jena. de

刻[1-3]、掩模检测[4-5]或椭圆偏振测量[6-7]。这些技术得益于更高的分辨率和材料特定的电子跃迁提供的额外信息,因此,需要较短波长的偏振片。与其他可行的解决方案相比,线栅偏振片具有较大元件尺寸、较宽接收角度并且易于集成到光掩模中等特点。因此,这些元件的进一步发展将推动未来光学技术的进步。

马吕斯(Etienne Louis Malus)完成了光学偏振特性的部分早期实验研究工作,并于1808年发表了实验结果[8]。在这些实验的基础上,菲涅尔和托马斯·杨进一步研究了光波的横向特性。在1861年,麦克斯韦发表了以他名字命名的著名方程,从此可以计算偏振特性。这在当时是有争议的理论,1888年,赫兹在实验上支持了该理论[9]。为了进行66cm波长的无线电波实验,赫兹发明了第一种线栅偏振片。该装置由木制框架组成,其中直径为1mm的铜线以3cm的周期连接在网格中。

在接下来的几十年里,这种由单根导线组成独立网栅的方法扩展到远红外波长。但是这种方法限制了光栅周期,George R. Bird和Maxfield Parrish Jr. 在1960年第一次提出在聚合物光栅上通过物理气相沉积金或铝制成的线栅偏振片[10]。在改进的纳米制造技术的推动下,使用相同的方法在透明基板上制备金属光栅,使波长进一步扩展到近紫外范围[11-13]。最近,利用自组装二嵌段共聚物制造了周期小于33nm的铝线栅偏振片[14]。然而,遗憾的是,仅仅是制造非常小的周期结构不足以实现良好的光学性能。高效的偏振片需要选择具有高绝对值相对介电常数和消光系数的材料。在金属中,这是由光与自由电子的强相互作用所决定的。然而,在紫外或更短的波长下,这种相互作用变得更弱。因此,具有直接带间跃迁的宽禁带半导体等其他材料是更合适的材料[15-16]。

在下一章中,我们将讨论一般的偏振特性,介绍最重要的商用偏振元件,并讨论其表征方法。然后,阐述线栅偏振片的工作原理,并得到对材料的要求。此外,介绍深紫外线栅偏振片的设计,并讨论此类元件的制造方法。另外还有透射光谱中出现的共振与制造工艺偏差引起的不规则性相关。最后,根据文献的测量结果,比较由不同材料组成的线栅偏振片的应用范围。

13.2　光的偏振

光作为沿 z 轴传播的横向电磁波,可以通过两个独立波的叠加描述。根据笛卡儿坐标系分解,电场 E_x 和 E_y 可以定义为

$$E_x(z,t) = E_{0,x}\cos(\omega t - kz) \tag{13.1}$$

$$E_y(z,t) = E_{0,y}\cos(\omega t - kz + \delta) \tag{13.2}$$

式中:$E_{0,x}$和$E_{0,y}$是电场振幅;δ是两波之间的相位。每个偏振态都可以用这两个正交波的叠加描述。在图 13.1(a)中,两个正交波以相同的振幅同相位振荡。这两个波的叠加产生沿对角线平面的线偏振光振荡。通过在两个正交波之间引入 $\pi/2$ 的相位差,可以实现所谓的圆偏振光,合成的电场矢量的尖端在投影到 x $-y$ 平面的圆上移动(图 13.1(b))[17,18]。通过改变振幅和相位之间的关系,可以获得任意偏振态。表 13.1 总结了不同偏振态的形成条件。

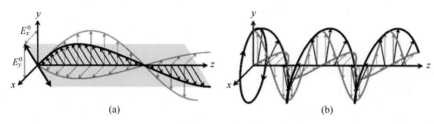

图 13.1　两波叠加产生的偏振光

(a)线偏振;(b)圆偏振光。

表 13.1　偏振态

偏　振　态	条　　件
线偏振光	$E_{0,x}$ 和 $E_{0,y}$ 任意选取,$\delta=\pm2\pi N$,其中 $N\in N_0$,或满足等式 $E_{0,x}=0$ 或 $E_{0,y}=0$
圆偏振光	$E_{0,x}=E_{0,y}$,$\delta=\pi/2\pm2\pi N$,其中 $N\in N_0$
椭圆偏振光	$E_{0,x}$、$E_{0,y}$ 和 δ 任意选取

许多光源发出的光,其偏振态变化非常快且具有统计学意义,这样的光称为自然光。经常使用的术语"非偏振"有些误导,因为实际上光在某个特定的空间和时间上是偏振的。偏振状态没有明显改变的持续时间称为极化时间[19],它可能比探测器可分辨的时间要短得多。因此,光似乎是没有偏振的。本文讨论的线栅偏振片是线偏振片,即透射光是线偏振光。

13.3　偏振元件的表征

假设理想的线偏振光束通过理想的线偏振片,就可以找到最大的光透射方向。偏振方向与线偏振片方向正交,就可以找到最小透射率,沿两个正交轴 T_trans 和 T_block 的透射率可用于偏振的表征。对最小透射率方向偏振光的抑制程度可以用消光比表示,即

$$Er=\frac{T_\text{trans}}{T_\text{block}} \tag{13.3}$$

实际上,可以通过使用配备有参考偏振片的分光光度计进行偏振片的光谱表征,这个参考偏振片通常称为分析器(放置在样品的前面或后面)。对于偏振片样品和分析器之间不同角度 Θ 下的测量透射率 T 由下式给出,即

$$T = 1/4 \left(T_{\text{block},S} + T_{\text{trans},S} \right) \left(T_{\text{block},A} + T_{\text{trans},A} \right)$$
$$+ 1/4 \cos(\Theta) \times \left(T_{\text{block},S} - T_{\text{trans},S} \right) \left(T_{\text{block},A} - T_{\text{trans},A} \right) \quad (13.4)$$

式中: $T_{\text{block},S}$ 和 $T_{\text{trans},S}$ 是样品的透射率; $T_{\text{block},A}$ 和 $T_{\text{trans},A}$ 是分析器的透射率。假设使用完美的分析器(即 $T_{\text{block},A} = 0$, $T_{\text{trans},A} = 1$), $T_{\text{block},S}$ 是 $I(\Theta)$ 的最小值, $T_{\text{trans},S}$ 是 $I(\Theta)$ 的最大值。但是,如果分析器不完美,则测量可能无效。在实际应用中,分析器的消光比应比样品的消光比大两个数量级。如果已知分析器的性能,则可以使用式(13.4)校正结果。另外,必须考虑仪器固有的偏振效应,如反射镜反射光线产生的偏振效应。

13.4 偏振控制的商用元件

对于偏振控制,主要是利用非对称或各向异性现象,特别是双折射、二色性和反射等是重要技术。在下面的部分中,表 13.2 中对现有技术解决方案及其各种偏振片性能进行了总结。

表 13.2 几种商用偏振片的比较

	波长范围/nm	透射率/%	消光比	φ	面积	成本
双折射棱镜格兰-汤普森	200~5000	>95	$>10^6$	–	–	–
Rochon 镜	130~7000	>95	$>10^5$	–	–	–
二向色玻璃	400~5000	25~40	10^4	o	+	+
聚合物	400~700	30~40	$>10^3$	o	+	+
金属线栅	300~30000	50~80	$>10^3$	+	o	o
反射	200~30000(单波长)	>95	$>10^3$	–	o	+

双折射材料的折射率取决于入射光的传播方向和偏振态。对于偏振片的制造,通常使用单轴材料,如方解石、氟化镁或 α-BBO。这种双折射材料的两个棱镜以合适的角度抛光后相互胶合。在界面处,入射光的正交偏振分量之一发生全反射或者与另一个偏振分量不同的折射。双折射棱镜偏振片具有高达 10^6 的极高消光比和高透射率。应用波长范围由所用材料决定,范围可从远紫外到远红外。然而,这些元件通常很大并且入射角限制在几十度以内。由于可用晶体

的有限尺寸,因此,这类元件的净孔径通常为几十毫米[17,18]。

二向色材料的消光系数表现出光学各向异性,与双折射相类似。平行于某一轴取向的偏振光的吸收远大于正交偏振光。在商业上,基本上有两种类型的二向色偏振片,分别是基于聚合物板和玻璃板。它们是通过在高温下拉伸聚合物薄膜[18]或载有金属纳米颗粒的玻璃板制成的,从而实现了各向异性。这些可以是非常便宜的元件,面积可以做到几平方米的大小。然而,这类元件对温度敏感(特别是基于聚合物的元件),而且消光比和透射率也是有限的,应用波长范围通常包括可见光到中红外的光谱区。

线栅偏振片属于二向色偏振片的一种,后文将详细讨论它们的工作模式。商用线栅偏振片的应用范围从紫外约300nm到远红外30μm不等。在透射率为50%~80%时,可达到的消光比为10^4。线栅偏振片的一个特殊优点是其大的接收角几乎覆盖整个半球空间。

界面处的反射一般取决于入射光的偏振。在布鲁斯特角下 p 偏振光的反射率下降到零,因此,在理论上反射光的消光比变为无穷大。然而,这只能在特定的角度和波长下才能实现。因此,这类元件对入射光束失调或发散非常敏感。可以通过使用多个平板或多层膜结构在一定程度内降低这种敏感性。实际上,这类偏振片的消光比约为1000,并且允许入射角的偏差达到几度[20]。

13.5 线栅偏振片

线栅偏振片(WGP)具有纳米光栅结构(图13.2)。入射光的偏振方向是根据电场向量和脊线之间的方向确定。平行方向称为 TE(横向电场)偏振,正交方向称为 TM(横向磁场)偏振。

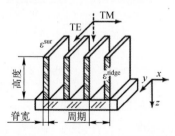

图13.2 线栅偏振片示意图(平行于脊部的线偏振入射光称为横向电场(TE),与脊部正交的光称为横向磁场(TM))

为了避免光栅结构的衍射,周期 p 必须满足零级光栅条件(ZOG),对比式(12.5),有

$$p < \frac{\lambda}{(n_{\text{sub}} + \sin\varphi)} \tag{13.5}$$

式中:λ 是应用波长;n_{sub} 是基板的折射率;φ 是入射角(x-z 平面,如图 13.2 所示)。在技术上可以实现很小的周期[14],甚至在可见光和红外光谱区的掠入射($\varphi \sim 90°$)也可以满足式(13.5)。因此,制造具有大接收角的元件是可行的,这使得线栅偏振片优于其他解决方案。

为了理解 WGP 的工作原理,在脊材料和周围介质(这里是空气或真空)之间水平表面上的电场 $\boldsymbol{E}$[21] 的偏振条件为

$$E_{\text{TE}}^{\text{ridge}} = E_{\text{TE}}^{\text{vac}} \quad \text{TE 偏振} \tag{13.6}$$

$$\varepsilon^{\text{ridge}} E_{\text{TM}}^{\text{ridge}} = \varepsilon^{\text{vac}} E_{\text{TM}}^{\text{sur}} \quad \text{TM 偏振} \tag{13.7}$$

对于 TE 偏振光,电场在界面处是连续的(式(13.7))。因此,入射在 WGP 上的平面波畸变很小(图 13.3(a))。对于具有非零消光系数的材料,光能量会以指数衰减,可以使用比尔–朗伯定律近似,即

$$T_{\text{TE}} = \text{e}^{-\frac{4\pi k_{\text{eff}} z}{\lambda}} \tag{13.8}$$

对于波长 λ,如果脊高度 z 变大或者光栅的有效消光系数 k_{eff} 变大,则 TE 偏振光的透射率变小。这意味着对于线栅偏振片,必须使用消光系数大的材料。

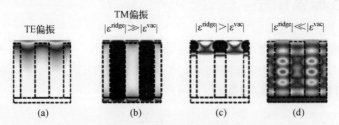

图 13.3　线栅偏振片中的电场分布示意图
(a) 虚线表示光栅脊和基板的位置;(b) 用于 TE 偏振光和具有非零消光系数的光栅材料;
(c) 相对介电常数绝对值大于周围介质的材料;(d) 相对介电常数绝对值远小于周围介质的材料。

对于 TM 偏振,介电位移在表面是连续的(见式(13.7))。根据电场的绝对值,可以区分为 3 种不同的情况。

(1) $|\varepsilon^{\text{ridge}}| \gg |\varepsilon^{\text{sur}}|$。如果脊的介电常数绝对值远大于周围介质的介电常数绝对值,则电场主要集中在脊之间的间隙中。因此,TM 偏振光的透射率非常高(图 3.3(b)),这是 WGP 的首选工作模式。

(2) $|\varepsilon^{\text{ridge}}| \geqslant |\varepsilon^{\text{sur}}|$。如果脊的介电常数绝对值与周围介质的介电常数

绝对值接近，则电场会穿透脊。因此，TM 偏振光的透射率很小，该工作模式不太方便或者根本不适用。

（3）$|\varepsilon^{\text{ridge}}| \ll |\varepsilon^{\text{sur}}|$。如果脊的介电常数绝对值远小于周围介质的介电常数绝对值，则电场主要集中到脊中。由于光栅材料必须具有非零消光系数，因此电场被强烈吸收（图 13.3(c)），TM 偏振光的透射率非常低。在特殊情况下，TM 偏振光的透射率小于 TE 偏振光的透射率，这称为逆偏振效应，通常只能在的非常窄光谱区实现（约 10nm）[22]。

介电常数的绝对值与折射率 n 和消光系数 k 的关系为

$$|\varepsilon| = n^2 + k^2 \tag{13.9}$$

总之，要实现大消光比和高透射率的 WGP，就需要一种消光系数和介电常数绝对值大的材料。

在可见光和红外波长区，这可以通过使用铝、金或银等金属轻松实现。在这些波长区域，这些材料可以用德鲁特模型进行适当地描述。因此，相对介电常数表示为[23]

$$\varepsilon(\omega) = 1 - \frac{\omega_p^2}{(\omega^2 + \mathrm{i}\gamma\omega)} \tag{13.10}$$

$$\omega_p = \sqrt{\frac{n_e e^2}{\varepsilon_0 m_e}} \tag{13.11}$$

式中：ω 为频率；ω_p 为等离子体频率；n_e 为自由电子数；m_e 为有效电子质量。

图 13.4 为计算得到的铝的复折射率和介电常数的绝对值。根据 WGP 的材料要求，可以推导出 4 种不同的工作方式。

（1）对于可见光和长波长的红外波长范围，消光系数和相对介电常数都很大。因此，这种材料非常适合。

（2）对于近紫外波段中，随着波长的变短，消光系数和相对介电常数都降低。因此，这种 WGP 的光学性能也随之降低。

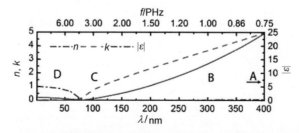

图 13.4　根据德鲁特模型计算得到铝的折射率和相对介电常数

（3）在略大于等离子体频率的波长情况下，相对介电常数变得小于周围介质的相对介电常数。因此，可能实现逆偏振效应的 WGP。

（4）对于等离子体频率以下的波长，材料的消光系数变得非常小，这样的材料不能用于 WGP。

由这些考虑可以得出结论，包含德鲁特金属的 WGP 在紫外光谱区的光学性能将降低，并且在某一波长以下将无法使用。对几种材料（如铱[13]或铝[24]）进行了实验观察。

特别是在紫外光谱区，许多材料表现出带间跃迁。如果入射光子的能量大于材料的带隙能量，电子就可以被激发到导带中某个状态。这种吸收现象对于宽带隙半导体（如二氧化钛对紫外谱段的吸收）变得很重要。这些带间吸收过程可以用 Tauc-Lorentz 模型描述[25]，即

$$\mathrm{Im}\{\varepsilon\} = \frac{AE_0\Gamma\ (E-E_g)^2}{(E^2-E_0^2)^2+\Gamma^2E^2}\ \frac{1}{E} \quad (E>E_g) \tag{13.12}$$

$$\mathrm{Im}\{\varepsilon\} = 0 \quad (E\leqslant E_g) \tag{13.13}$$

式中：E 是入射光子的能量；E_g 是带隙能量；E_0 是峰值跃迁能量；A 是振子强度。使用 Kramers-Kronig 关系可以得到介电常数的实部。

如图 13.5 所示，还可以得到 WGP 的几种工作状态。

（1）在峰值跃迁能量 E_0 附近，消光系数和相对介电常数都很大。因此，该材料非常适合在该波长下使用 WGP。

（2）在较小波长处，消光系数和相对介电常数都降低。因此，这种材料不太适合在这个波长使用。

（3）对于更高的光子能量，通常可以激发其他跃迁[26]。因此，相对介电常数不会低于周围真空的相对介电常数，并且不能观察到逆偏振效应。

（4）在比带隙能量更小的能量下，不能激发带间跃迁，消光系数几乎为零。因此，该材料不能用做线栅偏振片。

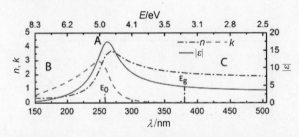

图 13.5　根据 Tauc-Lorentz 模型计算得到的复折射率（见式（13.12））

结果表明,在目标应用波长处具有峰值跃迁能量的宽带隙半导体可以用做WGP 的材料。值得注意的是,基于带间跃迁过程的 WGP 的主要损耗机制是吸收。因此,对于金属基的 WGP,入射的 TE 偏振光不会被反射。这就避免了对入射光束的后向反射,后向反射在诸如激光器的应用中必须引起注意。

13.6 线栅偏振片的制造

可以使用多种方法制造 WGP。由于需要小周期,因此,经常应用自对准双图案化(SADP)工艺[13,27-28]以放宽对光刻的要求。

对于 SADP 工艺,要制造一个初始层堆。首先,用旋涂法涂上酚醛树脂,通过随后的热处理使其完全固化;然后,通过离子束沉积制备铬层;最后,采用旋涂法旋涂电子束光刻胶。通过电子束字符投影曝光结构(图 13.6(a))。该技术是在电子束路径中采用图案化掩模,例如,带有光栅结构的掩模,然后在几微米的区域内一次性打印出来。与串行电子束光刻方法相比,该方法将写入时间减少了几个数量级[29]。然后,通过离子束蚀刻将该光栅转移到铬层中。图案化的铬层用做硬掩模,以增强随后酚醛树脂层用氧进行反应离子束刻蚀的选择性(图 13.6(b))。然后,利用所获得的聚合物光栅作为模板,通过原子层沉积[11-12,30]或离子束沉积[28]在其上沉积 WGP 的目标材料(图 13.6(c))。最后,使用离子束刻蚀去除水平表面上的材料,用反应离子束刻蚀去除模板光栅,从而获得了最终的 WGP 结构(图 13.6(c))[15-16,28]。

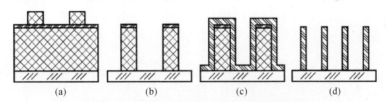

图 13.6 线栅偏振片制造工艺示意图
(a) 初始层堆制作和光刻;(b) 光栅模板的图案化;
(c) 光栅材料的沉积;(d) 去除水平表面上的材料以及光栅模板。

13.7 二氧化钛线栅偏振片的设计和表征

在下面的部分中,以包含二氧化钛的元件为例说明了 WGP 的设计。通常,必须满足两个光学目标参数,即消光比和 TM 偏振光的透射率。由于高透射率和大消光比是矛盾的,因此必须进行权衡。所以,许多商用的线栅偏振片提供了高透射率或高消光比的选择。

众所周知,所用材料的光学特性对最终元件的性能有很大影响[28],并且不同的沉积技术和设备可能会有很大差异[31]。因此,应在设计之前,通过椭圆偏振法[32-33](参见第8章和第9章)测量实际沉积工艺沉积的所使用材料的光学特性。图13.7为使用原子层沉积制备的二氧化钛的复折射率的测量结果[30]。

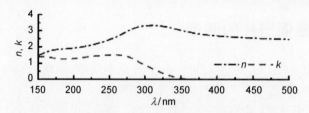

图13.7　原子层沉积制备的二氧化钛的复折射率测量结果

从确定周期开始。首先,必须遵守零级光栅条件(见式(13.5))。此外,必须平衡制造技术和目标周期。在该实例中,使用了104.5nm的周期。

接下来,确定脊宽度和高度。如前所示,WGP可以理解为形序双折射薄膜。偏振相关的折射率可以使用等效介质理论(EMT)近似,由此可以根据菲涅耳方程[34-35]计算透射率。虽然这种方法简便且具有说明性,但它包含了一些简化。对于等效介质的近似,周期必须小于入射光的波长[36]。尤其对于 DUV-WGP 来说,这是很难做到的。因此,采用如严格耦合波分析(RCWA)这样的数值方法是必要的[37]。这种方法可以计算消光比和 TM 偏振光透射率与脊宽和高度(图13.2)的依赖关系(图13.8)。通过与光学特性的目标参数比较(透射率大于50%、消光比大于100),可以确定一组几何参数。在这里,我们选择脊宽26nm、高度150nm。

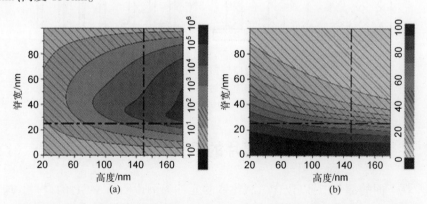

图13.8　模拟二氧化钛线栅偏振片的消光比(a)和透射率(b)与脊宽度和高度的相关性(248nm 波长垂直入射的情况)(消光比低于100且透射率低于50%的区域用阴影线表示。标记了选择的目标参数:脊宽为26nm,高度为100nm)

根据该设计制造了二氧化钛偏振片,测量的光学性能如图 13.9 所示。在 193nm 波长下,实现了消光比为 385,这是目前已报导该波长下的最大值。

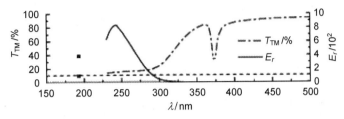

图 13.9　二氧化钛 WGP 的透射率和消光比的测量(虚线标记消光比为 100。如果测得的消光比高于该水平,则线栅偏振片是可用的,从而可以推导出应用范围)

但是,测量值低于预期设计值。线栅偏振片的实际性能对制造过程中引入的几何偏差非常敏感[28]。一方面,需要设计和制造技术之间的密切匹配;另一方面,需要严格控制加工过程。该过程控制可以基于对波长约为 375nm 的 TM 偏振光透射率共振特性的评估,其原因不是等距定位和倾斜的脊线[15]。图 13.10(a)给出了制造的二氧化钛线栅偏振片[16]的 STEM 图像,在图中可以看到这些特征。

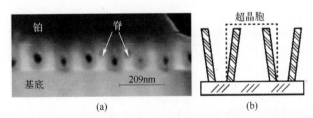

图 13.10　二氧化钛线栅偏振片的 STEM 图像(a)及扭曲结构的示意图(b)

由这些不对称性形成具有初始模板光栅周期的超晶胞(图 13.10(b))。这个 209nm 超晶胞的周期满足 ZOG 条件(见式(13.5)),因此倾角与衍射的发生无关。但是,由于条件

$$\lambda \geqslant n_{sub}\Lambda \qquad (13.13)$$

已经满足,当波长大于 313nm 时,可能会发生导模共振(有关更多信息,请参见第 12 章)。根据微扰波导的理论,谐振的强度——这里是倾角的深度——与微扰的不对称成比例。这种不对称反过来导致较短波长下的消光比降低[28]。因此,倾角的深度可以与目标波长处的消光比相关。通过初始模板光栅的宽度从 76nm 变化到 95nm,并评价 248nm 处的消光比以及共振时的最小透射率(图 13.11(b))进行实验验证(图 13.11(a))。

在近紫外波段中,对这种共振的评价预估 WGP 在更短波长处的性能。如

果应用波长处于极紫外波段,则这种方法是十分有益的,其中需要用到特殊仪器和更多的实验工作。通过评价共振的其他特性,如深度、位置、光谱宽度和角度依赖性,可以更详细地重建原始光栅结构[38]。这些信息可以用于控制和改进制造技术。

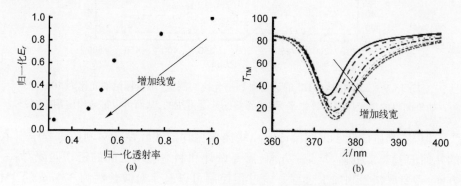

图 13.11　在 375nm 左右 TM 偏振光透射率下降的深度与 248nm 波长下
测量的消光比 E_r 之间的关系(a)以及将线宽从 76nm 增加
到 95nm 的透射率测量结果(b)

13.8　不同材料的应用范围

如前所述,WGP 材料的选择决定了光学性能和特定元件可利用的波长范围。为了比较由不同材料组成的 WGP 的光谱应用范围,我们以消光比 100 作为标准。如果消光比大于此值,我们认为该元件是可用的。将不需要的偏振方向抑制两个数量级可适用于多数情况,尽管针对某些特定应用,其他消光比的数值可能更合适。但是,可以从图 13.12 中得出一般性结论。

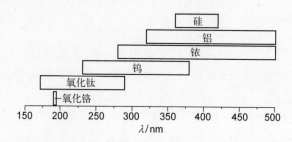

图 13.12　不同材料组成的线栅偏振片在紫外波段的应用范围[11-13,15-16,27,39]

13.9 展望

线栅偏振片在光学科学领域的应用具有悠久的历史。随着现代制造和表征技术的发展,制造红外、可见和近紫外光谱区的元件成为可能。未来,在远紫外光谱区,可使用的光谱区将进一步向更短的波长移动。如本章所述,必须使用其他材料,而不是目前在商用元件中使用的材料。

致谢:作者感谢德国科学基金会(PolEx 项目(KR4768/1-1)和 NanoMet 项目(GrK 1952/1))的支持。

参考文献

[1] S. Andriy, R. Matthieu, T.F. Ari, T. Setälä, Polarization time of unpolarized light. Optica **4**(1), 64–70 (2017)

[2] K. Asano, S. Yokoyama, A. Kemmochi, T. Yatagai, Fabrication and characterization of a deep ultraviolet wire grid polarizer with a chromium-oxide subwavelength grating. Appl. Opt. **53**, 2942–2948 (2014)

[3] G.R. Bird, M. Parrish Jr, The wire grid as a near-infrared polarizer. J. Opt. Soc. Am. **9**(50), 886–891 (1960)

[4] M. Born, E. Wolf, *Principles of Optics*, 7th(expanded) edn. (n.d.)

[5] Y. Bourgin, T. Siefke, T. Käsebier, P. Genevée, A. Szeghalmi, E.-B. Kley, U.D. Zeitner, Double-sided structured mask for sub-micron resolution proximity i-line mask-aligner lithography. Opt. Express **23**(13), 16628–16637 (2015)

[6] Y. Bourgin, T. Siefke, T. Käsebier, P. Genevée, A. Szeghalmi, E.-B. Kley, U.D. Zeitner, Double-sided diffractive photo-mask for sub-500 nm resolution proximity i-line mask-aligner lithography, in *SPIE Proceedings*, vol. 9426, 94260E (2015)

[7] W. Demtröder, *Experimentalphysik 2.* (Springer Spektrum, Berlin, 2013)

[8] D. Flagello, B. Geh, S. Hansen, M. Totzeck, Polarization effects associated with hyper-numerical-aperture (> 1) lithogrphy. J. Micro/Nanolith. MEMS MOEMS. **4**, 3 (2005)

[9] M. Fox, *Optical Properties of Solid*, 2nd edn. (Oxford University Press, Oxford, 2010)

[10] D. Franta, I. Ohlídal, Optical characterization of inhomogeneous thin films of ZrO2 by spectroscopic ellipsometry and spectroscopic reflectometry. Surf. Interface Anal. **30**, 574–579 (2000)

[11] D. Franta, I. Ohlídal, P. Klapetek, P. Pokorný, Characterization of the boundaries of thin films of TiO2 by atomic force microscopy and optical methods. Surf. Interface Anal. **34**, 759–762 (2002)

[12] E. Hecht, *Optik.* Oldenbourg: Oldenbourg Wissenschaftsverlag (2009)

[13] H. Hertz, Ueber Strahlen elektrischer Kraft. *Koeniglich Preussische Akademie der Wissenschaften* (1888)

[14] G.E. Jellison, F.A. Modine, Parameterization of the optical functions of amorphous materials in the interband. Appl. Phys. Lett. **69**, 371–373 (1996)

[15] B. Kahr, K. Claborn, The lives of Malus and his bicentennial law. ChemPhysChem **9**, 43–58 (2008)

[16] E.-B. Kley, H. Schmidt, U. Zeitner, M. Banasch, B. Schnabel, Enhanced E-beam pattern writing for nano-optics based on character projection, in *Proceedings of SPIE*, vol. 8352 (2012)

[17] P. Lalanne, J.-P. Hugonin, High-order effective-medium theory of subwavelength gratings in

classical mounting: application to volume holograms. JOSA A **15**, 1843 (1998)

[18] A. Lehmuskero, B. Bai, P. Vahimaa, M. Kuittinen, Wire-grid polarizers in the volume plasmon region. Opt. Express **17**, 5481–5489 (2009)

[19] A. Lehmuskero, M. Kuittinen, P. Vahimaa, Refractive index and extinction coefficient dependence of thin Al and Ir films on deposition technique and thickness. Opt. Express **15**(17), 10744 (2007)

[20] Y.-L. Liao, Y. Zhao, Design of wire-grid polarizer with effective medium theory. Opt. Quant Electron. **46**, 641–647 (2014)

[21] A. Macleod, Thin film polarizers and polarizing beam splitters. SVC Bulletin (Summer), 24–29 (2009)

[22] M. Moharam, T. Gaylord, Rigorous coupled-wave analysis of metallic surface-relief gratings (1986)

[23] MOXTEC. (n.d.). *ProFlux® UV Series Datasheet*

[24] D.A. Papaconstantopoulos, *Handbook of the Band Structure of Elemental Solids*. Plenum Press, New York (1986)

[25] V. Pelletier, K. Asakawa, M. Wu, D.H. Adamson, R.A. Register, P.M. Chaikin, Aluminum nanowire polarizing grids: Fabrication and analysis. Appl. Phys. Lett. **88**, 211114 (2006)

[26] S. Ratzsch, E.-B. Kley, A. Tünnermann, A. Szeghalmi, Influence of the oxygen plasma parameters on the atomic layer deposition of titanium dioxide. Nanotechnology **26**, 024003 (2015)

[27] T. Siefke, E.-B. Kley, A. Tünnermann, S. Kroker, Design and fabrication of titanium dioxide wire grid polarizer for the far ultraviolet spectral range, in *Proceedings of SPIE*, vol. 992706, 992706 (2016)

[28] T. Siefke, S. Kroker, K. Pfeiffer, O. Puffky, K. Dietrich, D. Franta, T. Siefke, Materials pushing the application limits of wire grid polarizers further into the deep ultraviolet spectral range. Adv. Opt. Mater. (2016)

[29] T. Siefke, D. Lehr, T. Weber, D. Voigt, E. Kley, A. Tünnermann, Fabrication influences on deep-ultraviolet tungsten wire grid polarizers manufactured by double patterning. Opt. Lett. **39**, 6434–6437 (2014)

[30] H.G. Tompkins, E.A. Irene, *Handbook of Ellipsometry* (Springer, Norwich, NY, 2005)

[31] H.G. Tompkins, T. Zhu, E. Chen, Determining thickness of thin metal films with spectroscopic ellipsometry for applications in magnetic random-access memory. JVSTA **16**, 1297–1302 (1998)

[32] T. Weber, T. Kaesebier, E.-B. Kley, S. Babin, G. Glushenko, A. Szeghalmi, Application of double pattering technology to fabricate optical elements: Process simulation, fabrication, and measurement. J. Vac. Sci. Technol. B **30**(3), 2166 (2012)

[33] T. Weber, T. Käsebier, M. Helgert, E.-B. Kley, A. Tünnermann, Tungsten wire grid polarizer for applications in the DUV spectral range. Appl. Opt. **51**, 3224–3227 (2012)

[34] T. Weber, T. Käsebier, B. Kley, A. Tünnermann, Broadband iridium wire grid polarizer for UV applications. Opt. Lett. **36**, 445–447 (2011)

[35] T. Weber, S. Kroker, T. Käsebier, B. Kley, A. Tünnermann, Silicon wire grid polarizer for ultraviolet applications. Appl. Opt. **53**, 8140–8144 (2014)

[36] M. Wurm, F. Pilarski, B. Bodermann, A new flexible scatterometer for critical dimension metrology. Rev. Sci. Instrum. **81**, 023701 (2010)

[37] P. Yeh, A new optical model for wire grid polarizer. Opt. Commun. **3**(26), 289–292 (1978)

[38] A.M. Zibold, W. Harnisch, T. Scherübl, N. Rosenkranz, J. Greif, Using the aerial image measurement technique to speed up mask development for 193 nm immersion and polarization lithography, in *Proceedings of SPIE* (2004)

[39] A. Zibold, U. Strössner, N. Rosenkranz, A. Ridley, R. Richter, W. Harnisch, A. Williams, First results for hyper NA scanner emulation from AIMS 45-193i, in *Proceedings of SPIE*, vol. 628312 (2006)

第四部分　散射和吸收

第14章 光学薄膜的粗糙度与散射

马库斯·特罗斯特 斯文·施罗德①

摘 要 近十年来,人们越来越关注光学元件的光散射测量。光散射不仅会产生一系列的噪声,降低光学系统的光通量和成像质量,而且在光学系统中还会产生杂散光。另一方面,光散射测量对微小缺陷和非均匀性有很高的灵敏度,使其成为光学表面检测的强大手段。光散射测量是可以很好表征表面质量的指标,也可以用来表征表面粗糙度或局部缺陷。本章首先介绍了散射量的主要分类及其标准;然后重点介绍用于表征光散射的仪器。结合多种应用实例,从超光滑基板的粗糙度表征到多层膜粗糙度的演化过程及其对散射性能的影响进行分析。

光学元件的光散射对光学系统的性能产生严重的影响。例如,当光从白纸或者电脑屏幕上发生漫反射时[1-2],它会产生一个均匀又明亮的背景,使人们很容易阅读黑色印刷的字母;进一步的例子是在光学系统中,漫反射材料或粗糙表面用于实现均匀的照明或在膜层内捕获光线,这可以用来提高薄膜太阳能电池的效率[3-4]。

但是,即使高质量的光学元件,这些微小的缺陷和非均匀性都会造成光学系统的光通量降低、光学成像质量下降或者杂散光,杂散光在光学系统中往往会造成出乎意料的实际困难[5]。

光散射的来源是多方面的,如残余的表面粗糙度和污染物[6,8]、表面的局部缺陷(划痕、凹坑等)[9-10]、表面以下的小裂纹(亚表面损伤)[11-12]或块体材料里的杂质[13-14]。

① 马库斯·特罗斯特(☒)

夫琅和费应用光学和精密工程研究所 IOF,德国耶拿,阿尔伯特-爱因斯坦大街 7 号,邮编 07745

e-mail: Marcus. Trost@ iof. fraunhofer. de

斯文·施罗德

夫琅和费应用光学和精密工程研究所 IOF,德国耶拿,阿尔伯特-爱因斯坦大街 7 号,邮编 07745

e-mail: Sven. Schroeder@ iof. fraunhofer. de

对于膜层来说,多层膜系里的每个交界面都会产生光的散射[15-18]。根据多层膜设计和所有界面的粗糙度特性,散射光可能相干相消或者相干相长。因此,与高反射表面相比,在某些散射方向上光散射可以减小或者增加[19-20]。但是,在不同的膜层材料之间没有清晰界面的薄膜,如褶皱滤光片,折射率波动也会产生光散射[21]。

另一方面,对微小缺陷的高度敏感使光散射测量成为检测表面质量的强大的检测手段[6,7,22]。由于非接触和稳健的数据采集,大面积的光学表面质量甚至在实际制造过程中表面质量都可以很有利地表征出来[23]。这样就可以控制不断增加的光学元件粗糙度和缺陷的要求。

因此,本章主要深入分析光学元件散射测量原理,并讨论基板和多层膜的散射机理。

14.1 定义和标准

光学元件的散射量主要分为两种:角分辨散射(ARS)和总散射(TS)。接下来给出两种散射及标准化的论述。

如图 14.1 所示,给出了定义镜面反射和透射光以及光散射的基本几何结构和术语。光束以入射角 φ_i 照射到样品,除了入射角 φ_r 的反射光束和折射角 φ_t 的透射光束外,被散射到反射角以外方向的光,用方位角 φ_s、极角 φ_s 和散射角描述。样品上入射光的方位角为 φ_i,所有角度都是相对于宏观样品法向测量的。

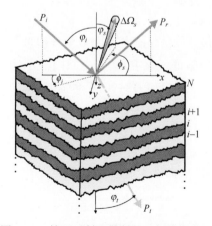

图 14.1　镜面反射和散射的几何结构定义

14.1.1　角分辨散射

在讨论散射时最重要的是角分辨散射（ARS），它描述了散射到某一方向的相对光通量。归一化的角分布散射等于 $\Delta\Omega_s$ 方向上散射光的功率 ΔP_s 除以入射功率 P_i 和立体角乘积的比值[24]，即

$$\mathrm{ARS}(\varphi_s,\phi_s)=\frac{\Delta P_s(\varphi_s,\phi_s)}{P_i\Delta\Omega_s} \tag{14.1}$$

除了两个散射角之外，ARS 还取决于入射角、光波长以及入射光和散射光的偏振，因此，ARS 是多维的函数关系。

用于表示角度分辨散射的术语是双向反射分布函数（BRDF）和双向透射分布函数（BTDF），分别表示反向散射和正向散射，其中双向散射分布函数（BSDF）更常用。ARS 散射强度定义的主要区别在于，这些函数是辐射量，定义为散射辐射量除以入射在表面上的辐照度[7,25]，即

$$\mathrm{BSDF}(\varphi_s,\phi_s)=\frac{\mathrm{d}P_s(\varphi_s,\phi_s)}{P_i\mathrm{d}\Omega_s\cos\varphi_s} \tag{14.2}$$

由于采用微分表示法，BSDF 仅在用有限直径孔径进行测量时才能近似计算。然而，如果在测量孔径上通量密度是恒定的，那么，实际测量结果非常接近定义。对于探测器的大孔径和聚焦的镜面或衍射光束的组合，近似才变得非常差。

比较式（14.1）和式（14.2），除了余弦函数因子外，BSDF 和 ARS 基本上是相同的函数。为了确保这两个量独立于实际测量系统，对入射光功率和探测器立体角进行归一化处理。

ASTM 的标准 E 1932-90[26] 描述了许多角分辨散射测量的基本方面，也在不同波长的循环实验中验证了该方法，但是只限于不透明的样品[27-28]。因此，ASTM 的标准 E 2387-5 是在 E 1932-90[29] 的基础上制定的，具有更广泛的应用范围。

目前，国际标准化组织的国际工作组 TC172/SC9/WG 6 正在制定一种角分辨光散射测量的 ISO 标准，以满足波长范围、灵敏度、灵活性和实用性方面日益增长的需求，所有这些标准都描述了相同的量。

14.1.2　总散射

总散射（TS）定义为散射到前半球（f）或者后半球（b）的光功率相对入射光功率归一化[30]，即

$$\text{TS}_{b/f} = \frac{P_{s,b/f}}{P_i} \tag{14.3}$$

实际中，TS 可以用乌布利希/积分球测量，该积分球简单地将散射光收集到前半球或后半球，球体内的漫反射涂层使光在球内均匀传播。然后，球体的凹式探测器收集全散射光的能量 $P_{s,b/f}$。或者，利用半球形反射镜的科布伦茨球收集散射光并将其成像到探测器上。

这两种技术在国际标准 ISO13696 中都有描述[30]，该标准还提出了散射角的接收角度范围（$\phi_s = 0°\cdots360°$，$\varphi_s \leqslant 2°\cdots \geqslant 85°$[后向半球] 和 $\varphi_s \leqslant 95°\cdots \geqslant 178°$[前向半球]）。计算过程中不包括镜面光束，这使得 TS 的值可以作为一个类似于吸收损耗的损耗因子，加上反射率 R 和透射率 T，因此由能量守恒得到

$$1 = R + T + A + \text{TS}_b + \text{TS}_f \tag{14.4}$$

另一个描述半球散射的量是全积分散射（TIS），它定义为漫反射光与漫反射光和镜面反射光 P_r 之和的比值[6,7]，即

$$\text{TIS} = \frac{P_s}{P_s + P_r} \tag{14.5}$$

应该强调的是，TIS 和 TS 是两个不同的量，但是很容易混淆。例如，一些光学设计软件代码使用 TS 的定义，但是称为 TIS。

标准 ASTMF1048-87 给出了不透明样品 TIS 的测试过程[31]，但是，没有给出漫反射和镜面反射光的角度范围。因此，很难区分镜面光束在哪个角度下变成漫散射，或者镜面光束中实际包含了多少漫散射。在 ISO 标准中，通过定义特定的角度接受范围，即可避免这些棘手的问题。光散射测量与反射和透射测量相比，这一点是至关重要的。

对于高质量光学元件，漫反射比镜面反射小得多，则 TS_b 和 TIS 通过样品的反射率相互转换，即

$$\text{TIS} = \frac{P_s}{P_s + P_r} \approx \frac{P_s}{P_r} = \frac{P_s}{RP_i} = \frac{\text{TS}_b}{R} \tag{14.6}$$

除了直接测量 TS 以外，还可以通过积分相应半球上的 ARS 确定散射损耗，即

$$\text{TS}_{b/f} = \int_0^{2\pi} \int_{2°/95°}^{85°/178°} \text{ARS}(\varphi_s, \phi_s) \sin\varphi_s \mathrm{d}\varphi_s \mathrm{d}\phi_s \tag{14.7}$$

这样可以精确控制接收角度，也可以确定任意入射角的 TS，否则，需要专门设计乌布里（科布伦茨）积分球光线的入射口和出射口。

14.2 理论背景

在声学、无线电物理学[32]、光学[6,7,33]等领域,都对非理想表面的散射进行了深入的研究。原则上,麦克斯韦方程将表面的不规则性与角度微分散射(ARS)联系在一起。但是,在大多数情况下,为了获得实际有用的近似结果是必要的。这些近似最为著名的是:基于基尔霍夫衍射理论[34];基于瑞利·莱斯散射理论[32,35]。虽然这些理论在很久之前就提出来了,但在这个学科里仍然是讨论比较活跃的主题[36-37]。

然而,在理想表面轮廓和小角散射的小偏差情况下,这两种理论相互吻合,并且与实验结果非常吻合[7,38]。这两种散射理论的主要区别在于,基尔霍夫理论更适合于较粗糙的表面。但是,基尔霍夫衍射理论包含一个近轴(小角度)假设,当入射角和散射角很大时,会限制计算散射分布的精度。

相比之下,瑞利·莱斯散射理论中的微扰方法要求表面不规则性比光波长小(均方根粗糙度,$\sigma \ll \lambda$)。这种方法最大的优势是所有的计算都是矢量计算,可以确定任意入射角和散射角方向上的散射分布,这种方法灵活性高,同时又能满足检测高质量光学元件小粗糙度的要求,使其在检测表面粗糙度方面成为重要方法,反之亦然。因此,下面的段落将更详细地讨论瑞利·莱斯理论。

14.2.1 单粗糙表面的光散射

建立粗糙表面光散射模型的基本步骤是求解理想平面的麦克斯韦方程,并用充当散射光源的平面电流片代替界面粗糙度。如果在计算中只考虑一阶项,则可以得到 ARS 和表面粗糙度之间的关系为[7,33]

$$\text{ARS}(\varphi_s, \phi_s) = \frac{16\pi^2}{\lambda^4} \cos\varphi_i \, \cos^2\varphi_s \, Q \text{PSD}(f_x, f_y) \tag{14.8}$$

完美光滑表面理想样品的表征,就像基板和环境的折射率,以及入射光和散射光的偏振都用无量纲因子 Q 表示,Q 可以看作广义的表面反射率。例如,对于 s 偏振光,通过入射角和散射角处的镜面反射率,Q 可以近似为

$$Q_{s\text{-pol}} = \sqrt{R_{s\text{-pol}}(\varphi_i) R_{s\text{-pol}}(\varphi_s)} \cos^2\varphi_s$$

粗糙度特性用功率谱密度函数 PSD 描述,功率谱密度函数 PSD 定义为表面形貌 $z(x,y)$ 傅里叶变换的平方模[39-40],即

$$\text{PSD}(f_x, f_y) = \lim_{L_x, L_y \to \infty} \left| \int_{-\frac{L_y}{2}}^{\frac{L_y}{2}} \int_{\frac{L_x}{2}}^{\frac{L_x}{2}} z(x,y) e^{-2\pi i (f_x x + f_y y)} dx dy \right|^2 \tag{14.9}$$

观察式(14.8)和式(14.9)的另一种方法是,散射强度实质上是表面误差的傅里叶谱图,这使得在频域中讨论散射变得方便。散射角度和空间频率 f_x 和 f_y 之间的关系由下式给出,即

$$f = \begin{pmatrix} f_x \\ f_y \end{pmatrix} = \begin{pmatrix} \dfrac{\sin\varphi_s\cos\phi_s - \sin\varphi_i}{\lambda} \\ \dfrac{\sin\varphi_s\sin\phi_s}{\lambda} \end{pmatrix} \qquad (14.10)$$

它可以看作是周期为 $1/f_x$ 的一阶锥形衍射光栅方程的推广。

像抛光、刻蚀和薄膜的生长是一个随机过程,不会产生一个优先方向,它们产生的粗糙度是各向同性的[41-42]。在这种情况下,PSD 在频域 $|f|$ 上几乎是对称的,并且可以在所有方位角上取平均值,能将粗糙度频谱简洁地显示出来。PSD 方法的另一个优点是:将不同技术测试得到的粗糙度信息联合起来,图 14.2 中展示了原子力显微镜(AFM)、白光干涉(WLI)、表面轮廓法和光散射测量对表面测量的结果。

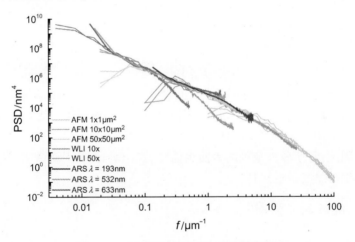

图 14.2　不同表征技术测试的粗糙度谱

不同技术的实际空间频率范围通常小于仪器分辨率和测量面积所设定的理论极限。例如,AFM 或 WLI 决定了 PSD 的低频段,采样很差曲线往往会下降到较小的值。由于显微镜物镜的低通行为,在曲线的高频段也可以观察到同样的现象。

由于镜向光束的影响,由光散射测量的 PSD 往往过高估计低频区域粗糙度谱。此外,在高频区,PSD 通常以尖钩形式增加[36]。然而,在 PSD 的中间部分以及大部分区域,不同表征技术的测试曲线彼此重叠得很好。

使用不同的光波长,可以改变光散射测量所覆盖的空间频率范围。这也说明了不同波长光散射的粗糙度分量并不总是相同的。例如,在可见光谱区,只有 $2\,\mu m^{-1}$ 以下的空间频率对光散射分布有直接贡献,对于较短的光波长,空间频率的上限更高。

在后面相关带宽的应用中,均方根粗糙度取决于对 PSD 的积分,即

$$\sigma = \left[2\pi \int_{f_{min}}^{f_{max}} PSD(f) f df \right]^{1/2} \quad (14.11)$$

根据式(14.7)通过对式(14.8)的积分,,可以获得 TS 的封闭形式的解。对于正入射和假设散射光集中在镜面反射附近,全散射为

$$TS_b = R_0 \left(\frac{4\pi\sigma}{\lambda} \right)^2 \quad (14.12)$$

式中:光学因子 Q 近似等于理想表面的菲涅耳反射率 R_0。

在标量衍射理论中,H. Davies 从光滑表面($\sigma \ll \lambda$)也可以得到相同的结论[43-44]。为了简化计算,他使用高斯 PSD 函数计算表面粗糙度。然而,由于没有式(14.12)是在没有对表面 PSD 进行任何假设的情况下得到的,所以,这个假设不是必须的。有趣的是,在 H. Davies 的论文中,结果也适用于粗糙的表面($\sigma \gg \lambda$),即

$$TS_b = R_0 \left[1 - e^{-\left(\frac{4\pi\sigma}{\lambda} \right)^2} \right] \quad (14.13)$$

后来,P. Beckmann 和 A. Spizzichino[34]也假设了一个高斯 PSD 函数,证明了这一结果。在最近发表的文献中[45],通过模拟结果与严格计算之间的比较,对于没有明显高斯 PSD 的正弦光栅,即使对较大的光栅振幅式(14.13)也能给出很好的计算。因此,对于较大范围的表面粗糙度,式(14.13)可以预测出单表面或高反射金属铝薄膜的散射损耗。

14.2.2 膜层的光散射

现在直接从单个粗糙界面到多层粗糙界面。对于每一个界面,散射强度的计算与单个粗糙表面类似。唯一的区别是,入射光必须传播到粗糙的界面,散射光必须以它的方式回到周围的介质中。然而,这很容易在理想的多层膜设计中实现,因为微扰法对入射光强度和散射光强度没有显著影响。散射分布是各个界面散射贡献的叠加,N 层薄膜的 ARS 为

$$ARS(\varphi_s, \phi_s) = \frac{1}{\lambda^4} \sum_{i=0}^{N} \sum_{i=0}^{N} F_i F_j^* PSD_{i,j}(f_x, f_y) \quad (14.14)$$

和单界面类似,理想多层膜的所有特性以及光照和观测条件(介电常数,多层膜设计和偏振)都用光学因子 F_i 描述。多层膜各界面之间散射电场的干涉除了考

虑单界面 $PSD(i=j)$ 之外,还要考虑界面间的互相关 $PSD(i \neq j)$。

14.2.3　多层膜粗糙度的演化

总体来说,对多层膜散射建模需要 $(N+1)^2$ 个 PSD。采用实验的方法是,在沉积不同数量的膜层后,使用横截面透射电子显微镜[20] 或 AFM[46-47] 进行测量。然而,这通常会导致样品的破坏,或者由于多次沉积而成为一项繁琐而耗时的任务。

另一种方法是根据基板的粗糙度和薄膜的生长特点,对于薄膜生长过程进行建模。有效的方法如下。

(1)根据文献[48],表面粗糙度的标度为

$$\sigma_i = ci^\beta \tag{14.15}$$

(2)线性连续模型[49-50]。

虽然这种方法很简单,采用第一种方法计算柱状薄膜,得到的计算结果和实验结果吻合得很好[51-52]。借助于粗化指数 β,可以直接描述从第 i 层界面到下一层界面的饱和粗糙度或者粗糙度快速增加量。

致密多晶薄膜和玻璃态的无定形薄膜,通常可以使用离子和等离子体辅助工艺制备,如离子束溅射、脉冲激光沉积或磁控溅射[53],用线性连续模型描述更有利[21,54-56]。这种方法假设第 i 层界面的粗糙度可以用薄膜的本征粗糙度 $PSD_{int,i}(f)$ 与经局部光滑因子加权 $a_{rep,i}(f)$ 的下层界面粗糙度的和表示,以便考虑沉积粒子的迁移率,即

$$PSD_i(f) = PSD_{int,i}(f) + a_{rep,i}(f) PSD_{i-1}(f) \tag{14.16}$$

复制因子本质上是一个低通滤光片,它在低频空间频率下直接复制粗糙度分量,同时降低高空间频率的粗糙度,这与物理上的图像一致。即在较短的距离内,原子迁移率会导致纯的随机粗糙度,同时会复制大范围的粗糙度结构,即

$$a_i(f) = e^{-\sum_{k_i} h_i \gamma_{ki} |2\pi f|^{k_i}} \tag{14.17}$$

式中:h_i 是第 i 层的厚度;γ_{ki} 表示驰豫速率。同时,实际的驰豫机制由 k_i 决定,不同的驰豫机制如下:黏滞流动,$k_i = 1$;蒸发-再凝结,$k_i = 2$;体散射,$k_i = 3$;表面散射,$k_i = 4$[48]。

薄膜的本征粗糙度可以用相同的参数描述,加上薄膜生长的最小体积增量 Ω_i,即

$$PSD_{i,int}(f) = \Omega_i \frac{1 - e^{-2\sum_{k_i} h_i \gamma_{k_i} |2\pi f|^{k_i}}}{2\sum_{k_i} \gamma_{k_i} |2\pi f|^{k_i}} \tag{14.18}$$

确定每一层材料生长参数的方法是将多层膜上表面 PSD 的实验结果与模拟结

果进行比较[54-56]。然后,通过递归关系式(14.16)自动获得所有界面的 PSD。

另外,还可以使用此方法对所有互相关的 PSD 进行建模,即

$$\text{PSD}_{\substack{i,j \\ i<j}}(f) = a_j(f) a_{j-1}(f) \cdots a_{i+1}(f) \text{PSD}_i(f) \qquad (14.19)$$

可与所提出的两种粗糙度演化方法结合使用的其他常见互相关模型包括以下几种。

(1) 部分相关模型:$\text{PSD}_{ij}(f) = \min[\text{PSD}_i(f), \text{PSD}_j(f)]$。

(2) 不相关模型:$\text{PSD}_{ij}(f) = 0$。

(3) 完全相关模型:$\text{PSD}_{ij}(f) = \text{PSD}_{\text{top surface}}(f)$。

对于给定的多层膜,这些模型中哪一个最有代表性,在很大程度上取决于沉积参数。例如,在沉积过程中,原子的高迁移率或用二次离子源刻蚀都能破坏相关性,有利于多层膜的非相关生长。

14.3　光散射测量仪器

光散射测试需要非常精密的光学仪器,因为与入射光的功率相比,散射光的强度通常很小,在靠近镜向光线方向可以快速变化几个量级。为了进行完整的散射分析,还必须对散射球的大部分进行表征。接下来,介绍了全散射、角分辨散射和紧凑型散射传感器的不同配置。

14.3.1　总散射测量

许多实验室基于乌布利希积分球和科布伦茨积分球,开发了测量 TS(和TIS)的仪器[6,40,57-63]。在乌布利希积分球和科布伦茨积分球中,使用的涂层如特氟龙(PTFE)、硫酸钡或粗金,可实现从紫外到红外波段宽光谱区的测量。当入射波长低于 200nm 时,没有漫散射涂层可用。因此,短波长散射测量要使用科布伦茨球[64-66],它也能在较长波长范围使用。

对于积分球,侧壁的多次散射、积分球的探测面积与表面积的比值小,都会降低测量信号。此外,探测器的大视场容易受空气分子瑞利散射的影响,限制了基于乌布利希积分球的仪器灵敏度。

另一方面,科布伦茨球给探测器提供了比较强的信号,通常具有更高的灵敏度。然而,其中一些光以非常大的角度入射到探测器上,这就有可能区分大角度散射。对于很多样品来说,这不是什么问题,或者可以通过探测器前面的一个小积分球补偿。

根据 ISO13696 标准[30],乌布利希和科布伦茨球都有小的出口孔,所以镜向光线在 2°内的散射从出口出射离开乌布利希和科布伦茨球,这部分散射光不能

330

被探测器检测,如图 14.3 所示。

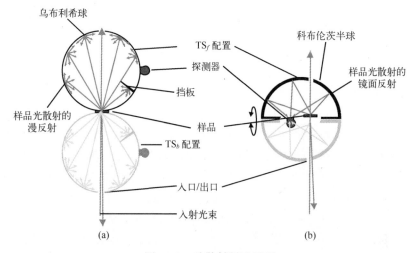

图 14.3　总散射测试原理
（a）基于乌布利希积分球的结构;（b）基于科布伦茨球的结构。

14.3.2　角分辨散射测量

为了测量 ARS 或 BSDF 的特殊光电测角仪,有时也称为散射仪,不同实验室开发了基于 CCD 或 CMOS 探测器的固定照明和检测系统[10,19,67-72],大多数系统主要在可见光波段工作。此外,还专门设计了光刻波长 13.4nm[73-74] 和193nm[64,66],以及红外光谱区的测量仪器。基于高功率可调谐激光光源的应用,也建立了第一台能够进行光谱分辨光散射测量的仪器[19,75]。

原则上,所有的散射仪可以分为平面散射仪和三维散射仪,平面散射仪探测入射平面上的散射光($\phi_s = 0°$),三维散射仪覆盖整个散射球。最常用的散射仪示意图如 14.4 所示。

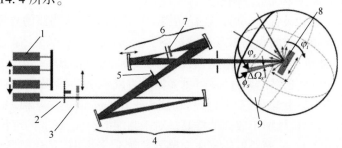

图 14.4　典型的三维角分辨光散射测试仪

除了这个经典的配置还有其他的测量配置。例如,光源和探测器可以固定,只需要旋转样品,这具有易于机械设计的优点,但由于散射角和入射角同时改变,所以使分析过程更复杂[41]。

使用固定探测器的其他方法包括改变照明方向,其优点是不必使用长的探测器臂[75-76]。在这种情况下探测器很笨重,并且额外增加了诸如单色仪之类的光学元件[77]。样品可以固定在照明方向上,也可以相对于入射光束自由移动。对于后者,由于入射角的不同,样品上采样位置的照明光斑大小随着入射角变化而变化,因此,在测量过程中会导致测量不同的点。所以,需要在光路中增加可调谐狭缝来补偿光斑对测量的影响[75]。然而,在狭缝的边缘也会引起额外的散射和衍射。

如图 14.4 所示的光束路径上,激光光源(1)发出的光经机械斩波器(2)以实现锁相放大和噪声抑制。然后,使用可变中性密度滤光片(3)调整入射光的功率,即使信号能量在入射光束和低水平的散射光之间大范围变化,也能够使探测器(9)在线性响应范围内工作。

为了避免探测到来自仪器本身的散射,随后这些散射光由样品反射或透射,使用了几种光束系统(4),包括改变样品上光束大小的光阑(5),由两个聚焦镜和一个小孔组成的空间滤光片(6)。如果需要,通常将用于决定入射偏振的偏振片和波片(7)放置在小孔之前,以便减少来自它们的散射[41]。

调整一个或者两个空间滤光片的位置,以补偿被测样品(8)曲率的影响,从而使小孔在样品上成像在探测器的孔径内。这使得在镜面光束附近的光散射测量成为可能,这对成像光学非常重要。样品上典型的光斑大小为 1~5mm。

另一种方法是,可以将样品上的入射光斑直径聚焦为 $100\mu m$ 照射到样品上,以便在样品上获得较高的横向分辨率,但是以牺牲近角度测量能力为代价。

利用样品定位系统可以调整照射位置和入射角。探测器——通常是光电倍增管或者是光电二极管——可以在样品周围自由扫描。探测器的立体角为 Ω_s,由探测器和样品之间的距离以及探测器的孔径所决定。根据具体的测量任务、灵敏度要求、散斑抑制和近角限制,通常使用 0.1~5mm 的孔径。

通过使用中性密度滤光片,在可见光波段可以实现 14 个数量级以上的动态测量范围[69,78]。这足以研究均方根粗糙度小于 0.1nm 的超抛基板和薄膜、光学材料、纳米结构和机械加工表面的样品。对于高端散射仪,最弱的可检测信号不是由电子噪声决定的,而是取决于由探测器探测到光束中部分空气分子的瑞利散射[79]。在图 14.5 中更详细地说明了这一点。

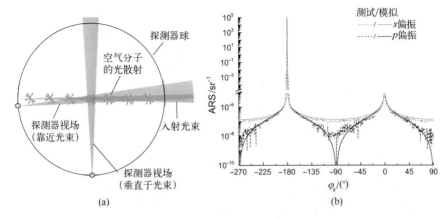

图 14.5　空气分子的光散射

（a）探测器视场对测量信号影响的原理图；（b）入射平面上在 $\lambda = 405nm$ 波长典型的仪器信号。

一种降低测量信号中空气分子瑞利散射影响的方法是降低探测器的视场。但是，为了探测样品上所有散射光，探测器的视场仍然要比样品位置上的辐照光斑大。

由于观测到的光路长度和入射偏振度的不同，仪器信号的特征形状是一种无样品的 ARS 测量。例如，$\varphi_s = -180°$，从探测器沿整个光路看，在垂直于入射光束的方向上，在样品位置上观察到的光束长度受探测器视场宽度的限制。空气分子比光波长小，所以相当于点极化偶极子，因此，可以观察到两个偏振态的典型赫兹辐射模式。

14.3.3　紧凑型散射传感器

在实验室系统中，样品的定位、照明、探测器单元的大自由度会使电动轴迅速增加到 10 个以上。另一种方法是固定所有的角度，使散射传感器结构很紧凑，如图 14.6 所示。

与前面部分提到的实验室系统类似，使用空间滤光片尽可能降低来自传感器的散射，用 CMOS 或者 CCD 探测样品的散射光。受这些传感器尺寸的限制，角度检测范围受限制于围绕镜面光束的几度角圆锥。与锁定放大技术相比，这种检测方法的另一种缺点是有很大的噪声，该技术可检测的 ARS 值大于 $10^{-4}sr^{-1}$，比空气分子的瑞利散射高。然而，对于均方根粗糙度值小于 0.5nm 的抛光表面也足够用了。

基于矩阵探测器的测量，每个测量位置都能快速采集数据，采集数据的时间少于 1s，这与经典散射仪的逐点测量方法相比是一个巨大的优势。与紧凑的尺寸相结合,可以满足许多不同的应用场景。图 14.7 给出了两种应用场景。

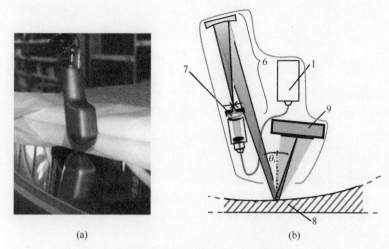

图 14.6　紧凑型光散射和粗糙度传感器 horos[10]

(a) 2m 望远镜表面表征时的传感器照片;(b) 传感器配置的示意图。

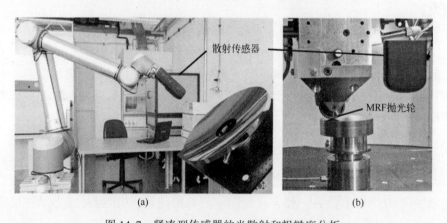

图 14.7　紧凑型传感器的光散射和粗糙度分析

(a) 传感器安装在机械臂上,用于表征 Ritchey-Chrétien-Cassegrain 望远镜的主镜;
(b) 传感器在磁流变抛光机(MRF)中的应用。

　　使用散射传感器测量样品的光散射时,样品轻微的振动对散射分布没有显著的影响。因此,诸如在抛光机等恶劣环境中,散射传感器检测小的表面不规则时仍然保持高灵敏度。对于常规的粗糙度测量技术来说,这是一个不可想象的应用场景。此外,由于在光散射测量过程中有几毫米的大光斑,所以用散射传感器获得的粗糙度数据具有很强的鲁棒性。

14.4　应用实例

14.4.1　基板的光散射和粗糙度

　　多层膜中基板粗糙度特性从一个界面到另一个界面的复制是导致散射的主要原因。特别是较粗糙基板的近角散射迅速增加。因此,确定和分析基板粗糙度对于制备具有良好成像性能的高端光学元件至关重要。在下面的段落中,将描述如何通过光散射测量来实现这一点。

　　第一个例子是如图 14.8 所示的光束收集反射镜的基板,表面沉积钼/硅多层膜后作为光刻波长 13.5nm 的极紫外(EUV)光刻扫描仪的第一个反射镜[80]。基板的直径大于 660mm,表面为椭球面。在极紫外光重新定向照明和成像之前,反射镜将收集激光器产生等离子体发射的极紫外光[81-82]。

图 14.8　本章的第一作者通过光散射测量对 EUV
集光镜基板的粗糙度进行表征

　　散射光与短波长的依赖关系为 $1/\lambda^4$(见式(14.14)),所以需要非常光滑的基板,尽可能地避免散射带来的光学损耗。因此,测量要求相当具有挑战性:粗糙度的灵敏度应低于 0.1nm 的均方根粗糙度,并可以在样品表面自由选择测量位置。由于非接触式测量原理以及 ARS 和 PSD 之间的直接关系,可以通过角度分辨光散射测量实现,如式(14.8)中所述。通过平移样品,整个表面的表征结果如图 14.9 所示,图中显示了在 $f=1\mu m^{-1}$ 和 $50\mu m^{-1}$ 之间的均方根粗糙度图,通常称为高空间频率粗糙度(HSFR)。

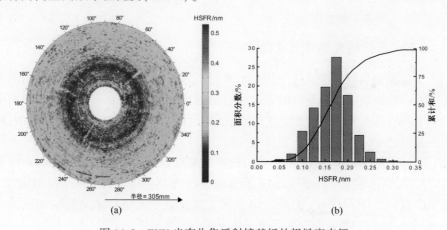

(a)　　　　　　　　　　　　　　(b)

图 14.9　EUV 光束收集反射镜基板的粗糙度表征

(a) 从波长 442 nm 处 ARS 测量获得的粗糙度图;(b) 粗糙度对应的直方图。

粗糙度图由 34000 多个单独的粗糙度测量组成,能够对样品的粗糙度和均匀性进行详细的描述;不能观察到严重的缺陷区域和朝样品内边缘略微改善的均匀表面粗糙度。基板表面大多数具有优于 0.17 nm 的 HSFR,这对于后续的应用是足够的。

另一种基于光散射的粗糙度表征方法是用原子力显微镜进行形貌测量。然而,AFM 测试时间长,一次 AFM 扫描 10~20min 的时间基本达到测量点的极限数量。例如,产生一个类似图 14.9 的粗糙度图需要不间断地测试 1 年以上,这也展示了基于光散射表征粗糙度的重要性。此外,它对不同几何形状的样品也有很大的灵活性。

另一个应用实例如图 14.10 所示,使用 ARS 方法测量非结构掩模板的粗糙度图,非结构掩模板以低表面粗糙度而闻名。为了观察前表面的散射,在样品表面镀一层金属钌膜。

HSFR 的平均值只有 0.04nm。考虑到基板的基本组成——硅氧四面体——在每个离子间的距离分别为 0.16nm 和 0.26nm,结果揭示了掩模板的形貌非常接近于原子表面。

用原子力显微镜测量如此低的表面粗糙度也很有挑战性,因为 AFM 垂直方向上仪器噪声通常在 0.03~0.04nm,刚刚低于样品的粗糙度。因此,从灵敏度的角度来看,也可以通过光散射测量表征非常光滑的表面。但应该注意的是,对于这样的低粗糙度值,必须考虑空气分子的散射[83]。

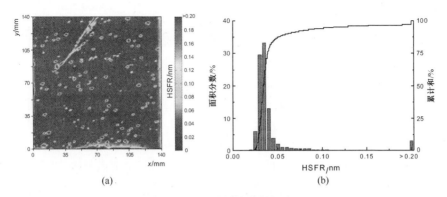

(a)   (b)

图 14.10   非结构掩模板的表征

（a）波长 $\lambda = 405nm$ 时，使用 ARS 测量方法获得的粗糙度图；（b）粗糙度对应的直方图。

14.4.2   多层膜的光散射

光学元件通常是在沉积薄膜之后使用，表征或模拟将要使用的光学元件的光散射是模拟整个光学系统中杂散光的前提条件。但是，3D-ARS 和 TS 的数据通常也提供了有关沉积过程的有价值的反馈。接下来，将通过各种实例更详细地说明这一点。

14.4.2.1   褶皱滤光片的光散射

图 14.11 中，给出了典型的三维散射示意图，说明了通过连续优化降低了高反射褶皱滤光片在 $\lambda = 532nm$ 处的散射。

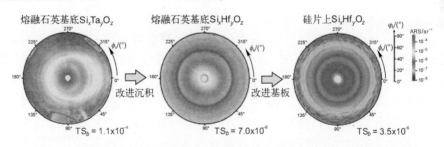

图 14.11   褶皱滤光片的初始状态、优化沉积和改进基板粗糙度后的散射表征

以硅为内靶，钽或铪为外靶，采用双环磁控管反应共溅射制备了褶皱膜系[21]。在沉积过程中，在总共 30 个循环中通过改变内外放电之间的功率比，获得了薄膜的折射率分布。$Si_xTa_yO_z$ 和 $Si_xHf_yO_z$ 褶皱膜系的厚度为 $h = 4.5\mu m$。

将外部的钽靶换成铪靶，散射损耗将降低到原来的 1/15 以下。这可以归因于溅射过程中缺陷的减少，这是优化清洗了溅射源和基板的结果，同时也有利于薄膜的生长。

在下一步中,将基板材料从熔融石英($\sigma = 0.14\text{nm}$)改为硅晶片($\sigma = 0.10\text{nm}$),通过改善基板的粗糙度,总散射将再次降低了1/2。

通过这些曲线我们还能观察到另一个现象:尽管散射测量的入射角$\varphi_i = 0°$,但钽基褶皱膜层的3D-ARS稍微有一些不对称,这可以用倾斜的薄膜生长来解释[20]。另一方面,当$\varphi_s = 40°$时,铪基褶皱膜层的3D-ARS表现为一个高散射强度的同心圆,这是膜层内典型的共振散射,通常称为共振散射翼。因此,即使对于没有经典界面的膜层,通过膜层对基板粗糙度的复制也会影响散射特性。

由于膜层不同深度的散射发生了相干干涉,产生了共振散射翼。因此,散射翼取决于多层膜的设计和辐照波长,如图14.12所示。

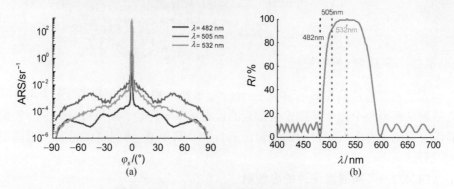

图 14.12　$Si_xTa_yO_z$褶皱膜层的光谱散射分析

(a) 在低反射带边缘附近的角分辨散射测量结果;(b) 光谱反射率图。

在14.2.1节中讨论得到,单界面的散射直接取决于该波长下样品的反射率。因此,令人惊讶的是,对于褶皱膜层,具有最高散射分布的波长与具有最高反射率的波长不对应。事实上,在反射带的下边缘处可以观察到明显的散射。在$\lambda = 505\text{nm}$处的总散射 TS = 2.2%,比中心波长$\lambda = 532\text{nm}$处高 22 倍。

考虑到入射光必须达到不规则性或者非均匀性的膜层中,以及散射光必须传播到周围介质时,可以对上述现象有一个简单的解释。此外,如果设计用于较长波长和正入射的反射薄膜应用于较短波长,则可以在斜向入射下仍然使用并保持高反射率。从亥姆霍兹相互作用观点来看,这直接对应于大角度的光散射。因此,对于低于设计波长的光波长,膜层内的散射光在薄膜内很容易以大角度通过薄膜,这就增加了这些波长的散射。这是与宽带照明相结合的滤波光学元件的一个特别关注点。

14.4.2.2　高反膜的光散射

共振散射不仅限于褶皱膜系,在典型的多层膜系中也能观察到,如图14.13所示。由 20 个周期的氟化铝和氟化镧构成的 1/4 波长多层膜,设计波长为

$\lambda = 193\text{nm}$。为了进行比较,还绘制了一个假设具有相同界面粗糙度的完全反射单表面。根据式(14.8),单个表面的光谱散射曲线根据 $1/\lambda^4$ 向短波方向连续增加。这一趋势在多层膜的光谱散射中也能观察到,并且在多层膜的带边缘增加了几个很明显的共振散射峰。

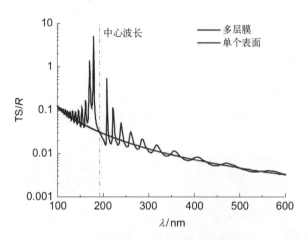

图 14.13　完全相关界面的多层膜堆光谱散射仿真图($\lambda = 193\text{nm}$)

图 14.14 更详细地说明了这种剧烈的增强散射,图中展示了在相同的波长尺度上多层膜内的 ARS 的光谱和电场强度 $|E|^2$ 图。

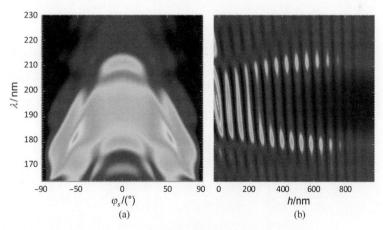

(a)　　　　　　　　　　(b)

图 14.14　1/4 波长多层膜的光散射($\lambda = 193\text{nm}$)

(a) ARS 作为入射波长的函数;(b) 相同波长范围内膜层内的电场强度。

在 $\lambda = 193\text{nm}$ 处,电场强度主要集中在最上面的膜层。相反,在膜层的带边

$\lambda = 182\mathrm{nm}$ 和 $\lambda = 210\mathrm{nm}$ 附近,电场传播到多层膜更深的区域,因此,在多层膜中靠近基板的界面也能造成很明显的散射。在带的长波边缘,这种散射光不能像在带短波边缘那样容易地在膜层外传播。因此,与 $\lambda = 182\mathrm{nm}$ 处相比,在 $\lambda = 210\mathrm{nm}$ 附近的光谱 ARS 更窄。可以观察到,$\lambda = 182\mathrm{nm}$ 的共振散射峰在 $\varphi_s = \pm 55°$ 附近。

考虑到实际膜层存在微小的光谱位移,这是由在沉积过程中厚度的变化或者温度、湿度的变化造成的,对于仅使用单一固定波长的应用也会出现增强散射。

除了使用固定 PSD 对所有界面进行散射模拟之外,还可以基于原子力显微镜测量得到的基板和多层膜顶层的表面形貌建立散射模型(图 14.15)。

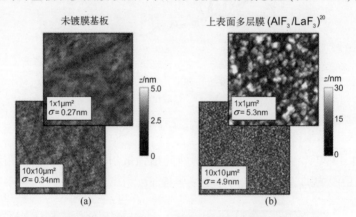

图 14.15　$\lambda = 193\mathrm{nm}$ 的 AlF_3/LaF_3 多层膜 AFM 图像

(插图为相应扫描区域的粗糙度值)

从基板开始,沉积 20 个周期的膜层后表面粗糙度迅速增加,可以使用式(14.15)中介绍的方法进行建模。然后,利用部分相关模型计算 ARS,计算结果如图 14.16 所示。

与实验结果最相符的是 $\beta = 1$,这表明从一层到下一层粗化速度很快。然而,在大散射角下,模拟结果和实验结果仍有一些差异,这可以通过多层膜中很小的厚度变化来解释,如图 14.16(b)所示。在平均厚度变化为 3% 的情况下,共振散射翼角位置的模拟结果与实测结果的一致性最好。

对于多层膜中的低折射率膜层材料,粗糙度标度法成功应用于与 AlF_3 相结合的其他高折射率材料。在增加层数之后 AFM 测量获得了典型的结果,如图 14.17 所示。

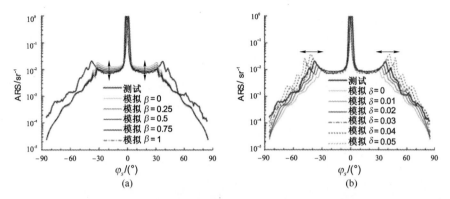

图 14.16　AlF$_3$/LaF$_3$多层膜的 ARS 仿真结果($\lambda = 193$nm)

（a）粗化指数 β 对 ARS 仿真结果的影响；（b）薄膜厚度 δ 变化对理想多层膜设计的影响。

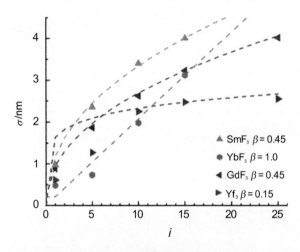

图 14.17　不同高折射率材料与 AlF$_3$低折射率材料相组合的 1/4 波长多层膜的
粗糙度演化（均方根粗糙度值从 AFM 扫描的区域 $10 \times 10 \mu m^2$中获得）

　　对于多层膜内缓慢或中等的粗糙度演化，rms 粗糙度标度方法的另一种选择是线性连续模型。在图 14.18 中更详细地举例说明了这一点，图中展示了波长 13.5nm 的高反射多层膜的不同层数之后的界面 PSD，高折射率膜层材料为钼，低折射率膜层材料为硅。

　　在低空间频率下，所有膜层都是完整地复制基板的粗糙度；在高空间频率下，可以观察到从一层到下一层的界面粗糙度持续增加，直到 PSD 在 $f = 100 \mu m^{-1}$下达到彼此重叠。这种收敛性可以通过由薄膜的固有粗糙度引起的粗糙度增加和原子光滑能力之间的平衡解释。

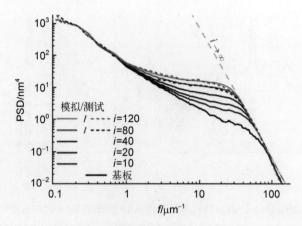

图 14.18　Mo/Si 多层膜粗糙度的演化过程(灰色虚线表示无限数量层的固有粗糙化和光滑之间的平衡)

　　线性连续模型的粗糙度信息可以用来模拟 ARS,如图 14.19 所示。测量结果与模拟结果吻合很好,说明线性连续模型与瑞利·莱斯散射理论相结合是模拟多层膜散射的有效方法。测量系统的光束产生光学系统产生的散射光会导致离镜面光束较近的散射偏差。

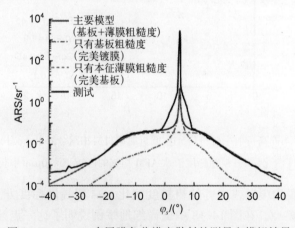

图 14.19　Mo/Si 多层膜角分辨光散射的测量和模拟结果

　　连续线性模型有一个很好的功能,在模拟中可以容易地切断不同的粗糙度源。因此,可以得到单层散射源贡献的详细分析,否则,无法通过实际膜层上的散射测量获得。这表明 Mo/Si 多层膜的主要散射源是薄膜本征粗糙度,只有在镜面反射光束附近,观察到的散射几乎完全可以归因于复制的基板粗糙度。因此,光学系统的成像质量在很大程度上取决于基板的质量,然而,总散射损耗取决于薄膜的固有粗糙度和使用的沉积参数。

详细的粗糙度演变模型现在也可以用于预测不同基板粗糙度值的多层膜散射,如图 14.20 所示。

首先,如 14.4.1 节所述,用角分辨光散射测量对基板进行了表征,图 14.20(a)显示了相应的粗糙度图。基于局域表面 PSD 可以对 ARS 进行模拟。在镀膜之前就可以确定散射特性对多层膜反射率的影响,计算结果如图 14.20 所示。多层膜沉积后,在应用波长 $\lambda = 13.5$nm 处表征最终的 EUV 反射率(图 14.20(c))。

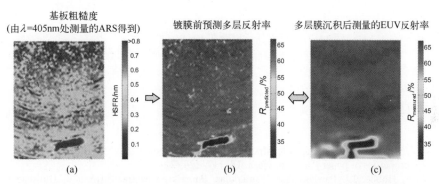

图 14.20　基板粗糙度对 Mo/Si 多层膜在 $\lambda = 13.5$nm 处 EUV 反射率的影响
（a）从 $\lambda = 405$nm 的 ARS 测量得到的粗糙度图;（b）沉积前对多层膜反射率的预测;
（c）在应用波长处测量的反射率。

反射率的预测值和实际测量值吻合得很好,准确地预测了扩展缺陷区 65%的平均反射率和 40%以上的严重反射率下降。

散射和反射特性的模拟提供了有价值的反馈,并有助于确保在整个制造过程的早期就确定最终的性能参数。例如,在扩展缺陷区域,沉积之前就可以很容易地重新抛光基板,在多层沉积之后就不可能再重新抛光。

14.4.2.3　能量守恒

在分析样品的反射率或透射率时,重要的是要考虑镜面反射量的角度接收范围。例如,在一次国际循环赛实验中,使用分光光度法和激光辐射法表征反射镜的反射率与损耗:该反射镜的工作波长为 $\lambda = 1064$nm,由二氧化硅和氧化钽制成的介质反射镜的反射率大于 99.99%[84]。反射率值之间存在较大偏差,因此可以观察到损耗。这可以用图 14.21 所示的散射特性解释。根据 ISO13696 标准,将 ARS 在 $\varphi_s = 2° \sim 85°$ 之间积分得到的散射损耗 TS $= 7 \times 10^{-6}$。然而,如图 14.21(b)所示,通过改变积分下限可以获得高达 38×10^{-6} 的值。这说明在测量光学特性时,考虑接收角的范围是至关重要的。

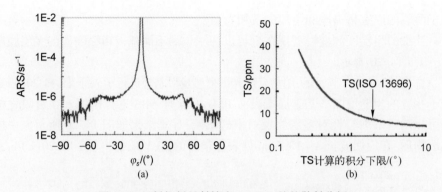

图 14.21　低损耗反射镜在 1064nm 处的散射分析

(a) 实验得到的 ARS 曲线;(b) 根据不同积分下限从 ARS 计算得到的 TS。

参考文献

[1] V. Džimbeg-Malcic, Ž. Barbaric-Mikocevic, K. Itric, Kubelka-Munk theory indescribing optical properties of paper (I). Tehn. vjesn. **18**, 117–124 (2011)

[2] M.A. Hubbe, J.J. Pawlak, A.A. Koukoulas, Paper's appearance: a review. BioResour. **3**, 627–665 (2008)

[3] E. Yablonovitch, G.D. Cody, Intensity enhancement in textured optical sheets for solar cells. IEEE Trans. Electron. Dev. **29**, 300–305 (1982)

[4] M.A. Green, Lambertian light trapping in textured solar cells and light-emitting diodes: analytical solutions. Prog. Photovoltaics: Res. Appl. **10**, 235–241 (2002)

[5] R.P. Breault, Control of stray light, in *Handbook of Optics Volume I Fundamentals, Techniques, and Design*, ed. by M. Bass (1995), pp. 38.1–38.35

[6] J.M. Bennett, L. Mattsson, in *Introduction to Surface Roughness and Scattering* (Optical Society of America, Washington, 1989)

[7] J.C. Stover, *Optical Scattering: Measurement and Analysis*, 3rd ed. (SPIE Press, Bellingham, 2012)

[8] M.G. Dittman, Contamination scatter functions for stray-light analysis. Proc. SPIE **4774**, 99–110 (2002)

[9] P.A. Bobbert, J. Vlieger, Light scattering by a sphere on a substrate. Physica **137A**, 209–242 (1986)

[10] T. Herffurth, S. Schröder, M. Trost, A. Duparré, A. Tünnermann, Comprehensive nanostructure and defect analysis using a simple 3D light-scatter sensor. Appl. Opt. **52**, 3279–3287 (2013)

[11] T.A. Germer, Angular dependence and polarization of out-of-plane optical scattering from particulate contamination, subsurface defects, and surface microroughness. Appl. Opt. **36**, 8798–8805 (1997)

[12] M. Trost, T. Herffurth, D. Schmitz, S. Schröder, A. Duparré, A. Tünnermann, Evaluation of subsurface damage by light scattering techniques. Appl. Opt. **52**, 6579–6588 (2013)

[13] E.L. Church, P.Z. Takacs, Surface scattering, in *Handbook of Optics: Fundamentals, Techniques, and Design*, ed. by M. Bass, 2nd ed. (McGraw-Hill, Inc., New York, 1995), pp. 7.1–7.14

[14] A. Sentenac, H. Giovannini, M. Saillard, Scattering from rough inhomogeneous media: splitting of surface and volume scattering. J. Opt. Soc. Am. A **19**, 727–736 (2002)

[15] P. Bousquet, F. Flory, P. Roche, Scattering from multilayer thin films: theory and experiment. J. Opt. Soc. Am. **71**, 1115–1123 (1981)

[16] C. Amra, Light scattering from multilayer optics. I. Tools of investigation. J. Opt. Soc. Am. A **11**, 197–210 (1994)

[17] J.M. Elson, J.P. Rahn, J.M. Bennett, Light scattering from multilayer optics: comparison of theory and experiment. Appl. Opt. **19**, 669–679 (1980)

[18] P. Bussemer, K. Hehl, S. Kassam, Theory of light scattering from rough surfaces and interfaces and from volume inhomogeneities in an optical layer stack. Waves Random Media **1**, 207–221 (1991)

[19] S. Schröder, D. Unglaub, M. Trost, X. Cheng, J. Zhang, A. Duparré, Spectral angle resolved scattering of thin film coatings. Appl. Opt. **53**, A35–A41 (2014)

[20] M. Trost, T. Herffurth, S. Schröder, A. Duparré, A. Tünnermann, Scattering reduction through oblique multilayer deposition. Appl. Opt. **53**, A197–A204 (2014)

[21] T. Herffurth, M. Trost, S. Schröder, K. Täschner, H. Bartzsch, P. Frach, A. Duparré, A. Tünnermann, Roughness and optical losses of rugate coatings. Appl. Opt. **53**, A351–A359 (2014)

[22] S. Schröder, A. Duparré, Measurement of light scattering, transmittance, and reflectance, in *Laser-Induced Damage in Optical Materials*, ed. by D. Ristau. (CRC Press/Taylor & Francis Group, 2014), pp. 213–245

[23] M. Trost, T. Herffurth, S. Schröder, A. Duparré, M. Beier, S. Risse, A. Tünnermann, N. Böwering, In situ and ex situ characterization of optical surfaces by light scattering techniques. Opt. Eng. **53**, 092013 (2014)

[24] V. Rehn, V.O. Jones, J.M. Elson, J.M. Bennett, The role of surface topography in predicting scattering at grazing incidence from optical surfaces. Nucl. Instrum. Methods **172**, 307–314 (1980)

[25] F.E. Nicodemus, J.C. Richmond, J.J. Hsia, I.W. Ginsberg, T. Limperis, Geometrical considerations and nomenclature for reflectance. Natl. Bur. Stand. Monogr. **160**, 1–52 (1977)

[26] ASTM E 1392-90, *Standard Practice for Angle Resolved Optical Scatter Measurements on Specular or Diffuse Surfaces* (American Society for Testing and Materials, Philadelphia, 1990)

[27] T.A. Leonard, M. Pantoliano, J. Reilly, Results of a CO_2 BRDF round robin. Proc. SPIE **1165**, 444–449 (1989)

[28] T.A. Leonard, P. Rudolph, BRDF round robin test of ASTM E1392. Proc. SPIE **1995**, 285–293 (1993)

[29] ASTM E 2387-5, *Standard Practice for Goniometric Optical Scatter Measurements* (American Society for Testing and Materials, Philadelphia, 2011)

[30] ISO 13696, *Optics and Photonics – Lasers and Laser Related Equipment – Test Methods for Radiation Scattered by Optical Components* (International Organization for Standardization, Geneva, Switzerland, 2002)

[31] ASTM F 1048-87, *Standard Test Method for Measuring the Effective Surface Roughness of Optical Components by Total Integrated Scattering* (American Society for Testing and Materials, Philadelphia, 1999)

[32] S.O. Rice, Reflection of electromagnetic waves from slightly rough surfaces. Commun. Pure Appl. Math. **4**, 351–378 (1951)

[33] E.L. Church, H.A. Jenkinson, J.M. Zavada, Relationship between surface scattering and microtopographic features. Opt. Eng. **18**, 125–136 (1979)

[34] P. Beckmann, A. Spizzichino, *The Scattering of Electromagnetic Waves from Rough Surfaces* (Pergamon Press, Oxford, 1963)

[35] Lord Rayleigh, On the dynamical theory of gratings. Proc. R. Soc. Lond. Ser. A **79**, 399–416 (1907)

[36] J.C. Stover, Experimental confirmation of the Rayleigh-Rice obliquity factor. Proc. SPIE **7792**, 77920J (2010)

[37] N. Choi, J.E. Harvey, Numerical validation of the generalized Harvey-Shack surface scatter theory. Opt. Eng. **52**, 115103 (2013)

[38] S. Schröder, A. Duparré, L. Coriand, A. Tünnermann, D.H. Penalver, J.E. Harvey, Modeling of light scattering in different regimes of surface roughness. Opt. Express **19**, 9820–9835 (2011)

[39] J.M. Elson, J.M. Bennett, Calculation of the power spectral density from surface profile data. Appl. Opt. **34**, 201–208 (1995)

[40] A. Duparré, J. Ferré-Borrull, S. Gliech, G. Notni, J. Steinert, J.M. Bennett, Surface characterization techniques for determining the root-mean-square roughness and power spectral densities of optical components. Appl. Opt. **41**, 154–171 (2002)

[41] E.L. Church, H.A. Jenkinson, J.M. Zavada, Measurement of the finish of diamond-turned metal surfaces by differential light scattering. Opt. Eng. **16**, 360–374 (1977)

[42] C. Amra, From light scattering to the microstructure of thin-film multilayers. Appl. Opt. **32**, 5481–5491 (1993)

[43] H. Davies, The reflection of electromagnetic waves from a rough surface. Proc. IEEE **101**, 209–214 (1954)

[44] H.E. Bennett, J.O. Porteus, Relation between surface roughness and specular reflectance at normal incidence. J. Opt. Soc. Am. **51**, 123–129 (1961)

[45] J.C. Stover, S. Schröder, T.A. Germer, Upper roughness limitations on the TIS/RMS relationship. Proc. SPIE **8495**, 849503 (2012)

[46] J.V. Grishchenko, M.L. Zanaveskin, Investigation into the correlation factor of substrate and multilayer film surfaces by atomic force microscopy. Crystallogr. Rep. **58**, 493–497 (2013)

[47] S. Schröder, A. Duparré, A. Tünnermann, Roughness evolution and scatter losses of multilayers for 193 nm optics. Appl. Opt. **47**, C88–C97 (2008)

[48] W.M. Tong, R.S. Williams, Kinetics of surface growth: phenomenology, scaling, and mechanisms of smoothing and roughening. Annu. Rev. Phys. Chem. **45**, 401–438 (1994)

[49] M. Kardar, G. Parisi, Y.-C. Zhang, Dynamic scaling of growing interfaces. Phys. Rev. Lett. **56**, 889–892 (1986)

[50] D.G. Stearns, Stochastic model for thin film growth and erosion. Appl. Phys. Lett. **62**, 1745–1747 (1993)

[51] J. Ebert, H. Pannhorst, H. Küster, H. Welling, Scatter losses of broadband interference coatings. Appl. Opt. **18**, 818–822 (1979)

[52] S. Schröder, H. Uhlig, A. Duparré, N. Kaiser, Nanostructure and optical properties of fluoride films for high-quality DUV/VUV optical components. Proc. SPIE **5963**, 59630R (2005)

[53] K.H. Guenther, Revisiting structure zone models for thin film growth. Proc. SPIE **1324**, 2–12 (1990)

[54] S. Schröder, T. Feigl, A. Duparré, A. Tünnermann, EUV reflectance and scattering of Mo/Si multilayers on differently polished substrates. Opt. Express **15**, 13997–14012 (2007)

[55] R. Canestrari, D. Spiga, G. Pareschi, Analysis of microroughness evolution in X-ray astronomical multilayer mirrors by surface topography with the MPES program and by X-ray scattering. Proc. SPIE **6266**, 626613 (2006)

[56] M. Trost, S. Schröder, T. Feigl, A. Duparré, A. Tünnermann, Influence of the substrate finish and thin film roughness on the optical performance of Mo/Si multilayers. Appl. Opt. **50**, C148–C153 (2011)

[57] H.E. Bennett, Scattering characteristics of optical materials. Opt. Eng. **17**, 480–488 (1978)

[58] K.H. Guenther, P.G. Wierer, J.M. Bennett, Surface roughness measurements of low-scatter mirrors and roughness standards. Appl. Opt. **23**, 3820–3836 (1984)

[59] J.A. Detrio, S.M. Miner, Standardized total integrated scatter measurements of optical surfaces. Opt. Eng. **24**, 419–422 (1985)

[60] D. Rönnow, E. Veszelei, Design review of an instrument for spectroscopic total integrated

light scattering measurements in the visible wavelength region. Rev. Sci. Instrum. **65**, 327–334 (1994)

[61] O. Kienzle, J. Staub, T. Tschudi, Description of an integrated scatter instrument for measuring scatter losses of "superpolished" optical surfaces. Meas. Sci. Technol. **5**, 747–752 (1994)

[62] A. Duparré, S. Gliech, Non-contact testing of optical surfaces by multiple-wavelength light scattering measurement. Proc. SPIE **3110**, 566–573 (1997)

[63] P. Kadkhoda, A. Mueller, D. Ristau, Total scatter losses of optical components in the DUV/VUV spectral range. Proc. SPIE **3902**, 118–127 (2000)

[64] S. Gliech, J. Steinert, A. Duparré, Light-scattering measurements of optical thin-film components at 157 and 193 nm. Appl. Opt. **41**, 3224–3235 (2002)

[65] M. Otani, R. Biro, C. Ouchi, Y. Suzuki, K. Sone, S. Niisaka, T. Saito, J. Saito, A. Tanaka, A. Matsumoto, Development of optical coatings for 157-nm lithography. II. Reflectance, absorption, and scatter measurement. Appl. Opt. **41**, 3248–3255 (2002)

[66] S. Schröder, S. Gliech, A. Duparré, Measurement system to determine the total and angle-resolved light scattering of optical components in the deep-ultraviolet and vacuum-ultraviolet spectral regions. Appl. Opt. **44**, 6093–6107 (2005)

[67] D.R. Cheever, F.M. Cady, K.A. Klicker, J.C. Stover, Design review of a unique complete angle scatter instrument (CASI). Proc. SPIE **818**, 13–20 (1987)

[68] C.C. Asmail, C.L. Cromer, J.E. Proctor, J.J. Hsia, Instrumentation at the national institute of standards and technology for bidirectional reflectance distribution function (BRDF) measurements. Proc. SPIE **2260**, 52–61 (1994)

[69] A. von Finck, T. Herffurth, S. Schröder, A. Duparré, S. Sinzinger, Characterization of optical coatings using a multisource table-top scatterometer. Appl. Opt. **53**, A259–A269 (2014)

[70] A. von Finck, M. Trost, S. Schröder, A. Duparré, Parallelized multichannel BSDF measurements. Opt. Express **23**, 33493–33505 (2015)

[71] C. Amra, D. Torricini, P. Roche, Multiwavelength (0.45–10.6 μm) angle-resolved scatterometer or how to extend the optical window. Appl. Opt. **32**, 5462–5474 (1993)

[72] F.M. Cady, J.C. Stover, D.R. Bjork, M.L. Bernt, M.W. Knighton, D.J. Wilson, D.R. Cheever, A design review of a multiwavelength, three-dimensional scatterometer. Proc. SPIE **1331**, 201–208 (1990)

[73] S. Schröder, T. Herffurth, M. Trost, A. Duparré, Angle-resolved scattering and reflectance of extreme-ultraviolet multilayer coatings: measurement and analysis. Appl. Opt. **49**, 1503–1512 (2010)

[74] M.M. Barysheva, Y.A. Vainer, B.A. Gribkov, M.V. Zorina, A.E. Pestov, N.N. Salashchenko, N.I. Chkhalo, A.V. Shcherbakov, Investigation of supersmooth optical surfaces and multilayer elements using soft x-ray radiation. Tech. Phys. **58**, 1371–1379 (2013)

[75] M. Zerrad, M. Lequime, C. Amra, Multimodal scattering facilities and modelization tools for a comprehensive investigation of optical coatings. Proc. SPIE **8169**, 81690K (2011)

[76] M. Lequime, M. Zerrad, C. Deumié, C. Amra, A goniometric light scattering instrument with high-resolution imaging. Opt. Commun. **282**, 1265–1273 (2009)

[77] C.C. Cooksey, M.E. Nadal, D.W. Allen, K.-O. Hauer, A. Höpe, Bidirectional reflectance scale comparison between NIST and PTB. Appl. Opt. **54**, 4006–4015 (2015)

[78] S. Schröder, T. Herffurth, H. Blaschke, A. Duparré, Angle-resolved scattering: an effective method for characterizing thin-film coatings. Appl. Opt. **50**, C164–C171 (2011)

[79] C.C. Asmail, J. Hsia, A. Parr, J. Hoeft, Rayleigh scattering limits for low-level bidirectional reflectance distribution function measurements. Appl. Opt. **33**, 6084–6091 (1994)

[80] C. Wagner, N. Harned, EUV lithography: lithography gets extreme. Nat. Photonics **4**, 24–26 (2010)

[81] N.R. Böwering et al., Performance results of laser-produced plasma test and prototype light sources for EUV lithography. J. Micro/Nanolithogr. MEMS MOEMS **8**, 041504 (2009)

[82] M. Trost, S. Schröder, A. Duparré, S. Risse, T. Feigl, U.D. Zeitner, A. Tünnermann, Structured Mo/Si multilayers for IR-suppression in laser-produced EUV light sources. Opt. Express **21**, 27852–27864 (2013)

[83] M. Trost, S. Schröder, C.C. Lin, A. Duparré, A. Tünnermann, Roughness characterization of EUV multilayer coatings and ultra-smooth surfaces by light scattering. Proc. SPIE **8501**, 85010F (2012)

[84] A. Duparré, D. Ristau, Optical interference coatings 2010 measurement problem. Appl. Opt. **50**, C172–C177 (2011)

第15章　光学薄膜中的吸收和荧光测量

克里斯坦·米利希[①]

摘　要　光学薄膜和膜层的吸收特性已成为制造商的中心任务之一，例如，确保生产过程中它们的稳定性，验证其功能性以及在高功率激光应用中可能出现的性能变化和限制。在这种趋势的驱动下，过去的20年中，发展了许多直接吸收测量技术，这些技术尽管有各自的优缺点，但是都具有很高的灵敏度。然而，不同的技术在通用和有效的绝对校准程序方面具有显著的差异。本章综述了不同测量技术及其校准过程，重点介绍激光诱导偏转(LID)技术以及独立绝对校准、特定的测量概念和实验结果。

提高材料加工的激光功率，降低满足先进要求的半导体光刻结构，对现代光学元件的性能提出了更高的要求。在复杂激光应用的关键参数中，由于激光诱导热透镜效应造成的不良影响，吸收效应近年来受到越来越多的关注。焦移、波前畸变和退偏是现代光学设计中需要考虑的关键问题，以保证目标系统性能。

让我们看一下光学薄膜，测量光学薄膜的光谱反射率和光谱透射率是研究光学薄膜损耗并随后计算消光系数 k 的常用方法。然而，计算的消光系数可能包含了散射损耗，因为只测量定向透射和反射光谱时，小的吸收和散射损耗就不能区分(与式(2.4)相比)。然而，由于它们对光学系统性能可能产生的干扰不同，越来越多的应用需要单独地吸收和散射数据。此外，区分体效应和膜层/表面效应对于区分不同的吸收源和散射源至关重要。因此，对光学制造商来说，直接测量光学薄膜和块体材料的吸收特性是确保优化稳定生产工艺的一个难题；在高精密复杂的激光应用中，建立特定的光学功能并了解潜在的性能极限是一个挑战。在这种趋势的驱动下，过去的20年中，已经发展了许多直接吸收测量

① 克里斯坦·米利希(✉)

莱布尼兹光子技术研究所(IPHT)，德国耶拿，阿尔伯特–爱因斯坦大街9号，邮编07745

e-mail：christian.muehlig@leibniz-ipht.de

技术,尽管这些技术有各自的优缺点,但是都具有高灵敏度。最近,绝对校准的能力得到了越来越多的关注,以便得到绝对吸收数据。然而,在这里不同的技术在通用和高效过程间存在显著的差异。本章简单介绍了各种测量技术及其校准过程,重点讨论激光诱导偏转(LID)技术、其独立的绝对校准、特定的测量概念和实验结果。

除了直接吸收测量之外,激光诱导荧光(LIF)研究是一个非常有用的技术,可以非常灵敏地识别影响吸收特性的缺陷和/或杂质。然而,与块体材料的研究相比,在光学膜层中关于 LIF 测量的数据相当缺乏。这可能因为薄膜与块状样品相比激发(荧光)体积减小了约 5 个数量级,而不考虑 DUV 测量技术的特殊性。但是,另一方面,考虑到膜层中可能存在更高的缺陷密度和准分子激光器等高光子通量,即使膜层样品的小激发体积也可以被认为是实验研究的可接近范围。

15.1 吸收测量技术和绝对校准的综述

在寻找直接获得体材料或光学薄膜中光吸收的潜在方法时,吸收光的效应是值得的考虑。图 15.1 给出了一种可能的过程方案。结果表明,热的产生及相关效应(光热效应和光声效应)展示了直接吸收测量技术的巨大潜力。然而,从图 15.1 可以看出,需要提及的是,对于所有这些技术,只是检测到吸收光转化为热的那部分。特别是,在针对具有高荧光量子效率的荧光材料时,必须考虑这一点。

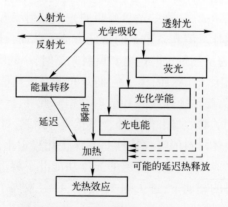

图 15.1　该框图表明与其他去激发通道相比,光学吸收可能
导致瞬时或延迟的热产生(经允许取自文献[1])

15.1.1　量热法

激光量热法比其他任何技术应用的时间长。在这里,研究的样品被一个小激光光斑照射,并且在样品表面指定位置直接测量升高的温度(图15.2)。

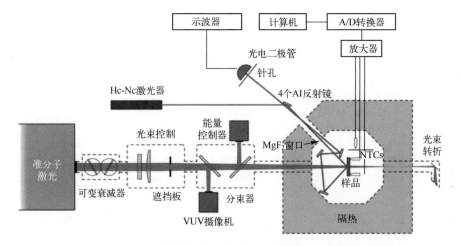

图15.2　组合激光量热技术(LC)和表面热透镜(STL)技术的光学装置示意图(经允许取自文献[2])

图15.3显示了激光量热法测量的典型结果。当激光功率照射在研究的样品上时,其温度升高直至辐照停止,然后将样品再次冷却。一般来说,根据量热法 ISO 标准描述(11551[3]),升温与降温都可以通过相应的模型进行拟合并用于数据分析。

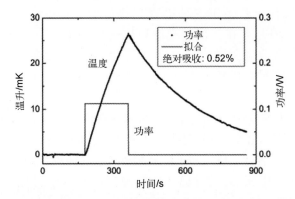

图15.3　高反射镜在193nm激光辐照下产生的量热信号。辐照通量为0.52J/cm² ,激光器的重复频率为57Hz(经允许取自文献[2])

有两种方法区分膜层和基板的吸收。第一种方法是测量相同膜层但基板厚度不同的样品。对于膜层/界面吸收，按基板厚度绘制测量数据，然后外推到基板厚度为零时的状态。由于该方法成本相当昂贵，并且此方法的精度与相同的样品特性(基板吸收和膜层吸收)密切相关，因此，主要应用第二种方法。第二种方法是将镀膜基板与未镀膜基板的结果进行比较，取两者的差值来计算膜层吸收。因此，只需要基板的体吸收和表面吸收特性相同。

激光量热法的一个很大的优点是易于绝对校准。参考样品的"等效"电加热可以在不了解材料参数的情况下确定绝对吸收计算所需的参数。

15.1.2　光热技术

许多吸收测试技术都属于光热技术[4]。这些技术大多采用所谓的共线泵浦-探针结构，即抽运光束和探针光束在非常小的角度下相互交叉。与激光量热法相比，抽运光吸收加热是通过探针光束特性的热诱导变化间接检测的。

一般来说，所有光热技术的共同挑战是绝对校准。显然，材料相同(几何形状相同)、精确已知吸收的参考样品是最好的解决方案。然而，对于在应用波长具有非常低吸收的通用"有趣"材料来说，这种情况几乎不现实。或者在所需的激光波长下应用初始吸收高的参考材料[5]。在这种情况下，光谱仪通过测量特定波长的吸收来创建"参考"，并且考虑到热光学材料特性的变化，计算所研究材料的校正值。但是，如果在光谱仪结果中不能忽略散射损耗，或者手边没有或有不一致的热光学材料数据，则该方法就失败或缺乏精度。最近，一种新的校准方法被应用于光学材料，这种光学材料在应用波长范围之外表现出高吸收——在红外波段有效降低散射的影响——但是需在其他激光源可以使用的地方。在这种情况下，首先，在光谱仪中测量应用激光波长处的高吸收；然后，在光热装置中用相应的激光测量，从而提供特定材料的光热特征；最后，在应用激光波长处重复进行光热测量。

对于共光路干涉(PCI)技术，抽运光束聚焦在样品上非常小的点，吸收(热)引起光路变化导致大光斑的探针光束自干涉变化[5]，光阑后面快速灵敏的探测器记录了这种变化(图15.4)。为了区分基板和膜层的吸收，抽运光和探针光之间的交叉点在样品中移动，同时稳定地监测探针光信号，扫描结果如图15.5所示。

另一种方法是使用哈特曼-夏克传感器探测抽运光诱导吸收引起的探针光束的特性。因为抽运光束尺寸非常小，由具有高灵敏度和高分辨率的 CCD 相机监测探针光束的波前变化[7-8]。图 15.6 为哈特曼–夏克波前传感器测量原理的方案。典型的实验装置如图 15.7 所示。

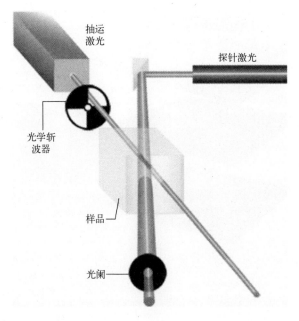

图 15.4　共路干涉测量(PCI)原理(经允许取自文献[6])

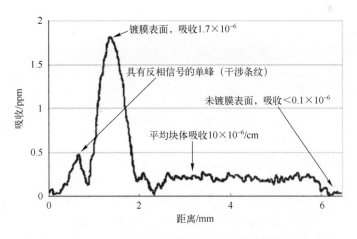

图 15.5　熔融石英基板 AR 膜层的纵向扫描。泵浦功率 5W，波长 1064nm。垂直刻度采用表面校准(经允许取自文献[5])

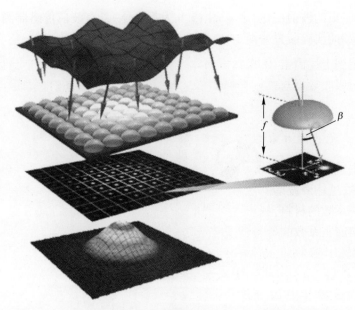

图 15.6　哈特曼–夏克波前传感器测量原理(经允许取自文献[9])

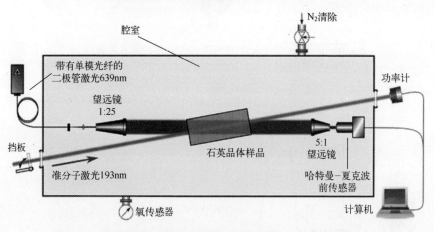

图 15.7　激光诱导光热波前形变测量装置(经允许取自文献[9])

在图 15.7 的实验装置中,基板和膜层的吸收分离类似于量热法,即通过一组不同厚度的样品或通过将镀膜的样品与未镀膜的样品进行比较。近来,应用抽运光束和探针光束之间的 90°结构,使基板和膜层吸收更容易分离。主要采用数值模拟和分析方法对哈特曼–夏克波前传感器的实验数据进行标定。通过拟合实验数据计算出吸收值[8,9]。这种方法既需要复杂的仿真模型,也需要如前所述精确了解所需材料的多种参数。特别是对于膨胀系数不可忽略的材料,通过弹性光学系数来计算应力及其对折射率的影响都具有挑战性。因此,对于大多数光学材料,要么只提供相对吸收数据,要么需要很复杂的测试方案[9]。

考虑到上述因素,由于二氧化硅的膨胀系数可以忽略不计,所以光热技术显示的绝对吸收数据与二氧化硅或二氧化硅基板上膜层的绝对吸收数据吻合并不意外。

15.1.3 光声技术

过去,长期使用的技术是光声光谱技术(PAS)。这里,声波是由(压电)传声器检测,这些声波是由样品中的吸收诱导冲击波产生的。PAS特别适合检测高热膨胀系数的材料,如非线性光学材料或激光晶体。相反,对于像二氧化硅这样可忽略膨胀系数的材料,可以得到的灵敏度是有限的。PAS的另一个挑战是表面吸收和体吸收的分离问题,这是由于相关的冲击波及其在样品表面反射的缘故。

在过去20年中,由于缺乏灵敏度,人们对它的关注度较低。但最近的进展表明,体吸收测量的灵敏度有所提高[10]。图15.8和图15.9分别给出了PAS的实验装置和典型测量信号的例子。

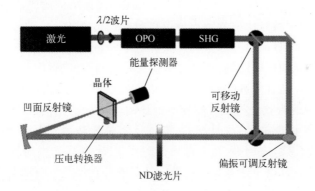

图15.8　实验装置:产生的光脉冲并聚焦到样品上。将压电换
能器附在样品上测量声学信号(经允许取自文献[10])

与上述光热技术类似,绝对校准是一个挑战,现在主要使用已知吸收的参考样品进行校准。最近,使用可调谐OPO激光源可以在不同波长下测量实验样品,例如,在高吸收波长下进行光谱测量,从而实现了样品的绝对校准。为了使散射效应引起的系统误差可以忽略不计,在红外波长区域进行了比较高的吸收测量[10]。

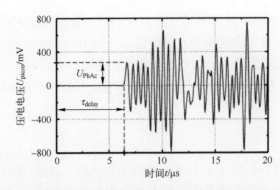

图 15.9 用压电换能器测量的典型光声信号,样品是未掺杂的同成分铌酸锂晶体,
尺寸为$(x \times y \times z) = 1 \times 60 \times 10 m^3$。换能器和发光圆柱体之间的距离为 40nm,时间延迟为
$\tau_{delay} = 6.5 \mu s$。测量的量是第一个峰值 U_{PhAc} 的最大电压,
称为光声电压(经允许取自文献[10])

15.2 激光诱导偏转技术

激光诱导偏转(LID)技术也属于具有抽运–探针结构的光热技术[11]。在样品中,吸收的抽运激光功率导致形成温度分布(图 15.10)。通过热膨胀和与温度相关的折射率,将该温度分布转换成折射率分布(=热透镜)。折射率梯度与吸收的抽运激光功率成比例,并且导致探针光束偏转,位置传感器(PSD)检测探针光束的偏转。结合先进的电子技术,可以探测到几纳米内的探针光束偏转,对应于亚 ppm 级的吸收。与前一部分所描述的光热技术相比,LID 技术主要的差异是:它使用了横向抽运–探针配置,即探针光束与抽运光束以 90°夹角通过样品。因此,在大多数应用中,两个光束彼此不交叉,探针光束通过样品抽运光束区域之外的地方。由于抽运光束区外的折射率分布仅是吸收抽运激光功率的函

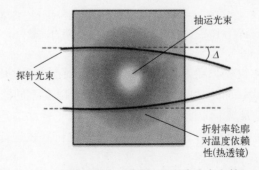

图 15.10 LID 测试概念示意图(经允许取自文献[12])

356

数,所以 LID 测量技术与抽运激光束实际的几何形状无关。此外,抽运光束没有聚焦到样品中,并且抽运光束比探针光束的尺寸更大。最后,在稳态模式下获得测量数据,即吸收诱导折射率分布不再变化。

15.2.1 绝对校准、测量过程和吸收计算

如上所述,绝对校准是所有光热吸收测量技术的关键问题。对于 LID 技术,量热计的校准方法首次应用于光热技术[13]。为了通过 LID 技术获得绝对吸收数据,结合样品材料和几何形状对于体吸收和膜层(表面)吸收需要,采用电加热器产生热透镜。体吸收校准需要在样品的孔径中心放入与样品长度相同的自制电加热器(图 15.11)。膜层/表面吸收校准需要将 SMD 加热器安装在非常薄的铜片上(厚度约为 200μm),并将铜板黏附在样品表面中心。铜片是保证样品高导热性的必要条件。很显然,这些校准方法不能应用于共线抽运–探针配置,只能应用于横向抽运–探针配置,其探针光束没有入射到辐照/加热的样品部分。

(a)   (b)

图 15.11 分别用于体吸收和表面/膜层吸收的不同材料的校准样品

在校准过程中,探针光束的偏转作为电功率的函数进行测量,结果是获得了 LID 偏转信号与电功率的线性函数,该函数比电功率高几个数量级。这个线性函数(包括零点)的斜率定义了给定样品材料和几何结构组合的校准系数 F_{CAL}(图 15.12)。

这种电加热方法的独特特征和主要优点是:能够在不了解任何热光材料参数的情况下校准测量装置。最近,对不同材料和薄膜进行了能量守恒测量,即分别测定反射率、透射率、吸收率和散射率,用来验证校准过程。结果表明,在测量精度范围内,在每次实验中反射率、透射率、吸收率和散射率的和都为 1[14,15]。

一旦校准完成就可以对样品进行研究。图 15.13 给出了在 193nm 激光辐照下 MgF₂单层膜典型的测量周期。

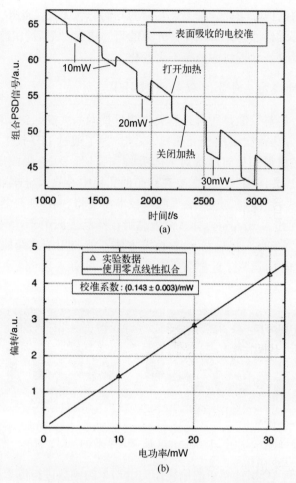

图 15.12　CaF₂样品表面吸收测量电校准过程中,位置传感器(PSD)
获得的组合信号(样品几何尺寸为 15mm×15mm×10mm)(a)。
校准过程中偏转信号作为电功率的函数,线性拟合的斜率定义了校准
系数(b)(经允许取自文献[12])

　　每个测量周期是激光辐照"开"和"关"之间的时间。在任何样品辐照开始
之前,要求 LID 信号的"基线"为常数或是恒定漂移(图 15.12(a))。漂移通常
是由于装置内环境的变化引起的,如温度。微小的温度变化通过热膨胀影响光
路中的光学元件,在探针光束路径上引起小变化,从而影响其在位置传感器上的
位置。在数据分析过程中,通常会考虑几分钟测量周期内的恒定漂移。对于吸
收分析,LID 偏转信号定义为"基线"信号和辐照期间恒定信号之间的差。通过
数据分析,得到了所有测量周期的 LID 偏转信号。它们的平均值被定义为 LID

358

的强度 I_{LID}。在已知所有周期的恒定平均抽运激光功率 P_L 和校准系数 F_{CAL} 的情况下，膜层的吸收 A 为

$$A = \frac{I_{LID}}{F_{CAL} \cdot P_L} \tag{15.1}$$

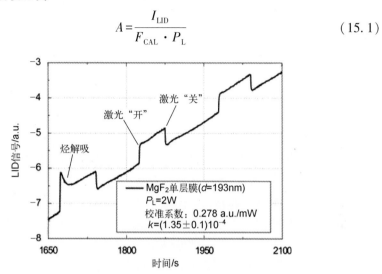

图 15.13　表面敏感测量概念：在激光波长 193nm 下测量 CaF$_2$ 基板上 MgF$_2$ 单层膜的实验结果（经允许取自文献［16］）

15.2.2　LID 测量概念

是否有一个优先的选择：两个探针光束均通过样品辐照区域外？还是一个探针光束通过样品辐照区域？采用哪种检测方式？是采用抽运光方向（水平方向）的偏转还是采用垂直于抽运光的方向（垂直方向）偏转？图 15.14 中给出了这两种不同概念的示意图，它们的应用取决于实际的测量任务。

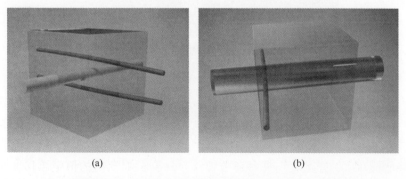

(a)　　　　　　　　　　　(b)

图 15.14　LID 垂直概念（a）：两个探针光束被引导到辐照区之外，测量垂直于抽运光束的偏转。LID 水平概念（b）：一个探针光束通过辐照区，并测量抽运光束方向的偏转

垂直的概念是使用两个探针光束在辐照光斑的上方/下方,以及探针光束的偏转垂直于抽运光束方向。高信噪比使得垂直概念成为测量体吸收和高反射膜层吸收的最佳选择。唯一需要改变的参数是沿样品长度方向探针光束的位置,即测量膜层吸收时探针光束靠近膜层表面通过样品,而对于体吸收测量探针光束从样品的中间通过。

相比之下,水平的概念是一个探针光束靠近样品表面被引导从辐照区域中心通过,利用在抽运光束方向上的偏转检测出表面吸收,并且几乎没有样品的体吸收。这使得水平概念成为研究透明光学薄膜(如减反射膜或部分反射膜等)的理想选择,部分反射膜中通常有体吸收和膜层吸收,在测量中需要分离。

光热吸收测量技术的灵敏度取决于所研究材料的热光特性。对于许多有趣的材料,如非线性光学材料和激光晶体,只能形成一个小的热透镜,结果通常会导致灵敏度不够。此外,由于横向抽运-探针结构,到目前为止,LID 技术需要另外两个抛光侧面用于引导探针光束。此外,所需的样品口径至少为 8×8mm² ——抽运光束和两个探针光束需要穿过样品——妨碍了 LID 技术用于研究非常小尺寸的非线性光学材料和激光晶体。

最近展示的三明治 LID 概念(图 15.15)解决了这些问题[17]。基本原理是小样品被夹在两块较大的适当光学材料夹层之间。当抽运激光辐照样品时,探针光束被引导通过夹层而不是样品。探针光束的偏转由热量从被辐照的样品传递到夹层而形成热透镜所引起。现在,所需的样品口径仅取决于抽运光束的大小,并且可以研究像 LBO 或 BBO 之类典型尺寸的晶体样品。

图 15.15　三明治 LID 概念示意图(两个探针光束经引导通过抽运激光束和样品外适当的光学材料夹层,并测量垂直于抽运光方向上光束的偏转)

到目前为止,各向异性或掺杂光学材料的校准需要分别依赖于样品的取向和掺杂。对于三明治 LID 概念,只有光学夹层材料的热光参数是有意义的。因此,现在可以证明校准与样品的实际取向或掺杂无关。此外,还可通过测量证实进入光学夹层的热量并不取决于接触表面的抛光。因此,省略了附加的侧面抛光要求。此外,所研究的材料对探针光束来说不再需要是透明的。这就为测量可见光波段的非透明材料扫清了道路(如某些红外材料或铝基板上的高反射镜)。

然而,新概念的最显著特征是通过选择适当的光学夹层,能够大幅提高低光热响应材料的灵敏度(图 15.16)。这是可能的,因为探针光束现在使用的是光学夹层的热光特性而不是样品材料的热光特性。对于许多光学材料,分离抽运光束吸收(样品)和探针光束偏转(光学片)的位置使灵敏度至少提高一个数量级以上。因此,可以用固定的抽运激光功率来测量更低的吸收,或者需要更低的抽运激光功率测量给定的吸收。

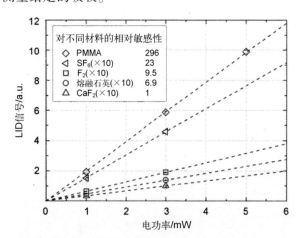

图 15.16　在不同夹层材料(20mm×20mm×20mm)间放置带有表面电加热器
(4mm×4mm)的 CaF_2 基板(10mm×10mm×20mm)的 LID 测试结果
(经允许取自文献[17])

15.2.3　实验结果

15.2.3.1　193nm 波长处表面和界面吸收

对于用于光刻或空间应用的高质量成像光学元件,为了确保稳定的性能品质,如像差控制和对比度,需要在所有制造工序中付出巨大的努力。为了优化光学系统的成像和降低像差,通过离子束抛光/溅射方法形成高端光学表面。对于许多不同的光学材料,如熔融二氧化硅、低膨胀玻璃和陶瓷,这种离子束成形(IBF)工艺已经在光学制造链中得到了很好的应用。相比之下,尽管 CaF_2 是 193nm 波长光刻可供选择的第二种材料,但在 CaF_2 表面精确成形的 IBF 技术尚未被广泛地研究和应用。一个潜在的原因可能是怕高能粒子与 CaF_2 晶格相互作用而引起广泛的亚表面损伤。最近,利用水平 LID 概念研究了深紫外级 CaF_2 (DUV)在 193nm 处的表面吸收随 IBF 参数的变化[12]。表 15.1 总结了 193 nm 处 IBF 诱导表面吸收与无 IBF 处理的沥青抛光表面吸收的对比。两个沥青抛光样品吸收表现出非常相似,都略低于 0.1%,所有的 IBF 处理之后样品的表面吸收均显著增加。这种亚表面损伤被认为是由于离子束诱导产生的 CaF_2 缺陷。值得注意的是,使用了 2 倍 IBF 处理时间后,吸收的最大值至少增加了 5 倍。

表 15.1　所有的 CaF_2 样品经离子束表面处理后在 193nm 处
的表面吸收值(经允许取自文献[12])

样　品	处 理 方 法	吸收(%每面@193nm)
#1	沥青抛光(标准)	**0.08**±0.008
#2	沥青抛光(标准)	**0.083**±0.01
#5	IBF(标准参数)	0.3±0.035
#6	IBF(双倍中和)	0.39±0.03
#7	IBF(2 倍处理时间)	**0.445**±0.035
#8	IBF(步进处理)	0.355±0.03
#9	IBF(优化去除)	0.365±0.035
#10	IBF(持续处理)	0.355±0.03

据推测,有两种不同的机制引起表面吸收增加,即氟的位错和空位。CaF_2 晶格内缺氟,将产生新的 F 中心(CaF_2 晶格内氟原子的空位置)及其团聚物。有趣的是,AR 膜层沉积之后,测量的包含 AR 膜层的表面吸收与常规表面处理的 AR 膜层样品的吸收非常类似。综合来看,这些研究表明薄膜的沉积提供了两种不同的吸收退火过程:一方面,升高的沉积温度使氟原子在 CaF_2 晶格中的重新定位;另一方面,基板中的氟空位再由膜层材料中的氟填充满。比较两种吸收退火工艺的效果发现,对于所研究的大多数 IBF 处理,局部氟空位是 CaF_2 亚表面吸收升高的主要原因。

许多有关激光诱导损伤试验研究表明,表面抛光和清洁等界面工程是低吸收透明膜层的关键。在沉积之前表面处理不充分,或在离子辅助过程开始时,高能粒子可以产生非薄膜本身引起的表面吸收。因此,不同的抛光/清洗/镀膜技术会造成界面/表面的吸收产生强烈的变化。任何不适当的界面质量都可能降低激光损伤阈值(LIDT)。为了研究界面质量,需要区分界面吸收和薄膜吸收,这可以通过测量一系列具有不同光学膜厚度但表面预处理相同的样品来实现。图 15.17 给出了不同制造商在 CaF_2 基板上镀制的单层 SiO_2 膜(厚度:62nm,186nm)和 MgF_2 膜(100nm,150nm,200nm)在波长 193nm 处 LID 吸收测试结果。虽然由于测量次数少,这里也没有进行定量评价,但是图 15.17 中包含的线性函数证明:镀 MgF_2 薄膜的样品界面吸收显著高于镀 SiO_2 薄膜样品的界面吸收。相反,MgF_2 薄膜吸收比 SiO_2 薄膜似乎比低得多。

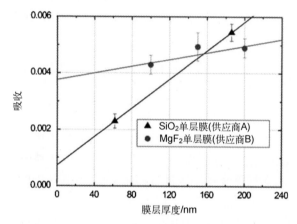

图 15.17 水平 LID 概念:在波长 193nm 处,CaF_2 基板上不同膜层厚度的 SiO_2 单层膜和 MgF_2 单层膜的吸收对比。线性拟合图证明了不同制造商获得的界面吸收率具有较大的差异(与 y 轴相交)
(经允许取自文献[16])

15.2.3.2 193nm 下碳氢化合物对薄膜吸收的影响

当在环境条件下或接近环境条件下存储薄膜时,碳氢化合物掺入是光学薄膜的常见效应。与块体材料相比,薄膜的多孔结构导致对碳氢化合物有更高的亲和力,使薄膜在紫外和红外波长区有更强的吸收。当用紫外光照射时,可以看见碳氢化合物的污染物产生宽泛的蓝色荧光,这也可以用激光诱导荧光检测(图 15.18)。另外,图 15.18 的 LIF 光谱表明在 LaF_3 单层膜中还有铈和镨等杂质。为了避免 DUV 激光诱导普通基板(SiO_2,CaF_2)的荧光,采用硅基板镀膜进行了 LIF 研究。事先已证明,对未沉积的硅基板进行 DUV 辐照没有产生可检测的荧光信号。

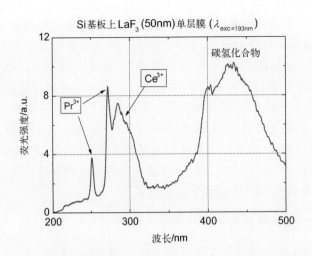

图 15.18　激光能量密度为 $H=15mJ/cm^2$ 的 193nm 激光辐照下，在 10μs 内持续记录的硅基板上 50nm 的 LaF$_3$ 单层膜的 LIF 光谱

（经允许取自文献［13］）

当开始 UV/DUV 激光辐照时，碳氢化合物的强吸收可能会对光学元件造成损伤。因此，强烈建议在低通量/功率水平下进行预辐照，在不损坏膜层的情况下通过光诱导去除碳氢化合物。通过直接激光辐照（图 15.19（a））或 UV 灯辐照都可以实现这种效果。然而，由于 UV 灯功率密度很低，需要更长的时间。但必须记住，激光诱导的去除是暂时性的。当激光辐照停止时，碳氢化合物会重新吸附。图 15.19（b）显示了在氮气吹扫环境中停止 193nm 激光辐照后碳氢化合物再吸附随时间的变化。每次测量都需要经过完整的激光清洗，然后在氮气净化环境中存储一定时间。实验数据通过指数函数拟合良好，表明碳氢化合物再吸附时间常数约为 6h。值得注意的是，仅在 2h 后，碳氢化合物就可以再次显著地提高薄膜吸收。对于常规环境的空气条件，碳氢化合物完全再吸附的时间明显缩短。由于碳氢化合物的吸附是薄膜结构的函数，所以如图 15.19（a）所示的解吸效应测量可用于定性地研究膜层的孔隙率（与 2.3.3 节和 8.1.6 节介绍的模型相比）。

碳氢化合物效应不仅可以检测相对较厚的 HR 薄膜，也可以检测较薄的 AR 薄膜，如图 15.20 所示。累计辐照剂量约为 $100J/cm^2$ 后，碳氢化合物从 AR 膜层中解吸，并且可以检测到铈杂质的荧光谱（280~310nm）。

15.2.3.3　单层膜和多层膜的研究

当测量减反射（AR）、部分反射（PR）或高反射（HR）等常见光学薄膜的吸收时，所获得的数值几乎不能与多层膜中使用的特定膜层或基板与第一层之间界面区域的材料相对应。因此,研究单层膜的吸收以及单层膜材料的消光系数 k 是非常有意义的。使用这些数值,通过特定的膜层设计计算多层膜的总吸收。对于高激光强度和/或短激光波长,不仅需要考虑膜层中的线性吸收,而且还要考虑潜在的非线性吸收。

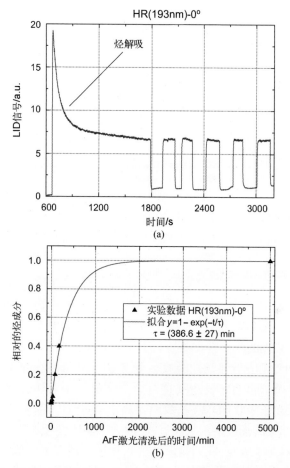

图 15.19　在氮气吹扫环境中,在波长为 193nm 的激光作用下,使用 HR(0°) 薄膜对碳氢化合物的解吸和再吸附进行研究(经允许取自文献[16])

(a) 激光诱导碳氢化合物解吸的实验结果;(b) 连续激光辐照后再吸附碳氢化合物与时间的关系。

　　一般来说,像 SiO_2 或金属氟化物这样的光学材料,由于具有较大的带隙而表现出非常小的本征吸收。然而,对于普通的 DUV 激光器,高光子能量和短脉冲持续时间的结合导致了与本征或缺陷相关的多光子吸收,这在透射光谱测量中是无法获得的。因此,近年来直接吸收测量技术主要用于研究常用 DUV 体材

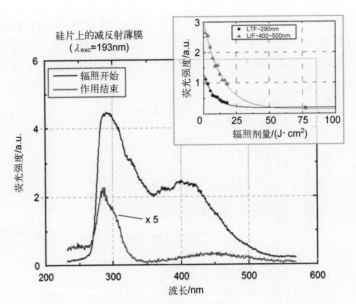

图 15.20　硅基板上 AR 薄膜的 LIF 光谱表明,在 290nm 和 430nm 附近碳氢化合物
荧光峰的变化,这是受 ArF 激光辐照能量密度(约为 15mJ/cm²)的影响,在 100ns 时间
内记录光谱。内插图:290nm 和 430nm 附近两个碳氢化合物峰的积分荧光
强度与 ArF 激光照射剂量的函数关系(经允许取自文献[13])

料的非线性吸收,特别是 ArF 准分子激光器的重要波长 193nm。然而,对于
DUV 波长范围常用薄膜材料的非线性特性,缺乏相应的实验结果,原因之一可
能是膜层内 DUV 光的线性吸收明显高于相应的体材料。因此,任何本征非线性
吸收都可能太小,无法与强线性吸收区分开来。然而,最近的直接吸收测量表
明,可以测量出单层膜的非线性吸收[18-20]。实验结果表明,薄膜材料与相应的
体材料相比,双光子吸收(TPA)系数明显高于本征 TPA 系数。在一定程度上,
经过中间缺陷能级的连续两步吸收过程,放大了非线性吸收值[18]。

　　为了研究双光子吸收,我们测量了感兴趣样品的双光子吸收与激光强度的
函数关系。在非常弱的吸收情况下,即 $\alpha h \ll 1$ 并且 $\beta I_0 h \ll 1$,厚度为 h 的薄膜吸
收 A 与入射激光强度 I_0 的函数关系简化为

$$A = (\alpha + \beta \cdot I_0) \cdot h \qquad (15.2)$$

式中:α 和 β 分别表示单光子和双光子吸收系数。因此,结合薄膜吸收测量与激
光强度(或通量)的函数关系和外推的线性数据式(15.2)可以计算 TPA 系数 β。
图 15.21 给出了 LaF_3 薄膜在 193nm 波长下激光能量密度与吸收的函数关系。
表 15.2 总结了 MgF_2 和 LaF_3 薄膜的消光系数和 TPA 系数。测量的 TPA 值证明,
由于薄膜中的缺陷浓度大,连续的两步吸收产生的 TPA 系数比典型的氟化物单

晶高几个数量级。

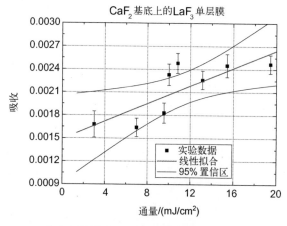

图 15.21　通过表面敏感 LID 技术测量 LaF$_3$ 薄膜的吸收与激光
通量的关系（经允许取自文献［21］）

表 15.2　用水平 LID 概念得到的 MgF$_2$ 和 LaF$_3$ 单层膜的线性吸收系数（k）和
双光子吸收系数（非线性吸收）β 的总结（经允许取自文献［21］）

薄膜材料	小信号吸收（k）	非线性吸收/（cm/W）
MgF$_2$(1)	$(1.8\pm0.1)\times10^{-4}$	$(1.8\pm0.6)\times10^{-5}$
MgF$_2$(2)	$(6.9\pm0.35)\times10^{-4}$	$(5.1\pm3.8)\times10^{-5}$
LaF$_2$	$(2.0\pm0.3)\times10^{-4}$	$(10\pm3)\times10^{-5}$

　　为了评价薄膜吸收的物理来源，激光诱导荧光技术最近已成为越来越精准
的技术，特别是对于 UV 和 DUV 波长区域。零背景 LIF 技术可以检测荧光缺陷
或杂质浓度降低到 ppm 水平甚至更低。分离薄膜和基板的发光贡献是薄膜 LIF
研究的关键。不幸的是，氟化钙和熔融二氧化硅是最常见的紫外基板材料，它
们通过自陷激子和非桥氧空穴中心表现出很强的体荧光发射（本征的和非本
征的）。由于与薄膜相比激发体积大得多，基板荧光淹没了探测任何潜在的
薄膜荧光信号，因此，严重影响了激光诱导荧光在薄膜分析中的应用。有趣的
是，最近的实验表明，用 193nm 激光辐照厚度为 80nm 铝膜和标准硅片不会产
生任何可探测的光致发光。因此，强烈推荐使用这些基板/底层材料用于薄膜
荧光分析。例如，图 15.22 给出了重新计算的硅基板上 Al$_2$O$_3$ 薄膜的 LIF 光
谱，显示了经 6.4eV 光子激发之后在 3～4.5eV 出现纳秒尺度的特征紫外荧
光。从图 15.22 中观察带的光谱位置和荧光寿命可知，通常在沉积过程中引

入的氧空位是Al_2O_3薄膜在193nm波长激发的主要荧光特征。特别是,观察到的光谱和时间发光特性证明,Al_2O_3薄膜与Al_2O_3晶体相似,都具有F^+、F和F^-色心,跃迁中心在$3\sim4.5eV$。

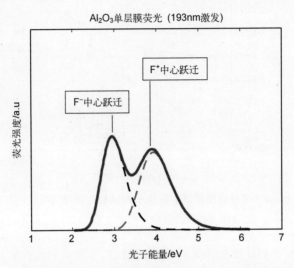

图 15.22 重新计算了在 6.4eV 激光激发 20ns 后 Al_2O_3 薄膜的光致发光:
修正后的测量数据提供了无干涉叠加的薄膜发光强度。$3\sim4.5eV$ 的特征
色心荧光可分解为约 3eV 和 3.8eV 两个发射中心的高斯荧光谱
(经允许取自文献[22])

吸收以及伴随荧光测量是沉积工艺优化需求的一个重要研究领域。除了评价不同薄膜的原材料,如低氧氟化物的影响,众多的沉积工艺参数像一个大操场。其中一个重要的参数是沉积温度,即要被沉积基板的表面温度。研究了沉积温度对相同膜料沉积的 LaF_3 单层膜荧光和吸收性能的影响。图 15.23 和图 15.24 分别给出了荧光寿命短和荧光寿命长的 LIF 光谱。LIF 持续时间是区别特定波长区域内不同荧光种类的主要参数。

根据碳氢化合物的可见荧光谱(图 15.23)可以估计并通过实验证实,在193nm 激光辐照下所有 LaF_3 膜层的吸收降低(图 15.25)。实验结果表明,碳氢化合物掺入量最高的样品在激光照射下具有最高的初始吸收和最强的吸收衰减。此外,最低沉积温度的样品(250℃)稳态吸收最高(表 15.3)。表 15.3 还显示了所测量的 LaF_3 膜层密度。膜层密度与测量的碳氢化合物荧光强度之间有很强的相关性,即降低膜层密度可以使碳氢化合物更有效地掺入。实验结果再次证明,测量初始碳氢化合物荧光是定性研究单层膜密度的一种快速又灵敏的方法。

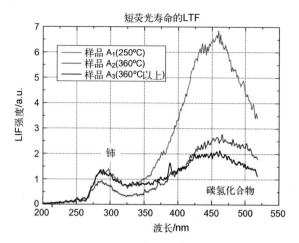

图 15.23　相同薄膜原材料在不同沉积温度下制备的 LaF$_3$
单层膜的短荧光寿命(<100ns)LIF 光谱

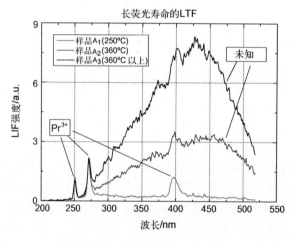

图 15.24　相同膜料在不同沉积温度下制备的 LaF$_3$ 单层膜的
长荧光寿命(≫100ns)的 LIF 光谱

表 15.3　LaF$_3$ 单层膜的沉积温度、稳态吸收和密度的总结

沉 积 温 度	吸收(10^3)	层密度/(g/cm^3)
250℃(A_1)	(5.8±0.3)	4.58
360℃(A_2)	(4.0±0.2)	5.77
360℃(A_3)	(2.8±0.2)	5.89

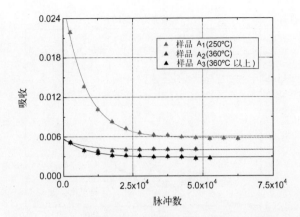

图 15.25　ArF 激光辐照 LaF$_3$ 薄膜直至达到平稳的吸收过程

对于 LaF$_3$ 单层膜,无论是初始吸收还是稳态吸收,经 193nm 激光辐照后都有较大变化。随着沉积温度的升高,稳态吸收减小。恒定杂质浓度（如图 15.24 中的 Pr^{3+}）表明了所有膜层的原材料相同,因此,排除了 LaF$_3$ 原材料的影响。从图 15.24 中可以看出,在 300~550nm 宽波段内样品有强烈不同未知来源的荧光,而且具有长荧光寿命。值得关注的是,这种荧光对于最高沉积温度的样品最强(→最低的稳态吸收),而对于最低沉积温度几乎不存在(→最高的稳态吸收)。因此,与测得的稳定值相比,内在吸收必须非常弱和/或荧光量子产率非常高(光热吸收测量仅检测到转化到样品中的热量)。然而,稳态吸收与碳氢化合物的荧光和膜层密度有关。下面提出两个可能的假设。首先,尽管激光诱导碳氢化合物解吸,但并非除去膜层中结合所有的碳氢化合物。因此,对于较低的沉积温度,预计膜层中剩余碳氢化合物含量较高,从而导致较高的稳态吸收。其次,在较低沉积温度下,较低的膜层密度可作为 LaF$_3$ 晶格结构中较高无序度的指标。这将产生更高密度的晶格吸收缺陷,这些缺陷在 193nm 激光辐照下不产生荧光,如 F 心及其团聚物。

总之,直接吸收测量和激光诱导荧光是对现有表征技术的补充,已被证明是最先进的、最有价值的薄膜分析技术。特别是对于低损耗光学膜层,通过本节介绍的技术可以获得普通表征技术无法得到的外在和内在的材料特性。

参考文献

[1] A.C. Tam, Overview of photothermal spectroscopy in *Photothermal Investigation of Solids and Fluids*, ed. by J.A. Sell (Academic, Boston, 1989) 1–33
[2] B. Li, H. Blaschke, D. Ristau, Combined laser calorimetry and photothermal technique for absorption measurement of optical coatings. Appl. Opt. **45**, 5827–5831 (2006)

[3] ISO 11551:2003: Optics and optical instruments/Lasers and laser-related equipment/Test method for absorptance of optical laser components, http://www.iso.org

[4] S. Leonid, Light-induced absorption in materials studied by photothermal methods. Recent Pat. Eng. **3**, 129–145 (2009)

[5] A. Alexandrovski, M. Fejer, A. Markosian, R. Route, Photothermal common-path interferometry (PCI): new developments. Proc. SPIE **7193**, 71930D (2009)

[6] www.stan-pts.com/

[7] S. Yoshida, D.H. Reitze, D.B. Tanner, J.D. Mansell, Method for measuring small optical absorption coefficients with use of a Shack-Hartmann wave-front detector. Appl. Opt. **42**(24), 4835–4840 (2003)

[8] K. Mann, A. Bayer, U. Leinhos, M. Schöneck, B. Schäfer, Photothermal measurement of absorption and wavefront deformations in UV optics. J. Phys: Conf. Ser. **214**, 012015 (2010)

[9] B. Schäfer, J. Gloger, U. Leinhos, K. Mann, Photo-thermal measurement of absorptance losses, temperature induced wavefront deformation and compaction in DUV-optics. Opt. Exp. **17**(25), 23025 (2009)

[10] N. Waasem, S. Fieberg, J. Hauser, G. Gomes, D. Haertle, F. Kühnemann, K. Buse, Photoacustic absorption spectrometer for highly transparent dielectrics with parts-per-million sensitivity. Rev. Sci. Instrum. **84**, 023109 (2013)

[11] M. Guntau, W. Triebel, A novel method to measure bulk absorption in optically transparent materials. Rev. Sci. Instr. **71**, 2279–2282 (2000)

[12] C. Mühlig, S. Bublitz, R. Feldkamp, H. Bernitzki, Effect of ion beam figuring and subsequent AR coating deposition on the surface absorption of CaF_2 at 193nm. Appl. Opt. **56**(4), C91–C95 (2017)

[13] C. Mühlig, W. Triebel, S. Kufert, S. Bublitz, Characterization of low losses in optical thin films and materials. Appl. Opt. **47**(13), C135–C142 (2008)

[14] A. Burkert, C. Mühlig, W. Triebel, D. Keutel, U. Natura, L. Parthier, S. Gliech, S. Schröder, A. Duparre, Investigating the ArF laser stability of CaF_2 at elevated fluences. Proc. SPIE **5878**, 58780E (2005)

[15] C. Mühlig, G. Schmidl, J. Bergmann, W. Triebel, Characterization of high reflecting coatings and optical materials by direct absorption and cavity ring down measurements. Proc. SPIE **7102**, 71020T (2008)

[16] C. Mühlig, S. Kufert, S. Bublitz, U. Speck, Laser induced deflection technique for absolute thin film absorption measurement: optimized concepts and experimental results. Appl. Opt. **50**(9), C449–C456 (2011)

[17] C. Mühlig, S. Bublitz, W. Paa, Enhanced laser-induced deflection measurements for low absorbing highly reflecting mirrors. Appl. Opt. **53**(4), A16–A20 (2014)

[18] O. Apel, K. Mann, A. Zoellner, R. Goetzelmann, E. Eva, Nonlinear absorption of thin Al_2O_3 films at 193 nm. Appl. Opt. **39**, 3165–3169 (2000)

[19] B. Li, S. Xiong, Y. Zhang, S. Martin, E. Welsch, Nonlinear absorption measurement of UV dielectric components by pulsed top-hat beam thermal lens. Opt. Commun. **244**, 367–376 (2005)

[20] L. Jensen, M. Mende, St. Schrameyer, M. Jupé, D. Ristau, Role of two-photon absorption in Ta_2O_5 thin films in nanosecond laser-induced damage. Opt. Exp. **37**(20), 4329–4331 (2012)

[21] C. Mühlig, S. Bublitz, S. Kufert, Nonlinear absorption in single LaF_3 and MgF_2 layers at 193 nm measured by surface sensitive laser induced deflection technique. Appl. Opt. **48**(35), 6781–6787 (2009)

[22] J. Heber, C. Mühlig, W. Triebel, N. Danz, R. Thielsch, N. Kaiser, Deep UV laser induced luminescence in oxide thin films. Appl. Phys. A **75**, 637–640 (2002)

371

第16章 光学薄膜表征的环形腔衰荡技术

克里斯坦·卡拉斯①

摘 要 通过测量耦合到至少由两个反射镜组成的谐振腔中的光子寿命(腔衰荡,CRD),可以精确地确定 $R>0.999$ 以上的反射镜反射率值。与激光比率法、分光光度法等其他测量技术相比,该技术更具有优越性。测量精度由谐振腔的对准和反射镜反射率决定。当将 CRD 技术应用于高反射率测量时,必须使散射、吸收、镜透射和衍射引起的谐振腔损耗(CRD 损耗)降低到最小。本章描述了连续和脉冲两种应用的 CRD 技术基本原理,并为建立可靠地检测 $R>0.999$ 以上反射率的 CRD 系统提供了实验建议。

16.1 引言

使用多层介质膜堆可以设计反射率 $R>0.99$ 的高反射(HR)光学薄膜[1]。这些 HR 膜层是高功率激光器应用中光路或谐振腔镜设计所需要的。反射镜的反射率不足,从而导致较大的透射、吸收或散射,可能导致光学元件的激光损伤,或对激光安全至关重要。另外,HR 膜层可能的应用领域是为选定的光谱波段设计有效的光学滤光片,如从瑞利散射光中分离拉曼信号。

为了获得这些大的反射率,几百层的叠加可能是必要的,并且这些叠加需要足够高的制造精度。在过去的几十年中,仅对多层膜系统的反射率进行了模拟。通常多层膜的制造商不提供 R 的精确测量,精确测量 R 仍然是最终用户的任务。

测量这样的高反射率绝非易事。因此, 在 2010 年"光学干涉薄膜"会议

---

① 克里斯坦·卡拉斯 (✉)
莱布尼兹光子技术研究所(IPHT),德国耶拿,阿尔伯特-爱因斯坦大街 9 号,邮编 07745
e-mail: christian. karras@ leibniz-ipht. de

(OIC)上,它被宣布为"2010 测量问题"[2]。在这个任务的体系中,比较了几种适合测量镜面反射率的方法:

(1) 分光光度测量法。将镀膜的样品放入分光光度计中,测量其透射(或反射)值。该方法可以在宽光谱区得到反射率(或透射率),而在相当简单的商用设置中无需进行全面的后续数据分析。能可靠测量的最大反射率由光谱仪的精度决定,测试的极限反射率 $R<0.995$[3]。

(2) 激光比率测量法。应用该技术确定入射和反射或透射激光束的比值,并由此推导出膜层的反射率。在 OIC 测量竞赛中[4],激光比率法测量未能可靠地确定反射为 $R=0.9999$ 的反射率[2]。通常,激光比率法测量所获得的可靠镜面反射率的极限为 $R<0.999$。该技术的精度基本上受激光功率的波动和探测精度的限制。

(3) 腔衰荡测量法。应用腔衰荡(CRD)技术,可以可靠地确定 $R=0.998$ 及以上的镜面反射率[2]。本章详细说明了用于测试高反射率的 CRD 技术。主要集中于向读者传达一般的技术层面,特别是讨论了精确测量镜面反射率 $R>0.99$ 时重要的实验设计问题。

在 16.1 节中,将介绍一般的 CRD 概念,并讨论脉冲激光和连续激光测量之间的区别。此外,文中还解释了从 CRD 原始数据中反演膜层反射率的方法。为了更好地理解实验的细节,本节还包括一个关于光学谐振腔的简要总结。

第二部分为建立测量反射率 $R \geqslant 0.9999$ 的 CRD 系统提供了实验指导,同时,比较了 CRD 测量中光产生与探测匹配的可能性,并分析了谐振腔设计中可能存在的问题,此外,还对系统的精度进行了全面的分析。

本章最后评估了这项技术的局限性。

16.2 检测反射率的 CRD 技术

16.2.1 主要 CRD 概念和物理基础

CRD 方法最初是几十年前为精确测量气体中的弱吸收系数而发展起来的[5],并从文献[6-11]开始发展成为吸收光谱的标准技术。

与测量反射率的竞争性技术(如激光比率法或分光光度法)相比,CRD 法采用间接方法比较反射表面的入射光和透射光。光被耦合到一个谐振腔中并在其中传播。在每一次往返行程中,很少部分光从谐振腔的一个腔镜被耦合输出。随着谐振腔内功率的降低,绝对耦合输出光功率也随着往返次数的增加而减小,因此输出功率是时间的函数。检测光功率的时间衰荡曲线与谐振腔的损耗直接相关(CRD损耗,在下文中称为"损耗")。假设谐振腔内的散射和吸收可以忽略不计,所有损耗由反射镜产生,透射率$T=1-R>0$。因此,功率-时间衰荡曲线反映出反射镜的反射率。表征衰荡的典型时间常数有时称为"谐振腔的光子寿命"。这种方法测量结果独立于类似激光脉冲波动的典型噪声源,因此能够实现高精度测量。图16.1中给出了高反射率测量的CRD概念和典型结果。

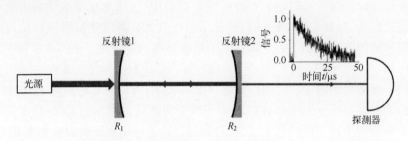

图16.1 谐振腔衰荡装置的方案(反射镜1和反射镜2构成光谐振腔,
反射镜的反射率分别为R_1和R_2,光(箭头所示的轨迹)耦合到谐振腔中,
测量耦合输出光功率随时间衰荡的函数)

16.2.2 光学谐振腔的基本原理

CRD系统的核心部分是光学谐振腔。因此,有必要简要地回顾所选择谐振腔的特性,这对于进一步理解谐振腔特性是非常重要的。关于光学谐振腔的更详细说明,请参阅相关文献[12~14]。

谐振腔的光学特性由它的几何参数决定(推导参数的选择见表16.1)。

(1) ρ_i,反射镜i的曲率半径。

(2) R_i,反射镜i的反射率。

(3) r_i,反射镜i的反射系数。

(4) T_i,反射镜i的透射率,忽略散射和吸收的情况下,$T_i=1-R_i$。

(5) t_i,反射镜i的透射系数。

(6) a_i,反射镜i的直径(假设是圆孔)。

(7) L,谐振腔的长度。

为了应用奥卡姆剃刀定律,目前认为腔内散射和吸收造成的损耗可以忽略不计,假设谐振腔只有两个反射镜组成,腔内介质折射率为1。

表 16.1　光学谐振腔的特征值

$t_r = \dfrac{2L}{c}$	在谐振腔往返一次的时间
$\mathrm{RM} = \sqrt{R_1 R_2}$	镜面反射率的几何平均值
$\mathrm{TM} = \sqrt{T_1 T_2}$	镜面透射率的几何平均值
$\mathcal{F} = \dfrac{\pi \sqrt{\mathrm{RM}}}{1 - \mathrm{RM}}$	谐振腔的精细度
$g_i = 1 - \dfrac{L}{\rho_i}$	反射镜 i 的 g 参数
$N_i = \dfrac{a_i^2}{\lambda \rho_i} \cdot \sqrt{\dfrac{(\rho_i - L)(\rho_i + \rho_j - L)}{L(\rho_j - L)}}$	任意反射镜的稳定双镜谐振腔的菲涅耳数 ($i,j \in 1,2; j \neq i$)[15]，λ 是谐振腔内真空波长

对于谐振腔衰荡实验，人们对谐振腔的时间特性感兴趣。它可以用格林函数 $G(t)$ 表示[16]。$G(t)$ 是谐振腔电场的脉冲函数，由往返时间和镜面反射系数和透射系数的几何平均值决定，即

$$G(t) = t_1 t_2 \sum_{n=0}^{\infty} (r_1 r_2)^n \delta\left(t - \left(n + \frac{1}{2}\right) t_r\right) \tag{16.1}$$

δ 为狄拉克函数。谐振腔的时间输出信号（强度）是式（16.1）与输入电场的卷积的绝对平方。值得注意的是，在式（16.1）中，电场反射系数和透射系数被认为是实数值，这意味着反射镜的反射不产生附加的相移。

通过对式（16.1）的傅里叶变换得到谐振腔的光谱透射特性。它的平方绝对值是著名的爱里公式，描述了类似法布里-珀罗腔型的光谱透射，即

$$T(\omega) = |\mathrm{FT}(G(t))|^2 = \frac{\mathrm{TM}^2}{(1 - \mathrm{RM}^2)\left(+\left(\dfrac{2}{\pi}\mathcal{F}\right)^2 \sin^2\left(\dfrac{\omega t_r}{2}\right)\right)} \tag{16.2}$$

典型共振频率 $v_q = q/t_r = qc/2L$，q 为正整数，两个共振频率之间光谱间隔 $\Delta v = 1/t_r = c/2L$ 称为谐振腔的"自由光谱区"。

谐振峰的半高全宽（FWHM）是自由光谱区与精细度的比值，即

$$\delta v = \frac{\Delta v}{\mathcal{F}} \tag{16.3}$$

特别是相干长度足够大的光束被耦合到谐振腔中（窄光谱带宽），则光谱透射行为变得至关重要（见 16.2.4 节）。

式（16.1）和式（16.2）没有考虑反射镜曲率半径这样的几何特性。然而，曲

率半径决定了谐振腔的稳定性,稳定的谐振腔是成功实现 CRD 测量的先决条件,因此必须满足稳定性条件,即

$$0 \leqslant g_1 g_2 \leqslant 1 \tag{16.4}$$

通过求基尔霍夫衍射积分的本征解,得到了谐振腔所支持的场分布[12,17]。对于足够大和足够圆的光阑,给出了谐振腔支持的高斯−拉盖尔模式场分布。它们由整数模参数 p 和 l 表征,并且 p 和 l 代表每个场模式的正交基。完整的腔本征模式集称为"横模"(TEM_{plq})。

对于不同的横模,谐振腔模式的共振频率(和自由光谱区)是不同的。它们是由以下式子给出,即

$$v_{plq} = \frac{1}{t_r} \left[q + \frac{2p+l+1}{\pi} \right] a\cos\sqrt{g_1 g_2} \tag{16.5}$$

对于 $g_1 g_2 = 1$(平面谐振腔)来说,正如上面推导,自由光谱区 $\Delta v = 1/t_r$;对于 $g_1 g_2 = 0$ 的结构(共焦谐振腔),自由光谱区 $\Delta v = 1/(2t_r)$。

此外,当使用孔径有限的腔镜时,在镜面边缘上发生的衍射引入了附加损耗。对于高阶模来说谐振腔损耗更大,因为它们在反射镜上具有更大的场直径。衍射损耗的精确计算需要基尔霍夫衍射积分的数值解。使用菲涅耳数 N_i 可以估算衍射损耗。在 N_i 值较大时,可估算一个反射镜上的损耗为[15,17]

$$\kappa_i = \frac{2\pi \, (8\pi N_i)^{2p+l+1}}{p!\,(p+l+1)!} e^{-4\pi N_i} \tag{16.6}$$

衍射造成的每一次往返损耗为

$$\kappa = \frac{1}{2}(\kappa_1 + \kappa_2) \tag{16.7}$$

16.2.3　使用脉冲光源的 CRD

通过格林函数与入射光场的卷积给出谐振腔耦合输出的探测场。

首先假设一个激光短脉冲被耦合到谐振腔中,脉冲持续时间 $\Delta\tau_{\text{pulse}} \approx t_r$ 和电场 $\varepsilon(t)$ 的任意包络函数(图 16.2(a))。例如,电场 $\varepsilon(t)$ 的任意包络函数可以是高斯函数。对于几十厘米的典型谐振腔,脉冲持续时间应等于或小于 $\Delta\tau_{\text{pulse}} = 1\text{ns}$。即使只有几个飞秒非常短的脉冲也不成问题,因为腔内空气引入的色散脉冲展宽不会导致脉冲持续时间超过几个皮秒。然而,需要注意的是,当使用非常短的脉冲时,必须避免由镜面引入过大的色散。

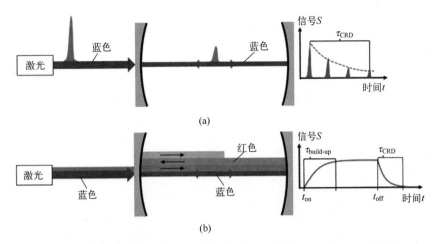

图 16.2 使用脉冲激光光源(a)和连续激光光源(b)进行谐振腔衰荡测量：
在(a)和(b)中,蓝色箭头表示光束的方向和位置,红色表示脉冲和包括谐振腔
内场增强的连续光波,右侧为谐振腔的输出信号。在图(a)中,谐振腔衰荡
时间 τ_{CRD} 表征耦合输出的最大脉冲强度
衰荡的时间;在图(b)中,在时间 t_{off} 关闭连续源,$\tau_{build-up}$
表示连续激光光源在 t_{on} 打开后场增强的特征时间

谐振腔的输出信号将由下式给出,即

$$\mid G(t) \otimes E_{in}(t) \mid^2 = \left| t_1 t_2 \sum_{n=0}^{\infty} (r_1 r_2)^n \varepsilon\left(t - \left(n + \frac{1}{2}\right)t_r\right) e^{-i\omega\left(t - \left(n + \frac{1}{2}\right)t_r\right)} \right|^2$$

$$= \underbrace{T_1 T_2}_{TM^2} \sum_{n=0}^{\infty} \underbrace{\left(R_1 R_2\right)^n}_{RM^2} \varepsilon^2\left(t - \left(n + \frac{1}{2}\right)t_r\right) + IF$$

$$(16.8)$$

式中:IF 为干涉项,由于短脉冲持续时间短,非耦合光的相干长度非常短,因此
干涉项可以忽略不计。

让我们进一步假设,探测器不能解析出精确的时间包络形状,这对于 $\Delta\tau_{pulse}$
$=1ns$ 的脉冲来说是一个充分的假设。因此,在每次往返行程之后,在谐振腔的
输出处测量脉冲的时间积分信号为 S,该信号与镜面透射率、入射脉冲强度 I_{in} 以
及往返次数之后的反射率成比例。N 次往返后,有

$$S_n \propto I_{in} \cdot TM^2 \cdot RM^{2N} \tag{16.9}$$

N 次往返的时间为

$$t_N = 2 \cdot N \cdot \frac{L}{c} \tag{16.10}$$

S_n转换为 $S(t)$，即

$$S(t) \propto I_{in} \cdot TM^2 \cdot RM^{\frac{tc}{L}} = I_{in} \cdot TM^2 \cdot e^{\frac{tc}{L}\ln(RM)}$$

$$\approx I_{in} \cdot TM^2 \cdot e^{-\frac{tc}{L}\ln(1-RM)} = I_{in} \cdot TM^2 \cdot e^{-\frac{t}{\tau_{CRD}}} \tag{16.11}$$

因此，耦合输出信号符合时间指数函数。指数函数的时间常数 τ_{CRD} 是通过对测量的功率衰荡曲线进行指数拟合确定，也可以通过将其绘制成对数比例关系图的线性拟合来确定的。从 τ_{CRD} 可以计算出平均反射率为

$$\tau_{CRD} = \frac{L}{c(1-RM)} \rightarrow RM = 1 - \frac{L}{\tau_{CRD} \cdot c} \tag{16.12}$$

16.2.4　使用连续光源的 CRD

在 CRD 测量中使用连续波激光源（或脉冲 $\Delta\tau_{pulse} > t_r$），必须考虑式（16.8）中的干涉项，并且在谐振腔后面的耦合输出信号不再由不同的脉冲组成。

首先，假设在 $t_{on} = 0$ 时打开一个振幅为 A 的连续光，其频率应满足谐振腔的谐振条件（见式（16.2）），即

$$|G(t) \otimes E_{in}(t)|^2 = \left| t_1 t_2 \sum_{n=0}^{\infty} (r_1 r_2)^n \cdot A \cdot \Theta\left(t - \left(n + \frac{1}{2}\right)t_r\right) e^{-i\omega\left(t - \left(n+\frac{1}{2}\right)t_r\right)} \right|^2$$

$$= TM^2 \cdot \tilde{A} \cdot \sum_{n=0}^{\infty} RM^{2n} \cdot \Theta\left(t - \left(n + \frac{1}{2}\right)t_r\right)$$

$$\tag{16.13}$$

式中：Θ 为单位（Heaviside）阶跃函数。由于入射光场与谐振腔共振，所以在谐振腔中存在驻波，并且式（16.8）中的干涉项增强了谐振腔内的电场。式（16.13）中的 $\tilde{A}$ 包括了这种效应和入射场振幅的平方。

式（16.13）中的总和描述了新的非耦合光波与谐振腔中传播的光波叠加。如图 16.2（b）所示，在这种情况下求解式（16.13）中的总和，可以计算出 N 次往返后谐振腔的输出信号为

$$\sum_{n=0}^{N} RM^{2n} \cdot \Theta\left(t - \left(n + \frac{1}{2}\right)t_r\right)$$

$$= \left[\sum_{n=0}^{N} RM^{2n} \cdot \Theta\left(t - \left(n + \frac{1}{2}\right)t_r\right)\right] \cdot \frac{RM^2 - 1}{RM^2 - 1}$$

$$= \frac{(RM^{2N} + RM^{2(N-1)} + \cdots + RM^2 + 1)(RM^2 - 1)}{RM^2 - 1}$$

$$= \frac{(RM^{2(N+1)} + RM^{2N} + \cdots + RM^4 + RM^2) - (RM^{2N} + RM^{2(N-1)} + \cdots + RM^2 + 1)}{RM^2 - 1}$$

$$= \frac{RM^{2(N+1)} - 1}{RM^2 - 1} = \frac{1 - RM^{2(N+1)}}{1 - RM^2}$$

$$\rightarrow S(N) \propto TM^2 \cdot \tilde{A} \cdot \sum_{n=0}^{N} RM^{2n} \cdot \Theta\left(t - \left(n + \frac{1}{2}\right)t_r\right) = TM^2 \cdot \tilde{A} \cdot \frac{RM^{2(N+1)} - 1}{RM^2 - 1}$$

$$(16.14)$$

注意:对于多次往返,输出信号变为常数 $S(N \rightarrow \infty) = \frac{TM^2 \cdot \tilde{A}}{1 - RM^2}$。

如果在 $t_{off} > t_{on} = 0$ 时关闭光源信号,则入射光束在谐振腔内经过 N^* 次往返后,第 N 次($N > N^*$)往返后输出的信号为

$$S(N) \propto TM^2 \cdot \tilde{A} \cdot \sum_{n=0}^{N} RM^{2n} \cdot \left[\Theta\left(t - \left(n + \frac{1}{2}\right)t_r\right) - \Theta\left(t - \left(n + N^* + \frac{1}{2}\right)t_r\right)\right]$$

$$= TM^2 \cdot \tilde{A} \cdot \frac{RM^{2(N^*+1)} - 1}{RM^2 - 1} \cdot RM^{2(N-N^*)}$$

$$= TM^2 \cdot \tilde{A} \cdot \frac{RM^{2(N^*+1)} - 1}{RM^2 - 1} \cdot RM^{2\tilde{N}}$$

$$(16.15)$$

式中:$\tilde{N}$ 是关闭光源后的往返次数。除了比例常数,$S(\tilde{N})$ 描述了谐振腔中由于信号叠加的场增强,$S(\tilde{N})$ 可以采用类似于脉冲的情况来处理,以便导出 $S(\tilde{N})$ 的时间衰荡曲线和镜面平均反射率之间的关系。

如果入射场与谐振腔不共振,因为不得不考虑干涉项,所以情况就更复杂了。综合 Lee 等人的工作[16],分析了谐振腔与入射光之间光谱失谐与 $\Delta\tau_{pulse}$ 之间的函数关系。结果如图 16.3 所示,输出信号 $S(\tilde{N})$ 的振幅失谐量减小,而且输出信号中只有一小部分呈指数衰荡,可用于确定反射镜平均反射 RM。

这些结果与存在失谐时分析光谱透射行为得到的结果一致(图 16.4)。

在谐振范围内谐振腔的透射率很高。在这种情况下,在脉冲或连续光波信号被切断后,在腔的输出端可以观察到光功率的指数衰荡。由于电场增强,连续光波输出信号比短脉冲强得多。然而,如果非耦合激光的频率和谐振腔的共振频率失谐,则谐振腔的透射率下降。光不会被限制在谐振腔中,同时只有部分光经反射镜透射。在小失谐(或宽脉冲)的情况下,入射光谱中总是有部分共振,有部分没有共振。前者对指数衰荡信号有贡献,可用于确定 RM,而后者不起作用。

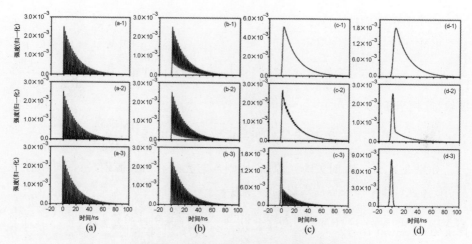

图 16.3　环形谐振腔信号的失谐行为(变量为脉冲宽度 $\Delta\tau_{pulse}$
和激光脉冲中心频率与谐振腔共振频率之间的失谐 $\delta\omega_{det}$)：$\Delta\tau_{pulse}$ 设置为
(a) $0.25\times t_r$,(b) $0.5\times t_r$,(c) $1\times t_r$,(d) $2\times t_r$,t_r 为光在谐振腔中一次往返时间
(在图中按行描述)。对于每个脉冲 $\delta\omega$,(1) $0\times\Delta\omega$,(2) $0.25\times\Delta\omega$,(3) $0.5\times\Delta\omega$,
$\Delta\omega$ 为以角频率为单位的谐振腔自由光谱区(在图中按列描述)。
计算中考虑了镜面反射率 $R=0.95$ 的低精细度谐振腔,并将横坐标的起点
$t=0$ 定义为输入脉冲分量的透射峰不经往返就
从谐振腔中逸出的时刻(图片取自文献[16])

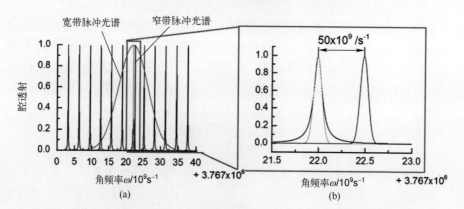

图 16.4　波长为 $500nm$($\omega\approx 3.767\times 10^{15}s^{-1}$)、精细度 $F=29$ 谐振腔的透射谱
(黑色,$R=0.9$):宽带脉冲光谱(箭头所示,$\Delta\lambda_{pulse}=5pm$,$\Delta\omega_{pulse}=10^9 s^{-1}$),
窄带脉冲光谱(箭头所示,$\Delta\lambda=0.5pm$,$\Delta\omega=10^8 s^{-1}$)。值得注意的是,
窄带信号失谐量 $\delta\omega_{det}=50\times 10^9 s^{-1}$ 造成透射率至少下降 10%,然而宽带信号的失谐
并不会造成透射率显著的变化,因为光谱中始终覆盖共振峰

380

由于谐振腔的精细度大,当耦合输入信号在频谱上比共振峰宽时,例如,在双镜谐振腔中,每片反射镜的镜面反射率为 $R = 0.9999$,谐振腔的精细度为 $F \approx 31000$,这种谐振腔非常可能失谐并且肯定存在失谐。对于 $L = 30\text{cm}$ 的长谐振腔(自由光谱区为 $\Delta v \approx 500\text{MHz}$),透射带宽大于 $\delta_f \approx 16\text{Hz}$。对于 $\lambda = 500\text{nm}$ 的中心波长,这相当于 $\delta\lambda \approx 0.013\text{fm}$ 的线宽。

目前考虑的仅仅是一个简单的一维估算。在光束空间延展的情况下,请参考有关光学谐振腔的更详细信息[12,18]。

16.2.5 镜面反射率的计算

直到现在,只是考虑了反射率 RM 的几何平均值,它与指数衰荡的时间常数直接相关(见式(16.12))。然而,在 CRD 测量时更关注每个反射镜的绝对反射率 R_i。

假设一个两个反射镜的线性谐振腔,其中一个反射镜的反射率(参考镜 R_{ref})足够精确并且已知。在这种情况下,样品的未知反射率可以通过 RM 值和 R_{ref} 简单地计算出来,即

$$R = \frac{\text{RM}^2}{R_{\text{ref}}} \tag{16.16}$$

在更一般的情况下,反射率均未知,不得不测量初始未知反射率 R_1、R_2 和 R_3 的 3 个反射镜相互的 RM 值,即

$$\begin{cases} \text{RM}_1 = \sqrt{R_1 R_2} \\ \text{RM}_2 = \sqrt{R_1 R_3} \\ \text{RM}_3 = \sqrt{R_2 R_3} \end{cases} \tag{16.17}$$

根据这些值,可以计算出每个反射镜的绝对反射率,即

$$\begin{cases} R_1 = \dfrac{\text{RM}_1 \text{RM}_2}{\text{RM}_3} \\[2mm] R_2 = \dfrac{\text{RM}_1 \text{RM}_3}{\text{RM}_2} \\[2mm] R_3 = \dfrac{\text{RM}_2 \text{RM}_3}{\text{RM}_1} \end{cases} \tag{16.18}$$

为了准确起见(参见 16.3.6 节),应使用反射率最高的反射镜应作为参考反射镜。

到目前为止,只考虑了入射角为 $\varphi = 0$ 的反射镜。在 $\varphi \neq 0$ 的情况下,谐振腔由 3 个反射镜组成,其中样品反射镜位于中心(图 16.5)。

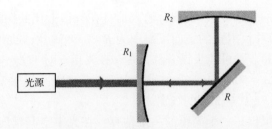

图 16.5　使用 3 个反射镜的 CRD 测量装置(反射率
为 R 的样品反射镜的入射角不等于零)

对于由 3 个反射镜组成谐振腔,通常要确定中心镜(非零入射角)。在这种
情况下,只测量反射镜 R_1 和 R_2 组成的线性谐振腔的 RM 值(RM_{2M})以及折叠腔
的 RM 值(RM_{3M})就足够了。R 可以用以下比值计算,即

$$R = \frac{\mathrm{RM}_{3M}}{\mathrm{RM}_{2M}} \qquad\qquad (16.19)$$

16.3　CRD 系统指南

如果我们的目标是精确测量高达 $R = 0.9999$ 及以上的反射率,那么,CRD
装置的设计就很重要。必须注意选择合适的光源、合适的检测单元和合适的谐
振腔设计。本节重点介绍如何建立 CRD 系统的一些建议,为高反射率测量提供
可靠的结果。

16.3.1　光源

基本上,脉冲和连续激光光源都可以用于 CRD 实验。在这两种情况下,激
光功率是成功测量的最关键参数。

如果使用脉冲光源,假设脉冲持续时间 $\Delta\tau_{\mathrm{pulse}} \ll t_r$ 内,不存在场增强效应(参
见 16.2.3 节和 16.2.4 节),通常适用于在脉冲持续时间 $\Delta\tau_{\mathrm{pulse}} \approx 1\mathrm{ns}$ 或者更短
时间。在这种情况下,必须考虑谐振腔的衰荡效应。例如,每个反射镜的反射率
为 $R = 0.99999$,谐振腔的光密度 OD = 10。因此,必须注意确保通过谐振腔的透
射光可探测,即激光功率要足够大。通过式(16.20)可以很容易地估算出透射
光子的数量,即

$$n_{\max} = \frac{\lambda(1-\mathrm{RM})^2}{hc}E \qquad\qquad (16.20)$$

式中:λ 为波长;h 为普朗克常数;c 为光速;E 为输入的脉冲能量。图 16.6 中给
出了 3 个不同波长下透射光子的数量。当然,这个数字是指第一次往返之后最

大程度上被检测到的光子数。为了能够可靠地测量 CRD 的时间曲线,应该能够测量到 n_{max} 的 10%。

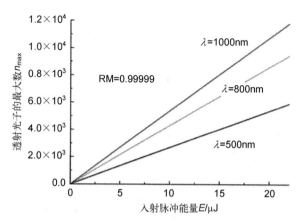

图 16.6　最大透射光子数 n_{max} 随脉冲能量 E 的变化,
几何平均反射率 RM = 0.99999

如果使用连续波激光源,必须确保激光的快速调制,以避免衰荡信号与切断特性之间的卷积。因此,关闭激光器之后的衰荡时间应该比衰荡时间小得多。大多数现代激光系统支持低至几纳秒的快速电子开关,这足以表征 $R = 0.99$ 的反射率($\tau_{CRD} \approx 100ns$,假设谐振腔长度为 $L = 30cm$)。如果激光系统不支持适当的快速切换,则必须应用声光调制器(AOM)来调制激光光束。

在连续激光的情况下,由于谐振腔的法布里-珀罗特性,透射信号 S 可以与对应的输入信号一样强。然而,这需要光场与腔谐振匹配,可以通过使用压电驱动器调整一个镜面位置和反馈回路来实现(参见文献[19-21])。此外,激光发射的光谱宽度必须非常窄,因为 CRD 谐振腔与高精细度的法布里-珀罗干涉仪类似(参见 16.2.4 节)。

如果使用更宽的光源,谐振腔"提取"发射光谱中的各个成分(参见图 16.4)。只有这些信号才会经过谐振腔透射产生 CRD 信号(参见 16.2.4 节)。如果光谱宽度足够大则不需要锁模,但缺点是透射率大大降低。假设入射激光的光谱宽度远大于谐振腔的自由光谱区,透射功率 P_T 可以通过以下方式粗略估算,即

$$P_T \approx P_{in} \cdot \frac{1}{\mathcal{F}} = P_{in} \frac{1-R}{\pi \sqrt{R}} \tag{16.21}$$

式中:P_{in} 为入射激光功率。根据经验,假设镜面反射率为 $R \approx 0.9999$,使用的激光器输出功率至少达到 $P_{Laser} = 100m$ 才能得到令人满意的结果。二极管连续激光器或二极管抽运固态激光器(DPSS)是合适的光源。

383

16.3.2 探测单元

如前一节所述,需要检测光的能量通常很弱。例如,当镜面反射率 $R = 0.99999$ 和激光功率 $P_{\text{Laser}} = 100\text{mW}$ 时,最大透射功率仅为 $P_T = 10\text{pW}$。因此,对光电探测器的探测能力要求很高。另外,探测器的时间分辨率也应该很高,特别是用于测量 $R \approx 0.99$ 或更低的反射率。因此,仪器功能的上升时间 τ_{rise} 不应超过 10ns。

特别是由于高灵敏度的要求,探测器只能是光电倍增管(PMT)或雪崩光电二极管(APD)。这两种探测器原则上都能够进行单光子计数。

16.3.2.1 光电倍增管

光电倍增管(PMT)是基于光电阴极发射的电子倍增原理。光电阴极的材料基本上决定了倍增管的光谱响应。在可见光谱区,通常使用硅基光电阴极。对于较长的波长,它们的量子效率(QE)很差。当波长 $\lambda > 800\text{nm}$ 时,硅基 PMT 的量子效率(QE)通常低于 1%[22-23]。

基于 InGaAs 或 InP/InGaAsP 的阴极更适合于近红外或中红外光谱。它们的探测范围可以达到波长 $\lambda = 1.7\mu\text{m}$ 左右。然而,它们需要充足的冷却并且成本相当高[23-24]。在可见光谱区,它们的 QE 仍远低于硅基二极管。

PMT 通常具有高达 10^9 左右的线性增益因子、低噪声因子以及直径高达几厘米的大口径等优点。特别是大口径易于探测器对准,很容易用作 CRD 装置的探测器。在谐振腔的后面不需要额外的成像光学元件。它们的信号上升时间一般都在 $\tau \approx 1\text{ns}$ 内,即使对于高损耗的 CRD 测量也足够。

16.3.2.2 雪崩光电二极管

雪崩光电二极管(APD)通常是测量弱信号的低成本替代品。特别是在红外波段,由于 APD 具有更大的量子效率,经证明与 PMT 相比 APD 更有优势[22]。APD 的主要缺点是噪声大和线性增益小。因此,特别是在可见光区域中,APD 的信噪比比任何 PMT 都差。

此外,APD 的时间分辨率为 $\tau_{\text{rise}} \approx 10\text{ns}$,其口径通常非常小,一般不大于 1mm。因此,为了探测完整的透射信号,需要在谐振腔后面放置足够的成像光学元件。

对于远红外($\lambda > 1.7\mu\text{m}$)的谐振腔衰荡测量,基于 HgCdZnTe/HgCdTe 的光电二极管是唯一具有足够大比探测率的传感器[25-26],可以测量的波长达到 $\lambda = 10\mu\text{m}$。

16.3.3 宽带测量

如果样品反射镜的反射率不仅在特定波长上而且需要在较宽光谱区表征时,则必须扩展激光光源和可能的探测单元,用以支持宽带测量。

在这种情况下,必须使用可调谐激光光源,如光学参量放大器(OPA)或振荡器(OPO)。然而,这些系统成本非常高,并且需要对激光器进行调谐。一般来说,当这些系统中的输出激光波长改变时,输出光束的位置就会发生变化,这需要重新对准 CRD 谐振腔。或者,可以将短激光脉冲(如 Q 开关激光系统的纳秒脉冲)耦合到光纤光子晶体(PCF)中产生连续白光。

与使用可调谐光源相比,这种方法的主要优点是可以同时检测整个光谱损耗。例如,应用该技术测定在 530～760nm 波长的镜面反射率($0.9976 < R <0.9998$),结果显示在图 16.7(a)中。

在这两种情况下,激光脉冲($\Delta\tau_{pulse} \approx 1ns$)在光纤光子晶体中展宽光谱,然后将其耦合到 CRD 谐振腔中。在谐振腔输出端使用与时间选通 CCD 系统相结合的光谱仪记录透射信号。

随后,应用类似的装置表征了强紫外辐射诱导 CaF_2 晶体的光损伤[28](图 16.7(b))。在 480nm<λ<650nm 的光谱区,所使用反射镜的宽带反射率达到 $R>0.9993$,光谱分辨率为 0.3nm。光谱分辨 CRD 时间衰荡曲线的采集时间不到 2min,本例中的光谱分辨探测是通过将光谱仪(Shamrock 303i)与门控和增强型 CCD 相机(Andor iStar)结合使用实现的。

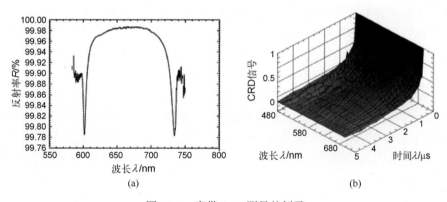

图 16.7　宽带 CRD 测量的例子

(a) 两个腔镜的光谱分辨反射率曲线(635～698nm 的反射率>99.98%),图像取自文献[27](在 OSA 的允许下从文献[27]转载);(b) CRD 谐振腔内有 CaF_2 样品的宽带透射率的归一化曲线(480nm<λ<650nm),图像取自文献[28](经 AIP 出版社允许从文献[28]转载)

16.3.4　谐振腔设计

16.3.4.1　稳定性
为了成功地实现 CRD 测量,谐振腔必须是稳定的。因此,必须满足谐振腔镜的约束条件式(16.4)。

对于每个腔镜 i，比值为

$$\alpha_i = \frac{L}{\rho_i}, \rightarrow L = \alpha_i \rho_i, i = 1, 2 \qquad (16.22)$$

稳定腔中 α_1 和 α_2 之间的关系为

$$\begin{cases} \dfrac{\alpha_1}{\alpha_1 - 1} > \alpha_2 > 1, \alpha_1 > 1 \\ \\ \dfrac{\alpha_1}{\alpha_1 - 1} < \alpha_2 < 1, \alpha_1 < 1 \end{cases} \qquad (16.23)$$

也就是说，即使谐振腔有一个凸面镜，如果选择适当的第二个反射镜，谐振腔也可以是稳定的。因此，CRD 技术也可用于确定凸面镜的反射率。

对于两个反射镜具有可比曲率半径的特殊情况，$\rho_1 \approx \rho_2 \approx \rho(\alpha_1 \approx \alpha_2)$，腔长必须小于 ρ 的 2 倍，即

$$L < 2\rho \qquad (16.24)$$

值得注意的是，当 $L = \rho$（共焦谐振腔，$g_1 g_2 = 0$），$\rho = \infty$（平面谐振腔，$g_1 g_2 = 1$）或者 $L = 2\rho$（同轴谐振腔，$g_1 g_2 = 1$）时，谐振腔在理论上也是稳定的。这些谐振腔配置在实际中并不适合 CRD 腔，因为它们在失调方面非常不稳定。

16.3.4.2　衍射损耗的影响

即使在稳定的谐振腔中，由于有限的反射镜直径，内部的光也会因衍射而损耗。对于直径 α_i 越小，衍射损耗越大，并且基本上可以使用有效菲涅耳数 N_i 与式(16.6)和式(16.7)估算衍射损耗。根据文献[29]，菲涅耳数在 3.5 以上的衍射损耗通常很小，但对于 CRD 谐振腔来说，由于要确定的损耗也非常小，偶尔也值得估计衍射损耗。对于腔长在 $L \approx 10\text{cm}$ 和反射镜直径在 $a_i \approx 1\text{cm}$ 范围内的普通谐振腔结构，菲涅耳数达到几千，因此衍射损耗通常可以忽略不计。

16.3.5　光源和腔的耦合

特别是当将调制的连续波光或长脉冲光耦合到谐振腔中时，由于腔的高精细度值（参见 16.2.4 节），它将有效地抑制共振光，这需要在光场和谐振腔之间进行精细调整。

16.3.5.1　腔反馈

正如 16.2.4 节讨论的那样，有必要根据激光频率精确锁定腔长，特别是使用窄带激光系统。简化这一实验挑战的一种方法是，利用光反馈将激光频率锁定到相应的腔长上。因此，需要二极管激光器，它的发射光谱比谐振腔的自由光谱区宽得多。如果谐振腔的背向反射光耦合到激光器中，强的光反馈情况下的

发射将锁定到谐振腔所支持的模式上。因此,谐振腔的透射将更大,产生更大的 CRD 信号和更低的噪声[30]。图 16.8 展示了一个典型的光反馈 CRD 装置。对光反馈机制的详细解释超出了本书的范围,读者可参阅有关文献[31-35]。

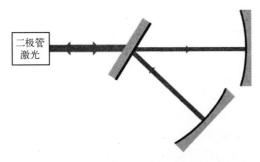

图 16.8　CRD 装置的腔反馈设置(光耦合到谐振腔中,背反射光耦合
到二极管激光源,使其锁定到腔谐振中)

16.3.5.2　模式匹配

如果一个任意光场耦合到谐振腔中,它将被分解成不同的横模[12]。在稳定谐振腔结构的情况下($0<g_1g_2<1$),不同横模的谐振频率相对于彼此失谐几兆赫(见式(16.5))。因此,对于一个可能被锁定的谐振腔,除了一个 TEM 模式(通常为 TEM_{00})之外,所有模式都将被抑制,从而导致光源和谐振腔之间的耦合效率降低。

为了获得最有效的光耦合,入射光束应该匹配到一个被选定的谐振腔模式(图 16.9),通常选择 TEM_{00} 模式。因此,入射光束的形状必须使其两个腔镜处

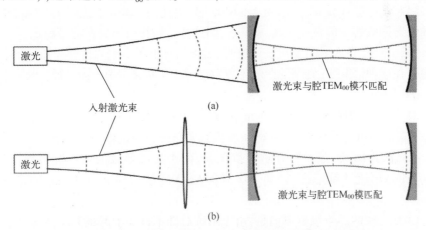

图 16.9　无模式匹配谐振腔情况(a):入射激光束(黑色)和场的 TEM_{00}
模不匹配,入射场将被分解更高的谐振腔横模(这里未给出),虚线表示场分布的
相位前沿。模式匹配情况(b):入射激光场与腔的 TEM_{00} 模匹配

387

的曲率半径相同。应该注意到,非平面耦合镜改变了光束发散。在激光源和谐振腔之间只使用一个透镜就可实现模式匹配,并且使激光束轮廓适应谐振腔模式。激光源和谐振腔之间的精确距离不再那么关键,使用望远镜系统(2 个透镜)或变焦光学系统(3 个透镜)就可以简化光学装置。特别是当测量曲率半径变化的反射镜时,多透镜系统将极大地简化模式匹配与相应曲率半径的适应性。

16.3.6 精度

正确分析测量精度是进行可靠 CRD 测量的关键问题之一,它一般由拟合精度和对准误差所决定。

16.3.6.1 衰荡时间曲线的拟合精度

尽管衰荡时间曲线的拟合精度依赖于探测器的噪声,但如果探测器的采样速率足够大,则拟合精度通常是非常低的。现代电子业给出的典型采样速率在 $f_{sample}=1GHz$ 内。从这些衰荡时间曲线可知,时间的拟合精度 $\Delta\tau_{CRD}/\tau_{CRD}\approx0.5\%$ 很容易实现,尤其是使用 PMT 探测器(参见 16.3.2 节)。在数据噪声较大的情况下,例如,由于非常小的透射功率和/或需要使用 APD 进行信号检测时,可以通过对衰荡时间曲线进行充分的平均来实现精度。

16.3.6.2 光学谐振腔的对准精度

即使轻微的失调也会增加谐振腔的衍射损耗。如上所述,衍射损耗一般非常低,并且对于普通谐振腔结构,与反射、散射或吸收损耗相比可以忽略不计。从理论上分析了未对准对谐振腔稳定性和损耗的影响[13],通过调整各个反射镜的倾斜修正菲涅耳数 N_i[12]。当 $N_i>1000$ 时,损耗虽然增加但仍可以忽略,特别是如果谐振腔的 g 值在 0.5~0.8 附近,则这些结构相对于失调非常稳定。

另一方面,当入射角偏离设计值时,对损耗有重要影响的是反射镜的较小反射率。在这种情况下,失调的影响不仅取决于谐振腔的几何形状,而且取决于特定的多层膜设计。

对于一个 CRD 结构($L=30cm$,$\rho_1=\rho_2=100cm\rightarrow g_1=g_2=0.7$)进行系统研究来估算。因此,系统被反复对准和失调后,一个腔镜倾斜了一个确定的角度,结果如图 16.10 所示。在这种情况下,由于失调导致的谐振腔损耗(信号衰荡时间)的统计偏差达到 5%。该值是 CRD 测量的标准对准误差的良好估计值。

CRD 方法的一个重要方面是:由于系统对准不良而引起的系统误差只会减少信号衰荡时间 τ_{CRD},通常会导致谐振腔损耗过高,即低估镜面反射率。因此,只能在反射率较低误差范围内考虑可能的失调,最大误差完全由指数拟合的精度确定。

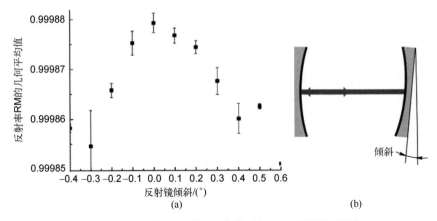

(a)   (b)

图 16.10   腔镜倾斜对从谐振腔衰荡时间 τ_{CRD} 计算的反射率 RM

几何平均值的影响,0.1°的倾斜将使信号降低约 5%,误差棒是由固定

失谐角重复实验 10 次得到的(a);实验示意图(b)

16.3.6.3 反射率的测量精度

事实上,在前面的章节中,通过系统的失调研究确定的是损耗的精度(在没有散射和吸收的情况下,损耗为 1-RM)。因此,RM 的相对误差和绝对误差之间的相关性由下式给出,即

$$\begin{cases} \Delta RM_{+}^{\text{rel}} = \dfrac{\Delta RM_{+}}{1-RM} = 5\% \\[3mm] \Delta RM_{-}^{\text{rel}} = \dfrac{\Delta RM_{-}}{1-RM} = 0.5\% \end{cases} \quad (16.25)$$

如果线性谐振腔中的一面反射镜的反射率由所有组合中 3 个反射镜 $RM_1 \sim RM_3$ (参见(16.18))的几何平均来求解,则反射率的精度由以下给出,即

$$R_1 = \frac{RM_1 RM_2}{RM_3} \rightarrow \Delta R^{\text{rel}} = \frac{\Delta R}{1-R} = 3\Delta RM^{\text{rel}} \begin{cases} +15\% \\ -1.5\% \end{cases} \quad (16.26)$$

在 3 个反射镜(式(16.19))组成的折叠腔中,样品反射镜位于中心,则精度由下式给出,即

$$R = \frac{RM_{2M}}{RM_{3M}} \rightarrow \Delta R^{\text{rel}} = \frac{\Delta R}{1-R} = \Delta RM_{2M}^{\text{rel}} + \Delta RM_{3M}^{\text{rel}} \begin{cases} +10\% \\ -1.0\% \end{cases} \quad (16.27)$$

如果使用先前定义的参考镜求解样品反射镜的反射率(见式(16.16)),则精度由下式给出,即

$$R = \frac{RM^2}{R_{\text{ref}}} \rightarrow \Delta R = \frac{2RM}{R_{\text{ref}}}(1-RM) \cdot \Delta RM^{\text{ref}} + \frac{RM^2}{R_{\text{ref}}^2}(1-R_{\text{ref}}) \times \Delta R_{\text{ref}}^{\text{rel}} \quad (16.28)$$

在这种情况下,确定反射镜反射率的精度在很大程度上取决于参考反射镜的反射率。如果参考镜的反射率比样品镜的反射率小,则前者决定了腔损耗,并且测量 R 的精度大大降低,如图 16.11 所示。另一方面,如果参考镜的反射率比样品镜的反射率大得多,则测量 R 的精度可以非常高。因此,应该使用反射率最高的反射镜作为参考反射镜。

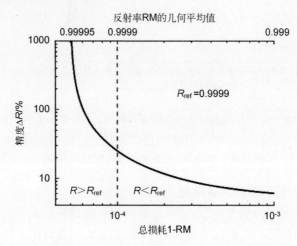

图 16.11　当参考镜 $R_{ref} = 0.9999$ 分别用作几何平均反射率 $RM = \sqrt{RR_{ref}}$ 或腔损耗 $1-RM$ 的函数时,测定样品反射镜反射率 R 的精度 ΔR

16.4　技术局限性

通过测量损耗间接确定反射率,使得测量是独立于输入激光功率的精确值,因此,相对于激光波动来说是稳定的,这明显就有缺点:谐振腔损耗由吸收、散射和反射组成(除了由于不适当的腔体设计造成的损耗参见 16.3.4 节)。因此,如果反射率不足够高,则吸收或散射占主导地位,使用 CRD 方法将导致低估 R。在这种情况下,CRD 测量必须由精确的散射和吸收测量结果支撑,以确定正确的 R 值。当镜面反射率很高时,即 $R>0.99999$,表面质量差或使用短波长可见光或紫外光谱进行表征时,这一点尤其关键。

本书的第 14 章和第 15 章主要研究了用于评估散射或吸收的复杂技术。

在镜面反射率 $R<0.99$ 的情况下,CRD 信号的衰荡时间很短($L=30cm$ 时,$\tau_{CRD}<100ns$),探测器的时间分辨率或采样频率限制了 R 的精确测定。然而,这种低反射率可以通过分光光度法或激光比率法测量很容易地确定。

在此背景下,CRD 技术不应当被认为比分光光度或激光比值测量法更优越,而应作为它们的一种补充方法。

最后,使用 CRD 技术只能在反射镜的中心精确地确定反射率。虽然可以在一定范围内对反射镜面进行扫描,但是靠近反射镜边缘的衍射损耗将超过反射损耗。

16.5 总结

本章详细讨论了应用谐振腔衰荡法测试 $R>0.99$ 以上反射率的可能性。对于如此高的反射率,CRD 技术比激光比率法和分光光度法更有优势,因为反射率通过测量被限制在谐振腔内光的损耗间接确定。由于这是通过确定谐振腔内光子的寿命来实现的,所以测量精度与激光功率波动无关,并且不需要很大的探测器动态范围。

自 2015 年以来,ISO 标准 13142 中[36]也规定了执行可靠 CRD 测量的详细指南。

然而,一个成功的 CRD 测量需要精心设计和对准的谐振腔。特别是腔长、反射镜直径及其曲率半径的选择必须适当,以避免由于腔不稳定性或衍射而带来的损耗。

CRD 法是激光比率法或分光光度法的补充技术,而不是测量反射率的竞争技术。当 $R>0.99$ 与 $R<0.99$ 相比时,CRD 法测量的结果更准确。

参考文献

[1] R. Paschotta, *Encyclopedia of Laser Physics and Technology* (Wiley-VCH, 2008)
[2] A. Duparre, D. Ristau, Optical Interference Coatings 2010 Measurement Problem. Appl. Opt. **50**(9), C172–C177 (2011)
[3] P. Steve Upstone, Inc., Validating UV/VIS Spectrophotometers, Technical Note, (2012) https://www.perkinelmer.com/lab-solutions/resources/docs/TCH_Validating_UV_Visible.pdf (accessed: February 2018)
[4] H. Nasibov, I. Mamedbeili, D. Riza, E. Balaban, F. Hacizade, High-precision measurements of reflectance, transmittance, and scattering at 632.8 nm. Laser Sources and Applications. *Proc. SPIE. 8433*, 843313 (2012)
[5] A. O'Keefe, D.A.G. Deacon, Cavity ring-down optical spectrometer for absorption measurements using pulsed laser sources. Rev. Sci. Instrum. **59**(12), 2544–2551 (1988)
[6] T. Zeuner, W. Paa, G. Schmidl et al., Optical readout of a nanoparticle based sensor by cavity ring-down spectroscopy. Sens. Actuators B: Chem. **195**, 352–358 (2014)
[7] G. Rempe, R. Lalezari, R.J. Thompson et al., Measurement of ultralow losses in an optical interferometer. Opt. Lett. **17**(5), 363 (1992)
[8] R.A. Washenfelder, A.R. Attwood, J.M. Flores et al., Broadband cavity-enhanced absorption spectroscopy in the ultraviolet spectral region for measurements of nitrogen dioxide and

formaldehyde. Atmos. Measure. Tech. **9**(1), 41–52 (2016)

[9] M. Goulette, S. Brown, H. Dinesan, W. Dubbé, G. Hübler, J. Orphal, A. Ruth, and A. Zahn, A New Cavity Ring-down Instrument for Airborne Monitoring of N_2O_5, NO_3, NO_2 and O_3 in the Upper Troposphere Lower Stratosphere, in Imaging and Applied Optics 2016, OSA technical Digest (online) (Optical Society of America, 2016), LTh1G.2 (2016)

[10] H. Waechter, F. Adler, M. Beels, et al., *Diverse industrial applications of Cavity Ring-Down Spectroscopy* (Photonics North (PN), Quebec City, QC, 2016), pp. 1–1 http://doi.org/10.1109/PN.2016.7537897

[11] C. Dhiman, M.S. Khan, M.N. Reddy, Phase-shift cavity ring down spectroscopy set-up for NO_2 sensing: design and fabrication. Defence Science Journal **65**(1), 25–30 (2015)

[12] N. Hodgson, H. Weber, *Laser Resonators and Beam Propagation - Fundamentals, Advanced Concepts and Applications* (Springer, New York, 2005), p. 793

[13] A.E. Siegman, *Lasers* (University Science Books, Sausalito, 1990), p. 1285

[14] Joachim Herrman, B. Wilhelmi, *Laser für ultrakurze Lichtimpulse - Grundlagen und Anwendungen*, vol. 324 (Akademie-Verlag, Berlin, 1984)

[15] W. Brunner, R. König, P. Nickles, L.W. Wieczorek, G. Wiederhold, *Der Laser* in W. Brunner, K. Junge, Wissensspeicher Lasertechnik, 1. uflage (Fachbuchverlag Leipzig, 1982)

[16] J.Y. Lee, H.W. Lee, J.W. Hahn, Time domain study on cavity ring-down signals from a Fabry-Pérot cavity under pulsed laser excitation. Jpn. J. Appl. Phys. **38**(11), 6287–6297 (1999)

[17] H. Kogelnik, T. Li, Laser beams and resonators. Appl. Opt. **5**(10), 1550–1567 (1966)

[18] D. Romanini, I. Ventrillard, G. Méjean, et al., *Introduction to Cavity Enhanced Absorption Spectroscopy* (Springer, Berlin, Heidelberg, 2014)

[19] B.A. Paldus, C.C. Harb, T.G. Spence et al., Cavity-locked ring-down spectroscopy. J. Appl. Phys. **83**(8), 3991–3997 (1998)

[20] D. Romanini, A.A. Kachanov, N. Sadeghi et al., CW cavity ring down spectroscopy. Chem. Phys. Lett. **264**(3–4), 316–322 (1997)

[21] T.G. Spence, C.C. Harb, B.A. Paldus et al., A laser-locked cavity ring-down spectrometer employing an analog detection scheme. Rev. Sci. Instrum. **71**(2), 347–353 (2000)

[22] W.G. Lawrence, G. Varadi, G. Entine, E. Podniesinski, P.K. Wallace, A comparison of avalanche photodiode and photomultiplier tube detectors for flow cytometry, in imaging, manipulation, and analysis of biomolecules, cells, and tissues, p. 68590M (2008), http://doi.org/10.1117/12.758958

[23] K.K. Hamamatsu Photonics, *Photomultiplier Tubes Basics and Applications*, 3rd edn. (2007)

[24] S.O. Flyckt, C. Mamonier, *Photomultiplier Tubes: Principles and Applications* (Philips Photonics, Brive, 2002)

[25] C. Bahrini, Y. Bénilan, A. Jolly et al., Pulsed cavity ring-down spectrometer at 3 μm based on difference frequency generation for high-sensitivity CH_4 detection. Appl. Phys. B **121**(4), 533–539 (2015)

[26] S. Zhou, Y. Han, B. Li, Simultaneous detection of ethanol, ether and acetone by mid-infrared cavity ring-down spectroscopy at 3.8 μm. Appl. Phys. B **122**(7) (2016)

[27] G. Schmidl, W. Paa, W. Triebel et al., Spectrally resolved cavity ring down measurement of high reflectivity mirrors using a supercontinuum laser source. Appl. Opt. **48**(35), 6754–6759 (2009)

[28] T. Zeuner, W. Paa, C. Muhlig et al., Note: Broadband cavity ring-down spectroscopy of an intra-cavity bulk sample. Rev. Sci. Instrum. **84**(3), 036104 (2013)

[29] Y. Le Grand, J.P. Tache, A. Le Floch, Sensitive diffraction-loss measurements of transverse modes of optical cavities by the decay-time method. J. Opt. S B **7**(7), 1251–1253 (1990)

[30] Y. Gong, B. Li, Y. Han, Optical feedback cavity ring-down technique for accurate measurement of ultra-high reflectivity. Appl. Phys. B **93**(2–3), 355–360 (2008)

[31] K. Petermann, *Semiconductor Lasers with Optical Feedback* (Springer, Netherlands, 1988)

[32] A.T. Ryan, G.P. Agrawal, G.R. Gray et al., Optical-feedback-induced chaos and its control in multimode semiconductor lasers. IEEE J. Quantum Electron. **30**(3), 668–679 (1994)

[33] V.Z. Tronciu, H.J. Wunsche, M. Wolfrum et al., Semiconductor laser under resonant feedback from a Fabry-Perot resonator: Stability of continuous-wave operation. Phys. Rev. E: Stat., Nonlin, Soft Matter Phys. **73**(4 Pt 2), 046205 (2006)

[34] W. Lewoczko-Adamczyk, C. Pyrlik, J. Hager et al., Ultra-narrow linewidth DFB-laser with optical feedback from a monolithic confocal Fabry-Perot cavity. Opt. Express **23**(8), 9705–9709 (2015)

[35] B. Dahmani, L. Hollberg, R. Drullinger, Frequency stabilization of semiconductor lasers by resonant optical feedback. Opt. Lett. **12**(11), 876 (1987)

[36] Electro-optical systems—Cavity ring-down technique for high-reflectance measurement. ISO 13142:2015. Geneva, Switzerland: ISO